课堂实录

After Effects CC 课堂实录

铁钟 / 编著

清华大学出版社
北京

内容简介

本书编写的目的是让读者尽可能全面掌握After Effects CC软件的应用。书中深入分析了软件的每一个功能和命令，可以作为一本手册随时查阅。实例部分由浅入深，步骤清晰简明，通俗易懂，适合不同层次的制作者学习。本书配套光盘收录了大量的视频素材，读者可以根据需要进行练习和使用。

本书结构清晰，语言流畅，内容翔实，从各个方面展现了After Effects CC的强大功能，书中的实例突出实践性，适合于广大初级和中级的After Effects CC用户，同时也可以作为高等院校相关专业的教材使用。

图书在版编目(CIP)数据

After Effects CC课堂实录 / 铁钟 编著. —北京：清华大学出版社，2014
（课堂实录）
ISBN 978-7-302-34637-1

Ⅰ. ①A… Ⅱ. ①铁… Ⅲ. ①图像处理软件 Ⅳ. ①TP391.41

中国版本图书馆CIP数据核字(2013)第286568号

责任编辑：陈绿春
封面设计：潘国文
责任校对：胡伟民
责任印制：杨 艳

出版发行：清华大学出版社
网 址：http://www.tup.com.cn，http://www.wqbook.com
地 址：北京清华大学学研大厦A座 邮 编：100084
社 总 机：010-62770175 邮 购：010-62786544
投稿与读者服务：010-62776969，c-service@tup.tsinghua.edu.cn
质 量 反 馈：010-62772015，zhiliang@tup.tsinghua.edu.cn
印 装 者：三河市金元印装有限公司
经 销：全国新华书店
开 本：188mm×260mm（附光盘1张） **印 张**：18 **字 数**：535千字
版 次：2014年3月第1版 **印 次**：2014年3月第1次印刷
印 数：1～4000
定 价：49.00元

产品编号：045966-01

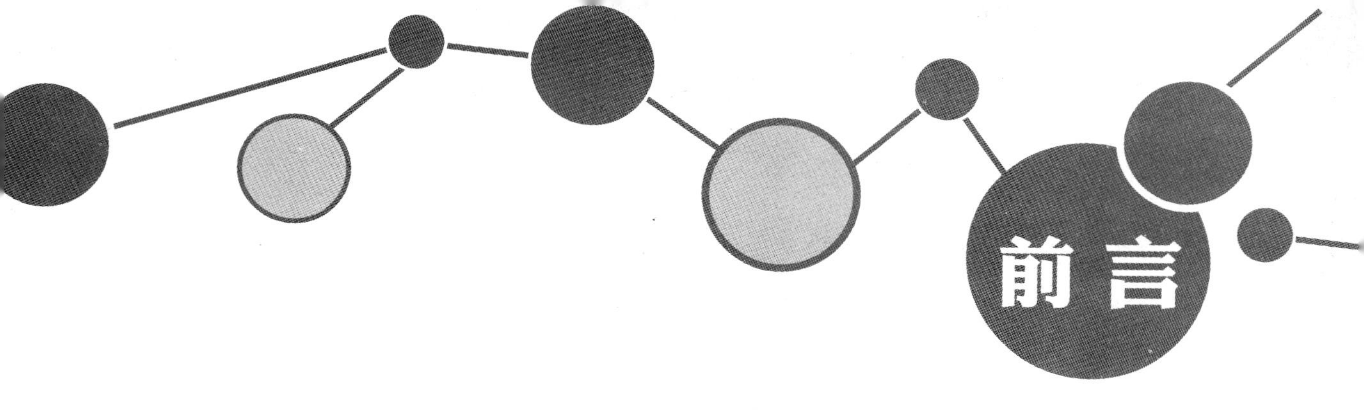

随着数字技术全面进入了影视制作过程，After Effects也以其操作的便捷和功能的强大占据了后期动画软件市场的主力地位。它作为一款用于高端视频特效系统的专业合成软件，在世界上已经得到了广泛的应用，经过不断发展，在众多的后期动画软件中独具特性。After Effects CC版本的推出，使软件的整体性能又有了提高。

After Effects可以帮助用户高效、精确地创建无数种引人注目的动态图形和视觉效果。其利用与其他Adobe软件的紧密集成、高度灵活的2D和3D合成，以获得数百种预设的效果和动画，可为电影、视频、DVD和Flash作品增添非常新奇的效果。After Effects CC作为一款优秀的跨平台后期动画软件，对Windows和Macosx两种不同的操作系统都有很好的兼容性，对于硬件的要求也很低。无论是PC还是MAC都可以交换项目文件和大部分的设置。

全书共分为八章，内容概括如下：

第1章：讲解AfterEffects的基础知识。

第2章：讲解AfterEffects相关的动画与合成。

第3章：讲解AfterEffects的图层的相关操作。

第4章：讲解AfterEffects的摄像机与灯光。

第5章：讲解AfterEffects中文本与画笔。

第6章：讲解AfterEffects中效果的操作。

第7章：讲解AfterEffects中渲染与输出的设置。

第8章：应用AfterEffects制作实例。通过实例介绍制作流程，该章还总结了其他一些特效应用的综合实例。

本书编写的目的是让读者尽可能地全面掌握After Effects CC软件的应用。书中深入分析了每一项功能和命令，可以作为一本手册随时查阅。实例部分由浅入深，步骤清晰简明，通俗易懂，适合不同层次的制作者。附书光盘提供了大量的视频素材，读者可以根据需要进行练习和使用。 由于时间紧迫以及作者的水平有限，书中存在诸多不足之处，敬请各位读者多多指正，并真诚的欢迎与作者交

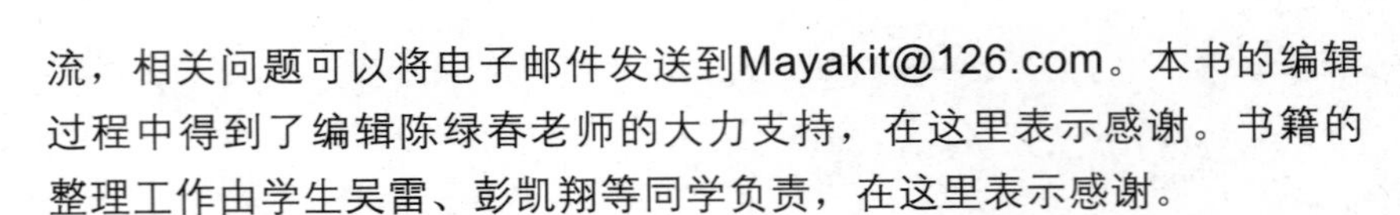

流，相关问题可以将电子邮件发送到Mayakit@126.com。本书的编辑过程中得到了编辑陈绿春老师的大力支持，在这里表示感谢。书籍的整理工作由学生吴雷、彭凯翔等同学负责，在这里表示感谢。

本书由铁钟执笔编写，参与编写的人员还有吴雷、彭凯翔、龚斌杰、刘子璇、雷磊、李建平、王文静、刘跃伟、程姣、赵佳峰、程延丽、万聚生、陶光仁、万里、贾慧军、陈勇杰、赵允龙、刁江丽、王银磊、王科军、司爱荣、王建民、赵朝学、宋振敏、李永增。

铁 钟

癸巳年初冬於佘山

CONTENTS 目录

第1章 After Effects CC概述

第2章 动画与合成

第3章 图层操作

第4章 摄像机与灯光

第5章 文本与画笔

第6章 效果操作

第7章 渲染与输出

第8章 应用与拓展

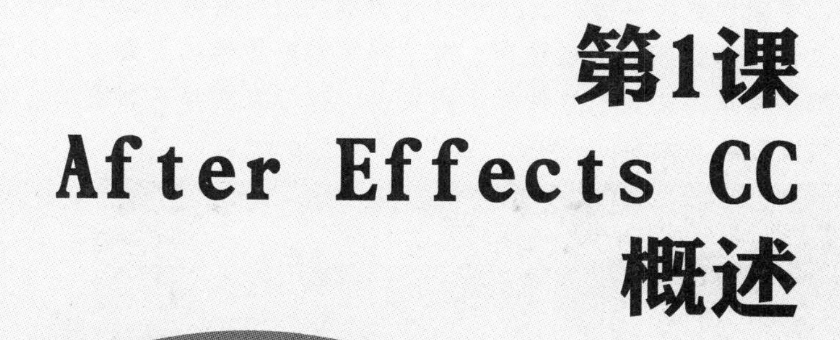

第1课 After Effects CC 概述

本课详细介绍After Effects中的基础概念。包括界面、基础操作以及After Effects CC部分新添加的功能。同时也对After Effects界面中大部分控制面板进行简单的介绍，让读者对After Effects有一个初步的了解。

2013年6月Adobe公司正式发布Adobe Creative Cloud APP，在所有Creative套件后都加上了“CC”后缀，如Photoshop CC、Illustrator CC等。CC的出现并不是仅仅在CS6之后的一次升级，而是Adobe公司软件销售模式上的变革，用户不再购买实体光盘安装软件，而软件本身也不会再像CS5到CS6那样升级，而是通过云计算的方式让用户下载，微量更新，这样的模式有利于用户反馈，更新也更为快捷。以Photoshop为例，用户需每月支付300左右人民币才能使用该软件，而不是一次性支付之后无限量使用。对于经常更新软件的人来说，这样的销售模式还是比较划算，而对于那些常年不去更新软件的用户来说，这样其实并不划算，上市一个月后就有人发起对于该模式的抗议签名，如图1.1.1所示。

图1.1.1

无论何种销售模式，Adobe都带了软件的整体更新，其中After Effects CC相对于以前的版本有了很大的变化，这其中包括与Cinema 4D的全面整合，这对于主要使用After Effects进行视觉特效制作的用户来说无疑是个好消息。Cinema 4D近几年一直将其主攻方向与老牌三维软件加以区别，避其锋芒，这种做法也实属无奈之举。这次与Adobe的合作，将这种在数字视效制作方面的优势进一步扩大，这对于其用户群的扩大无疑是个利好消息。After Effects也想通过这种合作弥补自身在三维模块上的不足，如图1.1.2所示。

图1.1.2

除了以上更新，After Effects CC还在GPU和多处理器性能加强、3D摄像机追踪器捕捉效果、增强的像素级动态模糊功能（Pixel Motion Blur）等方面有了不少更新。而对于中国用户来说，最大的更新无疑是中文版After Effects的出现，有的读者会说我以前用的After Effects就是中文版的，其实那些版本只不过是第三方软件翻译的，是一些名词都没有确定的翻译，中文版的推出使中国的初学者学习这款软件更加方便了。

1.1 After Effects CC界面

After Effects CC作为一款高级视频后期处理软件，已经在市场上占有不可动摇的主体地位，成千上万的用户在使用着这一软件，无论对于刚刚起步的初学者，还是资深的视频编辑专家，After Effects CC都会为您带来无限的惊喜。本课节将会带您进入After Effects CC的世界，其中详细介绍了After Effects CC的操作界面和工作流程，如图1.1.3所示。

图1.1.3

After Effects的基本工作流程对于使用过Photoshop等软件的用户来说，该流程不会陌生，而对于刚开始接触这类软件的用户，将会发现After Effects的流程是多么易学易理解。通过初步的了解，我们会对After Effects有一个宏观上的认识，为以后的深入学习打下基础。After Effects CC界面如图1.1.4所示。

图1.1.4

A:【菜单栏】，大多数命令都在这里，我们将在后面的课节详细讲解。

B:【工具箱】，同Photoshop的工具箱一样，大多数工具使用的方法也都一样。

C:【项目管理】：所有导入的素材都在这里管理。

D:【视图观察编辑】，包括多个面板，最经常使用的就是【合成】面板，在上方可以切换为【图层】视图模式，这里主要用于观察编辑最终所呈现的画面效果。

E:【控制面板】，After Effects有众多控制面板，用于不同的功能，随着工作环境的变化，这里的面板也可以进行调整。

F:【时间轴】，After Effects主要的工作区域，动画制作主要在这个区域完成。

After Effects CC中的窗口按照用途不同，分别包含在不同的框架内，框架与框架间用分隔条分离。如果一个框架同时包含多个面板，将在其顶部显示各个面板的选项卡，但是只有处于前端的选项卡所在面板的内容是可见的。单击选项卡，将对应面板显示到最前端。下面我们将以After Effects CC默认的Standard（标准）工作区为例，来对After Effects CC各个界面元素进行详细介绍，如图1.1.5所示。

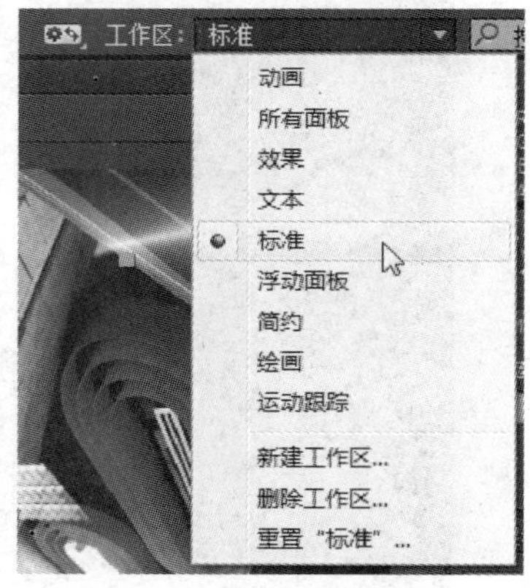

图1.1.5

After Effects CC中加入了同步设置的选项，单击软件右边顶部的【同步设置】按钮，可以展开【同步设置】菜单，选择管理同步设置的命令，可以对同步设置进行设置，这里对【键盘快捷键】、【合成设置预设】、【输出模块设置模板】等选项都可以进行同步设置，如图1.1.6所示。这样无论你坐在哪台电脑前，都可以将自己习惯的工作设置模式快速地调整出来。

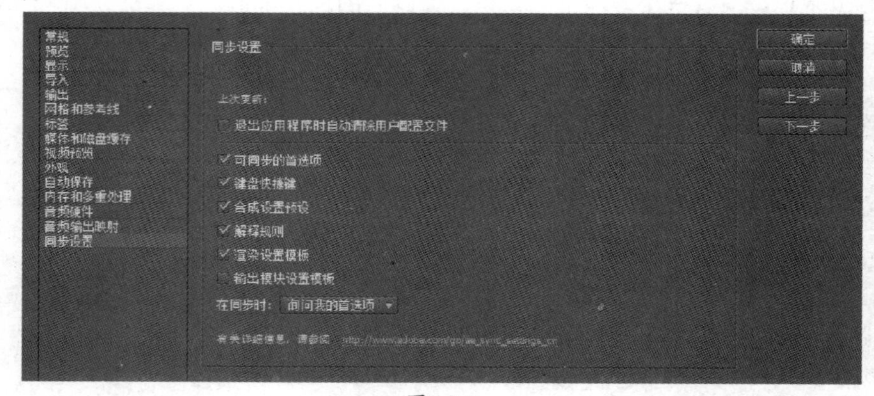

图1.1.6

我们还可以调整软件界面的颜色以适应编辑环境，选择菜单【编辑】Edit>【首选项】Preferences>【外观】Appearance命令，打开【外观】设置面板如图1.1.7所示。

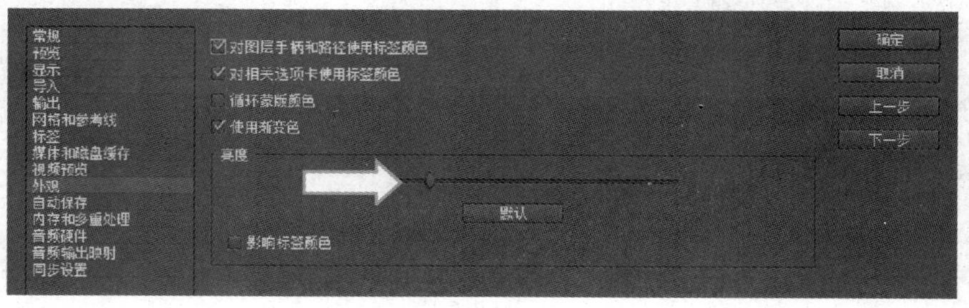

图1.1.7

- 【对图层手柄和路径使用标签颜色】Use Label Color for Layer Handles and Paths：设置是否用标签的颜色来显示层的操作手柄和路径。
- 【对相关选项卡使用标签颜色】Cycle Mask Colors：设置是否对相关选项卡使用标签颜色。
- 【循环蒙版颜色】Use Gradients：设置每新添加一个Mask的时候，它的颜色是否周期性显示。
- 【使用渐变色】：设置软件界面的原色是否用渐变来显示。
- 【亮度】User Interface Brightness：用来设置After Effects CC亮度。可以设置不同的亮度。通过调整亮度可以改变界面的颜色，如图1.1.8示。

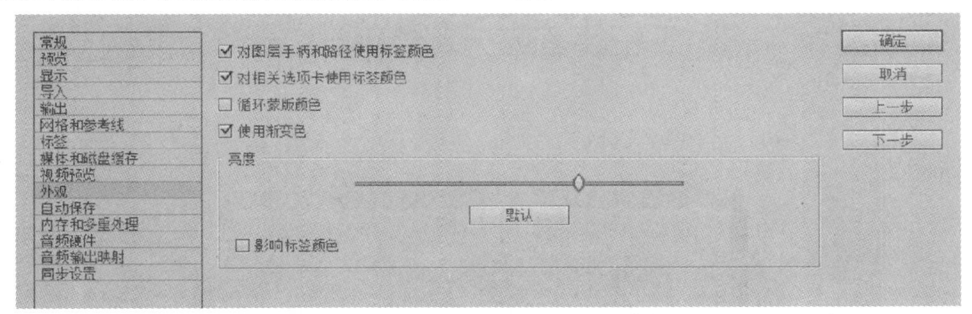

图1.1.8

1.2 后期软件工作流程

下面我们来初步了解一下After Effects的工作流程。

1.2.1 后期软件编辑原理

数字化的发展对于如今的影像产业有着很大的冲击，许多导演或摄影师都在尝试着使用全数字化的方式进行拍摄和后期编辑。许多设备已经不再使用原有的胶片或磁带记录的方式来进行编辑，随着全民高清时代的来临，数字化已经是一个无法抗拒的潮流。数字化设备如图1.2.1所示。

图1.2.1

非线性编辑的概念是针对线性编辑而言的。线性编辑（Linear Editing）是一种传统的视频编辑模式，通常由一台或多台放像机和录像机组成，编辑人员通过放像机选择一段合适的素材，然后把它记录到录像机中的磁带上，再寻找下一个镜头，接着进行记录工作，如此反复操作，直至把所有合适的素材按照节目要求全部顺序记录下来。由于磁带记录画面是顺序的，所以无法在已有的画面之间插入一个镜头，也无法删除一个镜头，除非把这之后的画面全部重新录制一遍，这种编辑方式就叫做线性编辑（Linear Editing），这样的工作效率是非常低的。线性编辑的这些缺陷恰好被非线性编辑系统克服，非线性编辑（Non-Linear Editing）的工作大部分在计算机里完成，工作人员把素材导入到计算机里，然后对各种原始素材进行各种编辑操作，并将最终结果输出到计算机硬盘、磁带、录像带等记录设备上，整个编辑过程不会像传统的编辑模式。由于编辑的过程中机器造成的磁头、磁带磨损，视频信号经过这些设备连接也会造成较大衰减和失真，如图1.2.2所示。

图1.2.2

非线性编辑（Non-Linear Editing）的工作流程大概分为3个部分，简单一点说就是输入、编辑和输出三大步骤。第一步：采集与输入，利用软件将模拟视频、音频信号转换成数字信号存储到计算机中，或者将外部的数字视频存储到计算机中，成为可以处理的素材。第二步：编辑与处理，利用软件剪辑素材添加特效，包括转场、特效、合成叠加。After Effects正是帮助用户完成这一至关重要的步骤，影片最终效果的好坏决定于此。第三步：输出与生成，制作编辑完成后，就可以输出成各种播出格式，使用哪种格式取决于播放媒介，图1.2.3所示为编辑生成前后效果。

图1.2.3

在实际的应用过程中，我们所做的工作远远超出了视频剪辑这一范畴，好的画面效果要在后期编辑的过程中花费很多精力，同时这也节省了前期拍摄和三维制作的时间和费用。After Effects在众多后期制作软件中是独树一帜的，功能强大，操作便捷。

随着三维技术的发展，后期制作软件的很多功能都是为前期的三维制作添加效果和弥补不足。在前期拍摄中由于安全和费用等因素，同时也为了达到更好的画面效果，在拍摄的过程中使用了绿屏特技。影片拍摄完成之后，素材导入计算机，使用After Effects把绿色的背景部分做抠像处理。把背景素材叠加到拍摄素材之后，为了使画面更加真实，在玻璃上添加细节效果，并对画面校色，如图1.2.4所示。

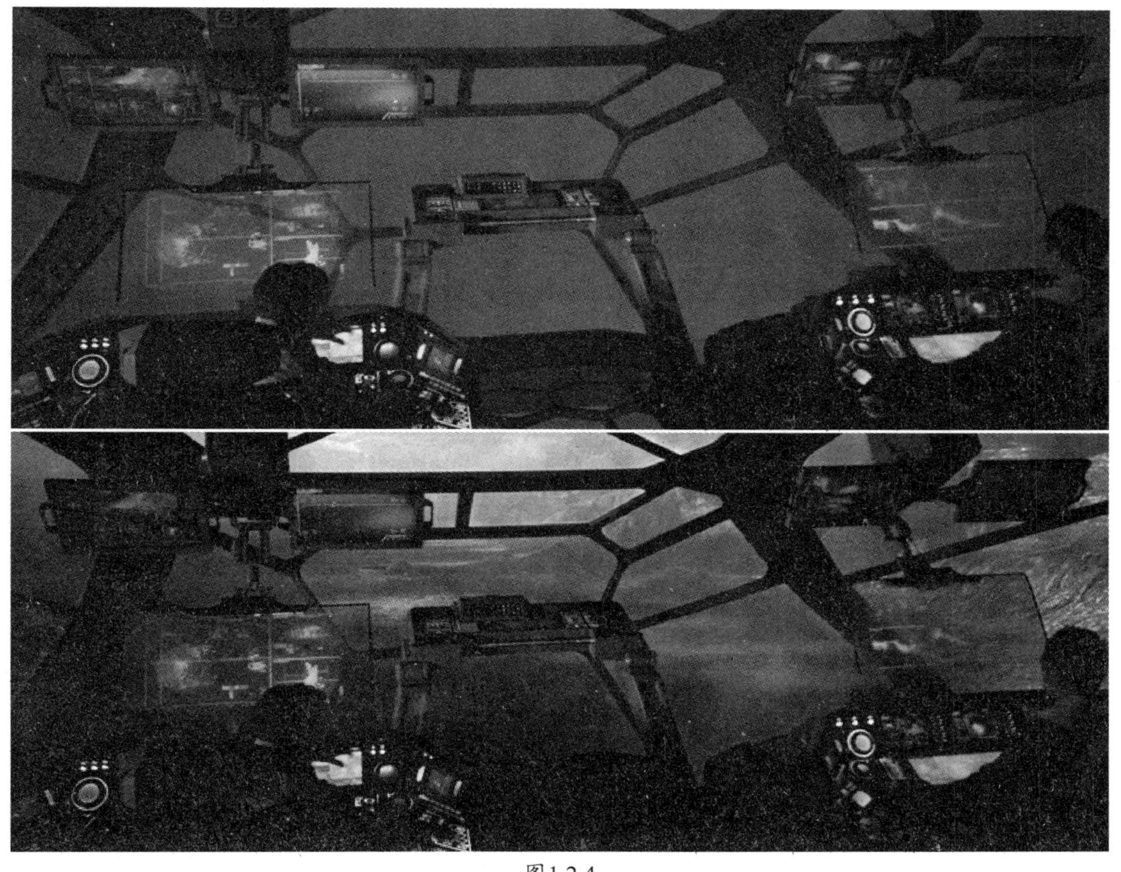

图1.2.4

整个制作过程涉及到了一个概念，层的应用。这也是大部分非线性编辑软件在制作影片时必须使用的。层是计算机图形应用软件中经常涉及到的一个概念，用户在After Effects中可以很好地应用这一工具。这些不同透明度的层是相对独立的，并且可以自由编辑，这也是非线性编辑软件的优势所在。层处理效果对比如图1.2.5所示。

图1.2.5

接下来我们来介绍After Effects最基本但也是最容易出问题的几项操作，包括了如何在After Effects导入素材，如何在上面介绍过的窗口中进行编辑，再把编辑好的素材输出成各种格式的影片。导入、编辑和输出是贯通所有软件操作最核心的流程，After Effects 这几项操作和其他软件相比，例如PhotoShop等，有相似的地方但也有自己的特点。接下来我们将用具体例子向大家完整展示After Effects这3个最主要的操作流程，并且通过展示这3个流程来揭示After Effects的一些小技巧。

1.2.2 导入

菜单【文件】下的【导入】Import命令主要用于导入素材，二级菜单中有5种不同的导入素材形式。After Effects并不是真的将源文件复制到项目中，只是在项目与导入文件间创建一个文件替身。在After Effects中用户导入素材的范围非常宽广，它对常见视频、音频和图片等文件格式的支持率很高。特别是对Photoshop的PSD文件，After Effects提供了多层选择导入。我们可以针对PSD文件中的层关系，选择多种导入模式，如图1.2.6所示。

文件...	Ctrl+I
多个文件...	Ctrl+Alt+I
Adobe Premiere Pro 项目...	
Pro Import After Effects...	
Vanishing Point (.vpe)...	
占位符...	
纯色...	

图1.2.6

- 【文件 ...】File：导入一个或多个素材文件。执行【文件】File 命令弹出【导入文件】Import File 对话框，选中需要导入的文件，然后单击【打开】按钮，素材将作为一个素材被导入项目，如图 1.2.7 所示。

图1.2.7

- 【多个文件...】Multiple Files：多次性导入一个或多个素材文件。单击【导入】按钮，用户可以结束导入过程，如图1.2.8所示。

图1.2.8

当用户导入Photoshop的PSD文件、Illustrator的AI文件等，系统会保留图像的所有信息。用户可以将PSD文件以合并层的方式导入到After Effects项目中，也可以单独导入PSD文件中的某个层。这也是After Effects的优势所在，如图1.2.9所示。

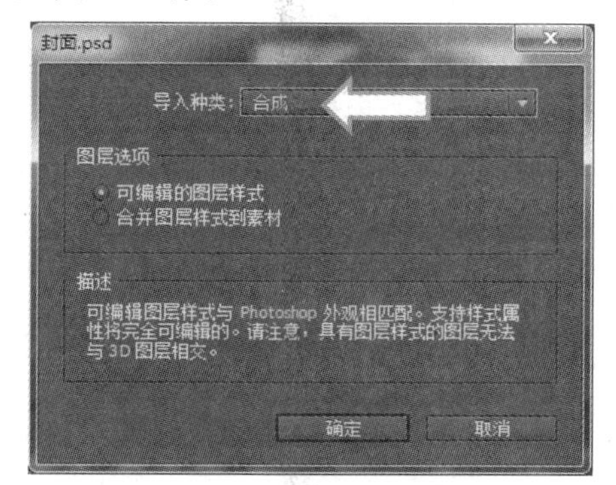

图1.2.9

当文件作为合并层图像导入时，素材名称为该图像文件的名称。素材名称将以“层名称/文件名”的组合方式显示，如图1.2.10所示。

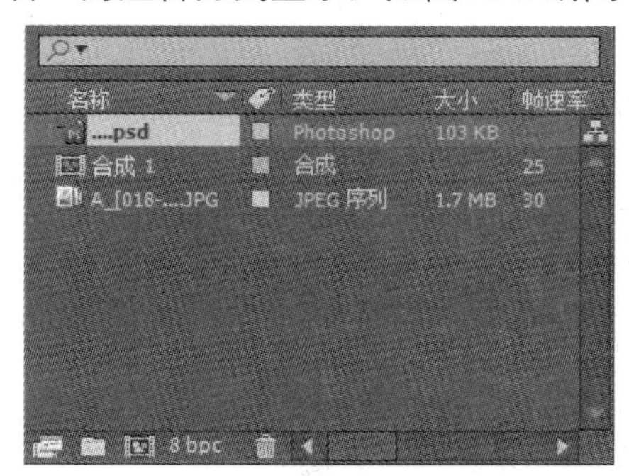

图1.2.10

当导入一个PSD文件时，利用【多个文件】Import Multiple File对话框中的【导入为】Import As下拉菜单，可以选择导入文件的类型，如图1.2.11所示。

图1.2.11

- 【素材】Footage：以素材形式导入，弹出对话框提示用户选择文件需要导入的层。
- 【合成–保持图层大小】Composition–Cropped Layers：以合成影像形式导入文件，文件的每一个层都作为合成影像的一个单独层，并保持它们的原始尺寸不变。
- 【合成】Composition：以合成影像形式导入文件，文件的每一个层都作为合成影像的一个单独层，并改变层的原始尺寸来匹配合成影像的大小。

当文件以合成图像的形式导入文件时，After Effects 将创建一个合成影像文件以及一个合成影像的文件夹。【项目】Project 面板中的层与 Photoshop 中的层相对应，如图 1.2.12 所示。

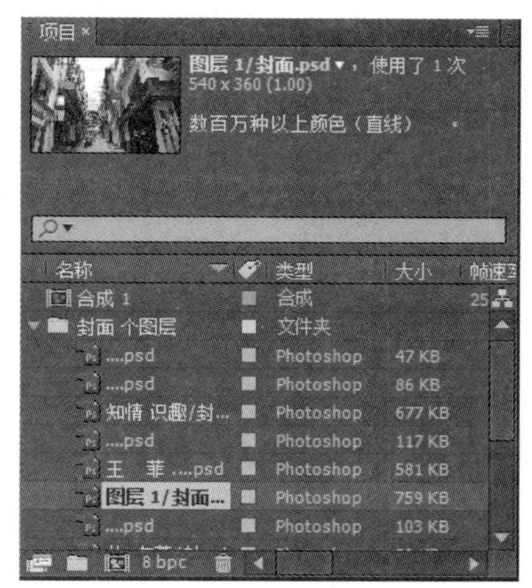

图1.2.12

用户也可以将一个文件夹导入项目。单击对话框右下角的【导入文件夹】Import Folder按钮导入整个文件夹，如图1.2.13所示。

图1.2.13

有时素材以图像序列帧的形式存在，这是一种常见的视频素材保存形式，文件由多个单帧图像构成，快速浏览时可以形成流动的画面，这是视频播放的基本原理。图像序列帧的命名是连续的，用户在导入文件时不必要选中所有文件，只需要选中首个文件，激活对话框右下角的导入序列选项（如【JEPG 序列】、【TIFF 序列】等），如图1.2.14所示。

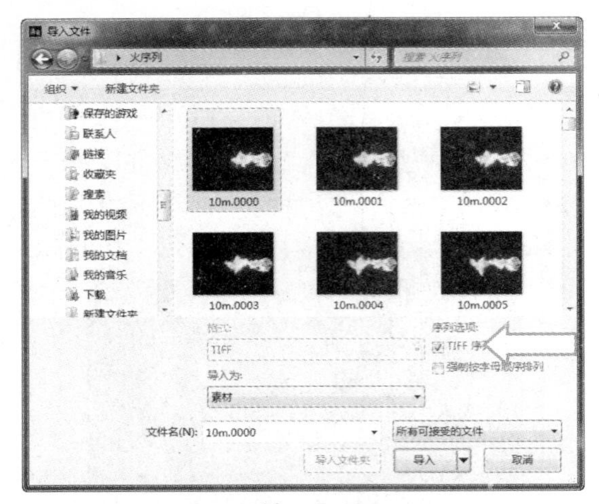

图1.2.14

图像序列帧的命名是有一定规范的，对于不是非常标准的序列文件来说，用户可以按字母顺序导入序列文件，勾选【强制按字母顺序排列】Force alphabetical order复选项即可，如图1.2.15所示。

序列选项:
☑ JPEG 序列
☑ 强制按字母顺序排列

图1.2.15

提示

在向After Effects CC导入序列帧时，请留意导入面板右方的【序列】Sequence选项前是否被勾选，如果【序列】Sequence选项为非勾选状态，After Effects CC将只导入单张静态图片。用户多次导入图片序列时，都取消【序列】Sequence被勾选状态，After Effects将记住用户这一习惯，保持【序列】Sequence处于非勾选状态。【序列】Sequence选项下还有一个【强制按字母顺序排列】Force alphabetical order选项。该选项是强制按字母顺序排序命令，默认状态下为非勾选状态。如果勾选该选项，After Effects CC将使用占位文件来填充序列中缺失的所有静态图像。例如，一个序列中的每张图像序列号都是奇数号，勾选【强制按字母顺序排列】Force alphabetical order选项后，偶数号静态图像将被添加为占位文件。

- 【Adobe Premiere Pro项目...】Capture in Adobe Premiere Pro...：导入Adobe Premiere Pro的项目文件。
- 【导入消失点文件...】Vanishing Point(.vpe)：消失点是PhotoShop CS2后新加功能，该功能可简化费时、费力的图形和照片润色修饰，帮助用户在保留视觉透视图的同时，对图像进行复制、填色和转换。
- 【占位符...】Placeholder：导入占位符。当需要编辑的素材还没制作完成，用户可以建立一个临时素材来替代真实的素材进行处理。执行菜单【文件】File>【导入】Import>【占位符...】Placeholder命令，弹出【新占位符】New Placeholder对话框，用户可以设置占位符的名称、大小、帧速率以及持续时间等，如图1.2.16所示。

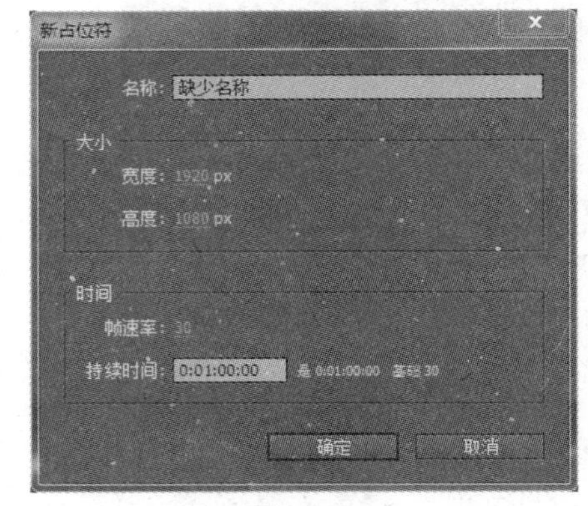

图1.2.16

当用户打开在After Effects中一个项目时，如果素材丢失，系统将以占位符的形式来代替素材，占位符以静态的颜色条显示。用户可以对占位符应用遮罩、滤镜效果和几何属性进行各种必要的编辑工作，当用实际的素材替换占位符时，对其进行的所有编辑操作都将转移到该素材上，如图1.2.17所示。

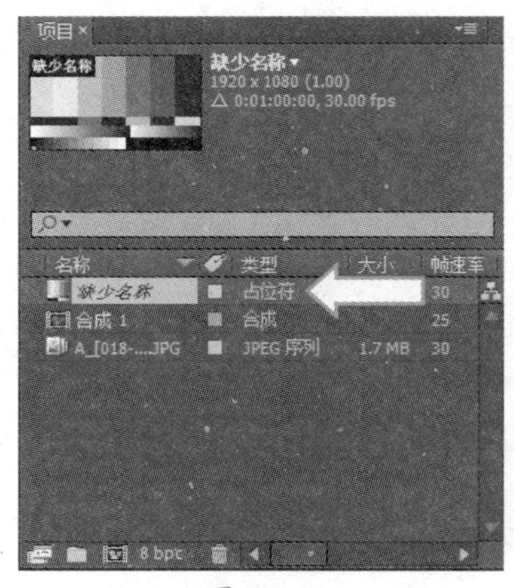

图1.2.17

在【项目】Project面板中双击占位符，弹出【替换素材文件】Replace Footage File对话框。在该对话框中查找并选择所需的真实素材，然后单击【导入】按钮。在【项目】Project面板中，占位符被指定的真实素材替代，如图1.2.18所示。

图1.2.18

1.2.3 新建合成

【新建】New 命令主要用于创建新的文件项目，二级菜单共有 3 个命令，如图 1.2.19 所示。

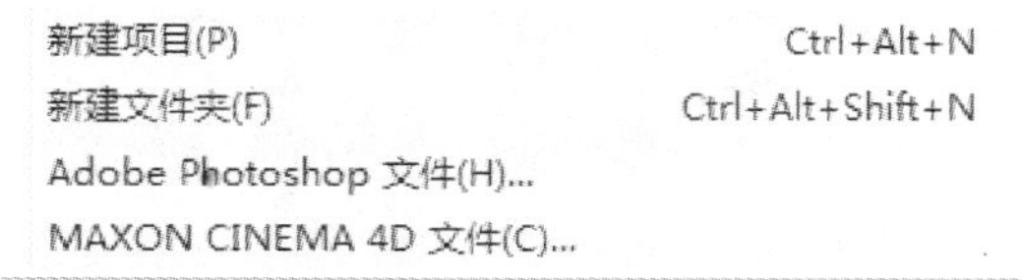

图1.2.19

- 【新建项目】New Project：建立一个新的After Effects 项目。建立或打开一个项目是在After Effects中编辑的基础，否则用户将无法进行任何新的操作。After Effects一次只能对一个项目进行编辑。当已经有项目在运行时，选择【新建项目】New Project命令时，After Effects将询问是否对当前项目进行保留。
- 【新建文件夹】New Folder：建立一个新的文件夹，用于管理项目中的文件。在【项目】Project面板中，新的文件夹被建立后，用户可以选中素材拖入文件夹。在同一项目中可以任意创建多个文件夹，如图1.2.20所示。

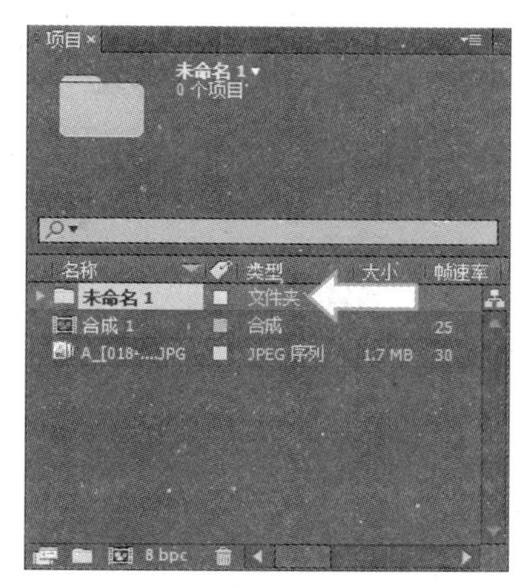

图1.2.20

1.2.4 编辑实例

这是一个简单的操作流程，从素材导入，制作简单的动画效果，到最后文件输出。通过这个实例，让初学者对后期制作软件有一个基本的认识。任何一个复杂的操作都不能回避这一过程。因此掌握 After Effects CC 的导入、编辑和输出，将为我们的具体工作打下坚实的基础。

01 选择菜单【文件】File>【新建】New>【新建项目】New Project命令，创建一个新的项目，与旧版本不同，当After Effects CC打开时，默认建立了一个【新建项目】New Project，不过该【项目】Project内为空。

02 选择菜单【合成】Composition>【新建合成】New Composition命令，弹出【合成设置】Composition Settings对话框，对【新建合成】New Composition进行设置。一般需要对合成视频的尺寸、帧数、时间长度做预设置，如图1.2.21所示。

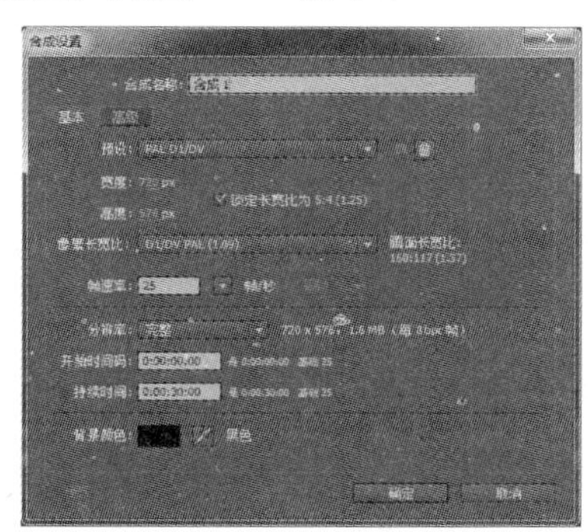

图1.2.21

03 单击【合成设置】Composition Settings对话框中的【确定】按钮，就建立了一个新的合成影片。

04 选择菜单【文件】File>【导入】Import>【文件...】File...命令，选择四张图片素材（导入素材的技巧会在【文件】File菜单的课节里详细讲解），如图1.2.22所示。

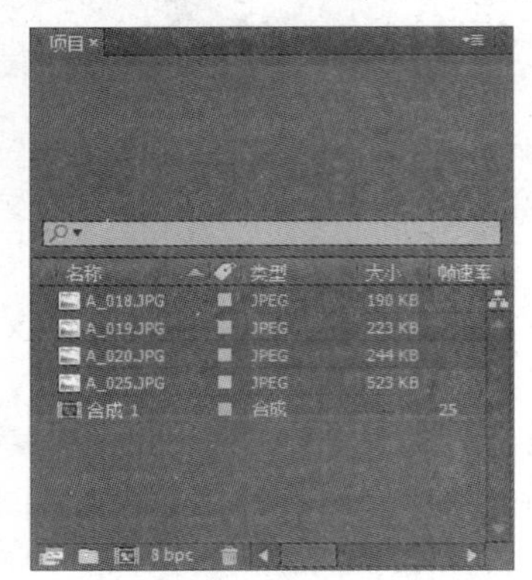

图1.2.22

05 我们看到在【项目】Project面板添加了4个图片文件，按下【Shift】键选中4个文件，将其拖入【时间轴】Timeline面板，图像将被添加到合成影片中，如图1.2.23所示。

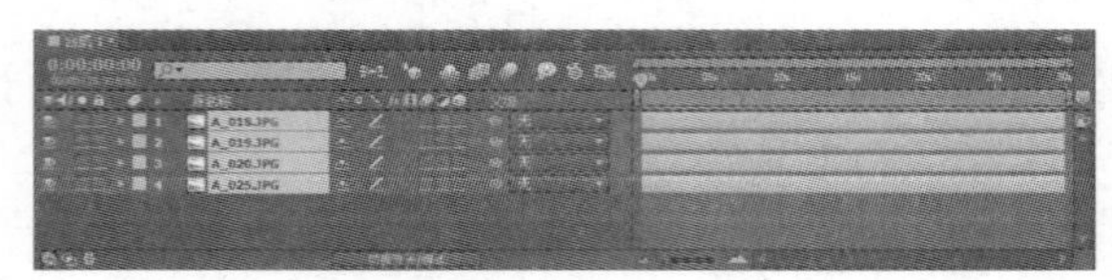

图1.2.23

06 有时导入的素材和合成影片的尺寸大小不一样，我们要把它调整到适合画面的大小，选中需要调整的素材，按下【Ctrl + Alt + F】快捷组合键，图像4个角和4个边的中心出现一个灰色小方块，这是用来调整图像的控制手柄。拖动控制手柄将素材调整到适合窗口的大小，如图1.2.24和图1.2.25所示。

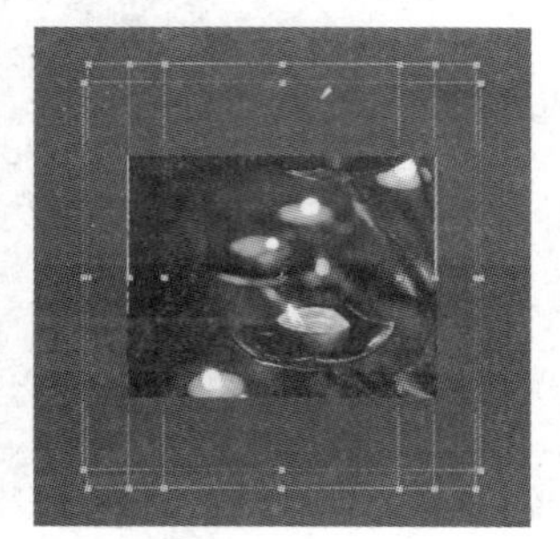

图1.2.24

图1.2.25

07 在【合成】Composition面板中单击【安全区域】按钮，弹出下拉菜单，如图1.2.26所示。

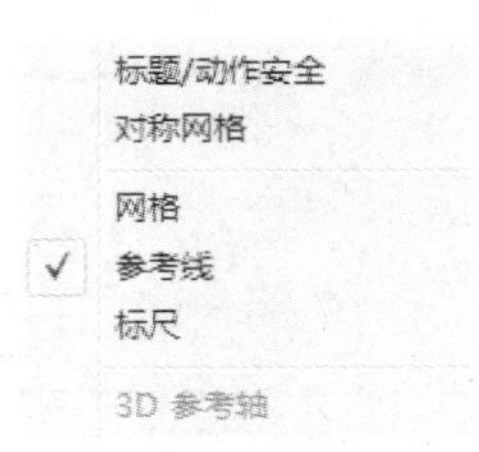

图1.2.26

08 勾选【标题/动作安全】Title / Action Safe复选项，打开安全区域，如图1.2.27所示。

图1.2.27

提示

无论是初学者还是专业人士，打开安全区域是一个非常重要且必须的过程。两个安全框分别是【标题安全】Title Safe和【动作安全】Action Safe，影片的内容一定要保持在【动作安全】Action Safe框以内，因为在电视播放时，屏幕将不会显示安全框以外的图像，而画面中出现的字体一定要保持在【标题安全】Title Safe框内。

09 我们要做一个幻灯片播放的简单效果，每秒播放一张，最后一张渐隐淡出。为了准确设置时间，按下【Alt + Shift+J】快捷组合键，弹出【转到时间】Go to Time 对话框，将数值改为“0:00:01:00”，如图 1.2.28 所示。

图1.2.28

10 单击【确定】按钮，将【时间轴】Timeline面板中的时间指示器会调整到01S（秒）的位置，如图1.2.29所示。

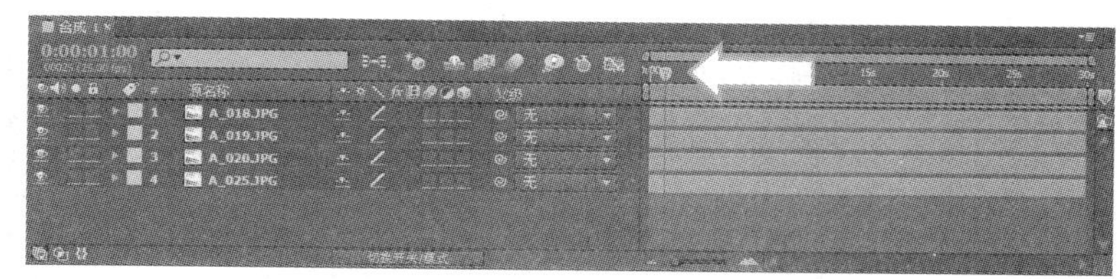
图1.2.29

提示

这一步也可以用鼠标完成，选中时间指示器移动到合适的位置，但是在实际的制作过程中，对时间的控制是需要相对准确的，所以在【时间轴】Timeline面板中的操作尽量使用快捷键，这样可以使画面与时间准确对应。

11 选中素材 01.jpg 所在的层，按下快捷键“]”（右中括号键），设置素材的出点在时间指示器所在的位置，用户也可以使用鼠标完成这一操作，选中素材层，拖动鼠标调整到时间指示器所在的位置，如图 1.2.30 所示。

图1.2.30

12 依照上述步骤，每间隔一秒，将素材依次排列，素材04.jpg不用改变其位置，如图1.2.31所示。

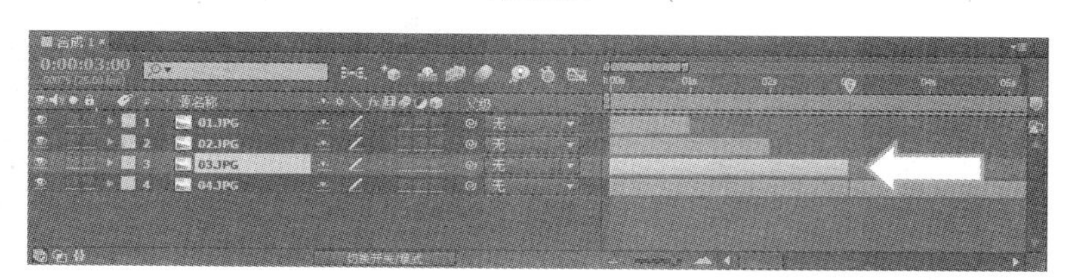
图1.2.31

13 将时间指示器调整到3秒的位置，选中素材03.jpg，单击文件前的小三角图标▶，展开素材的【变换】Transform属性，如图1.2.32所示。

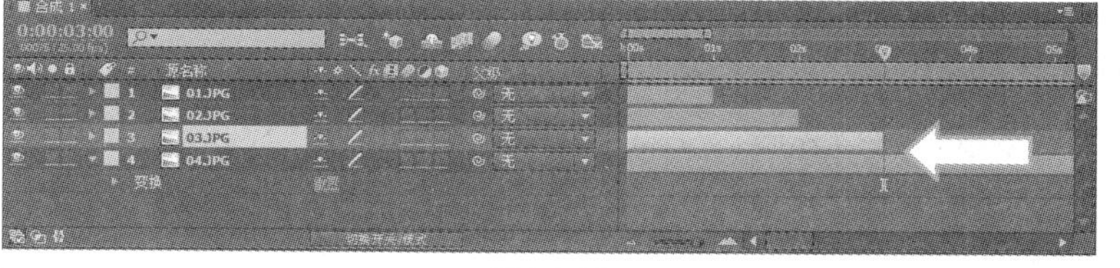
图1.2.32

14 单击【变换】Transform旁的小三角图标▶，可以展开该素材的各个属性（每个属性都可以制作相应的动画），如图1.2.33所示。

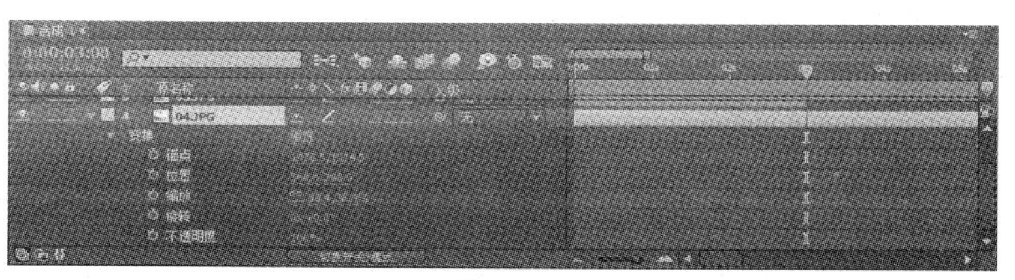
图1.2.33

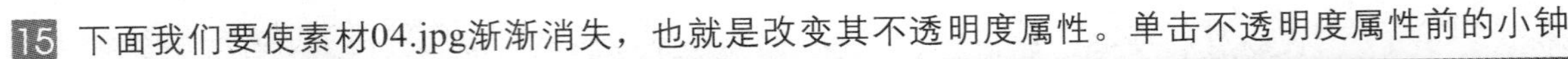

15 下面我们要使素材04.jpg渐渐消失，也就是改变其不透明度属性。单击不透明度属性前的小钟表图标，这时时间指示器所在的位置会在不透明度属性上添加一个关键帧，如图1.2.34所示。

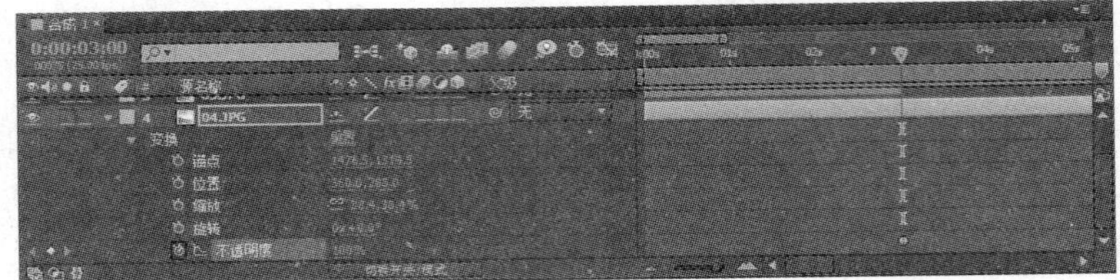

图1.2.34

16 移动时间指示器到0:00:04:10的位置，然后调整不透明度属性的数值到0%，同样时间指示器所在的位置会在不透明度属性上添加另一个关键帧，如图1.2.35所示。

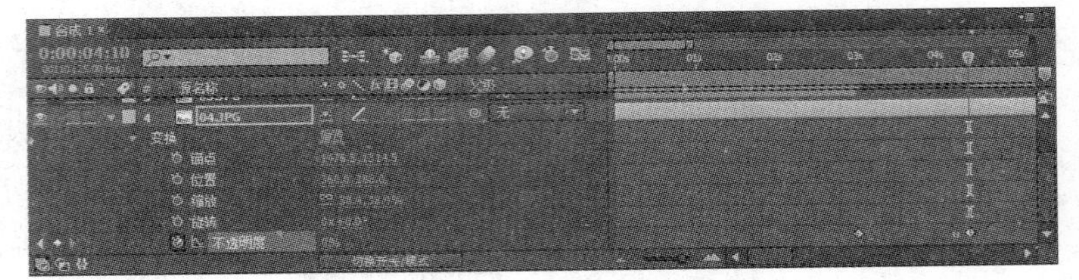

图1.2.35

提示

当我们单击小钟表图标后，After Effects CC将自动记录我们对该属性的调整为关键帧。再次单击小钟表图标，将取消关键帧设置。调整属性里的数值有两种方式，第一种，直接单击数值，数值将可以被修改，在数值窗口中键入需要的数字；第二种，当鼠标移动到数值上时，按住鼠标右键不动进行拖动，就可以以滑轮的方式调整数值。

17 单击【预览】Time Controls面板中的【RAM预览】按钮，预览影片。在实际的制作过程中，制作者会反复地预览影片，以保证每一帧都不会出现错误。

18 预览影片没有什么问题就可以输出了。选择菜单【合成】Composition>【添加到渲染队列】Make Movie命令，或者按下【Ctrl＋M】快捷键，弹出【渲染队列】Render Queue对话框。如果用户是第一次输出文件，After Effects将要求用户指定输出文件的保存位置，如图1.2.36所示。

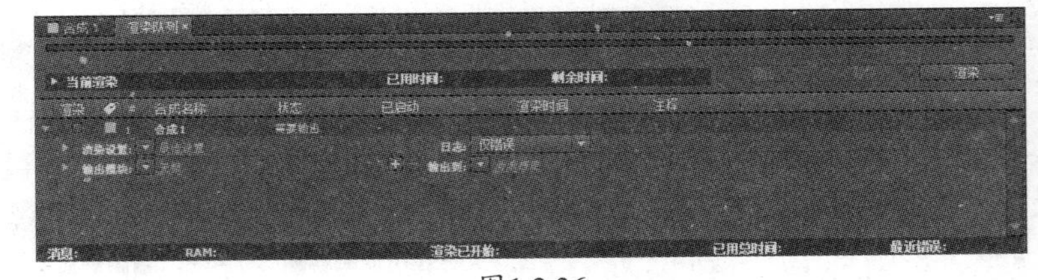

图1.2.36

19 与After Effects 6.5之前的版本不同，新的界面【渲染队列】Render Queue对话框会和【时间轴】Timeline面板在一个区域里显示。单击【输出到】Output To选项旁边的文件名，可以选择保存路径，然后单击【渲染】Render按钮，完成输出。【渲染队列】Render Queue对话框中的其他设置我们会在以后的课节详细讲解。

20 输出的影片文件有各种格式，但都不能保存After Effects里编辑的所有信息，如果以后还需要编辑该文件，要保存成After Effects软件本身的格式—AEP（After Effects Project）格式，但这种格式只是保存了After Effects对素材编辑的命令和素材所在位置的路径，也就是说如果把保存好的AEP文件改变了路径，再次打开时软件将无法找到原有素材。如何解决这个问题呢？【收集文件...】Collect Files命令可以把所有的素材收集到一起，非常方便。下面我们就把基础实例的文件收集保存一下。选择菜单【文件】File>【整理工程（文件）】>【收集文件...】Collect

Files...命令，如果你没有保存文件，会弹出警告对话框，提示【项目】Project必须要先保存，单击【保存】按钮同意保存，如图1.2.37所示。

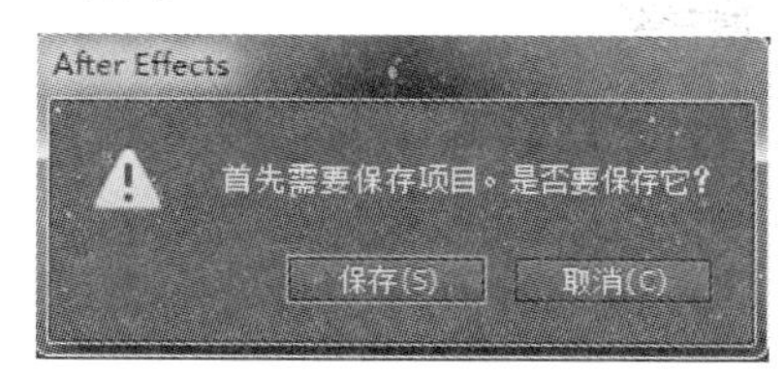

图1.2.37

弹出【收集文件】Collect Files对话框，收集后的文件大小会显示出来，要注意自己存放文件的硬盘是否有足够的空间，这点很重要，因为编辑后的所有素材会变得很多，一个30秒的复杂特效影片文件将会占用1G左右的硬盘空间，高清影片或电影将会更为庞大，准备一块海量硬盘是很必要的。对话框的设置如图1.2.38所示。

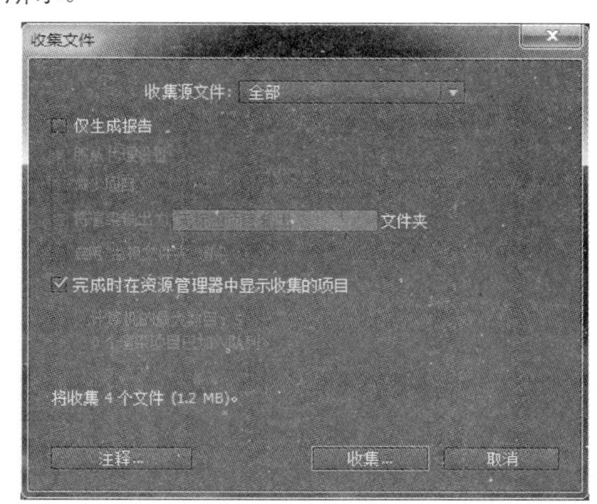

图1.2.38

通过这个简单的实例，我们学习了如何将素材导入After Effects、编辑素材的属性、预览影片效果，以及最后的输出成片。

1.2.5 收集文件

【收集文件】Collect Files命令主要用于将项目或者合成影像中的所有文件复制并另存。在After Effects中使用和编辑的素材，在保存项目文件时会还保持在原来的位置，如果用户需要保存所有使用到的素材和整个项目文件，只有通过该命令才能完整保存收集，如图1.2.39所示。

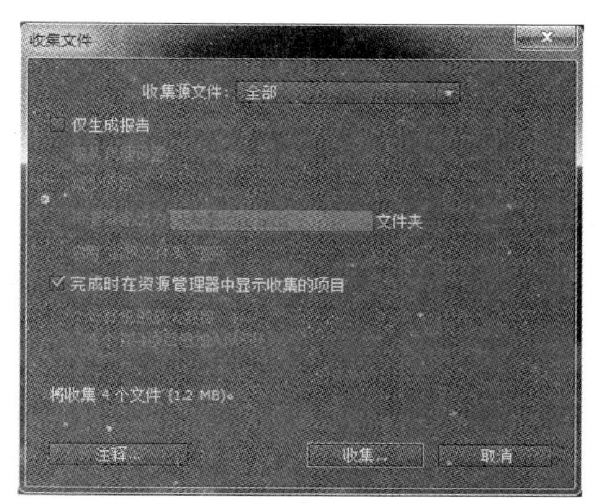

图1.2.39

- 【收集源文件】Collect Source Files选项
- 【全部All】：收集所有的素材文件，包括未曾使用到的素材文件以及代理人。
- 【对于所有合成】For All Comps：收集应用于任意项目合成影像中的所有素材文件以及代理人。
- 【对于选定合成】For Selected Comps：收集应用于当前所选定的合成影像（在【项目】Project面板内选定）中的所有素材文件以及代理人。
- 【对于队列合成】For Queued Comps：收集直接或间接应用于任意合成影像中的素材文件以及代理人，并且该合成影像处于【渲染队列】Render Queue中。
- 【无（仅项目）】None：将项目拷贝到一个新的位置，而不收集任何的源素材。
- 【仅生成报告】Generate Report Only：是否在收集的文件中拷贝文件和代理人。
- 【服从代理设置】Obey Proxy Settings：是否在收集的文件中包括当前的代理人设置。
- 【减少项目】Reduce Project：是否在收集的文件中直接或者间接地删除所选定合成影像中未曾使用过的项目。
- 【将渲染输出为】Change Render Output：是否在收集的文件中指定的文件夹重定向渲染文件的输出模数。
- 【启用“监视文件夹”渲染】Enable ‘Watch Folder’ render：是否启动Watch-Folder在网上进行渲染。
- 【完成时在资源管理器中显示收集的项目】Maximum Number of Machines：设置渲染机的数量。

- 【注释...】Comments：弹出【注释】Comments对话框，为项目添加注解，如图1.2.40所示。

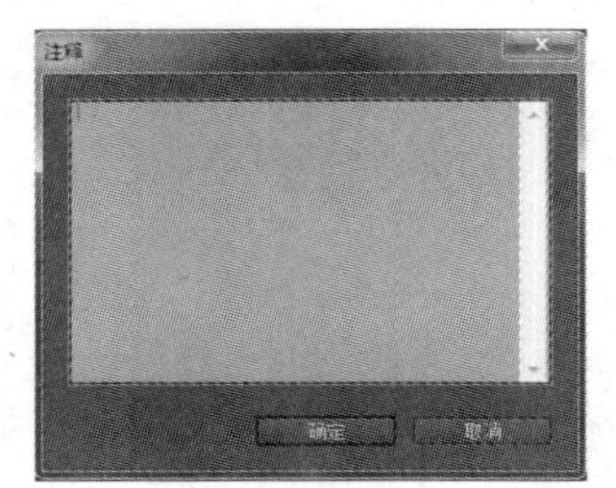

图1.2.40

注解将显示在项目报表的终端，如图1.2.41所示。

系统会创建一个新文件夹，用于保存项目的新副本、所指定素材文件的多个副本、所指定的代理人文件、渲染项目所必需的文件、效果以及字体的描述性报告，如图1.2.42所示。

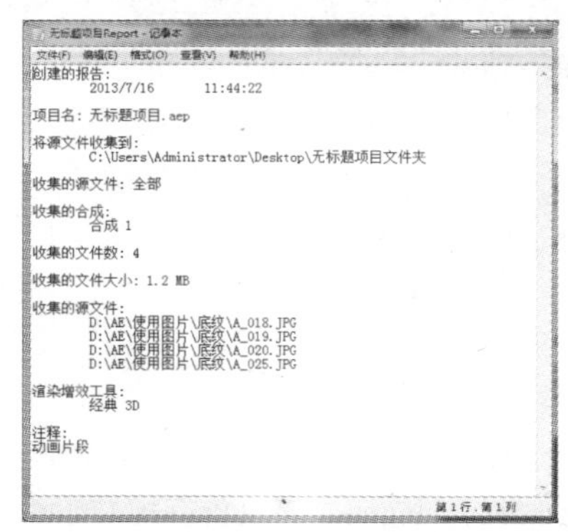

图1.2.41

图1.2.42

1.3 After Effects工具箱

After Effects CC的工具箱类似于Photoshop工具箱，通过使用这些工具，可以对画面进行修改、缩放、擦除等操作。这些工具都在【合成】Comp面板中完成操作，按照功能不同分为6个大类：操作工具、视图工具、遮罩工具、绘画工具、文本工具和坐标轴模式工具。使用工具时单击【工具】面板中的工具图标即可，有些工具必须选中素材所在的层，工具才能被激活。单击工具右下角的小三角图标，可以展开"隐藏"工具，将鼠标放在该工具上方不动，系统会显示该工具的名称和对应的快捷键。如果用户不小心关掉了工具箱，可以选择菜单【窗口】Window>【工作区】Workspace>【重置"所有面板"】Reset"All Panels"命令，恢复所有的面板，如图1.3.1所示。

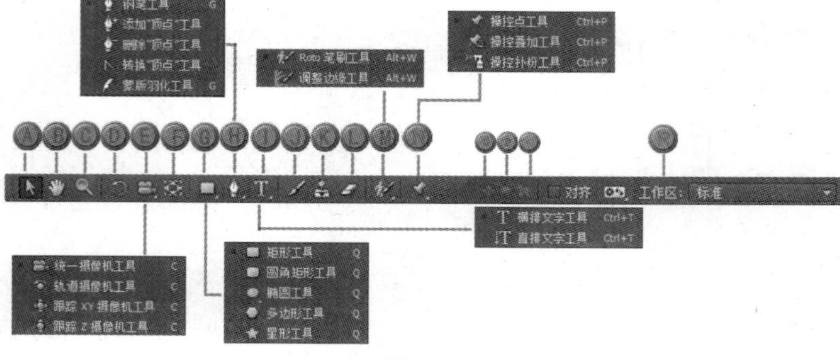

图1.3.1

A：【选择工具】Selection Tool。

B：【手形工具】Hand Tool。

C：【缩放工具】Zoom Tool。

D：【旋转工具】Rotation Tool。

E：【统一摄像机工具】Orbit Camera Tool。

F：【向后平移（锚点）工具】Pat Behind Tool。

G：【矩形工具】Rectangular Mask Tool。

H：【钢笔工具】Pen Tool。

I：【文字工具】Type Tool。

J：【笔刷工具】Brush Tool。

K：【仿制图课工具】Clone Stamp Tool。

L：【橡皮擦工具】Eraser Tool。

M：【Roto 笔刷工具】Roto Brush Tool。

N：【操控点工具】Puppet Pin Tool。

O：【本地轴模式】Local Axis Mode。

P：【世界轴模式】World Axis Mode。

Q：【视图轴模式】View Axis Mode。

R：【工作区】Workspace。

【工作区】Workspace并不是一个工具，主要用来快速切换某种工作界面，让软件的界面快速地改变，以适合某种工作界面。通过【工作区】Workspace对各种界面的调整，可以为我们减少不必要的工作界面，或按照需求来自定义各种工作界面的位置，使用户的工作环境清晰明了，避免被过多窗体拥挤造成杂乱的感觉。

1.3.1 操作工具

操作工具包括：【选取工具】Selection Tool、【手形工具】Hand Tool、【缩放工具】Zoom Tool。

这3个工具都是用于面板中的物体的基本操作，便于用户拉伸、移动和放大物体。

提示

在使用工具箱的工具时，选择不同的工具，相应地会激活辅助的面板，提供该工具的一些辅助功能。相应面板中的命令和功能，用户也要熟悉掌握，这些功能和工具是密不可分的。

1. 【选取工具】

【选取工具】Selection Tool主要用于在【合成】Comp面板中选择、移动和调节素材的层、Mask、控制点等。【选取工具】Selection Tool每次只能选取或控制一个素材，按住【Ctrl】键的同时单击其他素材，可以同时选择多个素材。如果需要选择连续排列多个素材，可以先单击最开头素材，然后按住【Shift】键，再单击最末尾的素材，这样中间连续的多个素材就同时被选上了。如果要取消某个层的选取状态，也可以通过按住【Ctrl】键单击该层来完成，如图1.3.2所示。

图1.3.2

提示

【选取工具】Selection Tool可以在操作时切换，使用【选取工具】Selection Tool时，按【Ctrl】键不放可以将其改变为【画笔工具】Brush Tool，松开【Ctrl】键又回到【选取工具】Selection Tool状态。

2. 手形工具

【手形工具】Hand Tool主要用来调整面板的位置。与移动工具不同，【手形工具】Hand Tool不移动物体本身的位置，当面板放大后造成了图像在面板中显示的不完全，为了方便用户观察，使用【手形工具】Hand Tool来对面板显示区域做移动，对素材本身位置不会有任何影响，如图1.3.3所示。

图1.3.3

提示

【手形工具】Hand Tool在实际使用时一般不会直接选择该工具使用，在使用其他任何工具时，只要按住空格键不放，就能够快速地切换为【手形工具】Hand Tool。

3. 缩放工具

【缩放工具】Zoom Tool主要用于放大或者缩小画面的显示比例，对素材本身不会有任何影响。选择【缩放工具】Zoom Tool，然后在【合成】Comp面板中按住【Shift】键再单击鼠标左键，在素材需要放大部分划出一个灰色区域，松开鼠标，该区域将被放大。如果需要缩小画面比例，按住【Alt】键再单击鼠标左键。【缩放工具】Zoom Tool的图标由带“+”号的放大镜变成带“-”号放大镜。也可以通过修改【合成】Comp面板中 50% 弹出菜单，来改变图像显示的大小，如图1.3.4所示。

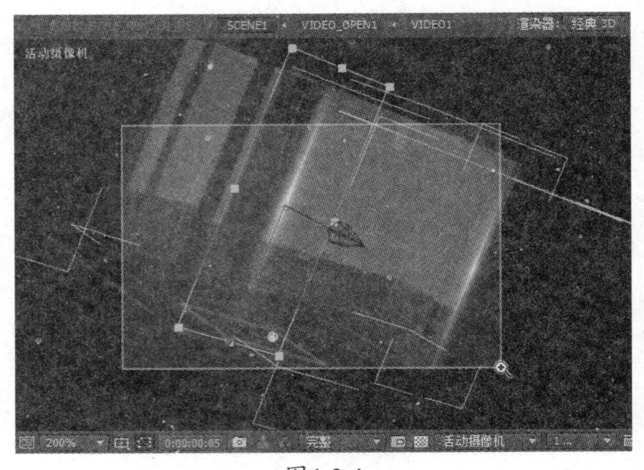

图1.3.4

提示

【缩放工具】Zoom Tool的组合使用方式非常多，熟练掌握会提高用户的操作效率。按住【Ctrl】键不放，系统会切换为【缩放工具】Zoom Tool，放开【Ctrl】键又切换回【缩放工具】Zoom Tool。与【Alt】键结合使用，可以在【缩放工具】Zoom Tool的缩小与放大功能间切换。使用【Alt+<】或者【Alt+>】快捷键，可以快速地放大或缩小图像的显示比例，双击工具面板内的【缩放工具】，可以使素材恢复到100%大小，这些操作在实际制作中都使用得很频繁。

1.3.2 视图工具

视图工具包括：【旋转工具】Rotation Tool、【统一摄像机工具】Orbit Camera Tool、【向后平移（锚点）工具】Pat Behind Tool、【轴模式】Axis Mode。

1. 【旋转工具】

【旋转工具】Rotation Tool主要用于旋转【合成】Comp面板中的素材。在二维视图中，【旋转工具】Rotation Tool只能在x、y两个方向上旋转素材，如图1.3.5所示。

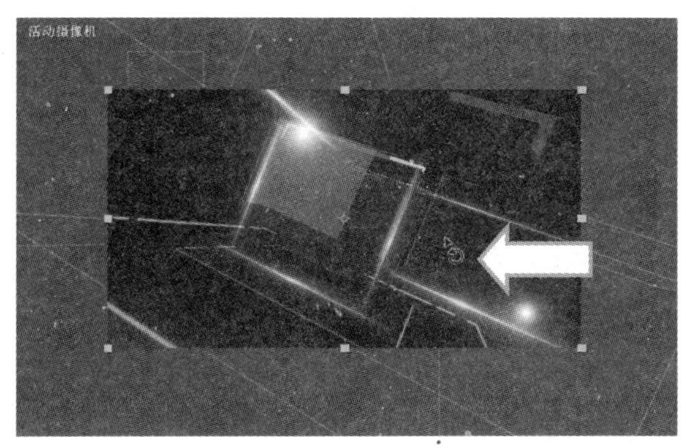

图1.3.5

在三维视图中，【旋转工具】Rotation Tool可以在x、y、z3个方向上旋转素材。我们可以选择素材，然后单击【图层】Layer→【3D 图层】3D Layer命令将二维素材转换到三维图层中。这时就能使用【旋转工具】Rotation Tool的z方向旋转功能了，如图1.3.6所示。

图1.3.6

当使用【旋转工具】Rotation Tool时，工具箱右侧的辅助工具选项被激活，该选项用于设置【旋转工具】Rotation Tool的调节属性，该功能只针对3D层，如图1.3.7所示。

图1.3.7

当选择【方向】Orientation 时，【旋转工具】Rotation Tool 的操作将对层的【方向】Orientation 属性进行调节。当选择【旋转】Rotation 时，该工具的操作将对层的【旋转】Rotation 属性进行调节。如果对旋转的形态不满意，用户可以在工具面板中双击该工具图标，使层返回旋转前的初始状态，如图 1.3.8 所示。

图1.3.8

提示

当使用【选取工具】Selection Tool和【旋转工具】Rotation Tool时，用户按住【Alt】键再单击左键激活工具移动或旋转素材，这时将出现一个白色预览框。这个预览框用来观察移动或旋转后素材和原素材间的位移或旋转角度。松开左键，原素材将移到或旋转到预览框位置。

2. 【统一摄像机工具】

- 【轨道摄像机工具】Orbit Camera Tool：使用该工具可以向任意方向旋转摄像机视图，调整到用户满意的位置。
- 【跟踪 XY 摄像机工具】Track XY Camera Tool：水平或垂直移动摄像机视图。
- 【跟踪 Z 摄像机工具】Track Z Camera Tool：缩放摄像机视图。

以上工具只有当用户创建了摄像机时才被激活。用户可以通过选择【图层】Layer>【新建】New>【摄像机】Camera 命令来创新建摄像机。摄像机工具都是针对摄像机作用的工具，所以对于合成中的其他物体不会起作用。

3. 【向后平移（锚点）工具】

【向后平移（锚点）工具】Pat Behind Tool主要用于调整素材的定位点和移动遮罩和面的层。层定位点默认状态下位于层的中心，【向后平移（锚点）工具】Pat Behind Tool可以调节层的定位点所在的位置，使层围绕任意点进行旋转，如图1.3.9所示。

图1.3.9

1.3.3 遮罩工具

【遮罩工具】

【矩形工具】Rectangular Mask Tool和【椭圆工具】Elliptical Mask Tool主要用来绘制规则的遮罩，在【合成】Composition面板中拖动鼠标来绘制标准遮罩图形。

（1）绘制遮罩

01 选择【矩形工具】Rectangular Mask Tool或【椭圆工具】Elliptical Mask Tool，在【合成】Composition面板中，鼠标指针将变为一个带十字的图标，如图1.3.10所示。

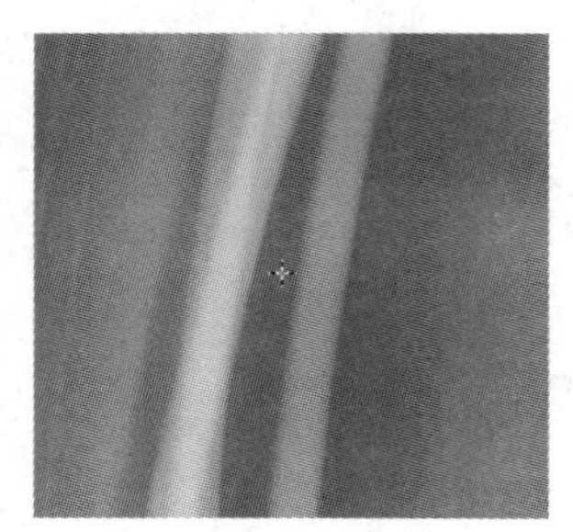

图1.3.10

02 按住鼠标左键并拖动，绘制出用户需要的形状大小，然后释放鼠标，如图 1.3.11 所示。

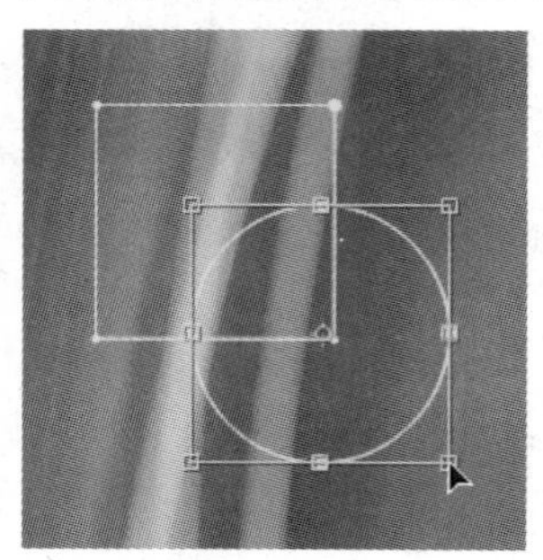

图1.3.11

03 鼠标的起始点就是遮罩图形范围框的左上角控制点，释放鼠标的地方就是遮罩图形范围的右下角控制点，如图1.3.12所示。

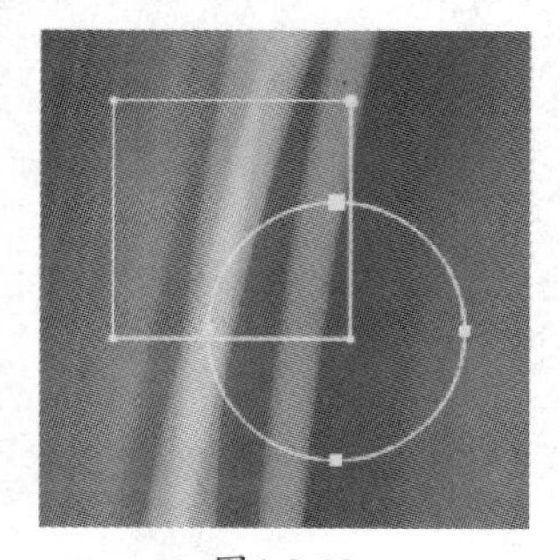

图1.3.12

提示

在遮罩绘制完成后，用户还可以继续修改遮罩，使用【选取工具】Selection Tool在遮罩边缘双击鼠标左键，遮罩的外框将会被激活，用户就可以再次调整遮罩。如果用户想绘制正方形或正圆形遮罩，可以按住【Shift】键的同时，拖动鼠标。在【时间轴】Timeline面板中选中遮罩层，双击工具箱里的【矩形工具】Rectangular Mask Tool或【椭圆工具】Elliptical Mask Tool，可以使被选中遮罩的形状调整到适应合成影片的有效尺寸。

（2）钢笔工具

【钢笔工具】Pen Tool主要用于绘制不规则遮罩或开放的遮罩路径。

- 【添加“顶点”工具】Add Vertex Tool：添加节点工具。
- 【删除“顶点”工具】Delete Vertex Tool：删除节点工具。
- 【转换“顶点”工具】Convert Vertex Tool：转换节点工具。
- 【蒙版羽化工具】Mask Feather Tool：羽化蒙版边缘的遮罩的硬度。

这些工具在实际的制作中使用的频率非常高，除了用于绘制遮罩以外，该工具还可以用来在【时间轴】Timeline 面板中调节属性值曲线。

下面我们使用【钢笔工具】Pen Tool来做一些练习，从而熟悉该工具的使用方法。

01 选择【钢笔工具】Pen Tool，在【合成】Composition面板中单击鼠标左键，创建一个控制点，在另一个位置再次单击，就可以在两个点之间创建一条连线，如图1.3.13所示。

图1.3.13

02 再次单击的同时拖动鼠标，就可以拉出控制手柄，通过手柄可以调节连线的弧度，如图1.3.14所示。

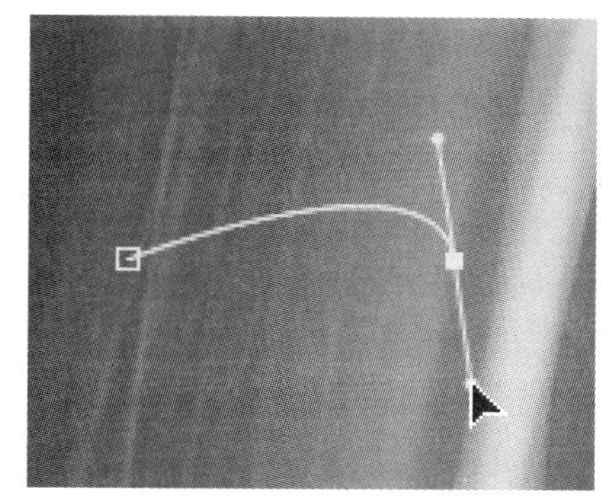

图1.3.14

03 用户可以创建一条闭合的路径，形成一个闭合的遮罩。将鼠标放在第一个控制点上单击，或直接双击鼠标左键，这样路径就会形成为一个闭合的遮罩，如图 1.3.15 所示。

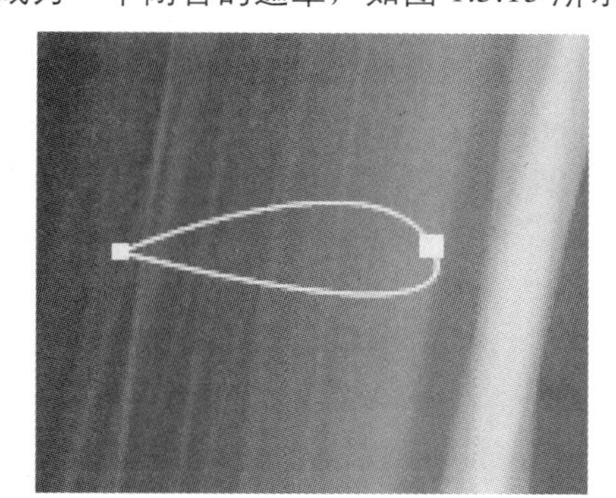

图1.3.15

绘制的路径可以改变到下一个控制点连线的。

遮罩顶点转角方式分为两种，如下所述。

- 平滑：线与线之间形成平滑的过渡，如图1.3.16所示。

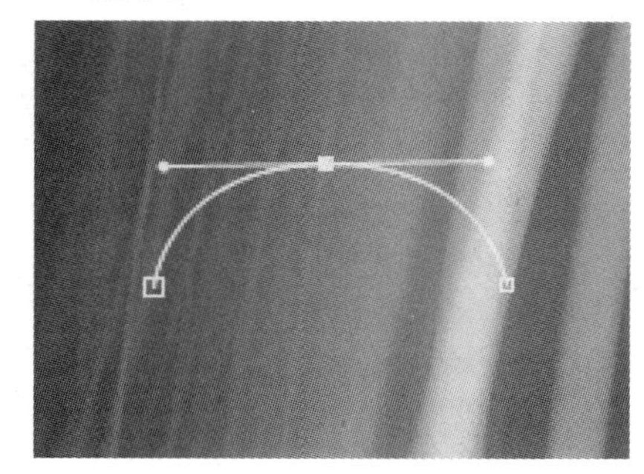

图1.3.16

- 锐利：改变下的前进方向，形成锐利的转折，如图1.3.17所示。

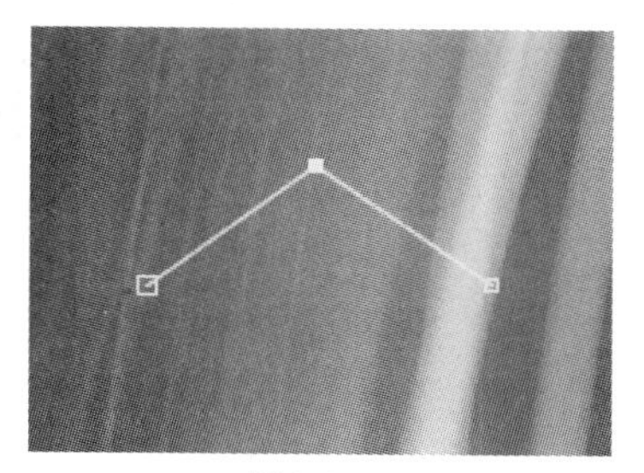

图1.3.17

用户可以使用【转换“顶点”工具】将路径的顶点在平滑模式和锐利模式间切换。

1.3.4 文本工具

【文字工具】

在 After Effects 6.0 以前是不能直接在【合成】Composition 面板中建立文本的，经过不断地改进，After Effects 的文本功能已日趋完美。【文字工具】主要用于在合成影片中建立文本。

共有两种文本建立方式，如下所述。

- 【横排文字工具】Horizontal Type Tool，应用效果如图1.3.18所示。

图1.3.18

- 【直排文字工具】Vertical Type Tool，应用效果如图1.3.19所示。

图1.3.19

当使用【文本工具】在【合成】Composition面板中建立一个文本时，系统会自动生成一个文本层，当然用户也可以选择菜单【图层】Layer>【新建】New>【文本】Text 命令来创建一个文本层。当选择【文字工具】Type Tool时，单击工具箱右侧的图标，弹出

【字符】Character和【段落】Paragraph面板，用户可以通过这两个面板设置文本的字体、大小、颜色和排列等。

1.3.5 绘画工具

1. 画笔工具

【画笔工具】Brush Tool主要用来在画面中创建各种笔触以及颜色，该工具在层窗口中进行特效绘制。下面我们通过一个练习熟悉【画笔工具】Brush Tool。

01 在【时间轴】Timeline面板中双击要进行绘画的层，该层画面会在【图层】Layer面板中显示，如图1.3.20所示。

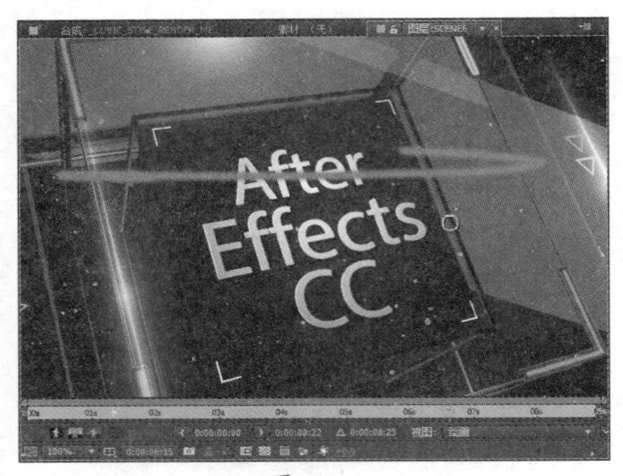

图1.3.20

02 选择【画笔工具】Brush Tool，然后单击工具箱右侧的图标，弹出【绘画】Paint面板和【画笔】Brush Tips面板，如图1.3.21所示。

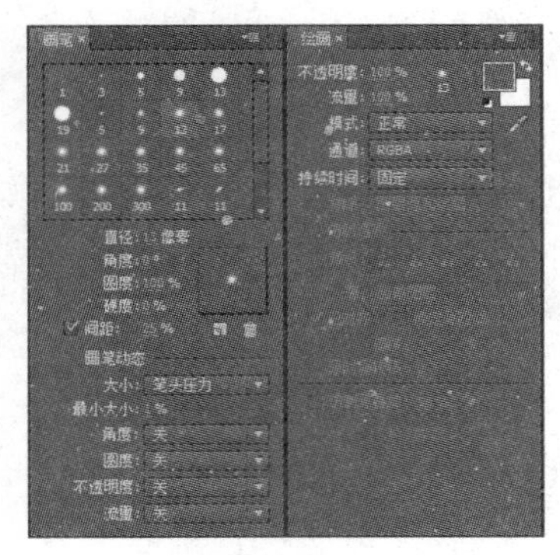

图1.3.21

03 在这两个面板中，用户设置笔触的大小、颜色等。设定好以后，用户就可以自由地在素材上绘画了。

> **提示**
> 在【图层】Layer面板中，按住【Ctrl】键不放，拖动鼠标左键可以调整笔触的大小。按住【Alt】键，笔刷工具将变成吸管工具，用户可以在界面内任意位置选择需要的颜色，然后按鼠标左键确定，这样就可以快速且准确地获得用户需要的颜色。

2. 仿制图课工具

【仿制图课工具】Clone Stamp Tool主要用来对画面中的区域进行有选择性的复制。

熟悉Photoshop的用户对这个工具一定不会陌生，这是修复画面强大工具，在实际的制作过程中会经常用到，可以很轻松地去除素材中的瑕疵和不需要的画面。

同样该工具也是在【图层】Layer 面板中被使用，当用户使用【仿制图课工具】Clone Stamp Tool 时,【绘画】Paint 面板中的【仿制选项】Clone Option 将被激活，如图 1.3.22 所示。

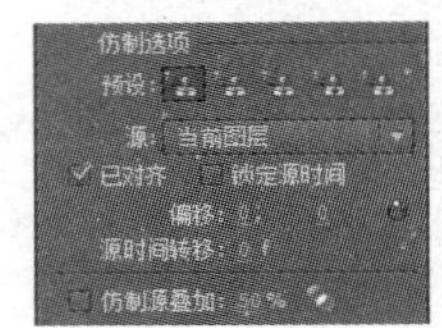

图1.3.22

下面我们通过一个练习来熟悉【仿制图课工具】Clone Stamp Tool的使用。

01 在工具栏中选择【仿制图课工具】Clone Stamp Tool，在【图层】Layer面板中按住【Alt】键不放，这时鼠标图标会变成十字圈形，在需要复制的区域单击一下进行取样操作，如图1.3.23所示。

图1.3.23

02 这时松开【Alt】键，在合适的位置开始绘制，这时复制区域会有一个十字标，提示用户与之对应的画面，如图1.3.24所示。

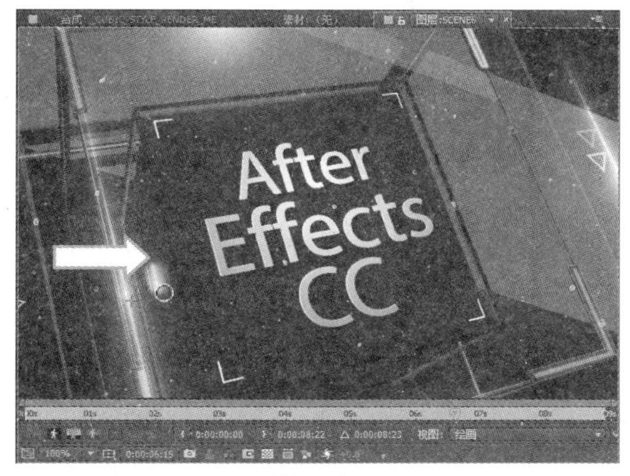

图1.3.24

03 细致小心地绘制，不断地校正笔触的大小，复制出完美的画面，如图1.3.25所示。

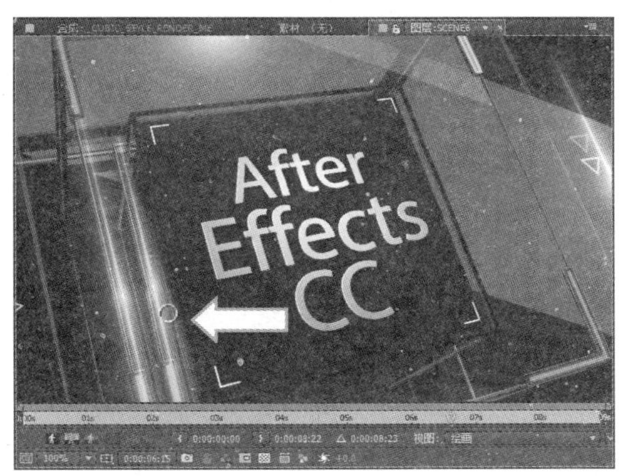

图1.3.25

提示

当勾选【锁定源时间】Lock Source Time 选项时，【仿制图课工具】Clone Stamp Tool 将在一个单帧中进行操作，然后对整修序列的整施加仿制图章。如果不选择该项，则【仿制图课工具】Clone Stamp Tool 将不断地在层中进行操作，并在固定时间内将其施加给所有的连续帧。

3. 橡皮擦工具

【橡皮擦工具】Eraser Tool 主要用于擦除画面中的图像，该工具也在【图层】Layer 面板中操作。当擦除图像后，会显示出下面层的图像。

1.3.6 旋转笔刷工具

1. 【Roto笔刷工具】Roto Brush Tool和【调整笔刷工具】Adjust Brush Tool

这两个工具是结合使用的,【调整笔刷工具】Adjust Brush Tool 工具是 After Effects CC 的新功能。特效中的抠像工具可以使我们将画面和后面的背景迅速地分离，但要建立在背景有着与分离物体不一样的单一色彩上。而面对复杂的环境拍摄的画面我们就无法进行快速的分离。【Roto 笔刷工具】可以快速的建立完美的遮罩，下面我们就来看一下它是怎么使用的。

01 在【时间轴】Timeline面板中双击要进行遮罩的层，该层画面会在【图层】Layer面板中显示，如图1.3.26所示。

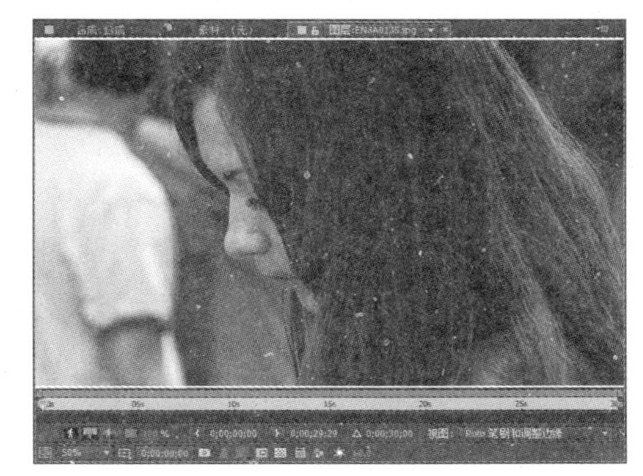

图1.3.26

02 使用【Roto 笔刷工具】在人物面部进行绘制，在【图层】面板中拖动，以在要从背景中分离的对象上进行前景描边。在绘制前景描边时，Roto 画笔工具的指针将变为中间带有加号的绿色圆圈，沿对象的中心位置向下，而不是沿边缘绘制描边，如图 1.3.27 所示。

图1.3.27

03 画面经过计算，可以看到人物面部被玫瑰红色的线围绕了起来，其中的部分就是被遮罩的部分画面，如图1.3.28所示。

图1.3.28

04 切换到【合成】面板，可以看到人物的面部显现出来，遮罩的部分显现出背景的蓝色，如图1.3.29所示。

05 按住【Alt】键拖动鼠标，以对要定义为背景的区域进行背景描边。在绘制背景描边时，Roto画笔工具的指针将变为中间带有减号的红色圆圈，这样可以减去多余的选择区域，如图1.3.30所示。

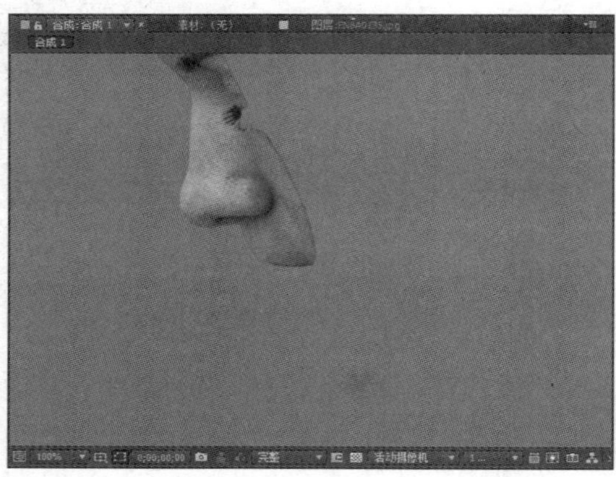

图1.3.29

图1.3.30

06 将素材向前播放一帧，如果存在没有被遮罩的地方，可以使用【调整画笔工具】进行调整。

1.3.7 操控工具

操控点工具

【操控点工具】Puppet Pin Tool用于在静态图片上添加关节点，然后通过操纵关节点来改变图像形状，如同操纵木偶一般。【操控点工具】Puppet Pin Tool由以下3个工具组成。

（1）【操控点工具】Puppet Pin Tool。

（2）【操控叠加工具】Puppet Overlap Tool。

（3）【操控扑粉工具】Puppet Starch Tool。

【操控点工具】Puppet Pin Tool用来放置和移动变形点的位置；【操控叠加工具】Puppet Overlap Tool用来放置交迭点的位置。放置交叠点周围图片将出现一个白色区域，该区域显示图片范围表示在产生图片扭曲时，该区域的图像将显示在最上面。【操控扑粉工具】Puppet Starch Tool是用来放置延迟点。在延迟点放置范围影响的图像部分将减少被【操控点工具】Puppet Pin Tool的影响，如图1.3.31所示。

图1.3.31

1.4 菜单栏

After Effects CC的所有命令选项都分类在9个下拉菜单中，这9类分别是：【文件】File、【编辑】Edit、【合成】Composition、【图层】Layer、【效果】Effect、【动画】Animation、【视图】View、【窗口】Window和【帮助】Help。单击每个大类的名称，将弹出包含子命令的下拉菜单。有的菜单弹出时显示为灰色，表示处于非激活状态，这表示需要满足一定条件，该命令才能被执行。部分下拉菜单中的命令名称右侧还有一个小箭头，表示该命令还存在其他子命令，用户只需要将鼠标移到该命令行，将自动弹出子命令。对于每一个菜单命令，我们会在后面的课节中详细讲解。

1.5 【项目】面板

在After Effects中，【项目】Project面板提供给用户一个管理素材的工作区，用户可以很方便地把不同素材导入，并对它们进行替换、删除、注解，整合等管理操作。After Effects这种项目管理方式与其他软件不同。例如，用户使用Photoshop将文件导入后，生成的是Photoshop文档格式。而After Effects则是利用项目来保存导入素材所在硬盘的位置，这样使得After Effects的文件非常小。当用户改变导入素材所在硬盘的保存位置时，After Effects将要求用户重新确认素材的位置。建议用户使用英文来命名保存素材的文件夹和素材文件名，用来避免After Effects识别中文路径和文件名时产生错误，如图1.5.1所示。

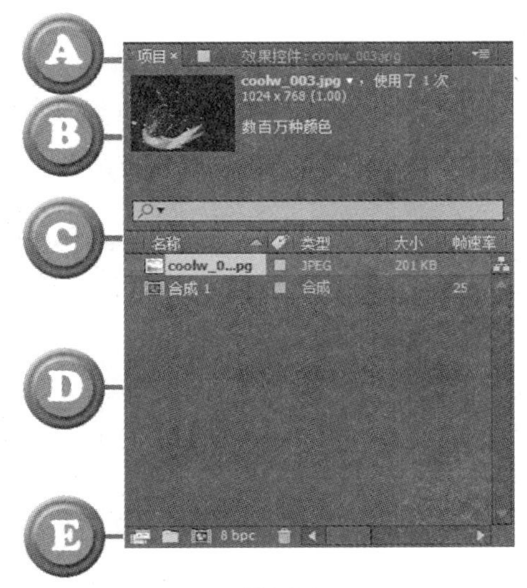

图1.5.1

A：这里显示面板的名称。

B：这里用来预览所选定素材和显示素材的一些信息。

C：这里是标签栏，用鼠标来单击标签名称，可以把素材以不同的方式进行排列，如图1.5.2所示。

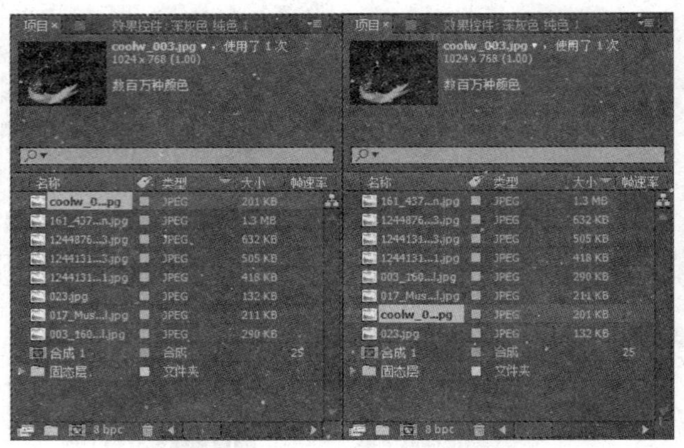

以类型排序　　以大小排序

图1.5.2

D：这个空间用来储存素材和合成，素材会分别显示名字、格式、大小还有路径等。

E：用来管理素材和建立合成的按钮。

1.5.1 【项目】面板具体命令介绍

从上一个小节我们了解到【项目】Project面板的大概功能，接下来学习面板中各个命令和按钮的功能。

- 在【项目】Project面板中选择一个素材，在素材的名称上单击鼠标右键，就会弹出素材的设置菜单，如图1.5.3所示。

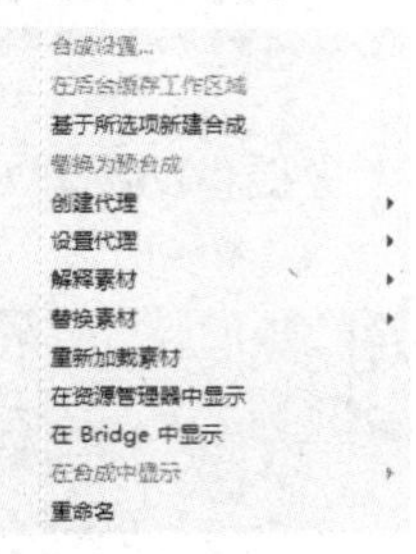

图1.5.3

- 在【项目】Project面板的标签上单击鼠标右键，会弹出标签的控制菜单，它可以隐藏和显示某个标签，如图1.5.4所示。

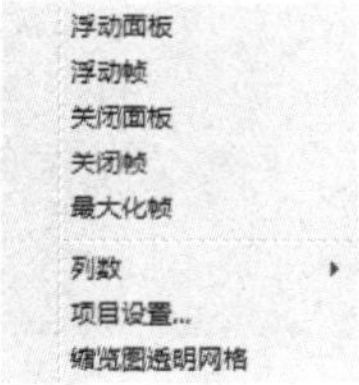

浮动面板
浮动帧
关闭面板
关闭帧
最大化帧
列数
项目设置...
缩览图透明网格

图1.5.4

- 用鼠标右键单击素材名称后面的小色块，会弹出用于选择颜色的菜单栏。
- 在【项目】Project面板的空白处单击鼠标右键，会弹出关于新建和导入的菜单栏。
  - 【新建合成】New Composition是创建新的合成项目。
  - 【新建文件夹】New Folder是创建新的文件夹，用来分类装载素材。
  - 【新建Adobe Photoshop 文件】New Adobe Photoshop File是创建一个新的保存为Photoshop的文件格式。
  - 【新建MAXON CINEMA 4D文件】创建C4D文件，这是After Effects CC新整合的文件模式。
  - 【导入】Import是导入新的素材。
  - 【导入最近的素材】Import Recent Footage是最近导入素材，如图1.5.5所示。

图1.5.5

● 【查找】Find：这个功能在After Effects CS4里面改进成了一个单独的查找窗口，使操作更加便捷，如图1.5.6所示。

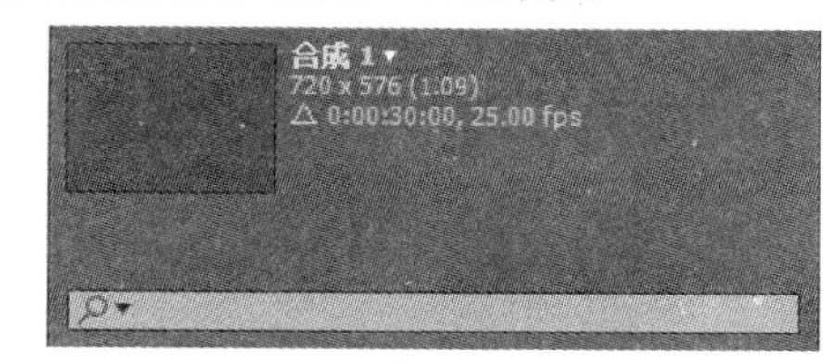

图1.5.6

● ：这个按钮用于打开【解释素材】Interpret Footages面板，在这里我们可以设置导入的影像素材的相关设置，例如Alpha通道的设置和一些场的相关设置。这些设置的使用方法我们在第一课里已经讲过了，在这里就不再复述了，如图1.5.7所示。

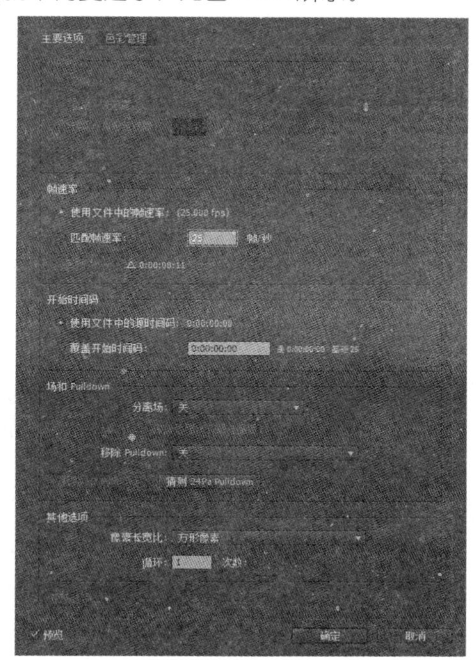

图1.5.7

● ：这个按钮处于【项目】Project面板左下角的第二个，它的功能是建立一个新的文件夹，用于管理【项目】Project面板中的素材，用户可以把同一类型的素材放入一个文件夹中。管理素材与制作是同样重要的工作，当用户在制作大型项目时，将要同时面对大量视频素材、音频素材和图片。合理分配素材将有效地提高工作效率，增强团队的协作能力，如图1.5.8所示。

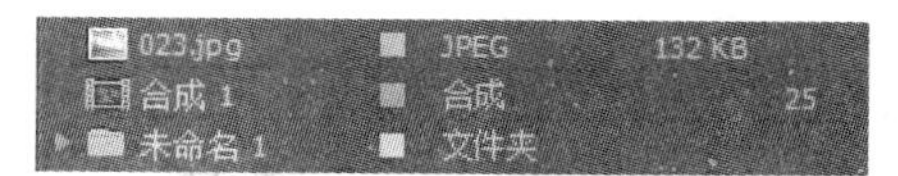

图1.5.8

● ：这个按钮是用来建立一个新的【合成】Composition，单击该按钮，会弹出【合成设置】Composition Settings对话框。

● ：该按钮是用来删除【项目】Project面板中所选定的素材或项目。

● ：这个按钮在【项目】Project面板的右边，它是用来快速打开【流程图】Flowchart面板，如图1.5.9所示。

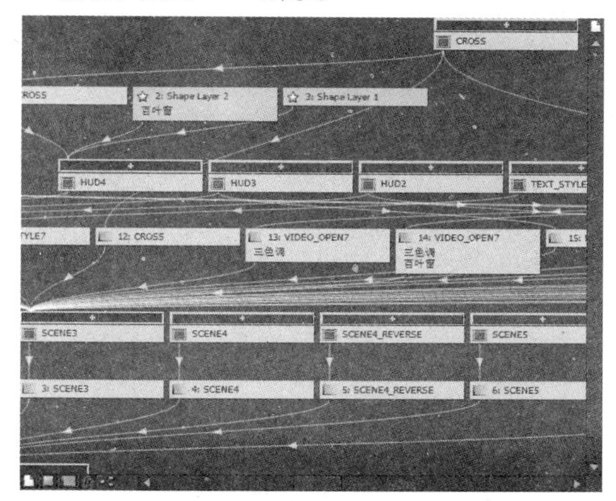

图1.5.9

● ：这个按钮在After Effects的很多面板中都有，它一般在面板的右上角。在【项目】Project面板中，它主要用来控制面板的结构和对【项目】Project的修改。单击该按钮，会弹出一个下拉菜单，如图1.5.10所示。

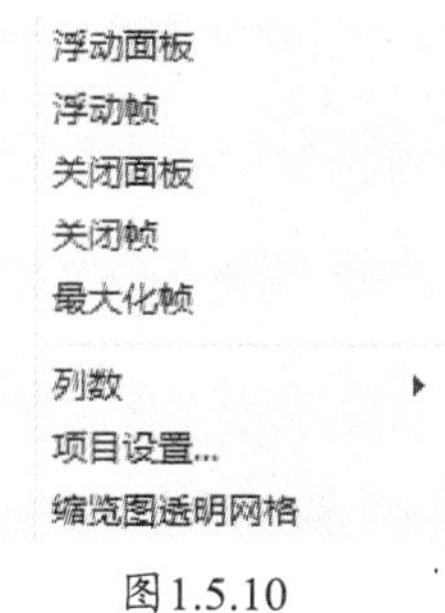

图1.5.10

1.5.2 在【项目】Project面板中导入素材

一般我们在 After Effects 中开始制作一个项目时，首先就是在【项目】Project 面板中建立新的【合成】Composition，然后导入需要的素材，在这里导入素材有多种方法，下面分别做一下说明。

- 方法一：是差不多每个软件都具备的，也是最原始的方法，就是执行【文件】File>【导入】Import>【文件…】File…命令，然后通过【导入文件】面板来导入素材文件。
- 方法二：在【项目】Project面板的空白处单击鼠标的右键，在弹出的菜单中执行【导入】Import>【文件】File命令。
- 方法三：直接用鼠标在【项目】Project面板的空白处双击鼠标左键，就会弹出【导入文件】面板。
- 方法四：在Windows面板中，直接把需要的素材拖曳到After Effects的【项目】Project面板中。

提示

处于团队中时，如何管理素材往往比如何使用素材更重要，【项目】Project面板为我们提供了许多有效管理素材的方法。特别是当我们制作一个大项目时，素材在多台电脑间互导是不可避免的，合理有效地管理素材将为自己和队友节省大量时间。

这里为大家总结出管理素材的4个要点，无论是初学者还是专业人士都应该牢牢记住这4点。第一点，合理管理素材，避免在需要查找素材时手忙脚乱，浪费时间；第二点，合理管理素材，帮助你的同事在接管或查阅你制作项目时能快速清晰地找到需要的素材，带给对方便捷；第三点，合理管理素材，将有助于在合成影片过程中，分清合成步骤，保证思路清晰，快捷有效地修改；第四点，也是最重要的，避免最终渲染出错，并且快速找出错误所在。

我们建议大家在管理素材的时候，将相同类型的素材放在统一的文件夹内，例如音频素材统一放在一个文件夹，静态图像统一放在一个文件夹，视频文件统一放在一个文件夹。当我们与其他艺术家一同为一个大项目工作时，通常都会要求建立一个统一的项目模板，并预先设置好一个基本的工作流程。这时就需要一个统一项目素材管理方式，让所有人都能轻易找到和放置所需的所有元素。

1.6 【合成】面板

【合成】Composition（合成）面板主要用于对视频进行可视化编辑。我们对影片做的所有修改，都将在该窗口中显示出来。【合成】Composition面板中显示的内容是我们最终渲染效果的主要参考。【合成】Composition面板不仅可以用于预览源素材，在编辑素材的过程中也是不可或缺的。【合成】Composition面板不光用于显示效果，同时也是最重要的工作区域。我们可以直接在【合成】Composition面板中使用Tools面板中的工具在素材上进行修改，实时显示修改的效果。用户还可以建立快照，方便对比观察影片。

图1.6.1

【合成】Composition面板主要用来显示各个层的效果，而且通过这里，可以对层做直观的调整，包括移动、旋转和缩放等，对层使用的滤镜都可以在这个面板中显示出来。来看一下【合成】Composition面板完整的样子，如图1.6.1所示。

1.6.1 认识【合成】Composition面板

【合成】面板各个部分如图1.6.2所示。

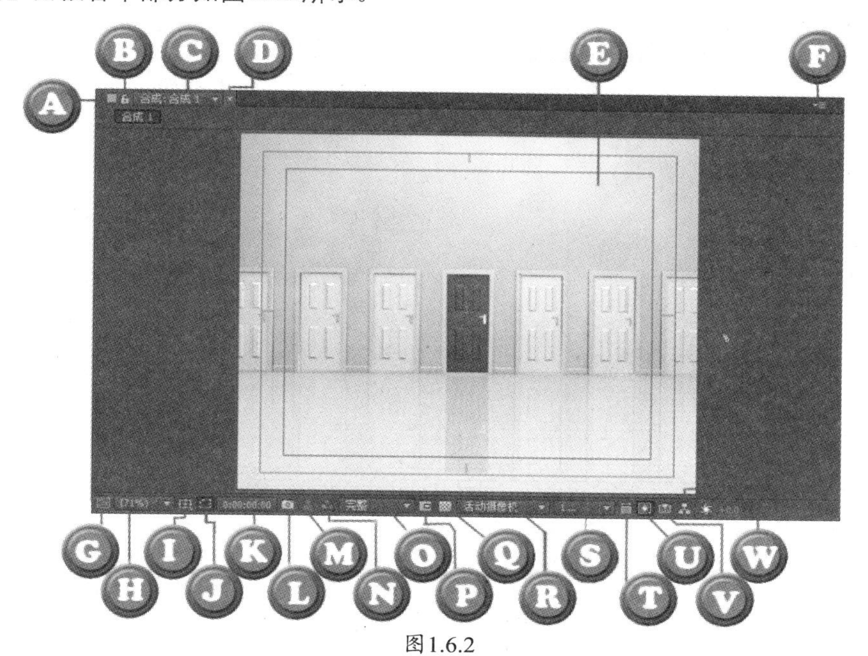

图1.6.2

A：在【合成】Composition面板的左上角，有一个小点的标记，它是用来拖动【合成】Composition面板，可以使【合成】Composition面板成为一个独立的结构窗口，也可以并入其他结构窗口中。

B：【切换视图锁定】Toggle Viewer Lock按钮用于锁定面板。

C：这里显示的是【合成】Composition的名称，单击后面的小箭头，会弹出一个下拉菜单，如图1.6.3所示。

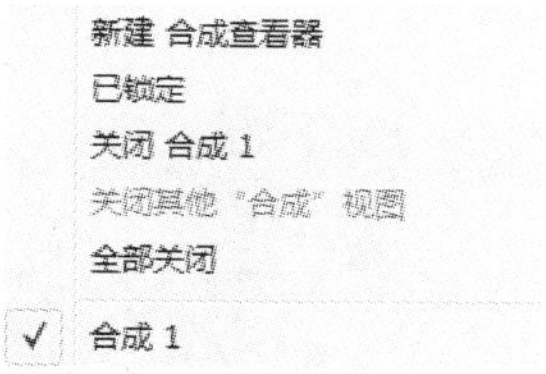

新建 合成查看器
已锁定
关闭 合成 1
关闭其他"合成"视图
全部关闭
✓ 合成 1

图1.6.3

- 【新建 合成查看器】New Comp Viewer：可以新建一个【合成】Composition面板。
- 【已锁定】Locked：这个和【切换视图锁定】Toggle Viewer Lock按钮同一功能。
- 【关闭 合成1】 Close Comp 1：关闭当前的合成1，这里的合成名称用的是默认名称"合成1"。
- 【关闭其他"合成"视图】X Comp X：这里是显示所有的合成层名称，如果你建立了两个或两个以上的合成，这里都会显示出名字来。
- 【全部关闭】Close All：关闭所有的合成。

D：这个就不用多说了，是用来关闭窗口的按钮。

E：这里是【合成】Composition面板中最大的区域，用来显示最终合成效果的显示区。

F：这个按钮是【合成】Composition面板的菜单按钮，用鼠标左键单击，可以弹出一个下拉菜单，主要用来控制该面板，如图1.6.4所示。

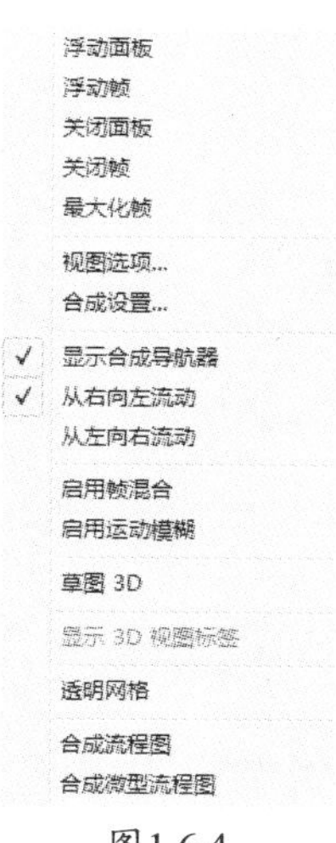

图1.6.4

G：【始终预览此视图】Always Preview This View按钮主要用于保持控制查看该面板。

H：50%按钮是用来控制合成的缩放比例。单击这个按钮，就弹出一个下拉菜单，可以从中选择需要的比例大小，如图1.6.5所示。

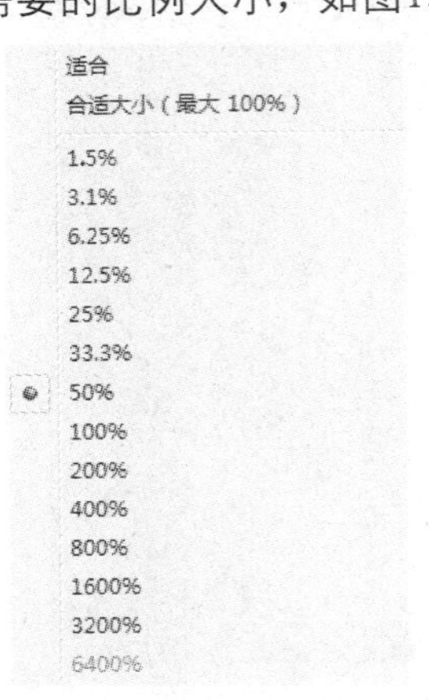

图1.6.5

提示

更改缩放比例，只会改变显示区的比例，【合成】Composition面板是不会改变的，图像的真实分辨率也不会受到影响。

I：按钮是安全区域按钮，因为我们在电脑上所做影片在电视上播出时，会将边缘切除一部分，这样就有了安全区域，只要图像中的元素在安全区中，就不会被剪掉。这个按钮就可以来显示或隐藏网格、向导线、安全线等，如图1.6.6所示。

图1.6.6

- 【标题/动作安全】Title/Action Safe：用来显示或隐藏安全线，如图1.6.7所示。

图1.6.7

- 【对称网格】Proportional Grid：显示或隐藏成比例的栅格，如图1.6.8所示。

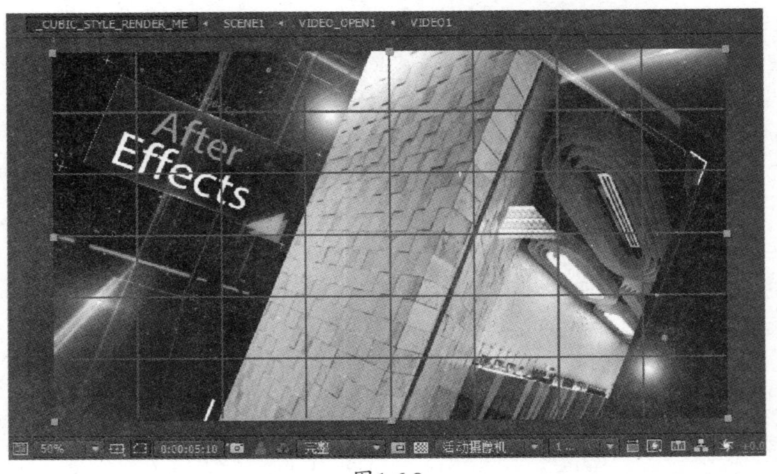

图1.6.8

- 【网格】Grid：显示或隐藏栅格，如图1.6.9所示。

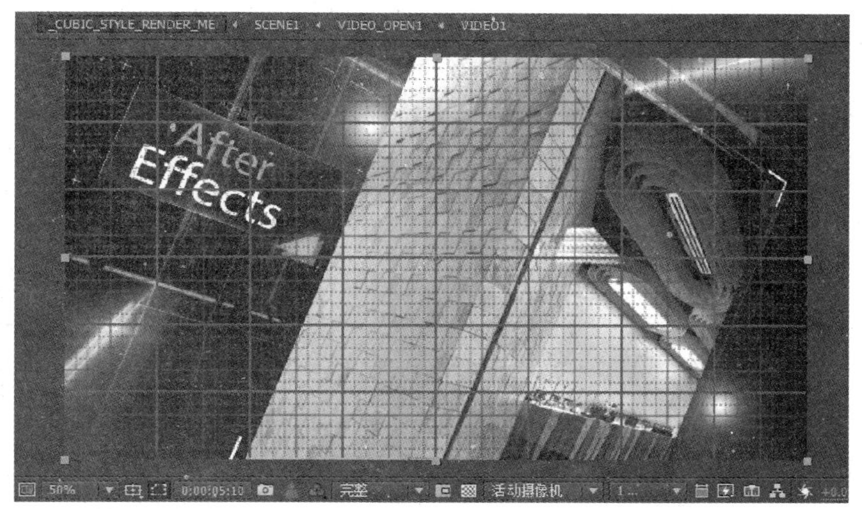

图1.6.9

- 【参考线】Guides：显示或隐藏引导线，如图1.6.10所示。

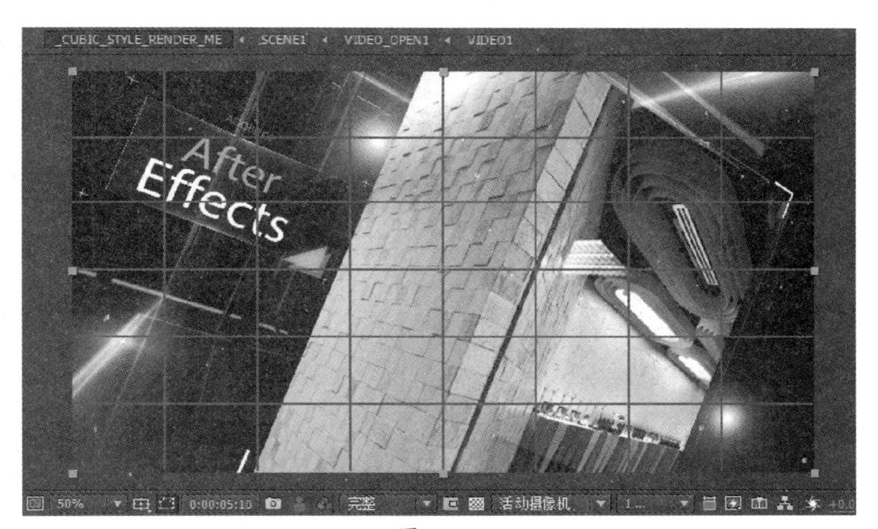

图1.6.10

- 【标尺】Rulers：显示或隐藏标尺，如图1.6.11所示。

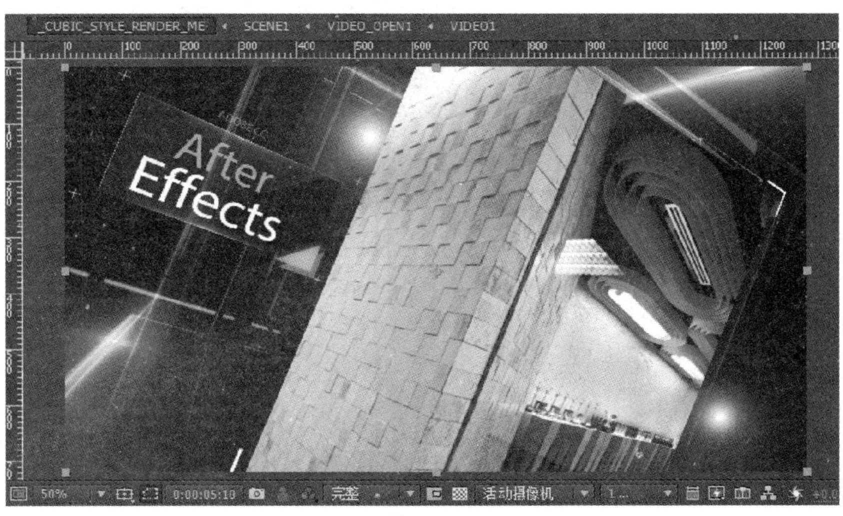

图1.6.11

【3D参考轴】3D Reference Axes：显示或隐藏3D参考轴。

J：按钮可以显示或隐藏遮罩的显示状态，如图1.6.12所示。

图1.6.12

K：0:00:00:00显示的是合成的当前时间，如果单击这个按钮，会弹出【转到时间】Go to Time对话框，在这里可以输入精确的时间，如图1.6.13所示。

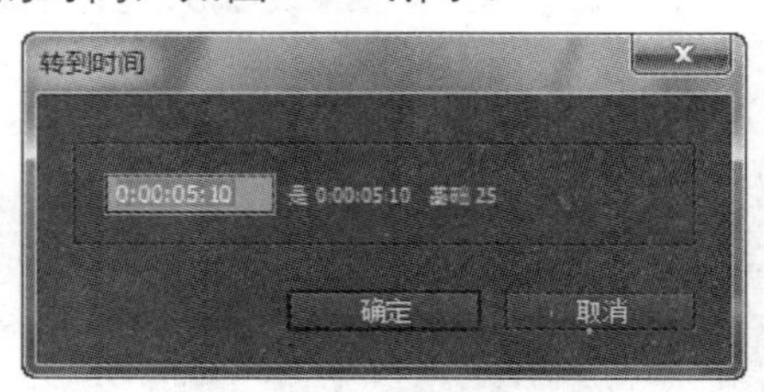

图1.6.13

L：是快照按钮，用于暂时保存当前时间的图像，以便在更改后进行对比。暂时保存的图像只会存在内存中，并且一次只能暂存一张。

M：按钮就是用来显示快照的，不管在哪个时间位置，只要按住这个按钮不放，就可以显示最后一次快照的图像。

提示：如果想要拍摄多个快照，可以按住【Shift】键不放，然后在需要快照的地方按【F5】、【F6】、【F7】、【F8】键，就可以进行多次快照。要显示快照，只按【F5】、【F6】、【F7】、【F8】键就可以了。

N：是通道按钮，单击它会弹出下拉菜单，选择不同的通道模式，显示区就会显示出这种通道的效果，从而检查图像的各种通道信息，如图1.6.14所示。

O：[完整 ▼]可以选择以何种分辨率来显示图像，它的下拉菜单如图1.6.15所示。

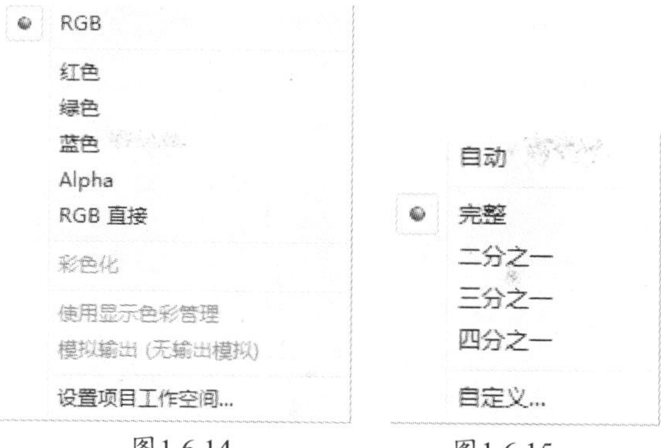

图1.6.14　　　　图1.6.15

P：按钮可以在显示区中自定义一个矩形的区域，只有矩形区域中的图像才能显示出来。它可以加速影片的预览速度，只显示需要看到的区域，如图1.6.16所示。

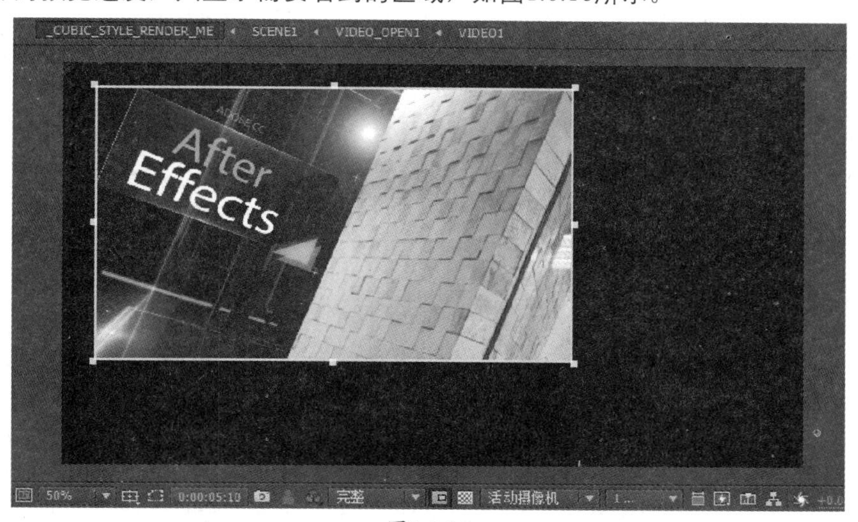

图1.6.16

Q：按钮可以打开棋盘格透明背景。默认的情况下，背景为黑色，如图1.6.17所示。

图1.6.17

R：[活动摄像机 ▼]，在建立了摄像机并打开了3D图层时，可以通过这个按钮进入不同摄像机视图，它的下拉菜单如图1.6.18所示。

S：[1 ... ▾]，在这里可以使【合成】Composition面板中显示多个视图。单击该按钮，弹出下拉菜单，如图1.6.19所示。

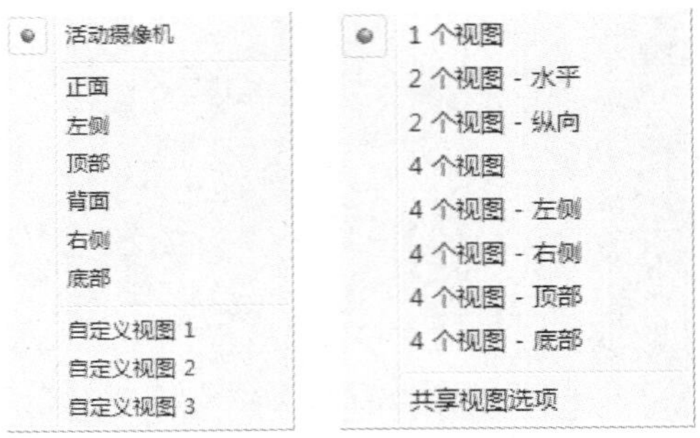

图1.6.18　　图1.6.19

- 【2个视图-水平】2Views-Horizontal：水平地显示2个视图，可以单击不同面板来改变当前面板下素材的状态。这种比较最直观，但耗费计算时间也是双倍或更多的，如图1.6.20所示。

图1.6.20

- 【4个视图】4Views：平均显示4个视图，如图1.6.21所示。

图1.6.21

T：按钮有像素矫正的功能，在启用这个功能时，素材图像会被压扁或拉伸，从而矫正图像中非正方形的像素。它不会影响合成影像或素材文件中的正方形像素。

U：是动态预览按钮，单击它会弹出下拉菜单，可以选择不同的动态加速预览选项，如图1.6.22所示。

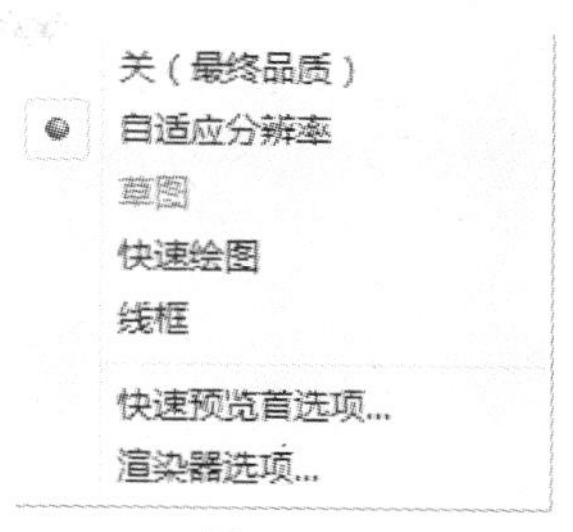

图1.6.22

V：按钮可以打开与当前【合成】Composition面板对应的【时间轴】Timeline面板。

W：按钮可以打开【流程图】Flowchart面板，如图1.6.23所示。

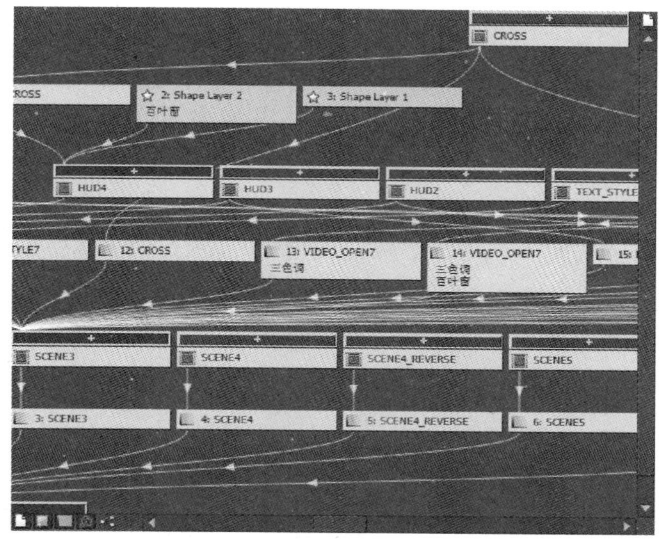

图1.6.23

X：按钮可以调整素材在当前合成窗口的曝光度。

1.6.2 【合成】Composition面板的其他菜单

（1）在【合成】Composition视窗的空白处单击鼠标右键，可以弹出一个下拉菜单，如图1.6.24所示。

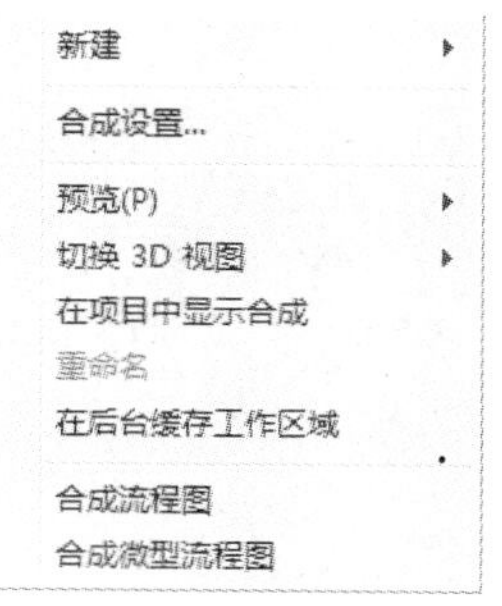

图1.6.24

- 【新建New】：可以用来新建一个【合成】Composition、【固态层】、【灯光】、【摄像机层】等。

- 【合成设置】Composition Settings：可以打开【合成设置】Composition Settings窗口。
- 【预览】Preview：这个命令可以对当前的合成层进行预览。
- 【切换 3D视图】Switch 3DView：该命令用来切换3D视图模式。
- 【在项目中显示合成】Reveal Composition in Project：可以把合成层显示在【项目】Project面板中。
- 【重命名】Rename：重命名。
- 【在后台缓存工作区域】Cache Work Area in Background：在后台缓存工作区域中的内容，加快读取速率。
- 【合成流程图】Composition Flowchart：可以打开该【合成】Composition的【流程图】Flowchart。
- 【合成流程微型图】Composition Mini-Flowchart：可以打开该【合成】Composition的【合成流程微型图】Composition Mini-Flowchart。

（2）在【合成】Composition视窗的显示区单击鼠标右键，会弹出下拉菜单，如图1.6.25所示。

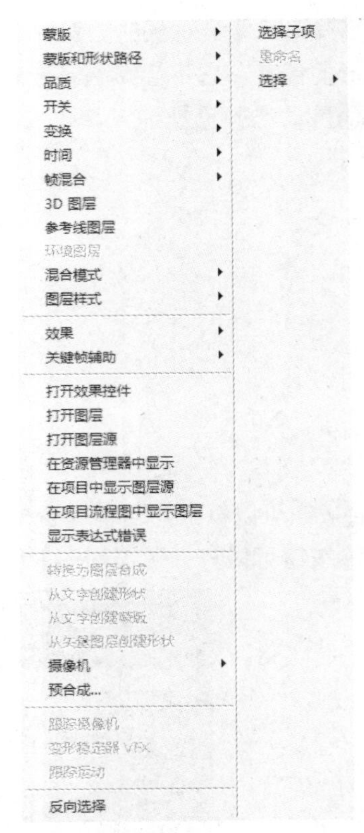

图1.6.25

这里的命令和【图层】Layer菜单、【效果】Effect菜单、【动画】Animation菜单中的命令相同，这里就不再介绍了。

1.7 【时间轴】面板

【时间轴】Timeline面板是用来编辑素材最基本上的面板，主要功能有管理层的顺序、设置关键帧等。大部分关键帧特效都在这里完成。素材的时间长短、在整个影片中的位置等，都在该面板中显示，特效应用的效果也会在这个面板中得以控制。所以说【时间轴】Timeline面板是After Effects 中用于组织各个合成图像或场景的元素最重要的工作窗口，如图1.7.1所示。

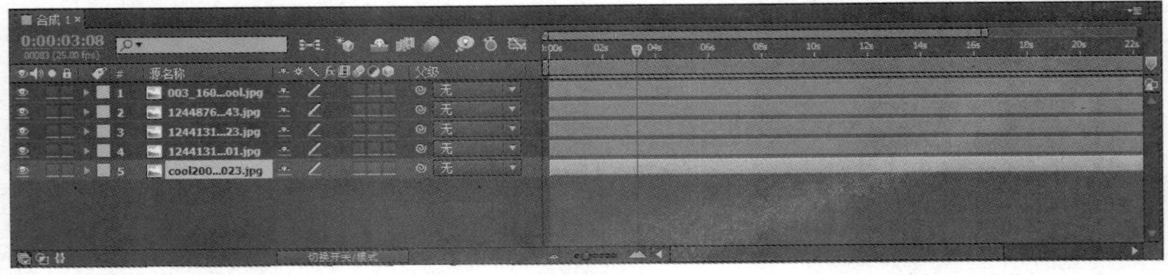

图1.7.1

每一个【时间轴】Timeline面板都对应一个【合成】Composition面板，在实际应用过程中，我们会把每个【合成】Composition素材的【时间轴】Timeline面板都罗列出来，方便观察。【时间轴】Timeline面板的按钮较多，操作时需要非常精确，熟练地掌握快捷键是非常必要的，它会使你的工作事半功倍。

1.8 【流程图】面板

【流程图】Flowchart面板可以清晰地观察素材之间的关系，熟悉Shake的用户更习惯于使用这种方式观察层与层之间的链接关系，视图中的方向线显示了合成素材的流程。用户通过以下两种方式打开【流程图】Flowchart面板，选择菜单【合成】Composition>【合成和流程图】Comp Flowchart View命令或在【合成】Composition面板中单击图标，如图1.8.1所示。

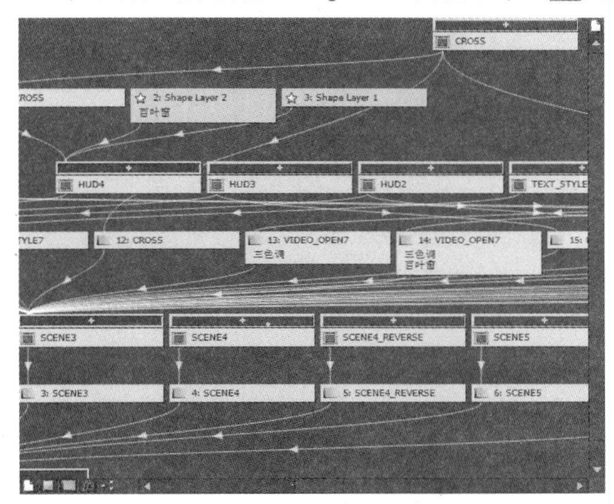

图1.8.1

提示

【流程图】Flowchart面板只用来显示项目中素材之间的关系，用户不能够通过该面板改变素材之间的关系，也不能添加新的素材。

1.9 【素材】面板

我们利用【素材】Footage面板可以对素材进行编辑，比较常用的就是切入与切出时间的编辑。它与【图层】Layer面板比较相似，但各自的功能不同。导入【项目】Project面板的素材都可以在【素材】Footage面板中打开，如图1.9.1所示。

图1.9.1

想要打开【素材】Footage面板，可以在【项目】Project面板中用鼠标左键双击素材的名称。用户可以在这里对素材单独进行编辑，再调入【合成】Composition面板中。

1.10 【预览】面板

【预览】面板的主要功能是控制播放素材的方式，用户可以用RAM方式预览，使画面变得更加流畅，但一定要保证有很大的内存作为支持，如图1.10.1所示。

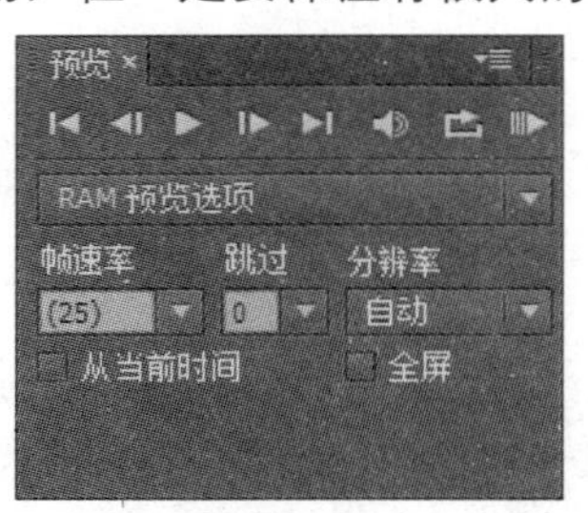

图1.10.1

【预览】面板的上方部分是用来对动画预览进行操作的。

- ▶：对【合成】Composition面板中的合成影像或动画层进行预览。
- ▶▶ ◀◀：使时间指针至下一帧或上一帧。
- ◀◀ ▶▶：可以使时间指针跳至开始或结束的位置。
- ◀)：声音开关。
- ：播放动画的方式，依次为只播放一次、循环播放、巡回播放。
- ：内存预览，就是把数据暂时放在内存中，这样预览速度会加快。

【预览】Time Controls面板的下方部分，如下介绍。

- 【帧速率】Frame Rate：设置帧比率，就是每秒播放的帧数。
- 【跳过】Skip：这里可以设置储存预览时跳跃多少帧储存一次，默认为0，也就是每帧都储存，并进行预览。
- 【分辨率】Resolution：用来设置储存预览时的画面质量。
- 【从当前时间】From Current Time：从当前帧。
- 【全屏】Full Screen：全屏。

1.11 【信息】面板

【信息】Info面板会显示鼠标所在位置图像的颜色和坐标信息，默认状态下【信息】Info面板为空白，只有鼠标在【合成】Composition面板和【图层】Layer面板中时才会显示，如图1.11.1所示。

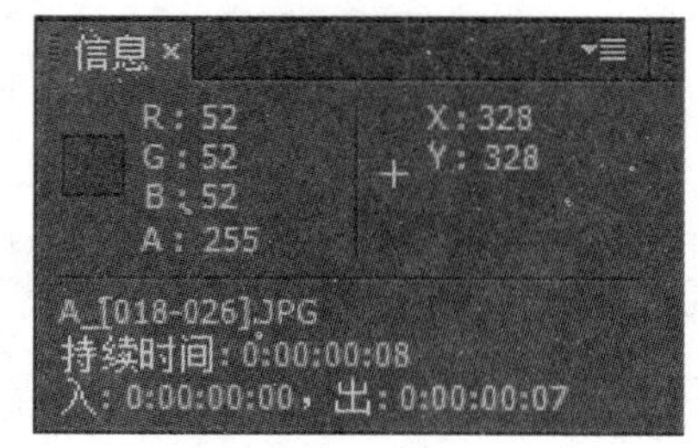

图1.11.1

1.12 【音频】面板

显示音频的各种信息。该面板没有太多的设置，包括对声音的级别控制和级别单位，Audio Clipping用于警告声音文件的溢出，如图1.12.1所示。

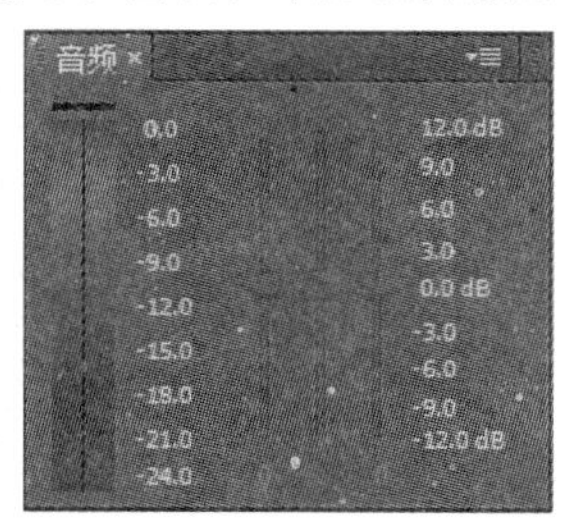

图1.12.1

1.13 【效果和预设】面板

该面板中包括了所有的滤镜效果，如果给某层添加滤镜效果，可以直接在这里选择使用，和Effect菜单的滤镜效果相同。【效果和预设】Effects & Presets面板中有【动画预设】Animation Presets选项，是After Effects自带的一些成品动画效果，可以供用户直接使用。【效果和预设】Effects& Presets面板为我们提供了上百种滤镜效果，通过滤镜我们能对原始素材进行各种方式的变幻调整，创造出惊人的视觉效果，如图1.13.1所示。

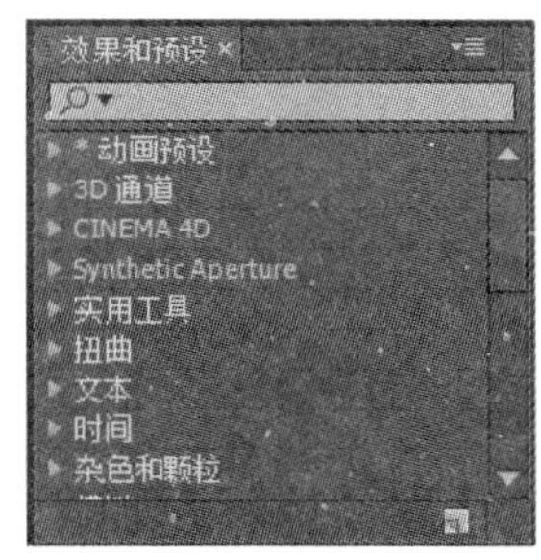

图1.13.1

1.14 【对齐】面板

【对齐】Align面板的主要功能是按某种方式来排列多个图层，如图1.14.1所示。

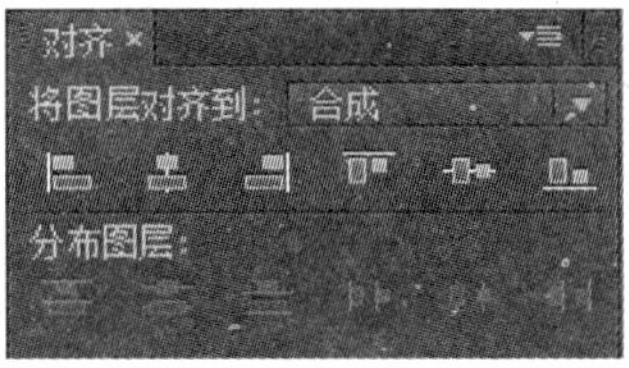

图1.14.1

【将图层对齐到】Align Layers栏中是对图层进行排列对齐。

- ：水平线左对齐。

- ：水平中心对齐。
- ：水平右对齐。
- ：垂直的顶部对齐。
- ：垂直中心对齐。
- ：垂直底部对齐。

【分布图层】Distribute Layers栏中是对图层进行分布。

- ：垂直顶部分布。
- ：垂直中心分布。
- ：垂直底部分布。
- ：水平左侧分布。
- ：水平中心分布。
- ：水平右侧分布。

对齐工具主要针对合成内的物体，下面我们来看一下对齐工具是如何使用的。首先在Photoshop中建立3个图层，分别绘制出3个不同颜色的图形，如图1.14.2所示。

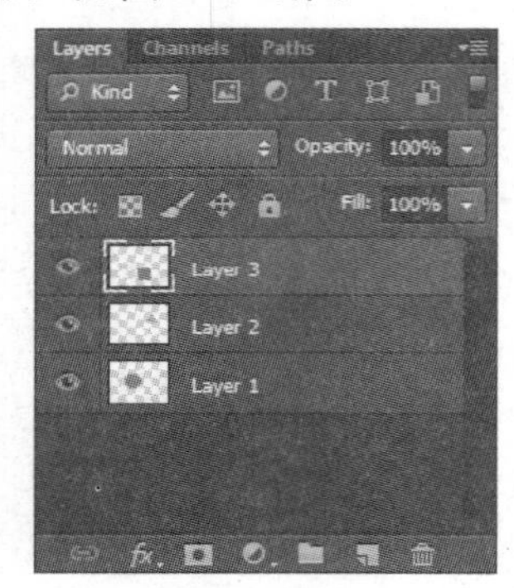

图1.14.2

将文件存成PSD格式，然后导入After Effects中，导入种类选择【合成】，在【图层选项】中选择【可编辑的图层样式】选项，如图1.14.3所示。

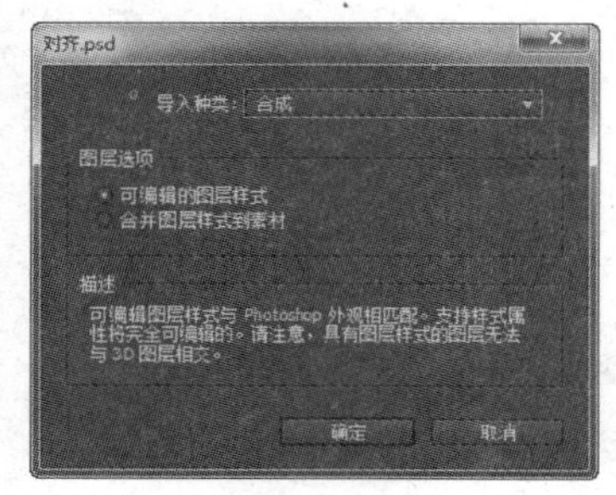

图1.14.3

在【项目】面板中双击导入的合成文件，可以在【时间轴】面板看到3个层，我们在【合成】面板中选中3个图层，然后单击【对齐】面板中的命令按钮就可以了，如图1.14.4所示。

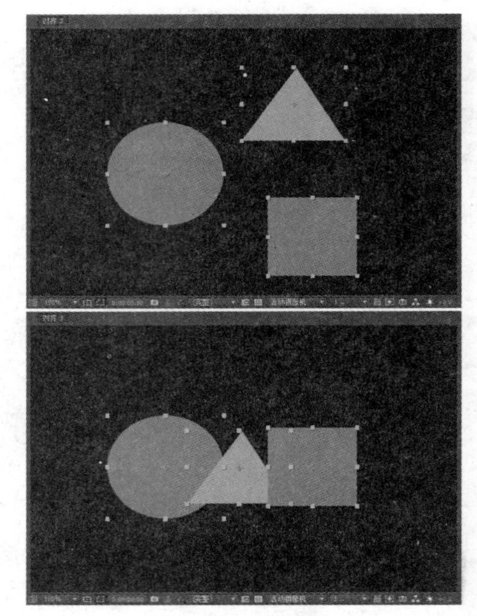

图1.14.4

提示

以上介绍的是After Effects CC面板中最常用到的基础面板，如果用户希望全面了解After Effects CC的全部面板，可以选择【窗口】Window→【工作区】Workspace→【所有面板】All Panels命令。显示所有面板后，我们将看到许多新的面板，其中有用于为素材施加特殊效果的【效果控制】Effect Control面板，用于显示和处理合成图像内层级关系的【图层】Layer面板，用于提供节点项目浏览的【流程图】Flowchart面板，用于渲染最终作品的【渲染队列】Render Queue面板。这些面板的最初显示状态都显示为非激活状态，只有我们创建一个项目，并选择项目中的一个素材时，对应面板才会被激活。

如果用户使用电脑上的After Effects 显示面板与我们给出的图片不同，则可以通过选择【窗口】Window→【工作区】Workspace→【重置】Reset命令，将After Effects面板恢复到默认设置状态。

在通常情况下，我们并不会一次使用所有的面板中的命令，而且同时显示所有命令面板也会使我们的操作空间变得非常拥挤。合理安排面板位置，将为我们节省出足够的工作空间。

第2课
动画与合成

本课详细介绍After Effects中动画的制作应用。关键帧是创建动画的关键，熟练使用关键帧技术是每个动画师必修的功课。本课讲述了关键帧技术的相关内容，深入介绍了在【时间轴】面板中调节关键帧的技巧。熟练的技巧必须在实际制作过程中反复练习，经验的积累在关键帧技术的应用中是非常重要的。

2.1 如何使画面动起来

动画是基于人的视觉原理来创建的运动图像。当我们观看一部电影或电视画面时，会看到画面中的人物或场景都是顺畅自然的，而仔细观看看到的画面却是一格格的单幅画面。之所以看到顺畅的画面，是因为人的眼睛会产生视觉暂留，对上一个画面的感知还没消失，下一个画面又会出现，就会给人以动的感觉。在短时间内观看一系列相关联的静止画面时，就会将其视为连续的动作。

关键帧（Key frame）是一个从动画制作中引入的概念，即在不同时间点对对象属性进行调整，而时间点间的变化由计算机生成。我们制作动画的过程中，要首先制作能表现出动作主要意图的关键动作，这些关键动作所在的帧，就叫做动画关键帧。二维动画制作时，由动画师画出关键动作，助手填充关键帧间的动作。在After Effects中是由系统帮助用户完成这一繁琐的过程。

After Effects的动画关键帧制作主要是在【时间轴】Timeline面板中进行的，不同于传统动画，After Effects可以帮助用户制作更为复杂的动画效果，可以随意地控制动画关键帧，这也是非线性后期软件的优势所在。

2.1.1 创建关键帧

关键帧的创建都是在【时间轴】Timeline面板中进行的，所谓创建关键帧就是对图层的属性值设置动画，展开层的【变换】Transform属性，每个属性的左侧都有一个钟表图标，这是关键帧记录器，是设定动画关键帧的关键。单击该图标，激活关键帧记录，从这时开始，无论是在【时间轴】Timeline面板中修改该属性的值，还是在【合成】Composition面板中修改画面中的物体，都会被记录下关键帧。被记录的关键帧在时间线里出现一个关键帧图标，如图2.1.1所示。

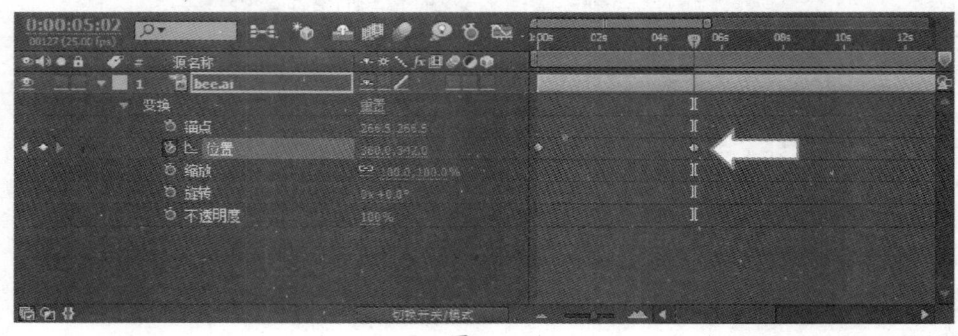

图2.1.1

在【合成】Composition面板物体会形成一条控制线，如图2.1.2所示。

图2.1.2

同时关键帧记录器右侧的【图表编辑器】Graph Editor图标也会被激活，利用曲线编辑器可以在宏观上控制动画的节奏。单击【时间轴】Timeline面板中的【图表编辑器】Graph Editor图标，激活曲线编辑模式，如图2.1.3所示。

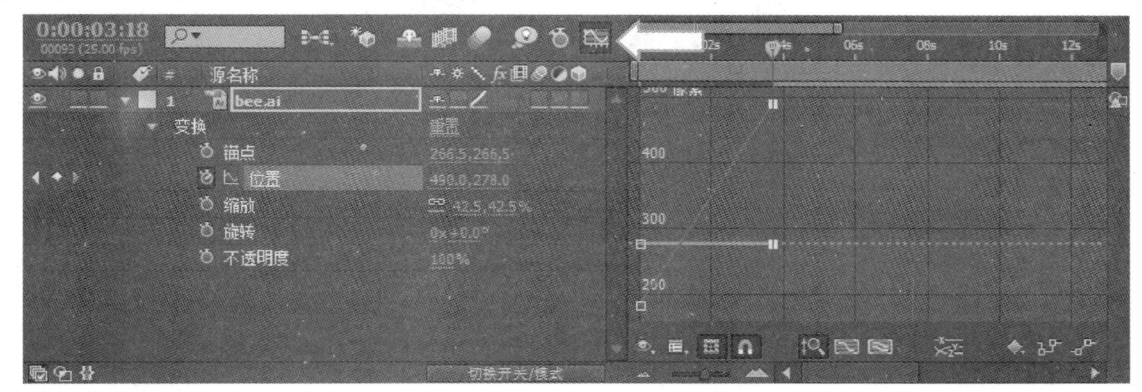

图2.1.3

我们把时间指示器移动到两个关键中间的位置，修改Position属性的值，时间线上又添加了一个关键帧，如图2.1.4所示。

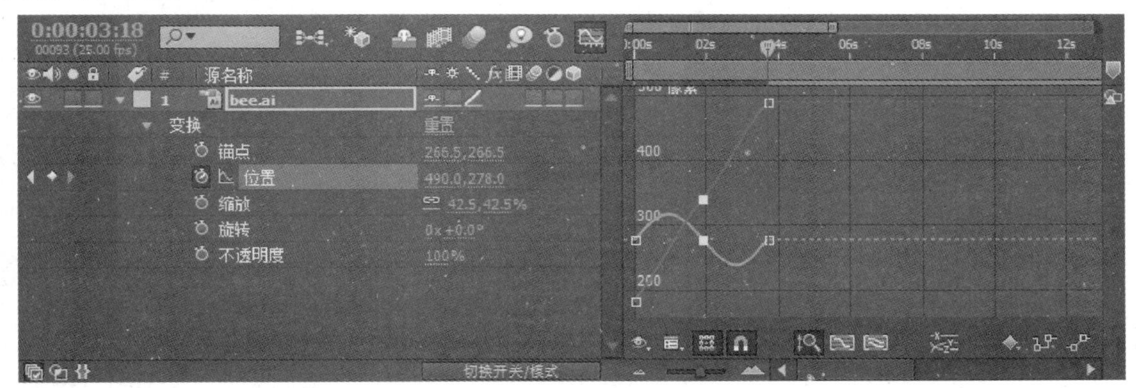

图2.1.4

在【合成】Composition面板中可以观察到物体的运动轨迹线也多出了一个控制点。我们也可以使用【钢笔工具】直接在合成面板的动画曲线上添加一个控制点，如图2.1.5所示。

图2.1.5

再次单击【时间轴】Timeline面板中的【图表编辑器】Graph Editor图标，在面板中单击鼠标右键，切换到编辑速度图表模式，关键帧图标发生了变化。我们在【合成】Composition面板中调节控制器的手柄，【时间轴】Timeline面板中的关键帧曲线也会随之变化，如图2.1.6所示。

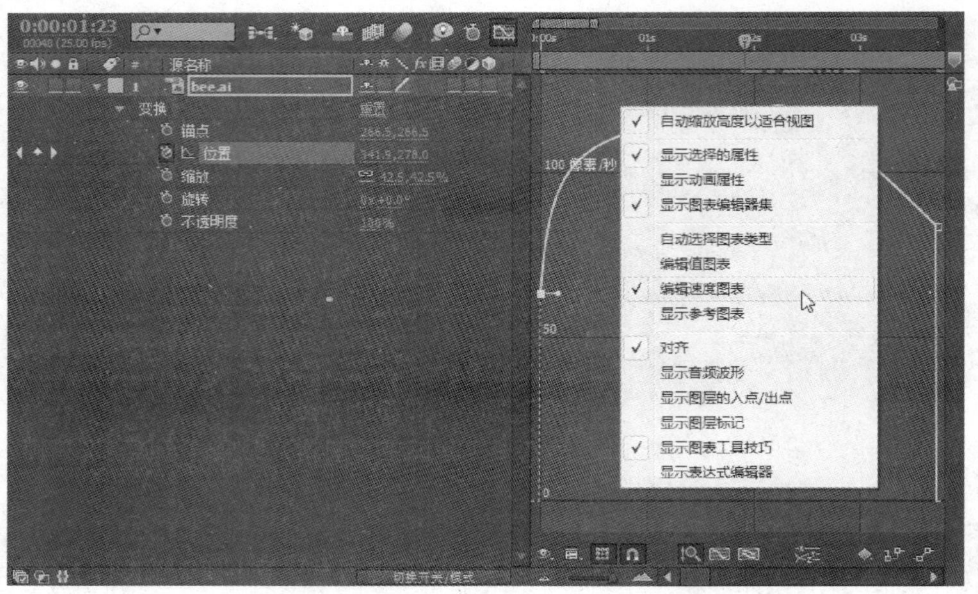

图2.1.6

2.1.2 编辑关键帧

1．选择关键帧

在【时间轴】Timeline面板中用鼠标单击要选择的关键帧，如果要选择多个关键帧，按住【Shift】键，选择要选中的关键帧，或者在【时间轴】Timeline面板中用鼠标拖画出一个选择框，选取需要的关键帧，如图2.1.7所示。

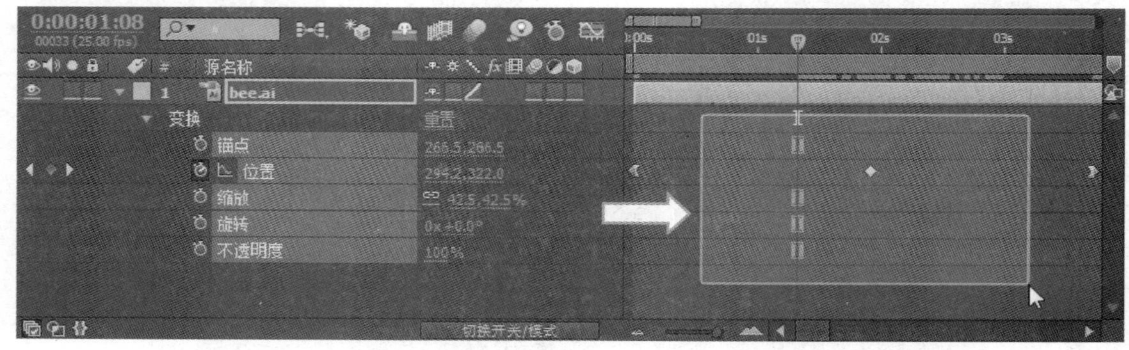

图2.1.7

时间指示器是设置关键帧的重要工具，准确地控制时间指示器是非常必要的。在实际的制作过程中，一般使用快捷键来控制时间指示器。快捷键【I】、【O】用来调整时间指示器到素材的起始和结尾处，按住【Shift】键移动时间指示器，指示器会自动吸附到邻近的关键帧上。

2．复制＆删除关键帧

选中需要复制的关键帧，选择菜单【编辑】Edit>【复制】Copy命令，将时间指示器移动至被复制的时间位置，选择菜单【编辑】Edit>【粘贴】Paste命令，粘贴关键帧到该位置。关键帧数据被复制后，可以直接转化成文本，在Word等文本软件中直接粘贴，数据将以文本的形式展现，如图2.1.8所示。

```
Adobe After Effects 8.0 Keyframe Data
   Units Per Second   25
   Source Width       533
   Source Height      533
   Source Pixel Aspect Ratio     1
   Comp Pixel Aspect Ratio       1.09402

Transform Scale
   Frame        X percent Y percent Z percent
         42.5282      42.5282      42.5282

Transform Position
   Frame X pixels     Y pixels    Z pixels
   0      184    278     0
   48     341.934      278    0

Transform Anchor Point
   Frame         X pixels     Y pixels    Z pixels
         266.5         266.5 0
End of Keyframe Data
```

图2.1.8

这些操作都可以通过快捷键来实现，删除关键帧也很简单，选中需要删除的关键帧，按下键盘上的【Delete】键，就可以删除该关键帧。

3. 关键帧的显示方式

在【时间轴】Timeline面板菜单中（单击右上角的三角图标），选择【使用关键帧索引】Use Keyframe Indices选项，关键帧将以数字的形式显示，如图2.1.9所示。

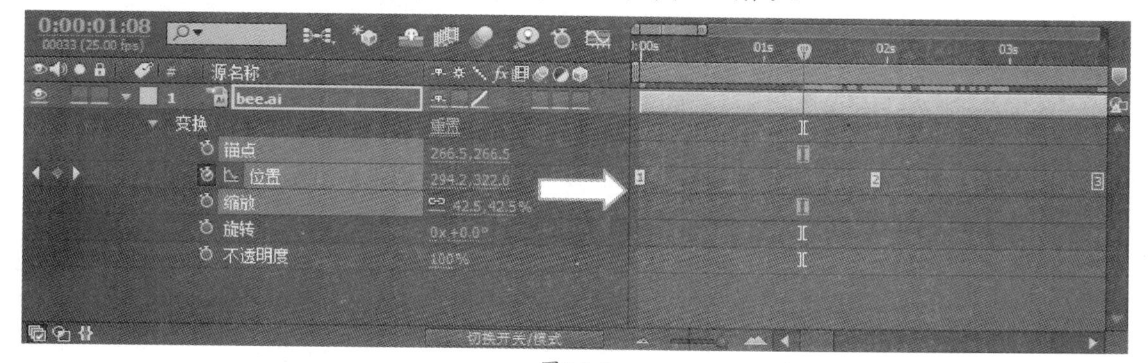

图2.1.9

2.2 动画路径的调整

在After Effects中，动画的制作可以通过各种手段来实现，而使用曲线来控制制作动画是常见的手法。在图形软件中常用Bezier手柄来控制曲线，熟悉Illustrator的用户对这个工具并不陌生，这是电脑艺术家用来控制曲线的最佳手段。在After Effects中，我们用Bezier曲线来控制路径的形状。在【合成】Composition面板中用户可以使用【钢笔工具】Pen Tool来修改路径曲线。

Bezier曲线包括带有控制手柄的点。在【合成】Composition面板中可以观察到，手柄控制着曲线的方向和角度，左边的手柄控制左边的曲线，右边的手柄控制右边的曲线，如图2.2.1所示。

图2.2.1

在【合成】Composition面板中，使用【添加“顶点”工具】Add Vertex Tool，为路径添加一个控制点，可以轻松地改变物体的运动方向，如图2.2.2所示。

图2.2.2

用户可以使用【选取工具】Selection Tool来调整曲线的手柄和控制点的位置。如果使用【钢笔工具】Pen Tool工具，可以直接按下【Ctrl】键将【钢笔工具】Pen Tool切换为【选取工具】Selection Tool。

控制点间虚线点的密度对应了时间的快慢，也就是点越密物体运动得越慢。控制点在路径上的相对位置主要靠调整【时间轴】Timeline面板中关键帧在时间线上的位置，如图2.2.3和图2.2.4所示。

图2.2.3

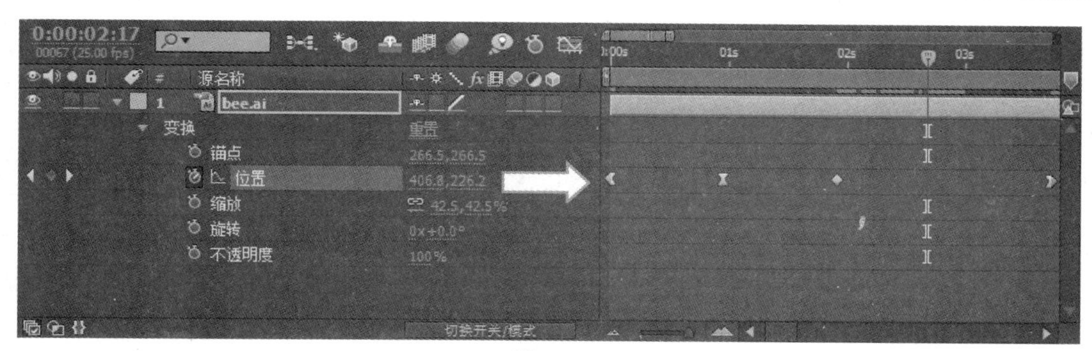

图2.2.4

按下小键盘的数字键【0】快捷键，播放动画，可以观察到蜜蜂在路径上的运动一直朝着一个方向，并没有随着路径的变化改变方向。这是因为没有开启Auto-Orient命令。选择菜单【图层】Layer>【变换】Transform>【自动定向...】Auto-Orient命令，弹出【自动方向】Auto-Orient对话框，如图2.2.5所示。

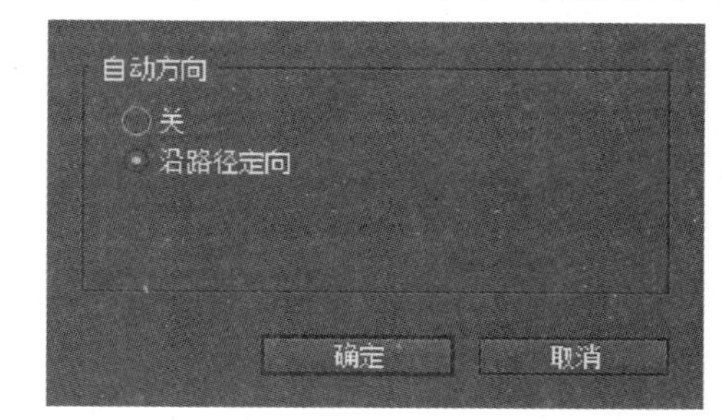

图2.2.5

选中【沿路径定向】Orient Along Path选项，单击【确定】按钮。按下小键盘的数字快捷键【0】，播放动画，可以观察到蜜蜂在随着路径的变化运动，如图2.2.6所示。

图2.2.6

2.3 动画的播放

在After Effects中，我们主要使用【预览】面板来控制动画的播放，用户可以使用RAM方式预览，使画面变得更加流畅，但一定要保证有很大的内存作为支持，如图2.3.1所示。

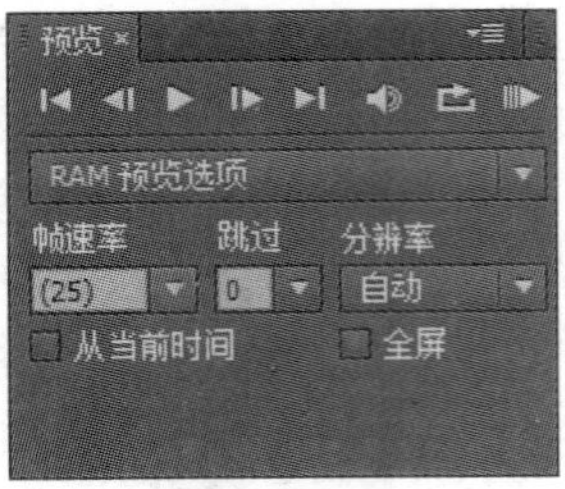

图2.3.1

- ：对【合成】Composition面板中的合成影像或动画层进行预览。
- ：使时间指针至下一帧或上一帧。
- ：可以使时间指针跳至开始或结束的位置。
- ：声音开关。
- ：播放动画的方式，依次为【只播放一次】、【循环播放】、【巡回播放】。
- ：RAM预览，就是把数据暂时放在内存中，这样预览速度会加快。
- 【帧速率】Frame Rate：设置帧比率，就是每秒播放的帧数。
- 【跳过】Skip：这里可以设置储存预览时跳跃多少帧储存一次，默认为0，也就是每帧都储存，并进行预览。
- 【分辨率】Resolution：用来设置储存预览时的画面质量。
- 【从当前时间】From Current Time：从当前帧。
- 【全屏】Full Screen：全屏。

清理

【清理】Purge命令主要用于清除内存缓冲区域的暂存设置。选择菜单中的【编辑】>【清理】命令，就会弹出相关菜单，该命令非常实用，在实际制作过程中由于素材量不断加大，一些不必要的操作和预览影片时留下的数据残渣会大量占用内存和缓存，制作中不时地清理是很有必要的。建议在渲染输出之前进行一次对于内存的全面清理，如图2.3.2所示。

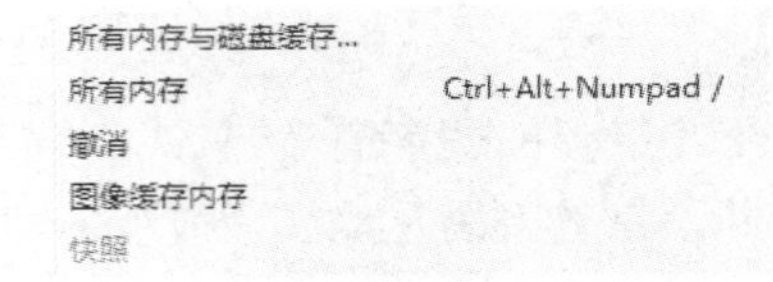

图2.3.2

【清理】Purge命令菜单如下所述。

- 【所有内存与磁盘缓存】：将内存缓冲区域中的所有储存信息与磁盘中的缓存清除。
- 【所有内存】All：将内存缓冲区域中的所有储存信息清除。
- 【撤销】Undo：清除内存缓冲区中保存的操作过的步骤。
- 【图像缓存内存】Image Caches：清除RAM预览时系统放置在内存缓冲区的预览文件，如果你在预览影片时无法完全播放整个影片，可以通过这个命令来释放缓存的空间。
- 【快照】Snapshot：清除内存缓冲区中的快照信息。

2.4 动画曲线的编辑

调整动画曲线是作为一个动画师的关键技能，【图表编辑器】Graph Editor是After Effects中编辑动画的主要平台，曲线的调整大大提高了动画制作的效率，使关键帧的调整直观化，操作简易，功能强大。对于使用过三维动画软件或二维动画软件的读者，应该对【图表编辑器】功能不陌生，而对于初次接触该功能的读者，我们将通过该小节，向大家详细介绍【图表编辑器】面板的各种功能。

【图表编辑器】是一种曲线编辑器，在许多动画软件中都配备【图表编辑器】。当我们没有选择任何一个已经设置关键帧的属性时，【图表编辑器】Graph Editor内将不显示任何数据和曲线。当用户对层的某个属性设置了关键帧动画后，单击【时间轴】Timeline面板中的按钮，就可以进入【图表编辑器】Graph Editor面板，如图2.4.1所示。

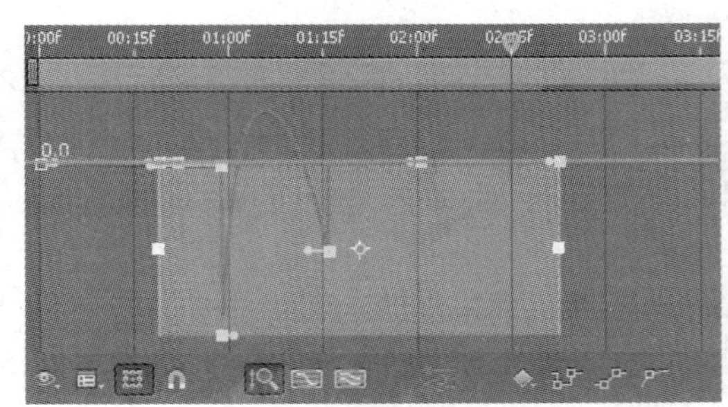

图2.4.1

● [icon]：可以用不同的方式来显示【图表编辑器】Graph Editor面板中的动画曲线，单击这个按钮会弹出下拉菜单，如图2.4.2所示。

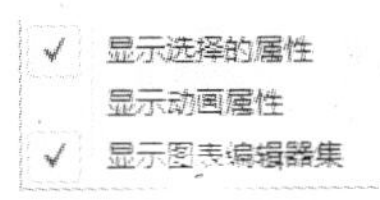

图2.4.2

- 【显示选择的属性】Show Selected Properties：在【图表编辑器】Graph Editor面板中只显示已选择的有动画的素材属性。
- 【显示动画属性】Show Animated Properties：在【图表编辑器】Graph Editor面板中同时显示一个素材中所有的动画曲线。
- 【显示图表编辑器集】Show Graph Editor Set：显示曲线编辑器的设定。

● [icon]：这个按钮可以来选择动画曲线的类型和辅助选项。单击该按钮会弹出下拉菜单。当我们在任意图层中设置多个关键帧时，该功能帮助我们过滤当前不需要显示的曲线，使我们直接找到需要修改的关键帧的点，如图 2.4.3 所示。

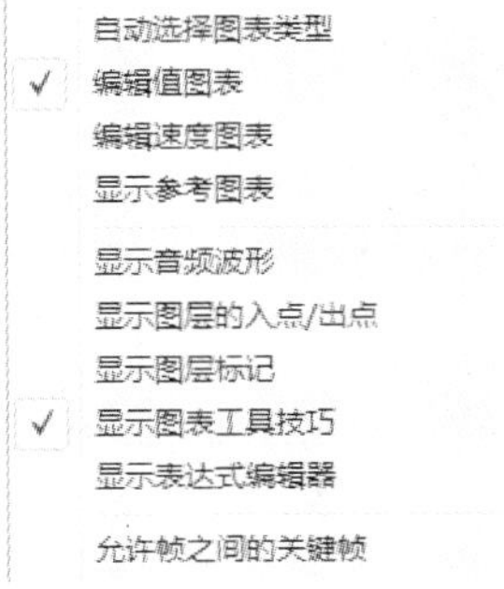

自动选择图表类型
✓ 编辑值图表
编辑速度图表
显示参考图表
显示音频波形
显示图层的入点/出点
显示图层标记
✓ 显示图表工具技巧
显示表达式编辑器
允许帧之间的关键帧

图2.4.3

- 【自动选择图表类型】Auto-Select Graph Type：是自动显示动画曲线的类型。
- 【编辑值图表】Edit Value Graph：编辑数值曲线，如图2.4.4所示。

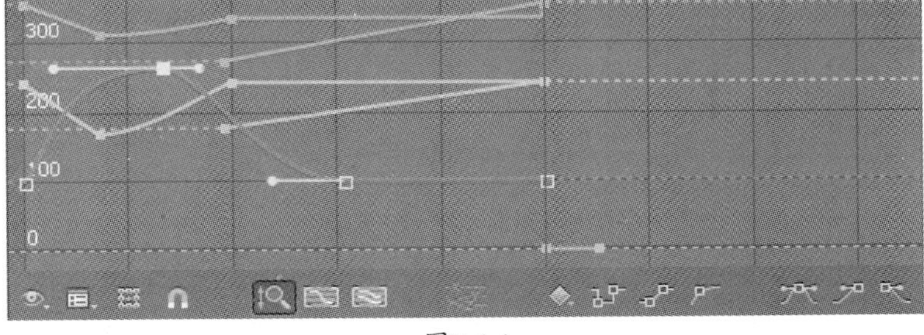

图2.4.4

- 【编辑速度图表】Edit Speed Graph：编辑速率曲线，如图2.4.5所示。

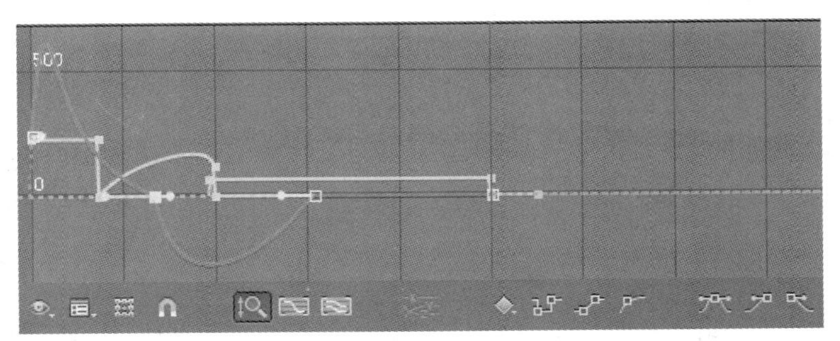

图2.4.5

- 【显示参考图表】Show Reference Graph：显示参考类型的曲线，如图2.4.6所示。

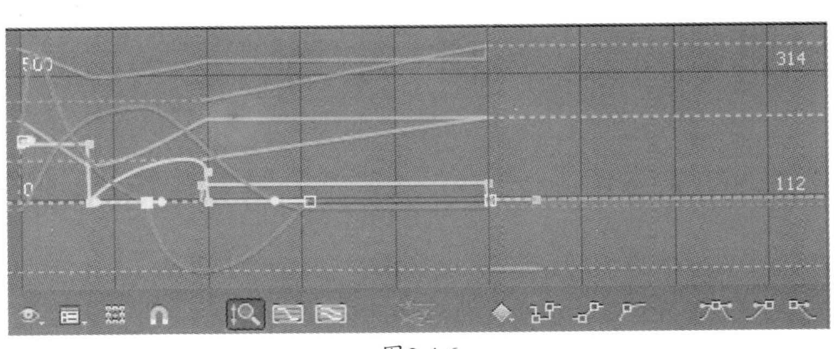

图2.4.6

提示

当我们选择【自动选择图表类型】Auto-Select Graph Type和【显示参考图表】Show Reference Graph时，【图表编辑器】Graph Editor中常出现两种曲线，一种是带有可编辑定点（在关键帧处出现小方块）的曲线，一般为白色或浅洋红色。另一种是红色和绿色，但不带有编辑点的曲线。

我们以Position的x、y属性设置关键帧动画为例，向大家解释这两种曲线的区别。当我们对图层在x、y属性上设置关键帧后，After Effects将自动计算出一个速率数值，并绘制出曲线。在默认状态【自动选择图表类型】Auto-Select Graph Type被激活的情况下，After Effects认为在【图表编辑器】Graph Editor中速率调整对整体调整更有用，而x、y的关键帧的调整则应该在合成图像中进行。因此大多数情况下，Speed Graph被After Effects作为默认首选曲线显示出来。

我们可以通过直接选择【编辑值图表】Edit Value Graph来调整设置关键帧的属性的曲线。这样一般是为了清楚地控制单个属性变化。当我们只是调整一个轴上某个关键帧点时，对应曲线上的关键帧点也会被选择。如果只是改变当前关键帧的数值，对应轴上的关键帧控制点不受影响。但我们移动某个轴上关键帧控制点在时间轴上的位置时，对应另一个轴上关键帧控制点将随之改变在时间轴上的位置。这告诉我们，在After Effects中是不支持对单个空间轴独立引用关键帧的。

- 【显示音频波形】Show Audio Waveforms：显示音频的波形，如图2.4.7所示。

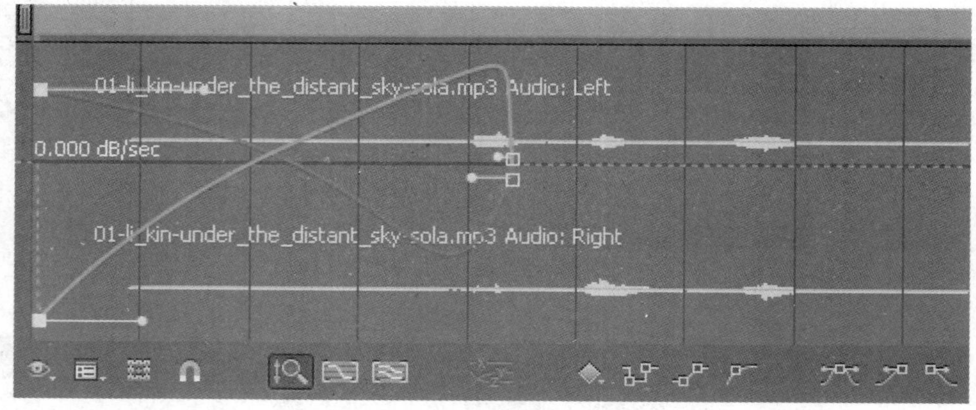

图2.4.7

- 【显示图层的入点/出点】Show Layer In/Out Points：显示切入和切出点，如图2.4.8所示。

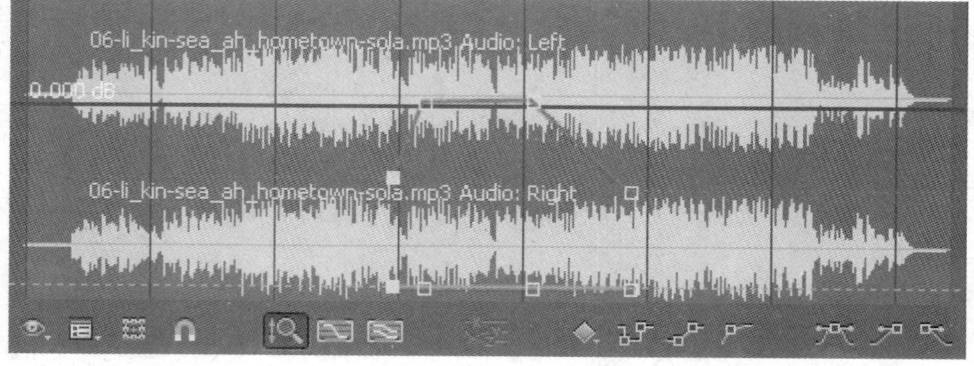

图2.4.8

- 【显示图层标记】Show Layer Markers：显示层的标记。
- 【显示图表工具技巧】Show Graph Tool Tips：显示曲线上的工具信息，如图2.4.9所示。

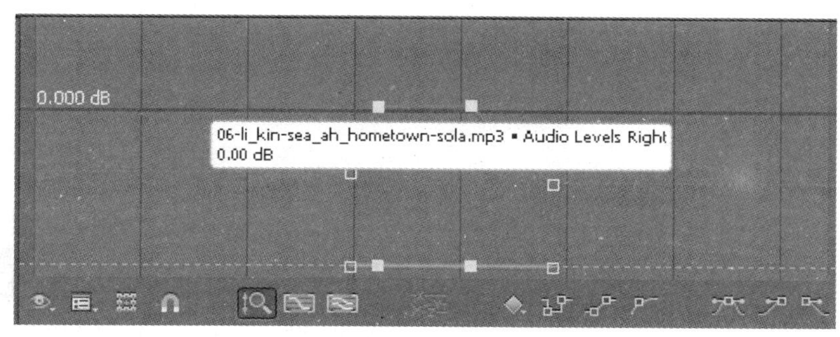

图2.4.9

■ 【显示表达式编辑器】Show Expression Editor：显示表达式编辑器，如图2.4.10所示。

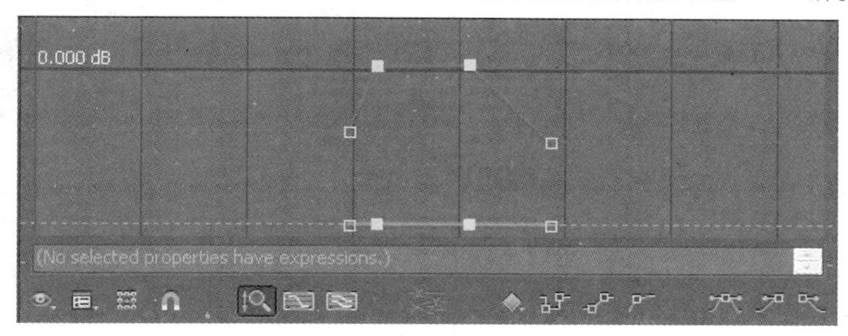

图2.4.10

■ 【允许帧之间的关键帧】Allow Keyframes Between Frames：允许关键帧在帧之间切换的开关。如果关闭该属性，拖动关键帧时，将自动与精确的帧的数值对齐。如果激活这个开关，则可以将该关键帧拖动到任意时间点上。但是当我们使用【变换盒子】Transform Box缩放一组关键帧时，无论该属性是否激活，被缩放关键帧都将落在帧之间。

● ：启用在同时选择多个关键帧时，显示【转换方框工具】，利用此工具可以同时对多个关键帧进行移动和缩放操作，如图2.4.11所示。

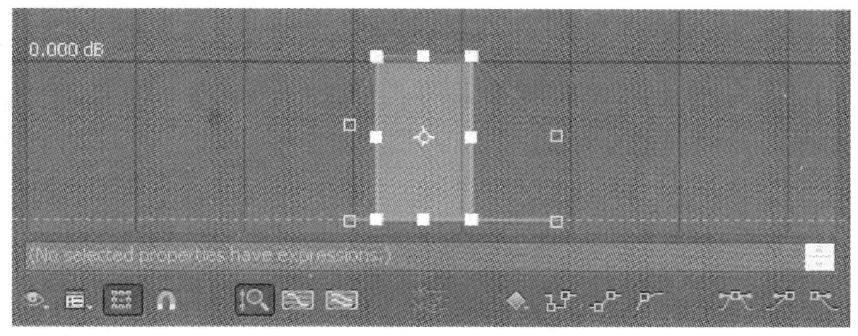

图2.4.11

提示

我们可以通过移动【变换盒子】Transform Box的中心点位置来改变缩放的方式。首先移动中心位置后，按住【Ctrl】键，并拖动鼠标。缩放框将按照中心点新的位置来缩放关键帧。

如果我们想反转关键帧，只需要将其拖到缩放框另一侧。

按住【Shift】键拖动其一角，将按比例对框进行缩放操作。

按住【Ctrl+Alt】快捷键再拖动其一角，将让框的一端逐渐减少。

按住【Ctrl+Alt+Shift】组合键再拖动其一角，将在上下方向上移动框的一边。

按住【Alt】键再拖动角手柄使框变斜。

- ：打开或关闭吸附功能。
- ：打开或关闭使曲线自动适应【图表编辑器】Graph Editor面板。
- ：该按钮可以使所选择的关键帧适应【图表编辑器】Graph Editor面板的大小。
- ：该按钮可以使全部的动画曲线适应【图表编辑器】Graph Editor面板的大小。
- ：该按钮用来编辑所选择的关键帧。单击它弹出下拉菜单，如图2.4.12所示。

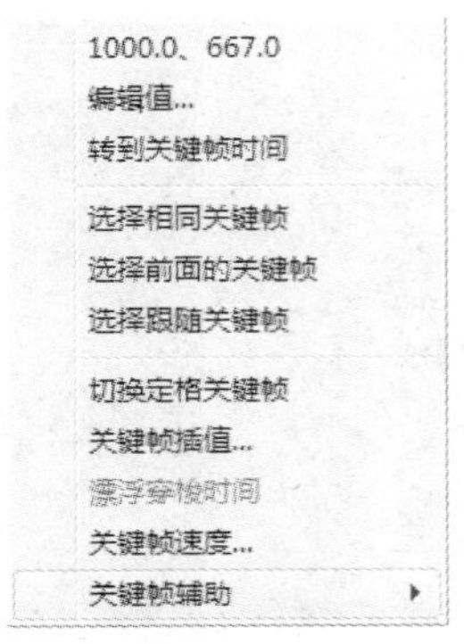

图2.4.12

- 第一项显示了所选择的关键帧的坐标位置。单击这个选项，会弹出【锚点】Position对话框，在这里可以设置关键帧的精确位置，如图2.4.13所示。

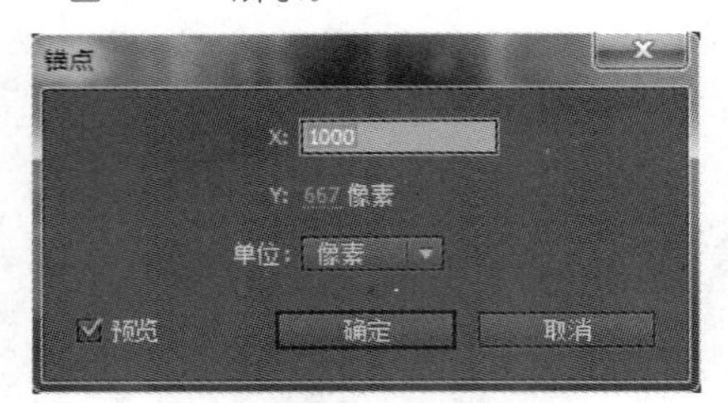

图2.4.13

- 【编辑值】Edit Value：这个命令和上一个命令一样，选择这个命令，会弹出Position对话框。
- 【转到关键帧时间】：转到所选关键帧当前的时间点。
- 【选择相同关键帧】Select Equal Keyframes：选择相等的关键帧。
- 【选择前面的关键帧】Select Previous Keyframes：选择当前关键帧以前的所有关键帧。
- 【选择跟随关键帧】Select Following Keyframes：选择当前关键帧以后的所有关键帧。
- 【切换定格关键帧】Toggle Hold Keyframe：可以使所选择的关键帧持续到下一个关键帧，才发生变化。在【合成】Composition视窗中的关键帧之间，动画路径显示为直线，如图2.4.14所示。【图表编辑器】Graph Editor面板中的动画曲线显示为图2.4.15所示状态。

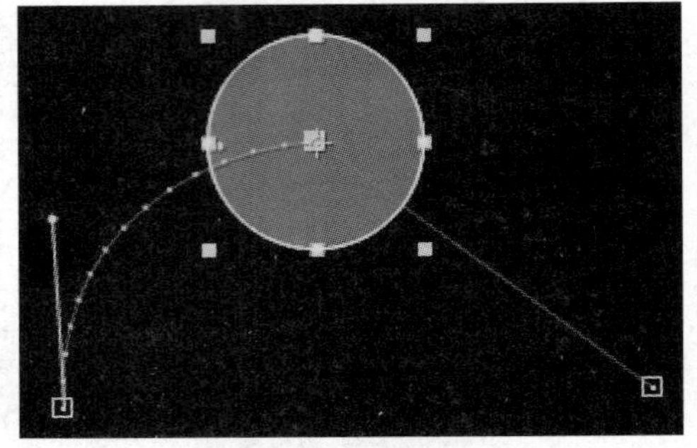

图2.4.14

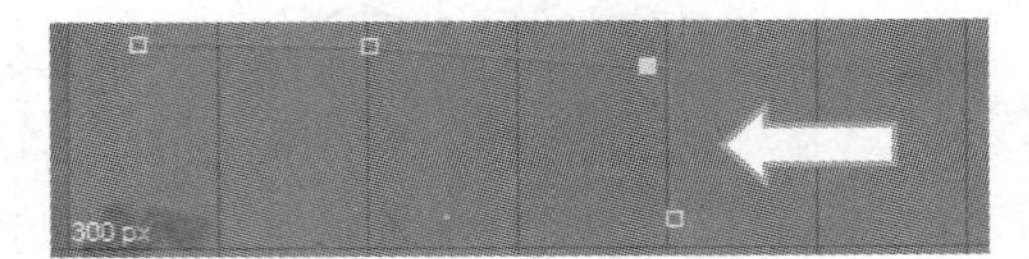

图2.4.15

- 【关键帧插值】Keyframe Interpolation：可以打开【关键帧插值】Keyframe Interpolation面板，用来改变关键帧的切线，如图2.4.16所示。

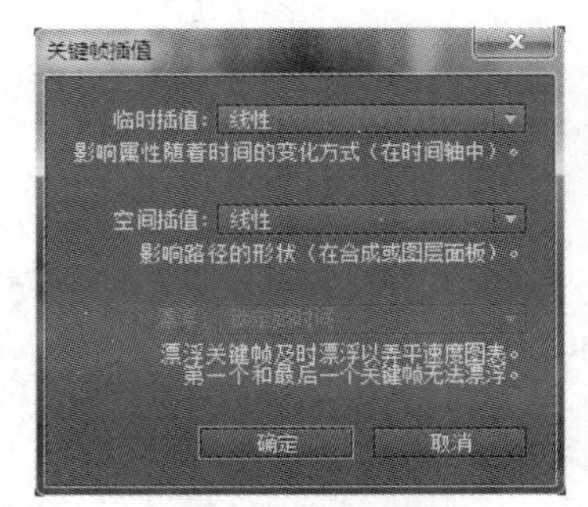

图2.4.16

- 【漂浮穿梭时间】Rove Across Time：为空间属性链接交叉时间。
- 【关键帧速度】Keyframe Velocity：可以打开【关键帧速度】Keyframe Velocity面板，用来修改关键帧的速率，如图2.4.17所示。

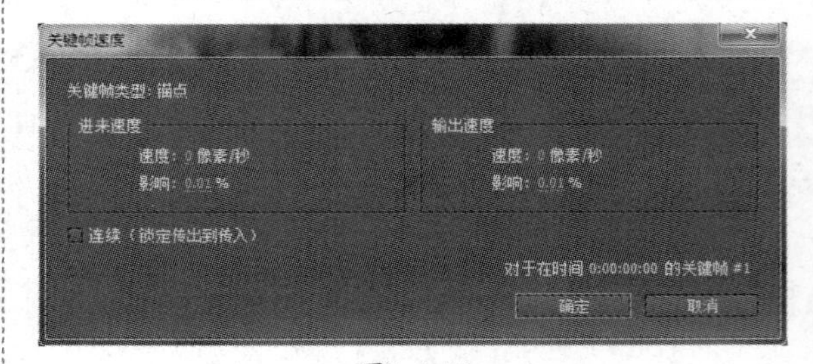

图2.4.17

■ 【关键帧辅助】Keyframe Assistant：这里可以弹出一个菜单，并且对关键帧进行各种控制，如图2.4.18所示。

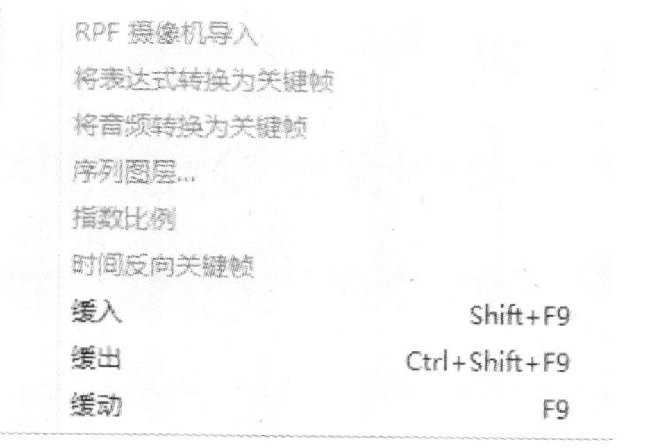

图2.4.18

- ：使关键帧保持现有的动画曲线。
- ：使关键帧前后的控制手柄变成直线。
- ：使关键帧的手柄转变为自动的贝塞尔曲线。
- ：使选择关键帧前的动画曲线变得平滑。
- ：使选择关键帧后的动画曲线变得平滑。

在【图表编辑器】Graph Editor面板的空白处单击鼠标右键，会弹出一个菜单，这个菜单的命令和按钮、按钮的菜单命令是一样的，如图2.4.19所示。

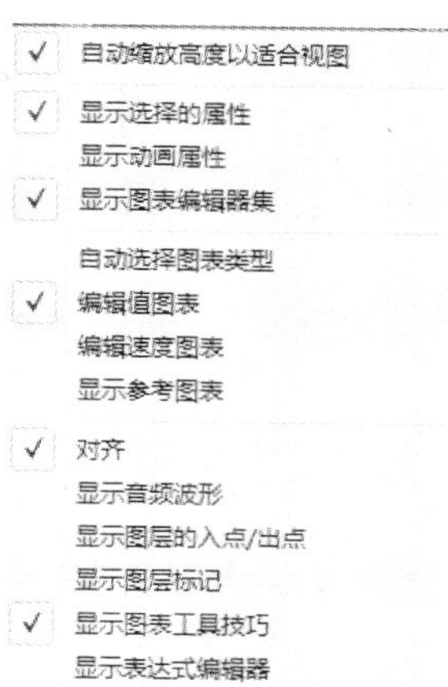

图2.4.19

在一个关键帧上单击鼠标右键，也会弹出一个菜单，这个菜单的命令和按钮下的菜单一样，这里就不做介绍了。

2.5 关键帧的应用

下面我们通过一个实例来熟悉关键帧功能的应用。

关键帧动画实例

01 选择菜单【合成】Composition>【新建合成】New Composition命令，创建一个新的合成影片，设置如图2.5.1所示。

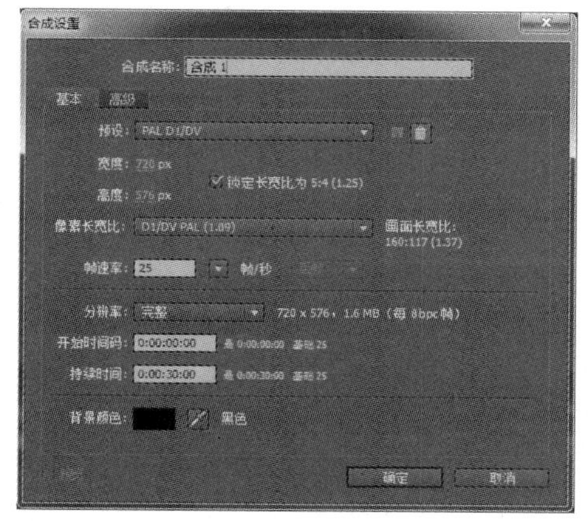

图2.5.1

02 新建一个固态层作为背景，也可以改变【合成】Composition面板的背景颜色，选择菜单【合成】Composition>Background Color命令，或按下【Ctrl+Shift+B】快捷组合键，弹出Background Color对话框，选择颜色，设置为【白色】以方便观察效果。

03 选择菜单【文件】File>【导入】Import>【文件...】File...命令，将背景图片导入【项目】Project面板。

04 选中图片文件，拖入【时间轴】Timeline 面板，可以观察到图片在【合成】Composition面板中显示出来，如图 2.5.2 所示。

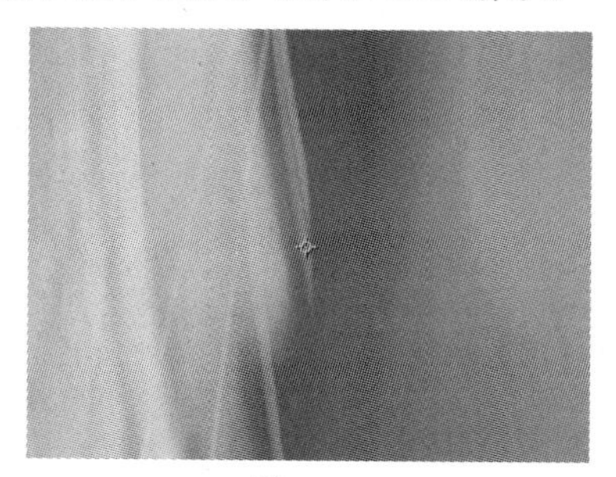

图2.5.2

05 在【时间轴】Timeline面板中选中其中一个层，同时隐藏其他层（为了便于观察效果），选择【钢笔工具】Pen Tool，在【合成】Composition面板中绘制一个花卉的图案，注意绘制的路径必须是封闭的，这样才能产生【遮罩】Mask的遮罩效果，如图2.5.3所示。

图2.5.3

06 绘制的时候要注意花卉的结构和叶片的疏密变化，不同造型的花卉应用不同的背景图片，用同样的方法绘制4个花朵，如图2.5.4所示。

图2.5.4

07 因为花卉的形状是随意建立的，所以要调整【锚点】Anchor Point的位置到花心的位置。在【时间轴】Timeline面板中选中要修改的层，展开属性列表，选择【变换】Transform>【锚点】Anchor Point属性，修改【锚点】Anchor Point的值，如图2.5.5所示。

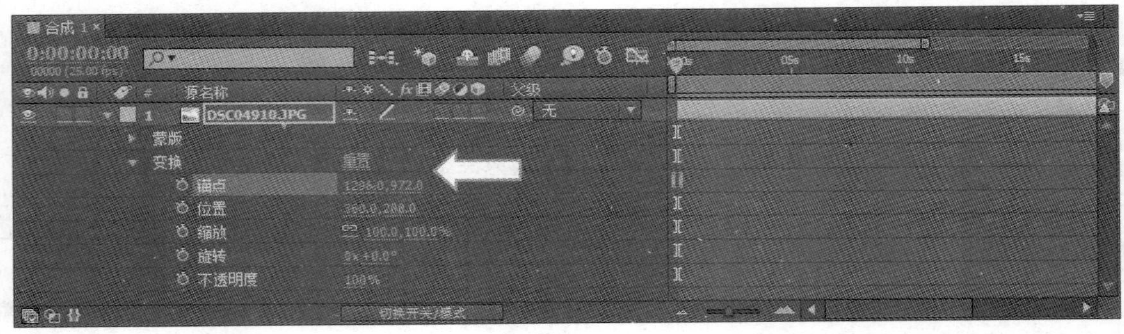

图2.5.5

08 观察【合成】Composition面板中Anchor Point的位置，调整至花心，如图2.5.6所示。

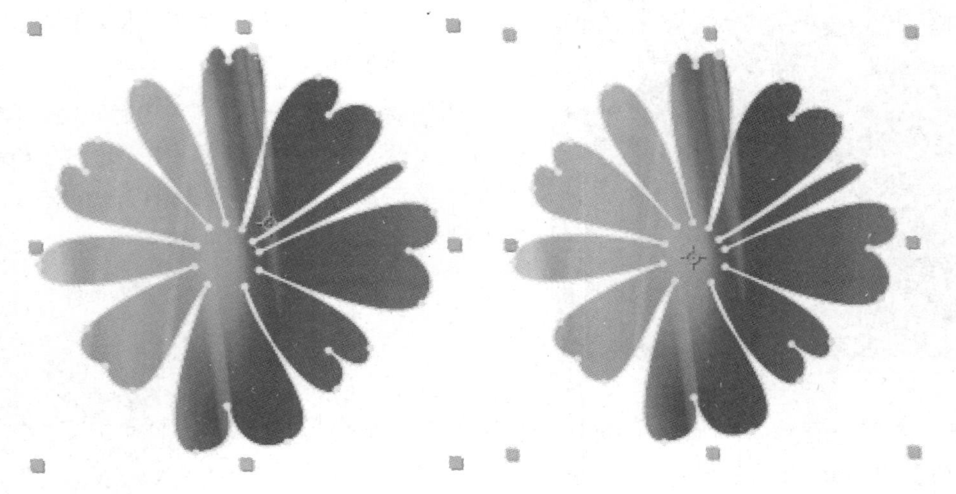

图2.5.6

09 用同样的方法调整其与花卉的Anchor Point位置到花心，如图2.5.7所示。

图2.5.7

10 选中其中一朵做关键帧动画，在【时间轴】Timeline面板中选中该层，展开属性列表，选择【变换】Transform>【缩放】Scale属性。移动时间指示器到初始位置，单击【缩放】Scale属性右侧的钟表图标，为【缩放】Scale属性设置关键帧，如图2.5.8所示。

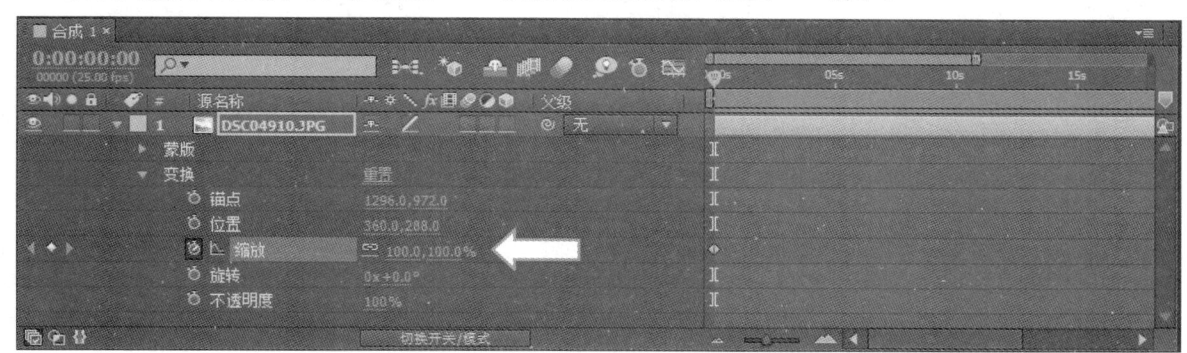

图2.5.8

11 选中刚才设定好的关键帧，向右拖动。这是一种在实际制作中常用的关键帧设置方法，在初始位置设置最大值，然后把关键帧向右侧拖动，不用移动时间指示器就可以继续设置第一个关键帧，如图2.5.9所示。

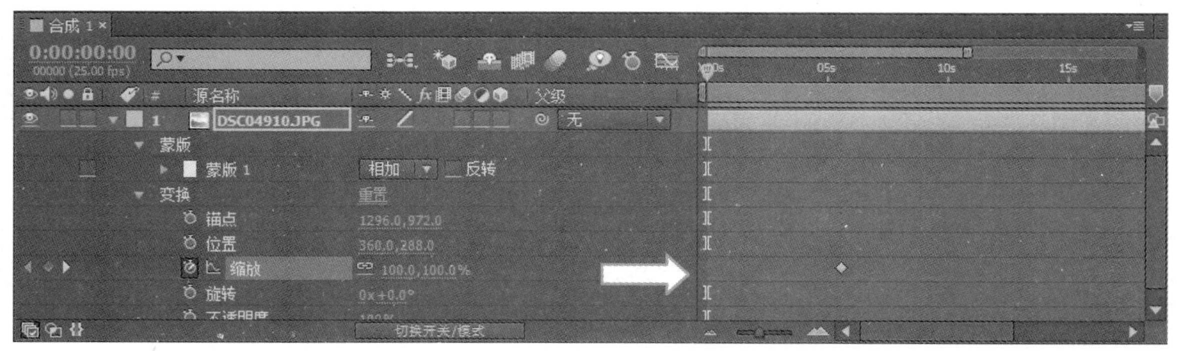

图2.5.9

12 设置初始位置的【缩放】Scale 属性为 0%，这样就做出了一个简单的缩放动画，如图 2.5.10 所示。

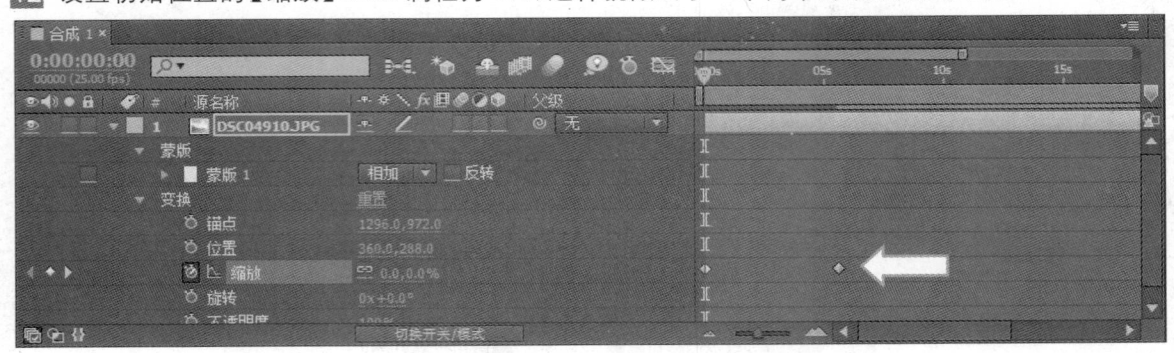

图2.5.10

13 拖动时间指示器到一个关键帧右侧一点的位置，修改【缩放】Scale属性为90%，这样【缩放】Scale属性的值就有一个从0%到97%、再到90%的变化过程，如图2.5.11所示。

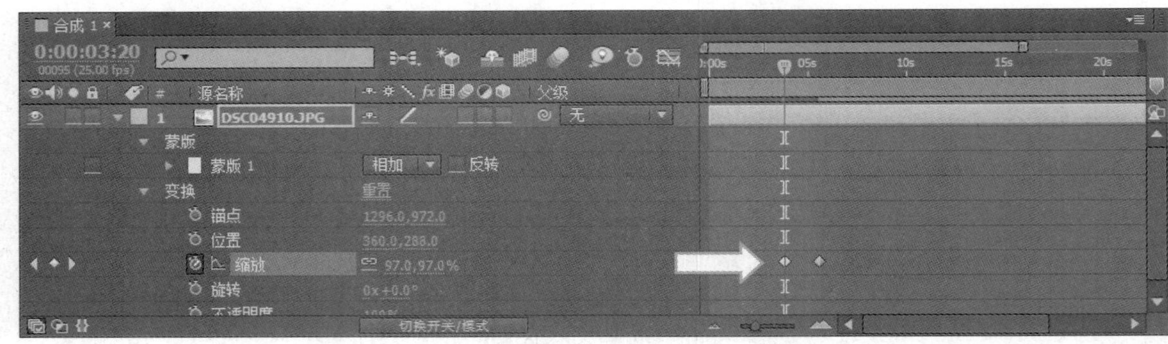

图2.5.11

14 为什么要多建立一个这样的关键帧呢？因为在真实世界中，花卉在展开花瓣时，当伸展为最大时会有一个微小的收缩过程，这个关键帧的设置恰恰模拟了这一过程，使得画面更加生动，如图2.5.12所示。

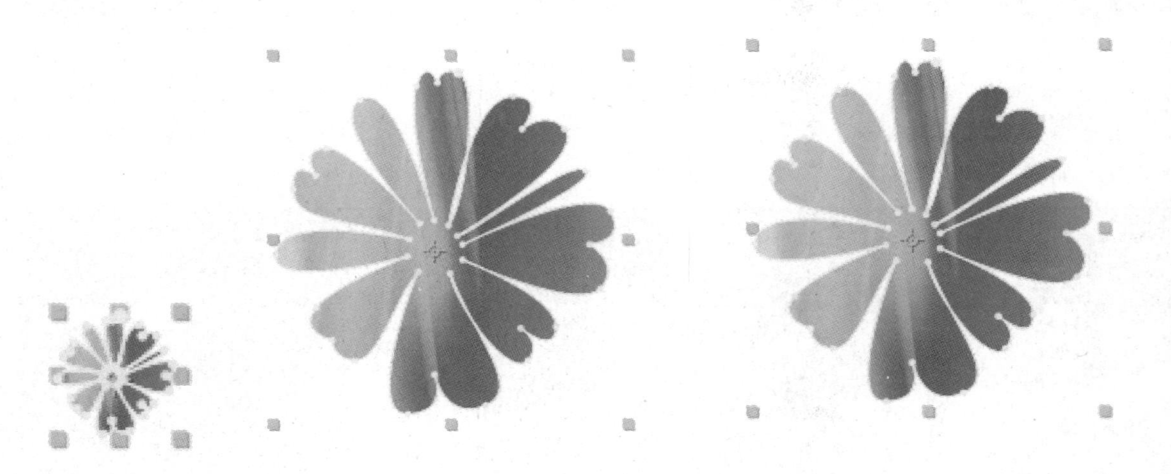

图2.5.12

15 按下小键盘的数字键【0】，播放动画观察效果，如果不满意放大的时间过程，可以通过调整关键帧的位置。修改后两个关键帧的时间位置为0:00:00:12和0:00:00:16，如图2.5.13所示。

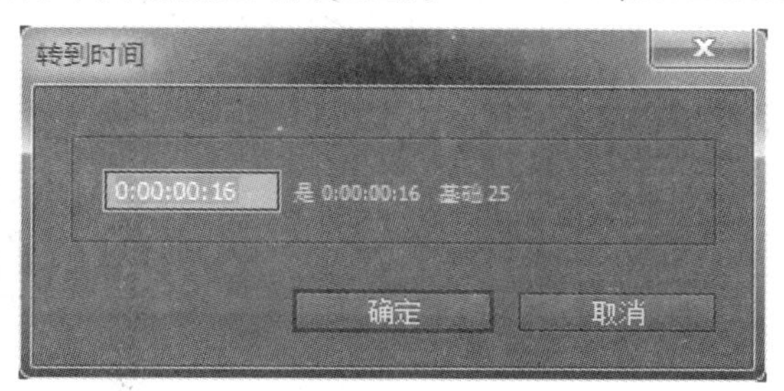

图2.5.13

16 在现实世界中，任何从静到动的运动都有一个加速的过程。我们要把花卉的生长动画调整为一个加速的过程，使用【图表编辑器】Graph Editor要比一帧一帧地设置关键帧要快得多。单击【时间轴】Timeline面板中的【图表编辑器】Graph Editor图标，打开曲线编辑模式，如图2.5.14所示。

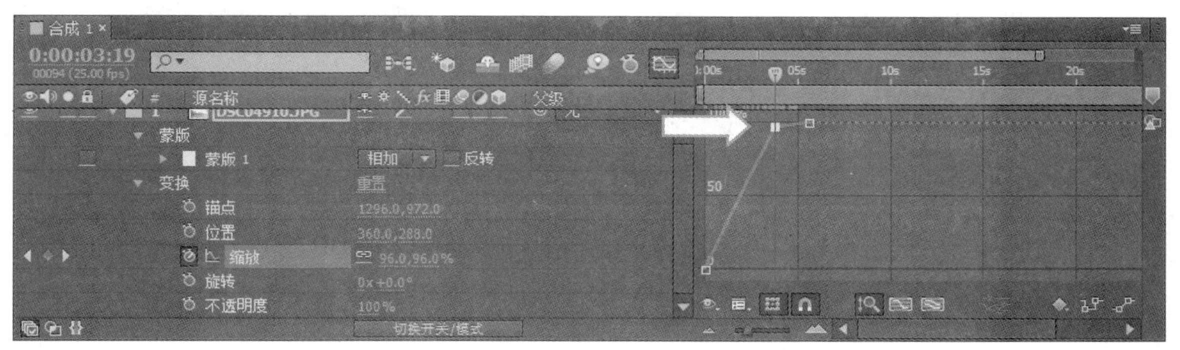

图2.5.14

17 观察该动画的运动曲线，没有过渡，控制点间是直线连接的，这表明运动速度是匀速的。使用【选取工具】Selection Tool来调整曲线，如图2.5.15所示。

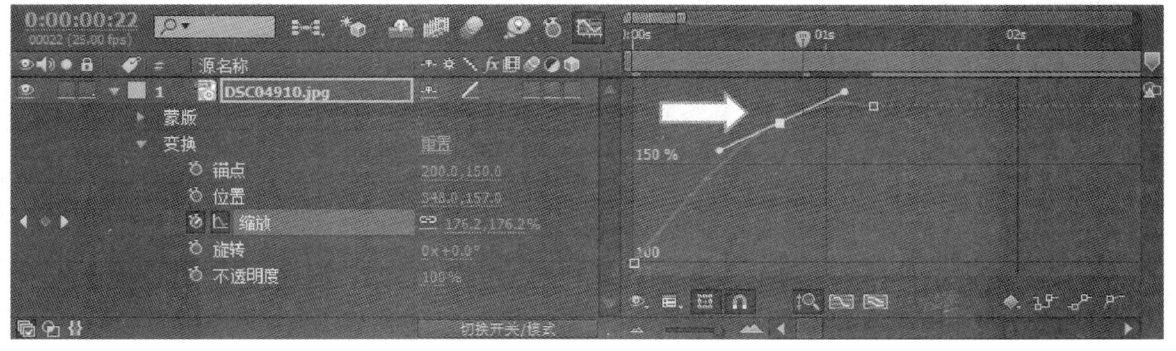

图2.5.15

18 按下小键盘的数字键【0】，播放动画观察效果，花卉放大的过程是一个加速的过程。再次单击【时间轴】Timeline面板中的【图表编辑器】Graph Editor图标，关闭曲线编辑模式。调整【时间轴】Timeline面板中时间指示器上方的滑杆，使整个时间先被显示出来，如图2.5.16所示。

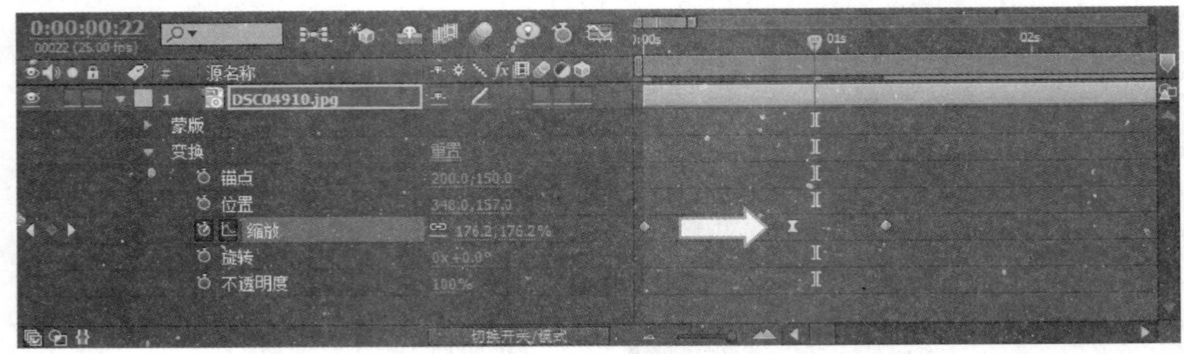

图2.5.16

19 下面需要设置花卉的旋转动画，选中该层的Rotation属性，把时间指示器调整到初始位置，单击【旋转】Rotation属性右侧的钟表图标，为Rotation属性设置关键帧，如图2.5.17所示。

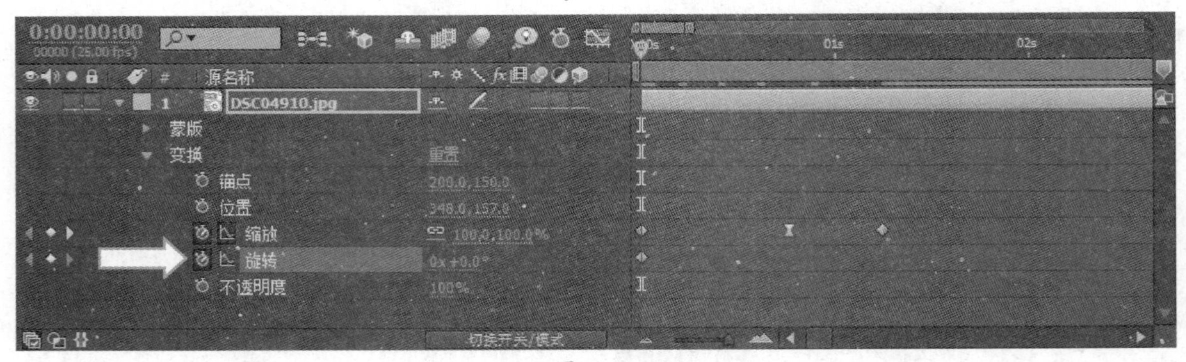

图2.5.17

20 把时间指示器移动到结束的位置，修改【旋转】Rotation属性为360度，如图2.5.18所示。

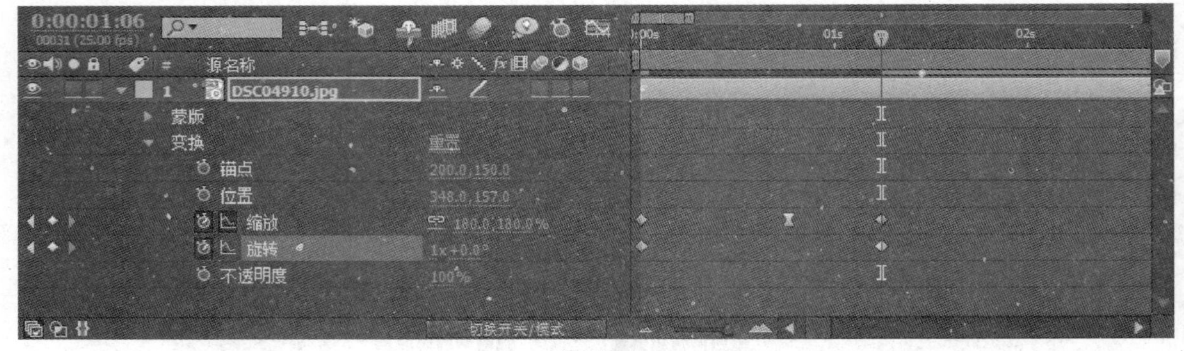

图2.5.18

21 下面要对其他层设置同样的属性，有了设定好的关键帧，就没必要一个一个重新设定其他层的关键帧。把时间指示器移动到初始位置，选中需要复制的关键帧，选择菜单【编辑】Edit>【复制】Copy命令，选中被复制关键帧的层，选择菜单【编辑】Edit>【粘贴】Paste命令，粘贴关键帧到该位置。有了这4个设定好的层，可以复制出一些层，调整其大小和位置，使画面显得错落有致，如图2.5.19所示。

图2.5.19

2.6 跟踪动画

2.6.1 跟踪和稳定

在我们使用了运动跟踪或稳定后，在素材上会出现一个跟踪范围的方框，如图 2.6.1 所示。

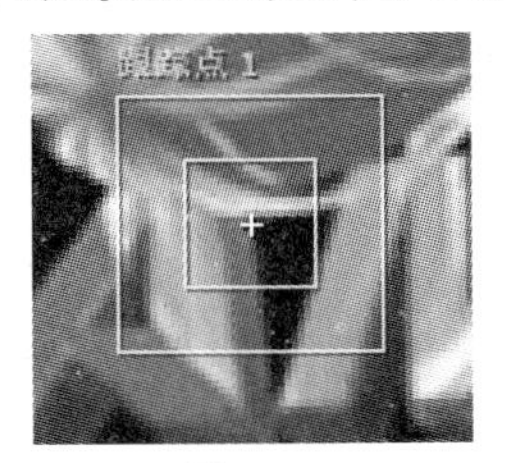

图2.6.1

外面的方框为搜索区域，里面的方框为特征区域，一共有8个控制点，用鼠标可以改变两个区域的大小和形状。搜索区域的作用是定义下一帧的跟踪，搜索区域的大小与跟踪物体的运动速度有关，通常被跟踪物体的运动速度越快，两帧之间的位移就越大，这时搜索区域也要相应地增大。特征区的作用是定义跟踪目标的范围，系统会记录当前跟踪区域中图像的亮度以及物体特征，然后在后续帧中以该特征进行跟踪。

提示

在进行设置跟踪时，要确保跟踪区域具有较强的颜色和亮度特征，与周围有较强的对比度。如果有可能的话，要在前期拍摄时就定义好跟踪物体。

跟踪区域内的小十字形是跟踪点。跟踪点与跟踪层的定位点或滤镜效果点相连，它表示在跟踪过程中跟踪层或效果点的位置。在跟踪完之后，跟踪点的关键帧将被添加到相关的属性层中。

在设置完后，可以单击【分析】Analyze按钮进行正式的跟踪预览。如果效果不满意，可以单击鼠标或按任意键停止跟踪，重新对设置进行修改，或单击【重置】Reset按钮，恢复为默认设置后重新进行设置。如果对跟踪结果满意，可以单击【应用】Apply按钮将跟踪施加到目标层。

2.6.2 跟踪操作实例

01 保证【时间轴】Timeline面板中有两层素材，一个为跟踪的目标层，也可以叫做背景层；另一个为用来跟踪背景层的跟踪层，如图2.6.2所示。

图2.6.2

02 然后选择要跟踪的目标层，如图2.6.3所示。

图2.6.3

03 可以单击【跟踪器】Tracker Controls面板中

的【跟踪运动】Track Motion按钮，或者执行【动画】Animation>【跟踪运动】Tracker Motion命令，目标层上会出现跟踪范围的方框，如图2.6.4所示。

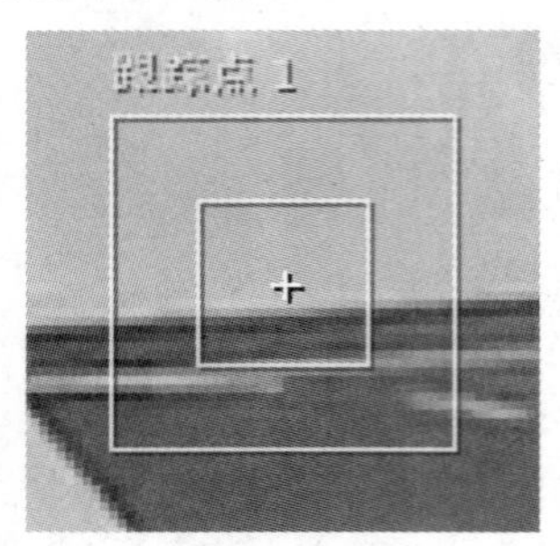

图2.6.4

04 在影像预览区域中设置运动特征区域、搜索区域、跟踪点以及跟踪时间。

05 用鼠标单击【选项】Options按钮进行必要的设置。

06 单击【分析】Analyze栏中的▶按钮进行跟踪预览，如果满意的话，可以单击Apply按钮对目标层施加运动跟踪。

2.6.3 稳定操作实例

01 在【时间轴】Timeline面板中选择要进行运动稳定的目标层，然后单击【跟踪器】Tracker Controls面板中的【稳定运动】Stabilize Motion按钮，或者执行【动画】Animation>【稳定运动】Stabilizer Motion命令，如图2.6.5所示。

图2.6.5

02 在【跟踪器】Tracker Controls面板中【跟踪类型】Track Type下拉菜单中会自动选择【稳定】Stabilizer选项，如果不是，要改选成【稳定】Stabilizer选项。

03 设置运动特征区域、搜索区域、跟踪点以及跟踪时间，如图2.6.6所示。

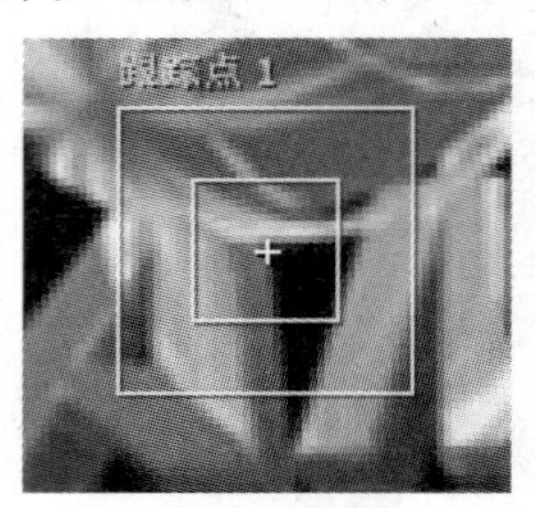

图2.6.6

04 单击【分析】Analyze按钮，开始跟踪。如果对稳定效果不满意，可以按下任意键停止，重新进行设置，再次跟踪。

05 最后稳定满意时，可以单击【应用】Apply按钮，对目标层施加运动稳定效果。

2.6.4 【摇摆器】The Wiggler面板

【摇摆器】The Wiggler面板可以随时间的变化随机地改变层的任意属性，比如层的位移、大小以及透明度等。在使用【摇摆器】The Wiggler时，用户至少要选择两个关键帧。使用【摇摆器】The Wiggler可以在指定的限制内更精确地模拟自然的动作，如图2.6.7所示。

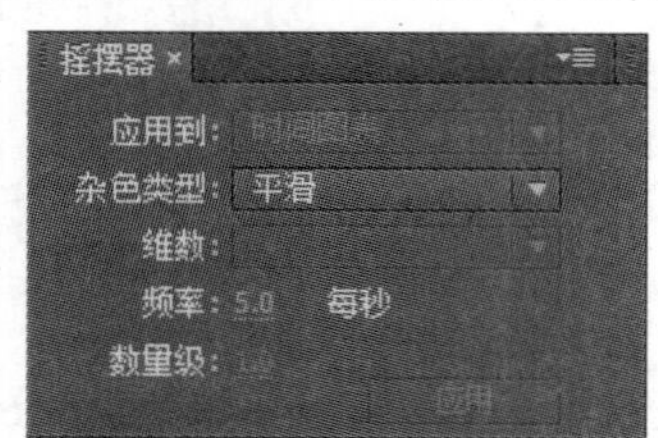

图2.6.7

- 【应用到】Apply To：用户可以从该列表框中选择所需要的曲线表类型。当用户选择的关键帧是空间改变属性的关键帧，也就是涉及到x、y、z轴，可以选择【空间路径】Spatial Path添加运动的偏移量，或者选择【时间图表】Temporal Graph添加速度的偏移量。如果用户所选定的不是空间变化属性的关键帧，则可以只选择【时间图表】Temporal Graph选项。
- 【杂色类型】Noise Type：这里可以指定归结于随机式分布像素值（噪音）的偏移类型。
  - 【平滑】Smooth Noise：可以创建出比较缓和的偏移。
  - 【成锯齿状】Jagged：可以创建出锯齿的运动效果。
- 【维数】Dimensions：这个选项有4项供用户选择。
  - X：添加在X轴项上的偏移。
  - Y：添加在Y轴项上的偏移。

- 【所有相同】All the Same：可以对所有的轴项添加相同数值的偏移。
- 【所有独立】All Independently：可以为每个轴项添加不同数值的偏移。

- 【频率】Frequency：这里可以设置每秒为所选择的关键帧添加多少关键帧。较低的值只可以产生临时的偏移，而较高的值可以产生较多的不稳定。
- 【数量级】Magnitude：这个选项可以设置偏移量的最大尺寸。
- 【应用】Apply：预览最终效果。

2.6.5 【动态草图】Motion Sketch面板

该面板可以对鼠标的运动进行记录，从而实现层动画的设置，如图2.6.8所示。

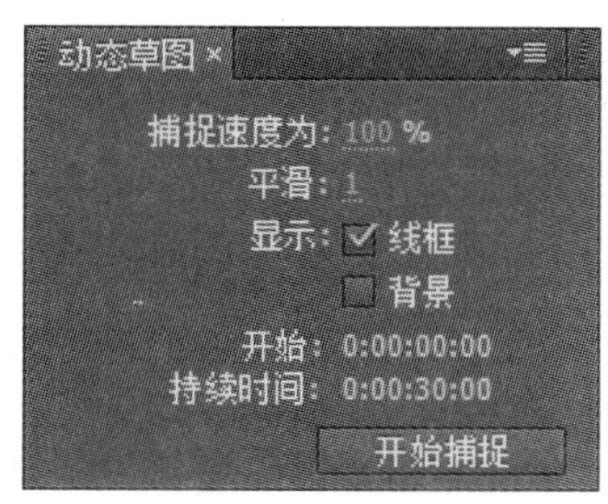

图2.6.8

- 【捕捉速度为】Capture speed at：这里的百分数可以设置动作的记录速率。100%可以将播放速度精确地设置为鼠标运动的速度；大于100%可以设置播放速度大于鼠标运动的速度；小于100%可以设置播放速度小于鼠标运动的速度。
- 【平滑】Show：这个栏下有两个选项，【线框】Wireframe，在记录运动路径时可以显示层的轮廓；【背景】Background，在记录运动路径时可以显示【合成】Composition面板中的背景画面。
- 【开始捕捉】Start Capture：单击这个按钮就开始绘制了。

2.6.6 记录运动路径

01 首先要在【时间轴】Timeline面板中，选定一个所要记录运动的层。

02 在【时间轴】Timeline面板中设置好运动的区域范围，如图2.6.9所示。

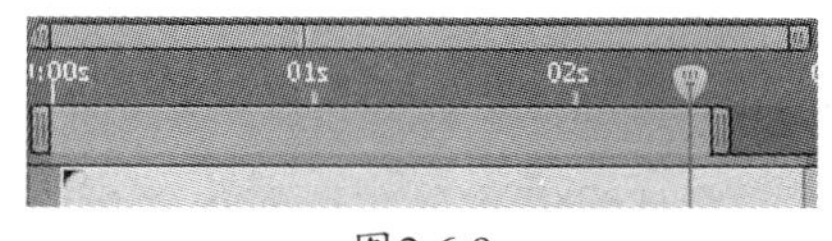

图2.6.9

03 在【动态草图】Motion Sketch面板中设置好需要的参数。

04 最后单击【开始捕捉】Start Capture按钮就可以进行绘制了。

2.6.7 【平滑器】The Smoother面板

【平滑器】The Smoother面板主要为用户提供对层动画的修改，使其动画效果更加平滑。选择菜单【窗口】Window>【平滑器】The Smoother命令，可以打开【平滑器】The Smoother面板。利用该面板可以通过添加或者删除关键帧对动画进行平滑设置，如图2.6.10所示。

图2.6.10

可以选择一个动画的路径，然后在【平滑器】The Smoother面板中设置【容差】Tolerance值，这个值越大删除的关键帧就越多，从而可以创建出比较平滑的动画。

2.7 【动画】菜单

【动画】Animation菜单组的命令主要用于控制动画的设置，会包括一些关键帧设置、运动控制、运动追踪和稳定等，如图2.7.1所示。

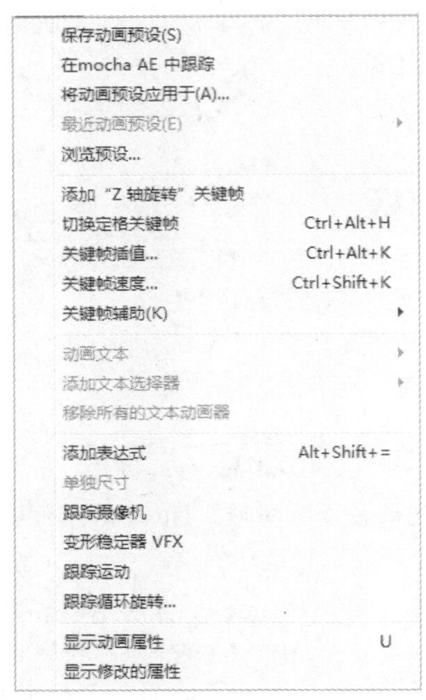

图2.7.1

2.7.1 保存动画预设

【保存动画预设】Save Animation Preset命令主要用于将一组做好的动画关键帧保存起来，以便于下次直接调用。

2.7.2 在mocha AE中跟踪

【在mocha AE中跟踪】命令会将现有项目在mocha中打开，这个软件被绑定进After Effects中，主要用来弥补自带跟踪器的不足。

2.7.3 将动画预设应用于

【将动画预设应用于...】Apply Animation Preset命令主要用于调用保存过的动画。

下面我们介绍一下【动画预设】Animation Preset命令的使用方法。

01 在【时间轴】Timeline 面板中建立两个【纯色图层】，分别为 A 层和 B 层，如图 2.7.2 所示。

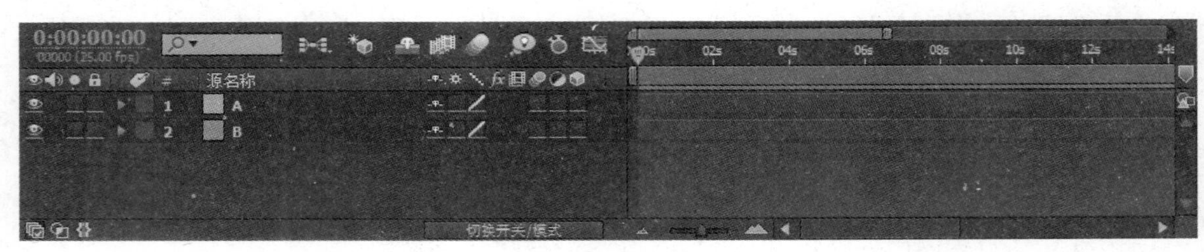

图2.7.2

02 展开A层的【变换】Transform属性列表，设置【位置】Position属性的关键帧，如图2.7.3所示。

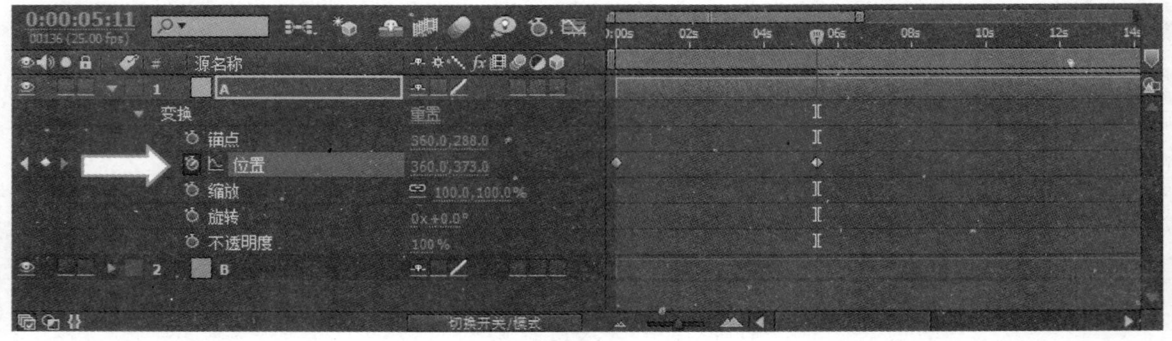

图2.7.3

03 选中【位置】Position属性（如果只选中层，【保存动画预设】Save Animation Preset命令将显示为灰色不能使用），执行菜单【动画】Animation>【保存动画预设】Save Animation Preset命令，弹出对话框引导用户将【动画预设】Animation Preset储存起来，【动画预设】Animation

Preset文件后缀为FFX。

04 选中B层展开【变换】Transform属性列表，选中【位置】Position属性，执行菜单【动画】Animation >【将动画预设应用于...】Apply Animation Preset命令，选中刚才保存的【动画预设】Animation Preset文件，我们可以看到B层的【位置】Position属性被赋予动画关键帧，这与A层的关键帧数据是一致的，如图2.7.4所示。

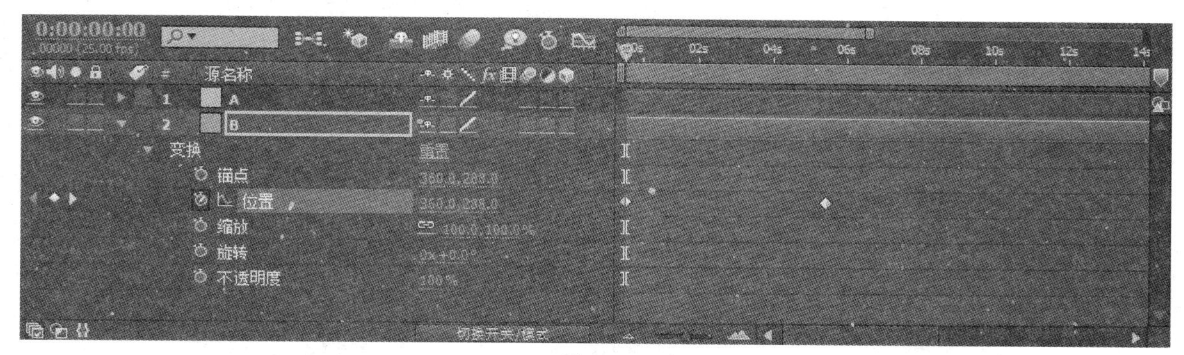

图2.7.4

不同的属性间的动画预设是不能通用的，所以用户在执行前要确认其一致性。

2.7.4 最近动画预设与浏览预设

【最近动画预设】Recent Animation Preset命令主要用于调用最近使用的保存动画。

【浏览预设】Browse Preset命令主要用于通过Adobe Bridge软件浏览动画预设。

2.7.5 添加关键帧与切换定格关键帧

【添加关键帧】Add Keyframe命令主要用于为时间指示器所指位置添加一个关键帧。在执行该命令前，必须先选择层中的一个属性。

【切换定格关键帧】Toggle Hold Keyframe命令主要用于保持关键帧的状态不变，至下一个关键帧突然发生变化。

2.7.6 关键帧插值

【关键帧插值】Keyframe Interpolation命令主要用于插入关键帧，如图2.7.5所示。

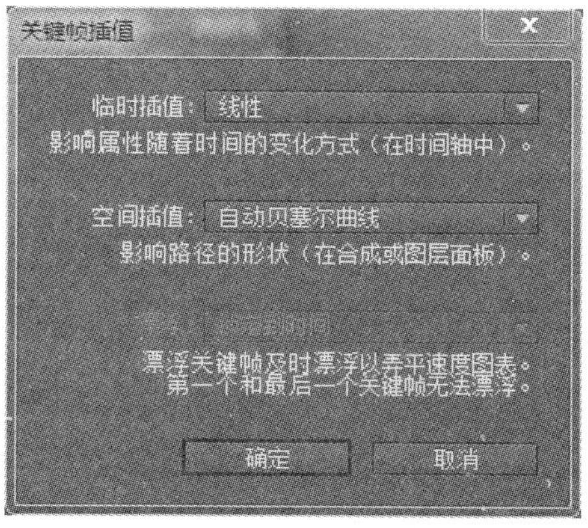

图2.7.5

- 【临时插值】Temporal Interpolation：设置在时间上改变一个属性。

- 【当前设置】Current Settings：关键帧的当前插值设置。
- 【线性】Linear：线性状态，如图2.7.6所示。

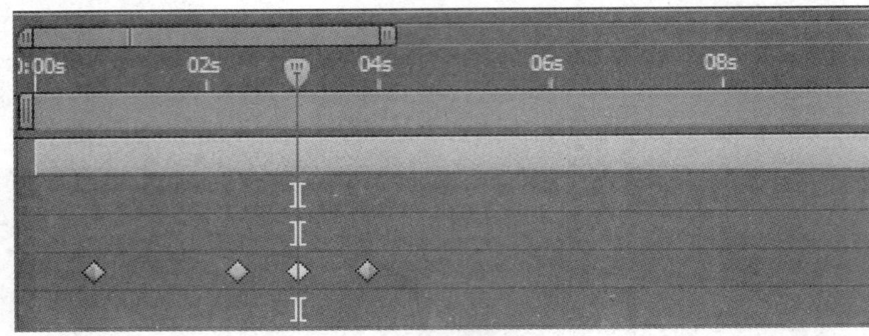

图2.7.6

- 【贝塞尔曲线】Bezier：贝塞尔曲线。
- 【连续贝塞尔曲线】Continuous Bezier：持续贝塞尔曲线，如图2.7.7所示。

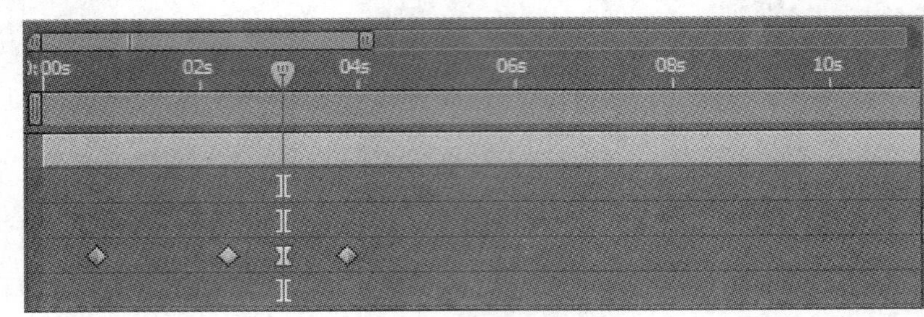

图2.7.7

- 【自动贝塞尔曲线】Auto Bezier：自动贝塞尔曲线，如图2.7.8所示。

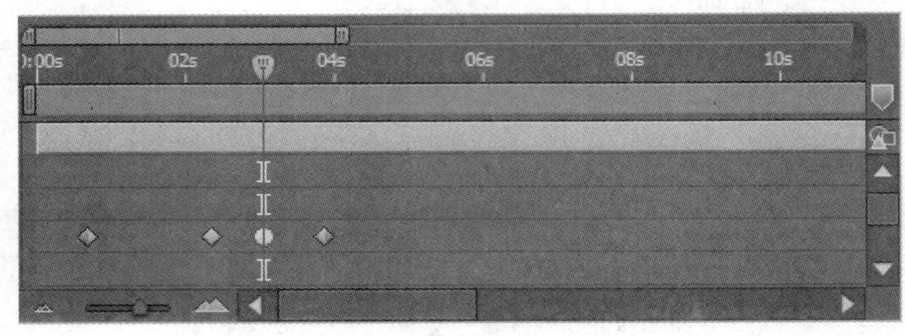

图2.7.8

- 【定格】Hold：保持第一个关键帧不变，至下一个关键帧突然发生变化，如图2.7.9所示。

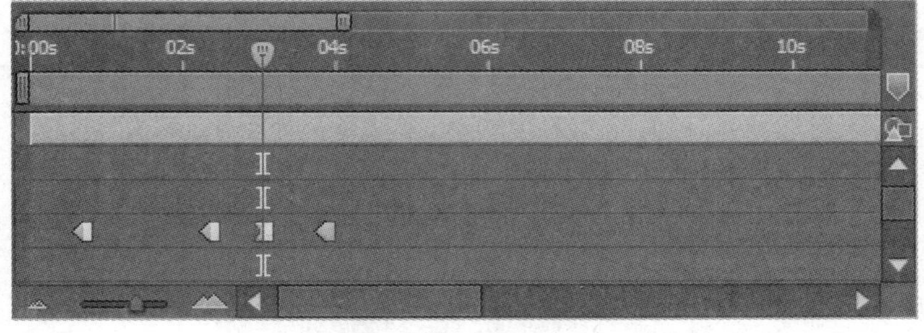

图2.7.9

2.7.7 关键帧速度

【关键帧速度】Keyframe Velocity命令主要用于设置关键帧的速率，如图2.7.10所示。

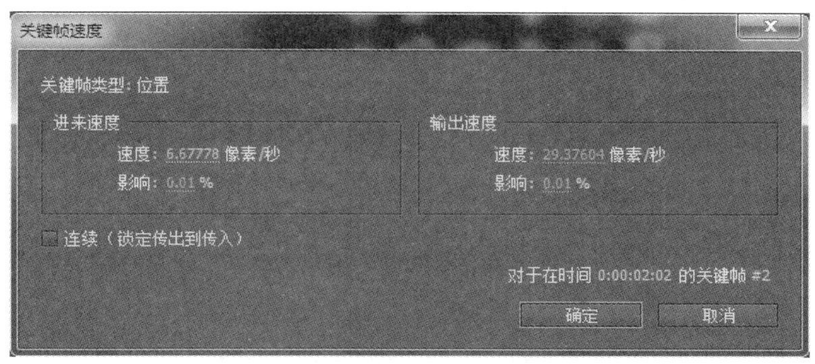

图2.7.10

【进来速度】Incoming Velocity：设置进入关键帧的速率。

【输出速度】Outgoing Velocity：设置离开关键帧的速率。

01 在【时间轴】Timeline面板中为素材【位置】Position属性设置关键帧，如图2.7.11所示。

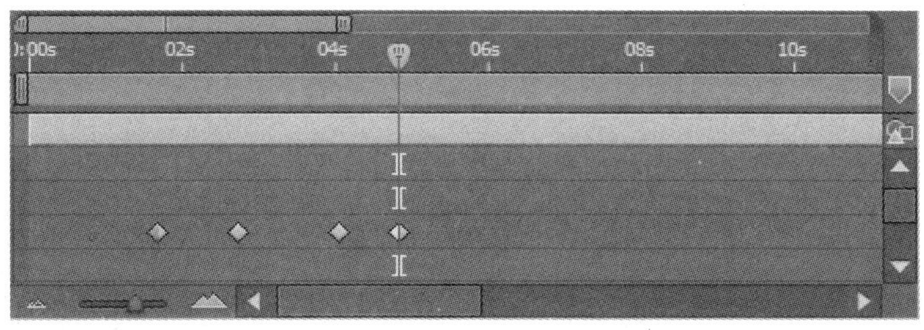

图2.7.11

02 单击【时间轴】Timeline面板中【曲线编辑器】按钮，打开【图表编辑器】Graph Editor窗口，如图2.7.12所示。

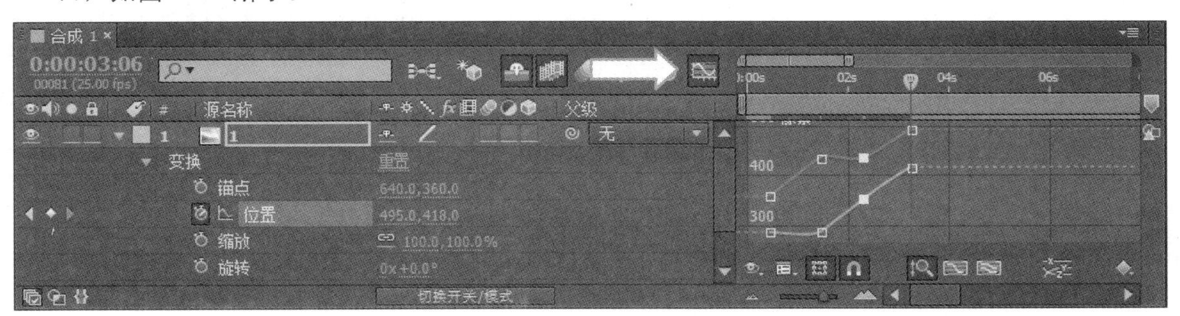

图2.7.12

03 选择需要编辑的关键帧，这个关键帧会变成实心的黄色方块，然后执行菜单【动画】Animation>【关键帧速度】Keyframe Velocity命令进行精确设置。

2.7.8 关键帧辅助

【关键帧辅助】Keyframe Assistant命令主要用于使用不同的方式改变关键帧的速率，如图2.7.13所示。

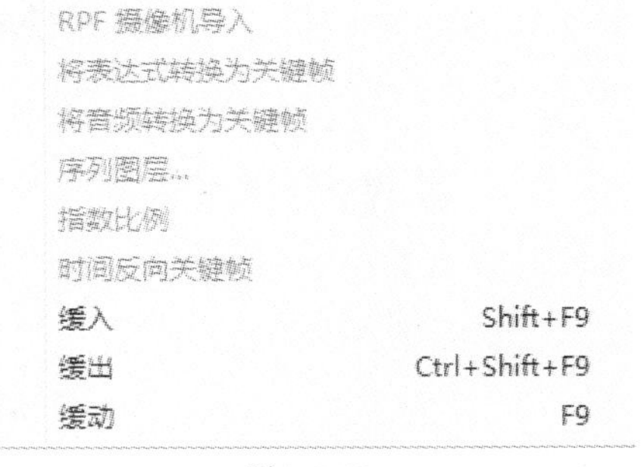

图2.7.13

- 【RPF摄像机导入】RPF Camera Import：导入RLA或RPF数据的摄像机层。
- 【将表达式转换为关键帧】Convert Expression to Keyframes：将表达式转化为关键帧。
- 【将音频转换为关键帧】Convert Audio to Keyframes：将音频振幅转换为关键帧。
- 【序列图层】Sequence Layers：自动将素材排列顺序，如图2.7.14所示。

图2.7.14

- 【重叠】Overlap：相互覆盖所排列的层，如图2.7.15所示。
- 【持续时间】Duration：设置层之间的持续时间。
- 【过渡】Transition：设置覆盖层之间的交叉混合的方式共3种，如下图所述。

关Off：关闭覆盖层之间的效果。

溶解前景图层Dissolve Front Layer：设置前景层发生渐变，有淡出的效果。

交叉溶解前景和背景图层Cross Dissolve Front and Back Layers：设置前景和背景层都会有渐变效果。

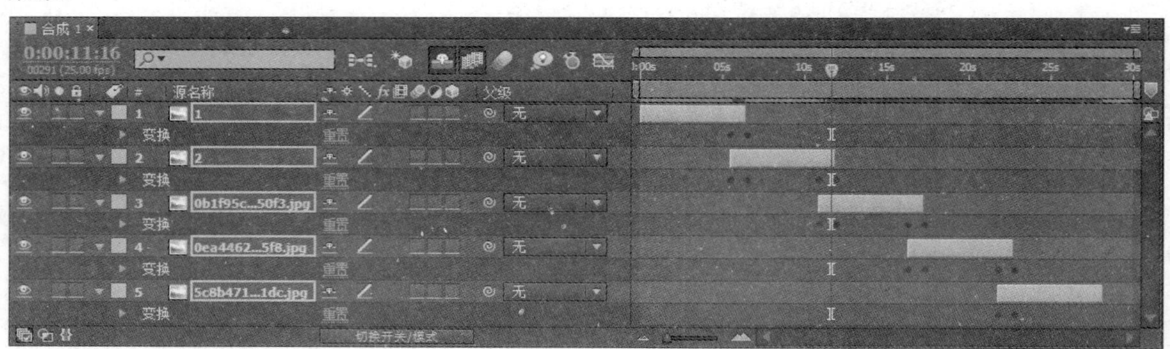

图2.7.15

- 【指数比例】Exponential Scale：用于模拟真实的镜头加速。
- 【时间反向关键帧】Time-Rerverse Keyframes：反转关键帧。当我们要为一些带循环关系的素材设置关键帧的时候，例如门的开与关、电视画面显示与消失，可以通过选择已经设置好的关键帧，然后选择【时间反向关键帧】Time-Rerverse Keyframes命令，这样所选择的关键帧动画过程将被反转过来。
- 【缓入】Easy Ease In：设置所选择进入关键帧的速率。
- 【缓出】Easy Ease Out：设置所选择离开关键帧的速率。
- 【缓动】Easy Ease：设置进入和离开所选择的关键帧的速率。

2.7.9 其他相关命令

【动画文本】Animate Text命令主要用于设置Text动画，用户可以为Text添加各种位移、旋转、大小、颜色等动画属性。

【添加文本选择器】Add Text Selector命令主要用于添加Text选择器。

【移除所有的文本动画器】Remove All Text Animators命令主要用于移除所有文本的动画属性。

【添加表达式】Add Expression命令主要用于添加表达式。该命令在表达式应用中有详细讲解。

【单独尺寸】Separate Dimensions命令主要用于将属性中的多个尺寸进行分离，这样方便用户单独对某个尺寸设置关键帧。

【跟踪摄像机】Track Camera命令主要用于3D 摄像机跟踪器效果对视频序列进行分析，以提取摄像机运动和 3D 场景数据。

【变形稳定器VFX】Deformation Stabilizer VFX命令主要用于稳定跟踪动作。

【跟踪运动】Track Motion命令主要用于创建跟踪动作。

【跟踪此属性】Track This Property命令主要用于跟踪属性。

【显示动画属性】Reveal Animating Properties命令主要用于显示当前层中所有动画的关键帧属性。

【显示修改的属性】Reveal Modified Properties命令主要用于显示层中参数修改过但没有设置动画关键帧的属性。

2.8 【合成】菜单

【合成】Composition（合成影像）菜单是After Effects的基础，主要用来设置合成影像的相关参数、输出渲染合成影像等功能。任何动画都是建立在【合成】的基础之上，【合成】菜单中的部分命令也可以在【合成】Composition面板中直接操作，如图2.8.1所示。

新建合成(C)... Ctrl+N
合成设置(T)... Ctrl+K
设置海报时间(E)
将合成裁剪到工作区(W)
裁剪合成到目标区域(I)
添加到 Adobe Media Encoder 队列... Ctrl+Alt+M
添加到渲染队列(A) Ctrl+M
添加输出模块(D)
后台缓存工作区域 Ctrl+返回
取消后台缓存工作区域
预览(P)
帧另存为(S)
渲染前...
保存 RAM 预览(R)... Ctrl+Numpad 0
合成和流程图(F) Ctrl+Shift+F11
合成微型流程图(N) Tab

图2.8.1

2.8.1 新建合成

【新建合成】New Composition命令主要用于新建一个合成影像，在弹出的【合成设置】Composition Setting对话框中可以设置合成影像的具体参数，如图2.8.2所示。

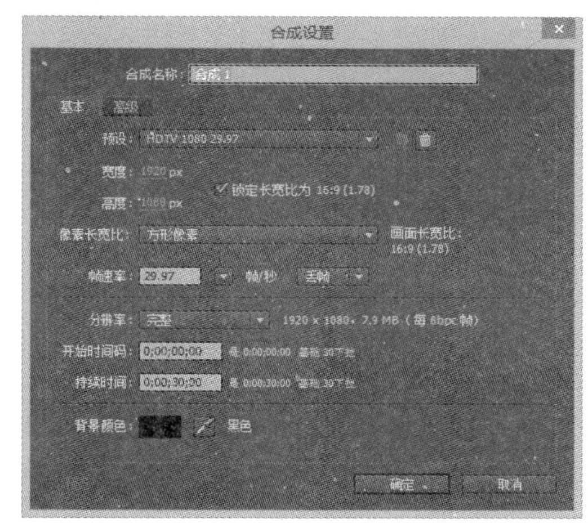

图2.8.2

- 【合成名称】Composition Name：设置【合成】Composition的名称。

  【基本】设置选项如下所述。

- 【预设】Preset：设置【合成】Composition的框架格式。（相关的格式会在其他课节详细介绍，在这里就不再重复了。）
- 【宽度】Width：设置【合成】Composition的宽度。

- 【高度】Height：设置【合成】Composition的高度。
- 【锁定长宽比】Lock Aspect Ratio to：锁定面板的宽高比。
- 【像素长宽比】Pixel Aspect Ratio：设置【合成】Composition的像素宽高比。
- 【帧速率】Frame Rate：设置【合成】Composition的帧速率。
- 【分辨率】Resolution：设置【合成】Composition的显示分辨率大小，分辨率的大小会影响到最后影像渲染输出的质量。也可以在【合成】Composition面板随时修改，如果整个项目很大，建议使用较低的分辨率，这样可以加快预览速度，在输出影片时再调整为【完整】Full类型分辨率。【合成】4种分辨率图像质量依次递减。用户也可以选择【自定义】选项自定义分辨率，如图2.8.3所示。

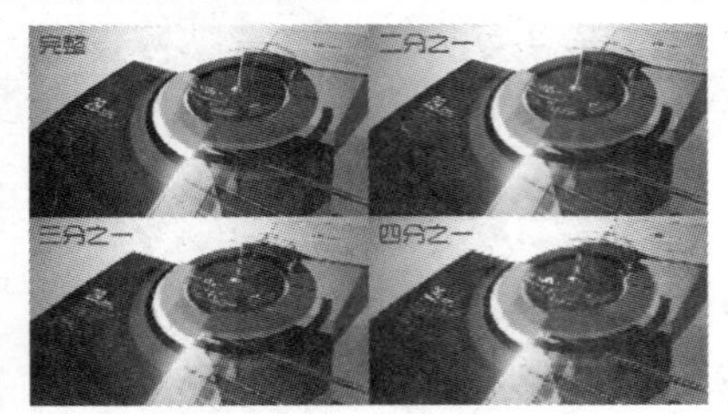

图2.8.3

- 【开始时间码】Start Timecode：设置【合成】Composition的起始时间。
- 【持续时间码】Duration：设置【合成】Composition的持续时间。
- 【背景颜色】Background Color命令主要用于设置【合成】Composition的背景颜色，我们看到的【合成】背景颜色是黑色，其实并不是这样的，默认合成是一个透明的空层没有颜色，设置黑色只是为了观察方便，我们也可以设置为透明色，便于观察带有通道的图层。
- 【高级】Advanced 设置选项如图 2.8.4 所示。

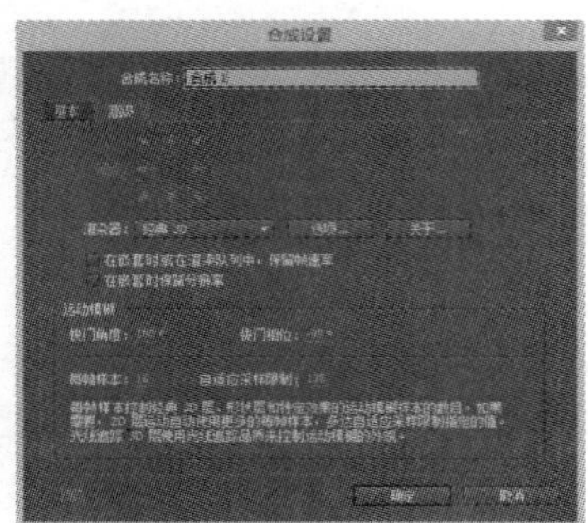

图2.8.4

- 【锚点】Anchor：设置【合成】Composition的中心点。
- 【快门角度】Shutter Angle：设置快门的角度，控制运动模糊的强度。
- 【快门相位】Shutter Phase：设置快门的相位，控制运动模糊的方向。
- 【渲染器】Rendering Plug-in：设置三维渲染时使用的硬件渲染引擎。
- 【光线追踪3D】Standard 3D：支持运动模糊、阴影、灯光、深度等效果，但是不能对三维空间中交叉的层产生正确的隐藏效果。
- 【光线追踪3D】渲染器无法渲染以下特性：混合模式、轨道遮罩、图层样式、持续栅格化图层上的蒙版和效果，包括文本和形状图层、带收缩变化的 3D 预合成图层上的蒙版和效果、保留基础透明度。
- 【经典3D】Advanced 3D：支持所有的对象进行标准的3D渲染，素材层可以按照任何方式进行交错，并可以产生正确的抗锯齿效果。
- 【在嵌套时或在渲染队列中，保留帧速率】Preserve Frame Rate When nested or in render queue：控制是否保持嵌套合成影像的帧速率。
- 【在嵌套时保留分辨率】Preserve Resolution when nested：控制是否保持嵌套合成影像的分辨率。

2.8.2 合成设置

【合成设置】Composition Settings命令主要用于用户再次修改对【合成】Composition的设置，在编辑的过程中发现合成的一些参数并不是我们想要的设置，选中想要修改的合成，执行此命令，就可以重新设置合成，该命令会经常被用到，请牢记快捷键【Ctrl+K】。

2.8.3 设置海报时间

【设置海报时间】Set Poster Time命令用于预览合成画面时，设置预览画面的海报时间，将时间指示器移动至想要设置画面的时间点，执行该命令，当我们再次选中合成时，项目预览所显示的画面就是该时间的画面。

2.8.4 将合成裁剪到工作区

【将合成裁剪到工作区】Trim Comp to

Work Area命令主要用于剪切超出工作区域的素材层。我们在实际工作中一般会创建一个较长时间的合成，但是在编辑即将结束时，才发现合成时间大于出片时间，这使我们确定了工作区域的范围，执行该命令可以直接将多余的合成部分剪切掉，如图2.8.5和图2.8.6所示。

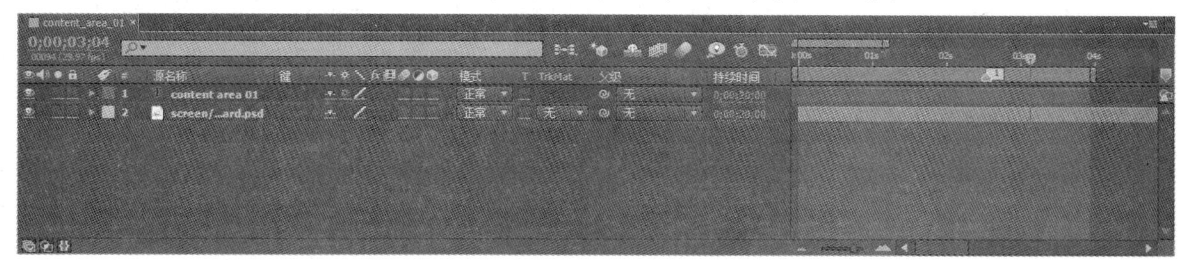

原工作区的素材

图2.8.5

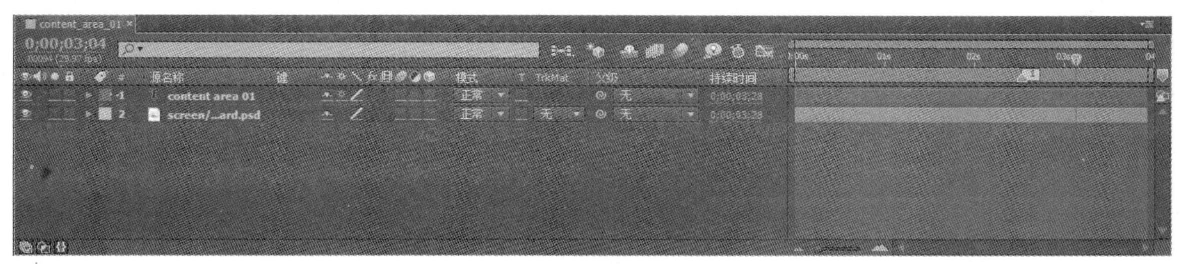

剪过的素材

图2.8.6

2.8.5 裁剪合成到目标区域

【裁剪合成到目标区域】Crop Comp to Region of Interest命令主要用于裁剪【合成】Composition面板中兴趣范围的大小。这个命令要配合面板中的【目标区域】Region of Interest工具使用，如图2.8.7、图2.8.8和图2.8.9所示。

原始图像

图2.8.7

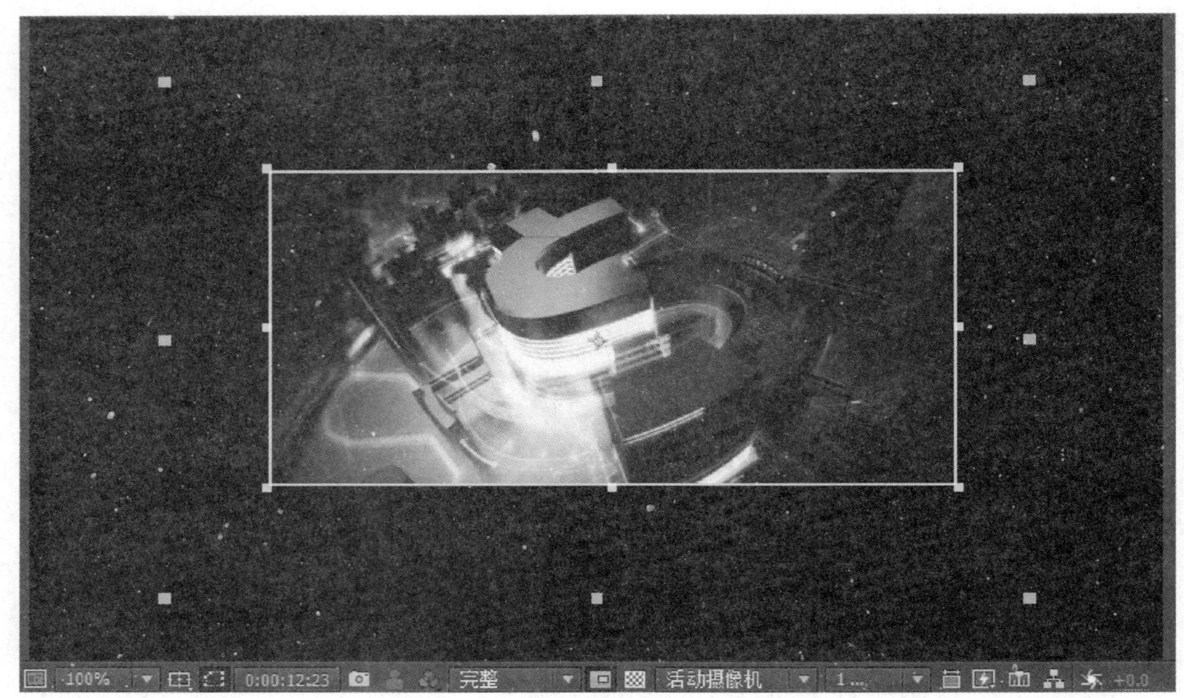

选择兴趣范围

图2.8.8

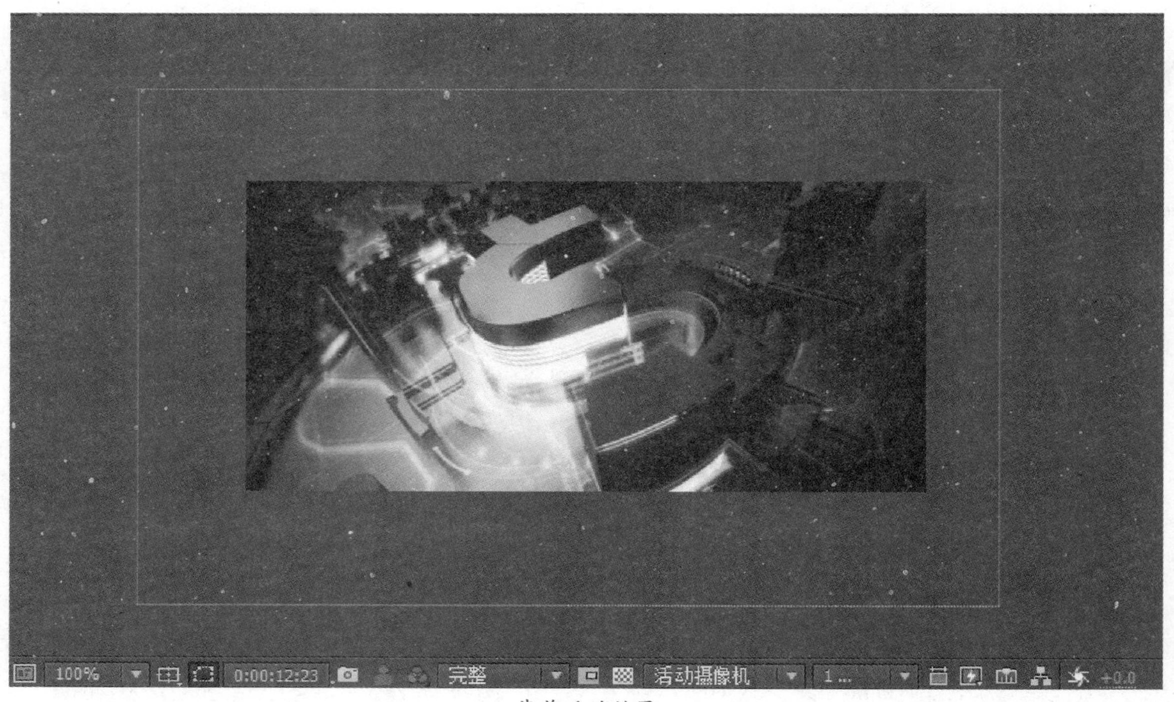

裁剪后的效果

图2.8.9

2.8.6 添加到Adobe Media Encoder队列及添加到渲染队列

将渲染的序列添加到Pr的输出模块Media Encoder中进行渲染。

【添加到渲染队列】Add To Render Queue命令主要用于将当前【合成】Composition添加到渲染队列中。渲染输出的相关概念会在其他课节中详细讲解。

2.8.7 添加输出模块与后台缓存工作区域

【添加输出模块】Add Output Module命令主要用于添加渲染输出的模块，用户可以设置不同的输出渲染模式，一次性地渲染出多种影片格式。

当 RAM 缓存在标准预览期间已满时，系统可以将已渲染项存储到硬盘中。【时间轴】、【图层】和【素材】面板的时间标尺中的蓝条标记会缓存到磁盘的帧。使用【后台缓存工作区域】功能在继续工作的同时会为合成的工作区域填充磁盘缓存。当对下游合成或预合成进行更改时，会经常使用此命令，此功能可以作用于多个合成。

2.8.8 取消后台缓存工作区域与预览

取消后台预览工作模式。

【预览】Preview 命令主要用于用户以不同模式预览【合成】Composition，如图 2.8.10 所示。

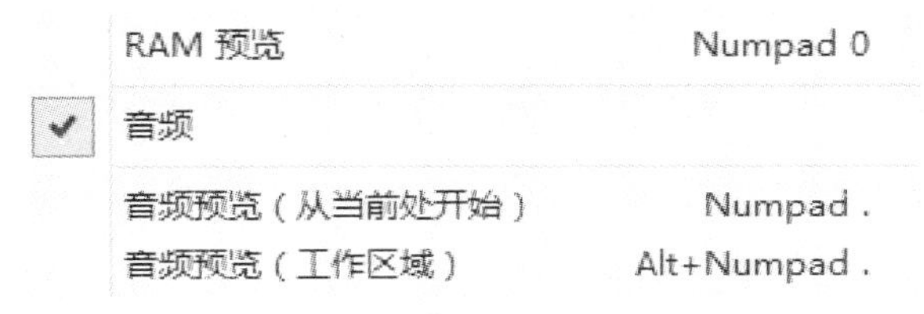

图2.8.10

- 【RAM预览】RAM Preview：RAM预览模式。
- 【音频预览】Audio Preview：音频预览模式。

2.8.9 帧另存为

【帧另存为】Save Frame As命令主要用于保存【合成】Composition的当前选中帧，如图2.8.11所示。

图2.8.11

- 【文件】File：弹出面板，用户可以设置要保存的文件格式。
- 【Photoshop图层】Photoshop Layers：将当前帧保存为PSD的文件格式。【合成】Composition中的所有层也将以Photoshop的层的方式被保存。

2.8.10 渲染前与保存RAM预览

【渲染前】Make Movie命令主要用于渲染输出影片，相关设置会在输出课节详细讲解。

【保存RAM预览】Save RAM Preview命令主要用于将RAM预览结果保存起来。

2.8.11 合成和流程图

【合成和流程图】Comp Flowchart View命令主要用于显示【合成】Composition的Flowchart面板，如图2.8.12所示。

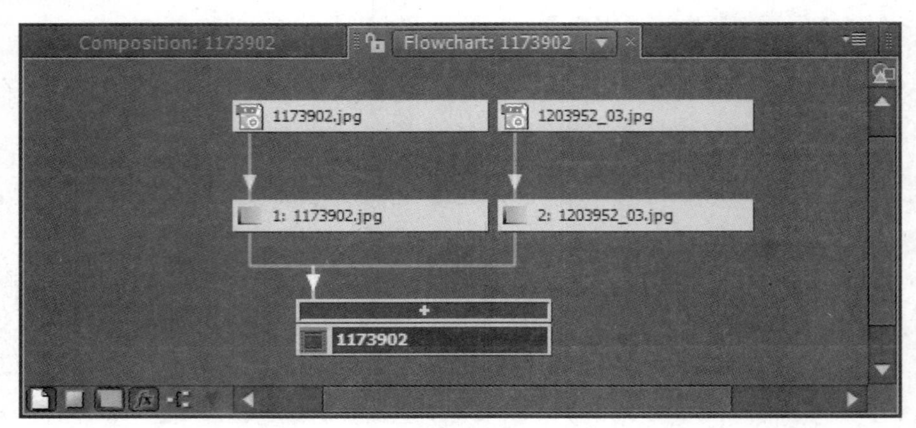

图2.8.12

2.8.12 合成微型流程图

【合成微型流程图】Compositopn Mini-Flowchart命令主要用于打开一个迷你的【流程图】Flowchart面板。

第3课 图层操作

读者通过上课的学习对于创建一个合成有了一定的了解，我们在每一个合成中都可以建立多个【图层】layer，类似于Photoshop中图层的概念，这也是After Effects对于初学者来说上手较快的原因，大部分在时间轴里的操作都和Photoshop中差不多。本课将会详细介绍After Effects中层与遮罩的概念与应用。【图层】layer的概念在After Effects中具有核心的位置，一切的操作都围绕层展开。【图层】layer不仅仅和动画时间紧密相连，也是调整画面效果的关键。遮罩是控制画面效果的必要手段，灵活地运用【遮罩】Mask可制作出复杂的动画。层与遮罩是密不可分的，【遮罩】Mask的效果是建立在层的基础之上，熟悉和掌握这一概念是学习After Effects的基础。

3.1 图层的概念

Adobe公司发布的图形软件，都对【图层】layer的概念有着很好的诠释，大部分读者都有使用Photoshop或Illustrator的经历，在After Effects中层的概念与之大致相同，只不过Photoshop中的层是静止的，而After Effects的层大部分用来实现动画效果，所以大部分与层相关的命令都使层的动画更加丰富。After Effects的层所包含元素远比Photoshop的层所能包含的要丰富，不仅是图像素材，还包括了声音、灯光、摄影机等。即使读者是第一次接触到这种处理方式，也能很快上手。我们在生活中见过一张完整图片，放到软件中处理时都会将画面上不同元素分到不同层上面去。比如一张人物风景图，远处的山是远景并被放在远景层，中间湖泊是中景，被放到中景层，近处人物是近景，被放在近景层。为什么要把不同元素分开而不是统一到一个层呢？这样做的好处在于给作者更大空间去调整素材间的关系。当作者完成一幅作品后发现人物和背景位置不够理想时，传统绘画只能重新绘制，而不可能把人物部分剪下来贴到另外一边去。而在After Effects软件中，各种元素是分层的，当发现元素位置搭配不理想时，是可以任意调整的。特别是在影视动画制作过程中，如果将所有元素放在一个图层里，工作量是十分巨大的。传统制作动画片是将背景和角色都绘制在一张透明塑料片上，然后叠加上去拍摄，在软件中使用【图层】layer的概念就是从这里来的，如图3.1.1所示。

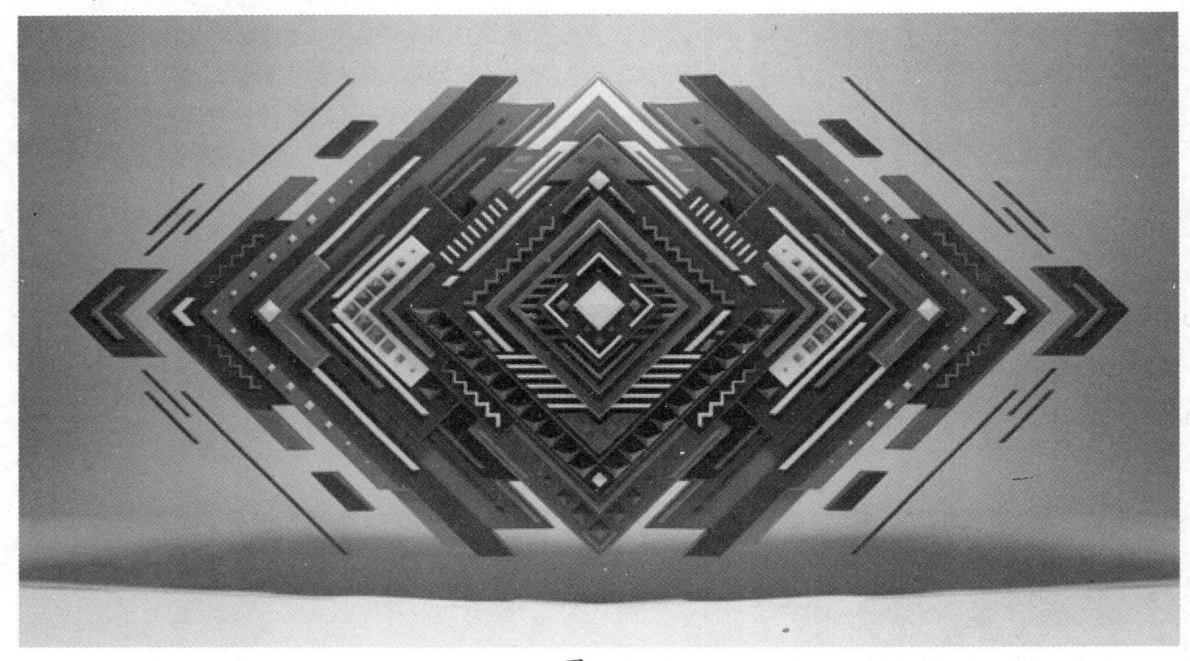

图3.1.1

在After Effects中层相关的操作都在【时间轴】Timeline面板中进行，所以层与时间是相互关联的，所有影片的制作都是建立在对素材的编辑上的，After Effects中包括素材、摄像机、灯光和声音都以层的形式在【时间轴】Timeline面板中出现，层以堆栈的形式排列，灯光和摄像机一般会在层的最上方，因为它们要影响下面的层，位于最上方的摄像机将是视图的观察镜头，如图3.1.2所示。

图3.1.2

3.2 【时间轴】面板介绍

After Effects中关于图层的大部分操作都是在【时间轴】Timeline面板中操作的。它以图层的形式把素材逐一摆放，同时可以对每个图层进行位移、缩放、旋转、打关键帧、剪切、添加效果等操作。【时间轴】Timeline面板在默认状态下是空白，只有在导入一个合成素材时才会显示出来。

3.2.1 【时间轴】面板的基本功能

【时间轴】Timeline面板的功能主要是控制合成中各种素材之间的时间关系，素材与素材间是按照层的顺序排列的，每个层的时间条长度代表了这个素材的持续时间。用户可以对每层的素材设置关键帧和动画属性。我们先从它的基本区域入手，如图3.2.1所示。

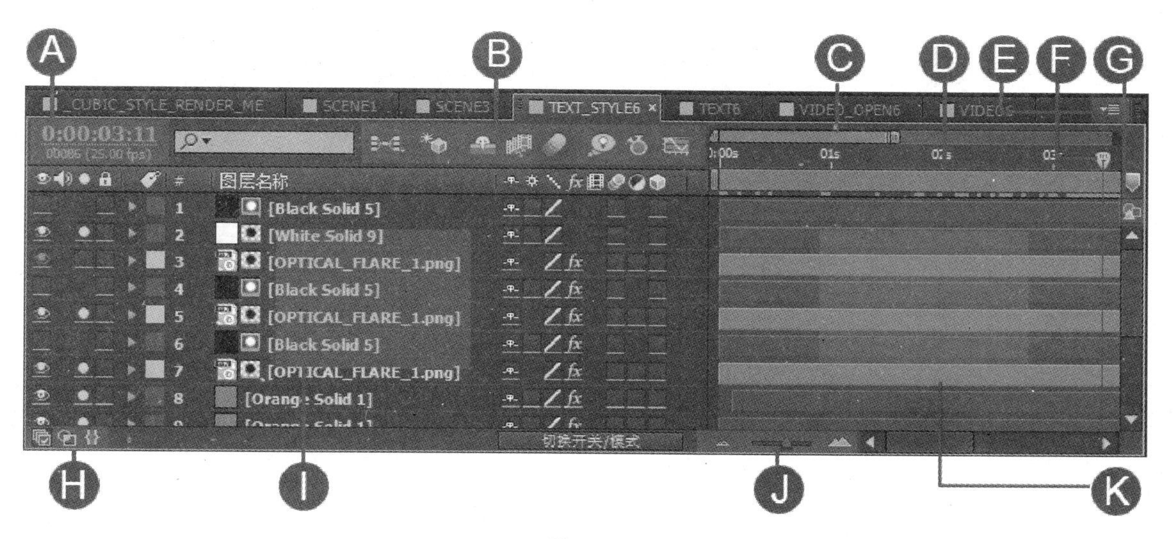

图3.2.1

A：这里显示的是【合成】中时间指针所在的时间位置，通过单击此处可以直接输入时间指示器所要指向的时间节点，可以输入一个精确的数字来移动时间指针的位置；后面显示的是【合成】的帧数以及帧速率，如图3.2.2所示。

图3.2.2

B：这个区域主要是一些功能按钮。

- ：在【时间轴】Timeline面板中查找素材，用户可以通过名字直接搜索到素材。
- ：打开迷你【合成微型流程图】Flowchart面板，如图3.2.3所示。

图3.2.3

- ：该按钮用来控制是否显示草图的3D功能。
- ：该按钮可以用来显示或隐藏【时间轴】Timeline面板中处于【消隐】状态的图层。【消隐】状态是After Effects给层的显示状态指定的一种拟人化的名称。通过显示和隐藏层功能来限制显示层的数量，实现简化工作流程，提高工作效率的目标。下面我们来看怎样隐藏消隐层，如图3.2.4和图3.2.5所示。

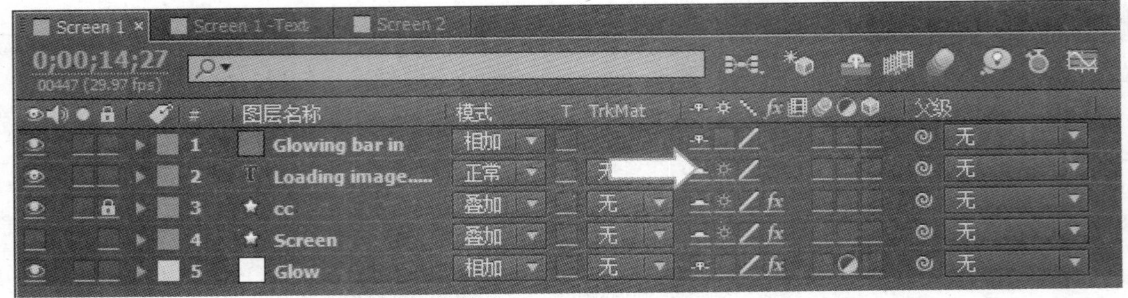

图3.2.4 小人图标缩下去的层为消隐层

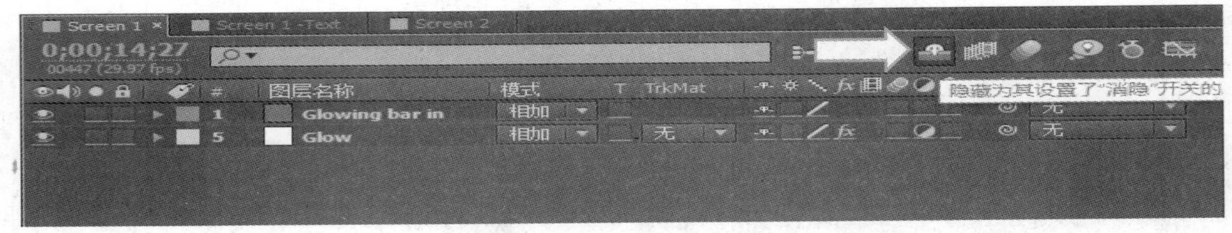

图3.2.5 按下隐藏消隐层按钮

- ：【帧混合】总按钮，它可以控制是否在图像刷新时启用【帧混合】效果。在一般情况下，我们应用帧混合时只会在需要的层中打开【帧混合】按钮，因为打开总的【帧混合】按钮会降低预览的速度。

提示

当使用了Time-Stretch或者Time-Remap后，可能会使原始的动画的帧速率发生改变，而且会产生一些意想不到的效果，这时就可以使用帧混合对帧速率进行调整。

- ：【运动模糊】按钮可以控制是否在【合成】Composition面板中应用【运动模糊】效果。在素材层后面单击按钮，这样就给这个层添加了运动模糊效果。该效果用来模拟电影中摄影机使用的长胶片曝光效果。
- ：【变化】按钮是在对素材某项数值设置关键帧后，再插入一个随机值，使我们创建效果更多样化。单击【变化】BrainStorm按钮后，将出现一个包含9个预览窗口的面板。这9个预览窗口分别显示当前添加【变化】BrainStorm效果后的9个不同阶段的变化效果。我们可以取消某个面板内的【变化】BrainStorm效果，而只针对某个阶段使用【变化】BrainStorm效果，如图3.2.6所示。

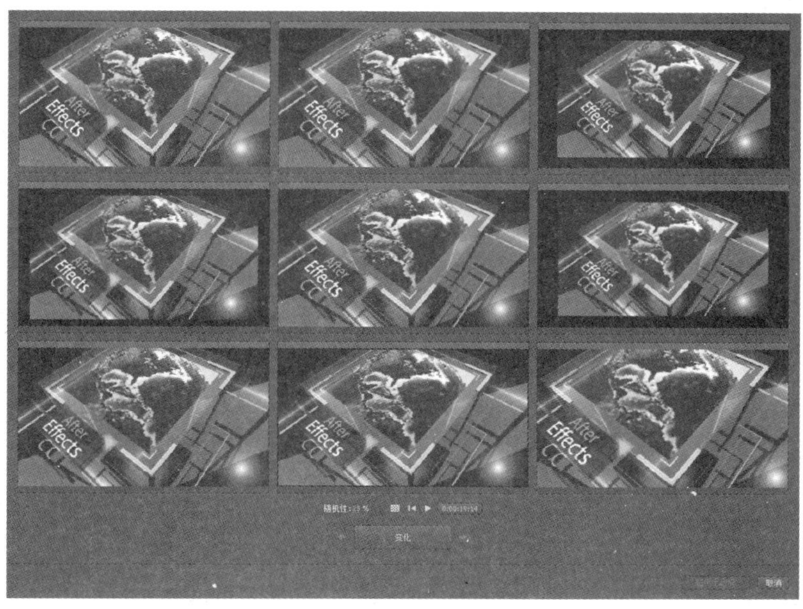

图3.2.6

- ：【自动关键帧】按钮在激活时，如果修改【图层】的属性可以自动记录并建立关键帧。
- ：该按钮可以快速地进入曲线编辑面板，在该面板中可以方便地对关键帧进行属性操作，如图3.2.7所示。

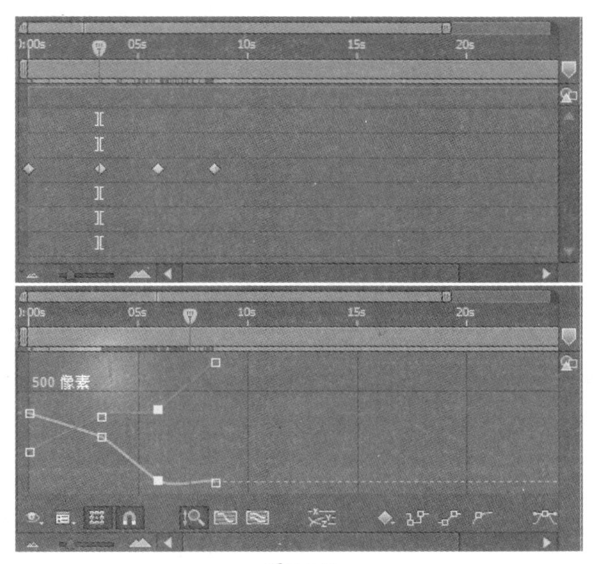

图3.2.7

C：这里的两个小黄箭头图标用来指示时间导航器的起始和结束位置，通过拉动黄点可以将时间指示器进行缩放，该操作会被经常使用。

D：这里属于工作区域，它前后的黄色标记可以拖动，用来控制预览或渲染的时间区域，如图3.2.8所示。

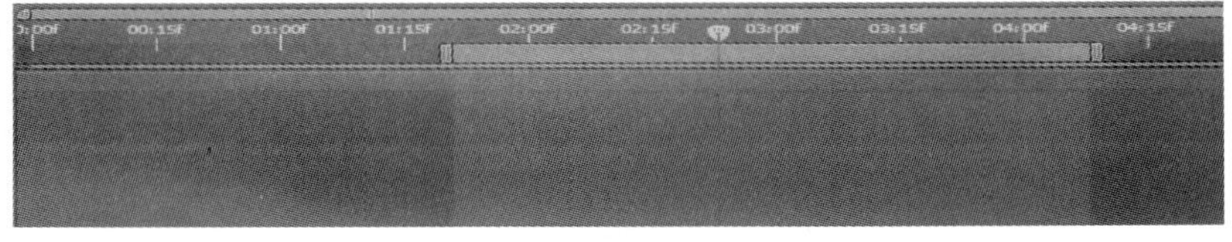

图3.2.8

E：该三角形的按钮是菜单按钮，用鼠标单击该按钮弹出一个下拉菜单，这个菜单用来管理【时间轴】Timeline面板的显示，如图3.2.9所示。

图3.2.9

- 【浮动面板】Undock Panel：可以使【时间轴】Timeline面板成为一个独立的窗口。
- 【浮动帧】Undock Frame：可以使【时间轴】Timeline面板所在的这个结构区域成为一个独立的窗口。
- 【关闭面板】Close Panel：关闭当前面板。
- 【关闭其他时间轴面板】Close other Frame：关闭当前面板以外的所有面板。
- 【关闭帧】Close Frame ：关闭时间轴面板。
- 【最大化帧】Maximize Frame：使这个结构面板在After Effects面板中呈最大化或还原状态。
- 【合成设置】Composition Settings：这个命令可以打开【合成设置】Composition Settings面板并对当前的【合成】Composition 进行设置。
- 【列数】Columns：用于控制【时间轴】Timeline面板中各个栏的显示，如图3.2.10所示。

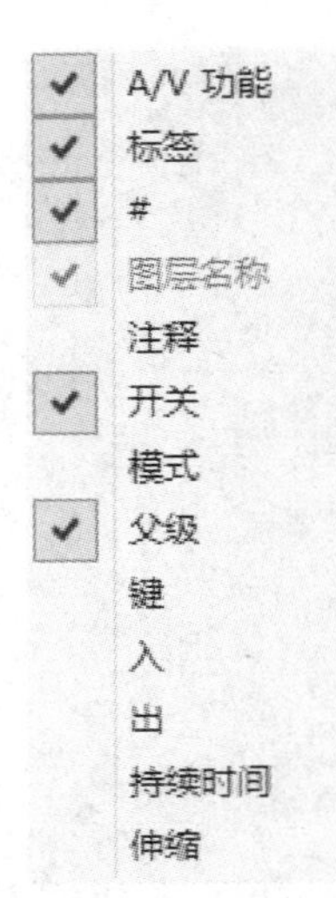

图3.2.10

【显示缓存指示器】Show Cache Indicators：这一项可以显示或隐藏时间标尺下面的缓存标记，它为绿色，如图3.2.11所示。

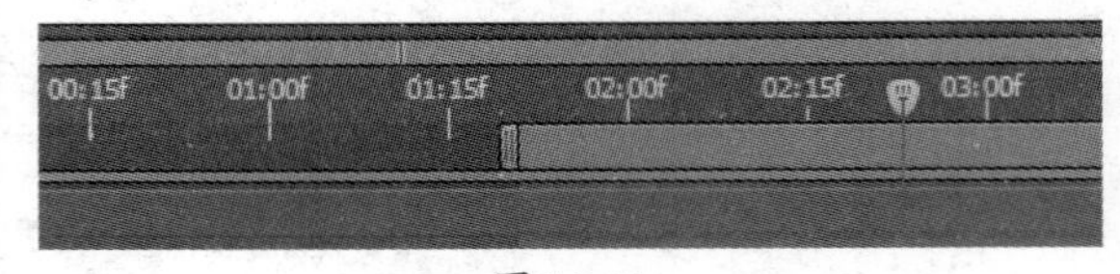

图3.2.11

【隐藏消隐图层】Hide Shy Layers：隐藏或显示消隐层。

【启动帧混合】Enable Frame Blending：启用或关闭帧混合功能。

【启动运动模糊】Enable Motion Blur：启用或关闭运动模糊。

【实时更新】Live Update：打开或关闭动态预览。

【草图3D】Draft 3D：打开或关闭草图3D效果。

【使用关键帧图标】Use Keyframe Icons：关键帧显示为标记，如图3.2.12所示。

图3.2.12

【使用关键帧索引】Use Keyframe Indices：关键帧显示为数字，如图3.2.13所示。

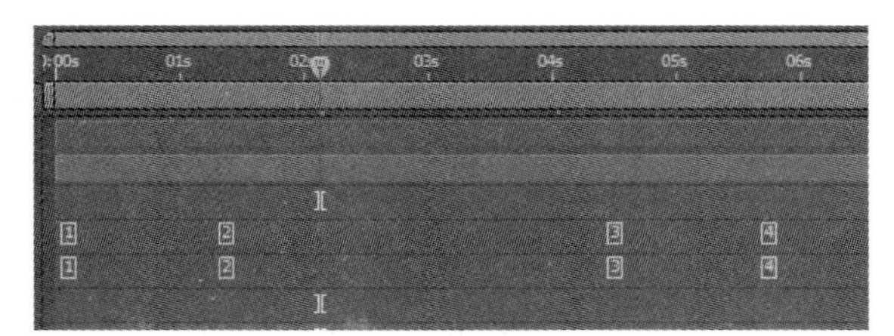

图3.2.13

F：这里是时间指针，它是一个黄色的三角形图标，下面连接一条红色的线，可以很清楚地辨别时间指针在当前时间标尺中的位置。在蓝色三角形图标的上面还有一个红色的小线条，它表示当前时间在导航栏中的位置，如图3.2.14所示。

图3.2.14

导航栏中的蓝色标记都是可以用鼠标拖动的，这样就很方便于我们来控制时间区域的开始和结束位置；对时间指针的操作，可以用鼠标直接拖动，也可以在时间标尺的某个位置单击鼠标，使时间指针移动到新的位置。

提示

除了使用鼠标拖动外，最有效且最精准移动时间指针的方法是使用对应的快捷键。我们将这些常用控制指针快捷键介绍给大家。

【Home】键是将时间指针移动到第一帧，【End】键是将时间指针移动到最后一帧；【Page Up】键是将时间指针移动到当前位置的前一帧；【Page Down】键是将时间指针移动到当前位置的后一帧；快捷键【Shift+Page Up】是将时间指针移动到当前位置的前10帧；快捷键【Shift+Page Down】是将时间指针移动到当前位置的后10帧；快捷键【Shift+Home】是将时间指针移动到【工作区】Work Area的【工作区开头】In点上；快捷键【Shift+Home】是将时间指针移动到【工作区】Work Area的【工作区结尾】Out点上。

G：该按钮是用来打开【时间轴】Timeline面板所对应的【合成】Composition面板。

H：【时间轴】Timeline面板左下角的按钮，是用来打开或关闭一些常用的面板。当我们将这些开关都打开时，【时间轴】Timeline面板中将显示大部分我们需要的数据，这非常直观，但是却牺牲了宝贵的操作空间，时间条的显示几乎全部给覆盖了。我们将在后面课节具体介绍如何按照需要合理安排这些开关。

- ：打开或关闭【图层开关】Switches面板，如图3.2.15所示。

图3.2.15

- ：打开或关闭Modes面板。按下快捷键【F4】也可以快速切换到该面板，如图3.2.16所示。

图3.2.16

- ：打开或关闭【入】In、【出】Out、【持续时间】Duration和【伸缩】Stretch面板。【时间伸缩】Time Stretch最主要功能是对图层进行时间反转并产生条纹效果，如图3.2.17所示。

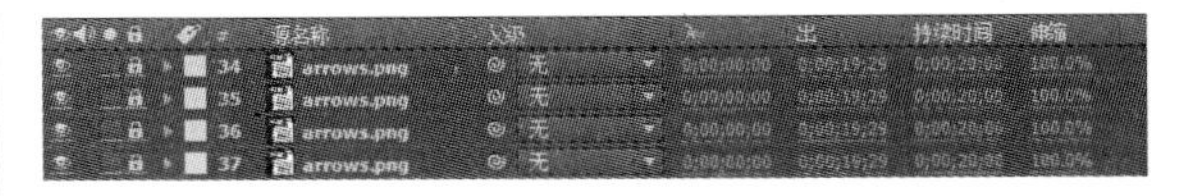

图3.2.17

I：这个区域是【时间轴】Timeline面板的功能面板，共有13个面板，在默认状态下只显示了几个常用面板，并没有将全部面板显示，如图3.2.18所示。

图3.2.18

在每个面板的上方单击鼠标右键，或者用面板菜单都可以打开用来控制功能面板显示的下拉菜单，如图3.2.19所示。下面我们对这些面板逐一进行介绍。

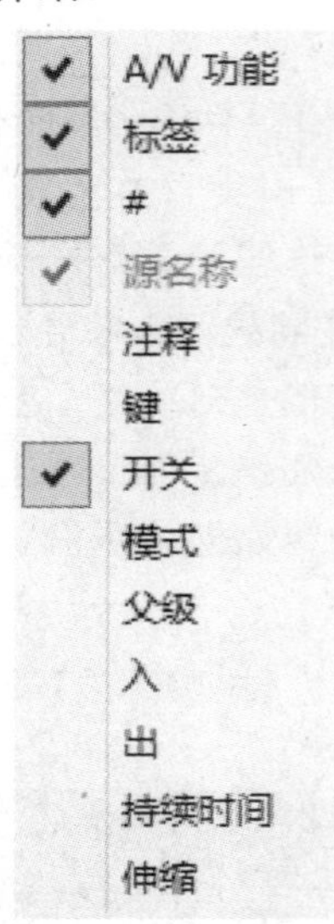

图3.2.19

- 【A/V功能】A/V Features：这个面板可以对素材进行隐藏、锁定等操作，如图3.2.20所示。

图3.2.20

- ：这个按钮可以控制素材在【合成】Composition面板中的显示或隐藏。
- ：这个按钮可以控制音频素材在预览或渲染时是否起作用。
- ：这个按钮可以控制素材的单独显示。
- ：这个按钮用来锁定素材，被锁定的素材是不能进行编辑的。
- 【标签】Label：该面板显示素材的标签颜色，它与【项目】Project面板中的标签颜色相同。当我们处于一个合成项目时，合理使用标签颜色就变得非常重要。一个小组往往会有一个固定标签颜色对应方式，比如红色对应于非常重要的素材，绿色对应于音频素材，这样就能很快找到需要的素材大类，然后很快从中找出需要的素材名。在使用颜色标签时，不同类素材请尽量使用对比强烈的颜色，同类素材可以使用相近的颜色，如图3.2.21所示。

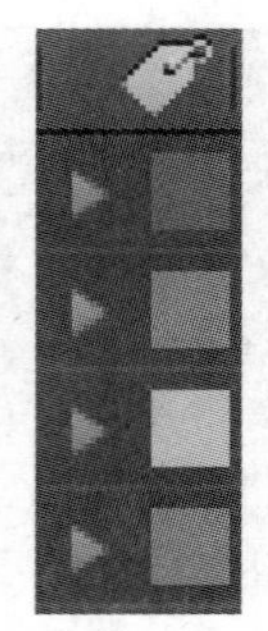

图3.2.21

- 【#】：这个面板显示的是素材在【合成】Composition中的编号。After Effects中的图层索引号一定是连续的数字，如果出现前后数字不连贯，则说明在这两个层之间有隐藏图层。当我们知道需要图层编号时，只需要按数字键盘上对应的数字键就能快速切换到对应图层上。例如按数字键盘上的【9】键，将直接选择编号为9的图层。如果图层的编号为双数或3位数，则只需要连续按对应的数字就可以切换到对应图层上。例如编号为13的图层，我们先按下数字键盘上的【1】键，After Effects先响应该操作，切换到编号为1的图层上，然后按下【3】键，After Effects将切换到编号中有1但随后数字为3的图层。需要注意的是，输入两位和两位以上的图层编号时，输入连续数字时间间隔不要多于1秒，否则After Effects将认为第二次输入数字为重新输入。例如，输入数字键上的【1】，然后隔3秒再输入【5】，After Effects将切换到编号为5的图层，而不是切换到编号为15的图层，如图3.2.22所示。

图3.2.22

- 【源名称】Source Name：它用来显示素材的图标、名字和类型，如图3.2.23所示。

图3.2.23

【注释】Comment：该面板是注解面板，单击该面板可以在其中输入要注解的文字，如图3.2.24所示。

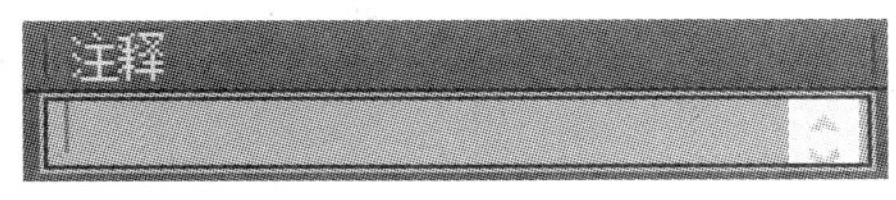

图3.2.24

【开关】Switches：该面板是转换面板，它可以控制图层的显示和性能，如图 3.2.25 所示。

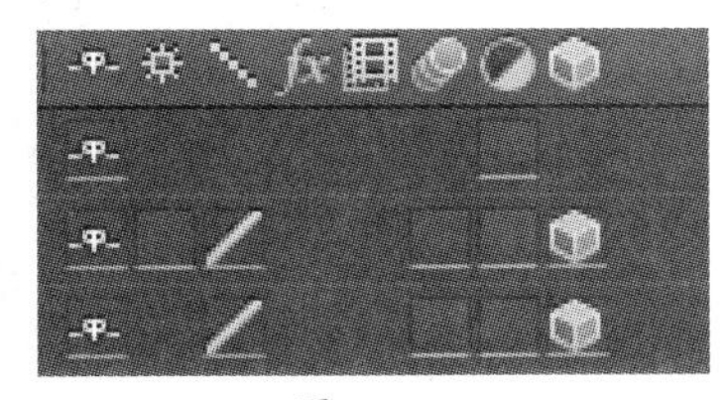

图3.2.25

：消隐层按钮，它可以设置图层的消隐属性，通过【时间轴】Timeline面板上方的按钮来隐藏或显示该层。当我们只是把需要隐藏图层的【消隐】Shy开关按钮激活是无法产生隐藏效果的，必须要在激活【时间轴】Timeline面板上方的Shy开关总按钮情况下，单个图层的【消隐】Shy功能才能产生效果。

：这个按钮是矢量编译功能开关，它可以控制【合成】Composition中的使用方式和嵌套质量，并且可以将Adobe Illustrator矢量图像转化为像素图像。

：这个按钮可以来控制素材的现实质量，为草图，为最好质量。特别是对大量素材同时缩放和旋转时调整质量开关能有效提高效率。

：该按钮可以关闭或打开层中的滤镜效果。当我们给素材添加滤镜效果时，After Effects将对素材滤镜效果进行计算，这将占用大量CPU资源。为提高效率，减少处理时间，我们有时需要关闭一些层的滤镜效果。

：这个是帧混合的按钮，可以为素材添加帧混合功能。

：运动模糊按钮，可以为素材添加动态模糊效果。

：这个按钮可以打开或关闭调整层，打开可以将原素材转化为调整层。

：3D图层按钮，可以转化该层为3D层。转化为3D层后，将能在三维空间中移动和修改。

- 【模式】Mode：该面板可以设置图层的叠加模式和轨迹遮罩类型，如图3.2.26所示。

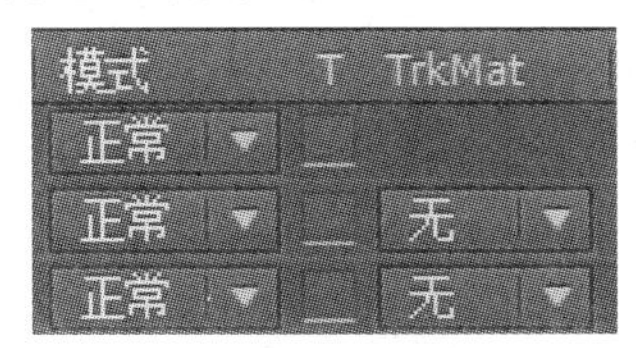

图3.2.26

【模式】Mode栏下的是叠加模式；T栏下可以设置保留该层的不透明度；TrkMat栏下的是轨迹遮罩菜单。

- 【父级】Parent：该面板可以指定一个层为另一个层的父层，在对父层进行操作时，子层也会发生相应的变化，如图3.2.27所示。

图3.2.27

提示

在这个面板中有两栏，分别有两种父子连接的方式。第一个是拖动一个层的图标到目标层，这样原层就成为目标层的父层。第二个是在后面的下拉菜单中选择一个层作为父层。

- 【键】Keys：这个面板可以为用户提供一个关键帧操纵器，通过它可以为层的属性打关键帧，还可以使时间指针快速跳到下一个或上一个关键帧处，如图3.2.28所示。

图3.2.28

提示

在【时间轴】Timeline面板中不显示【键】Keys面板时，打开素材的属性折叠区域，在A/V Features面板下方也会出现关键帧操纵器。

- 【入】In：该面板可以显示或改变素材层的切入时间，如图3.2.29所示。

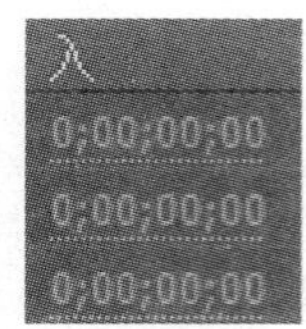

图3.2.29

- 【出】Out：该面板可以显示或改变素材层的切出时间，如图3.2.30所示。

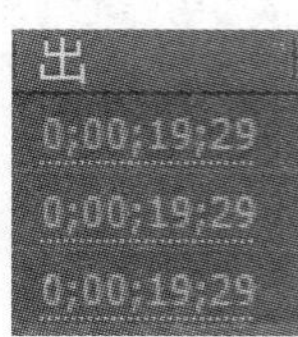

图3.2.30

提示

如果需要将图层的【入】In点快速准确移动到当前时间点，最佳方法是使用键盘上的【[】键，将【出】Out点对位到当前时间点的快捷键是【]】键。

- 【持续时间】Duration：该面板可以来查看或修改素材的持续时间，如图3.2.31所示。

图3.2.31

在数字上单击鼠标，会弹出【时间伸缩】Time Stretch面板，在这个面板中可以精确地设置层的持续时间，如图3.2.32所示。

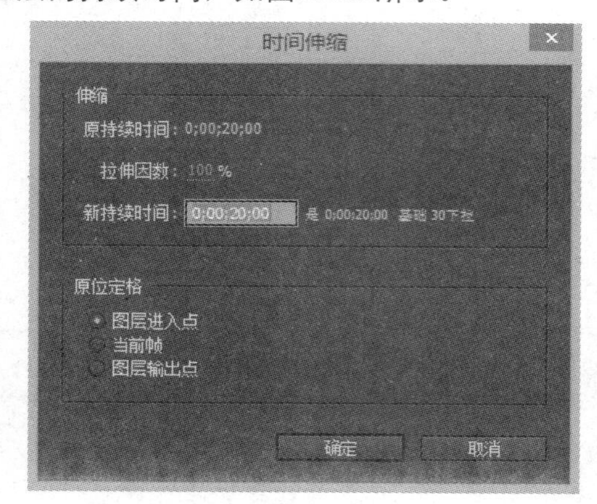

图3.2.32

- 【伸缩】Stretch：这个面板可以来查看或修改素材的延迟时间，如图3.2.33所示。

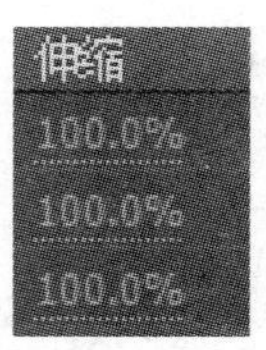

图3.2.33

在数字上单击鼠标，也会弹出【时间伸缩】Time Stretch面板，在这里可以精确地改变素材的持续时间。

J：这里是时间缩放滑块，它和导航栏的功能差不多，都可以对【合成】Composition的时间进行缩放，只是它的缩放是以时间指针为中轴来缩放的，而且它没有导航栏准确，如图3.2.34所示。

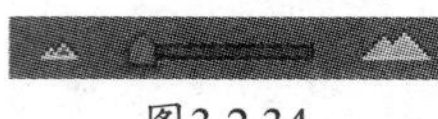
图3.2.34

K：这个区域是用来放置素材堆栈的，当把一个素材调入【时间轴】Timeline面板后，该区域会以层的形式显示素材，用户可以把素材直接从【项目】Project面板中把需要的素材拖曳到【时间轴】Timeline面板中，并且任意摆放它们的上下顺序，如图3.2.35所示。

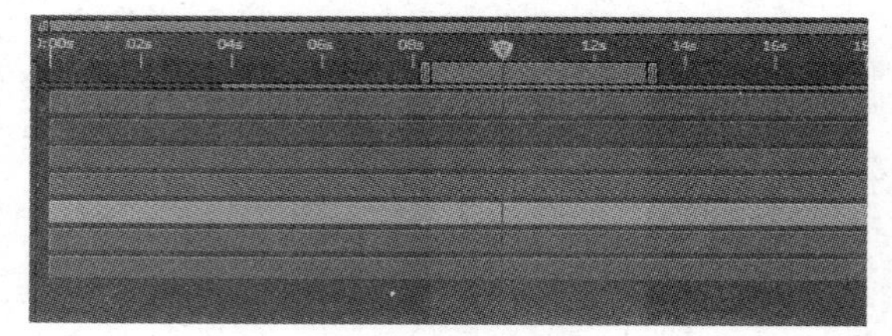
图3.2.35

3.2.2 【时间轴】面板中图层操作

在【时间轴】面板中针对【图层】的操作是After Effects操作的基础，初学者要认真掌握这个小节的操作，这会使工作达到事半功倍的效果。

1．移动

位于最上方的层将被显示在画面的最前面，在【时间轴】Timeline面板中用户可以用鼠标拖动层以调整位置，也可以通过快捷键操作。层的位置决定了层的优先级，上面层的元素遮挡下面层里的元素。比如背景元素一定是在最下面的层里，角色一般在中间层或最上面层，如图3.2.36所示。

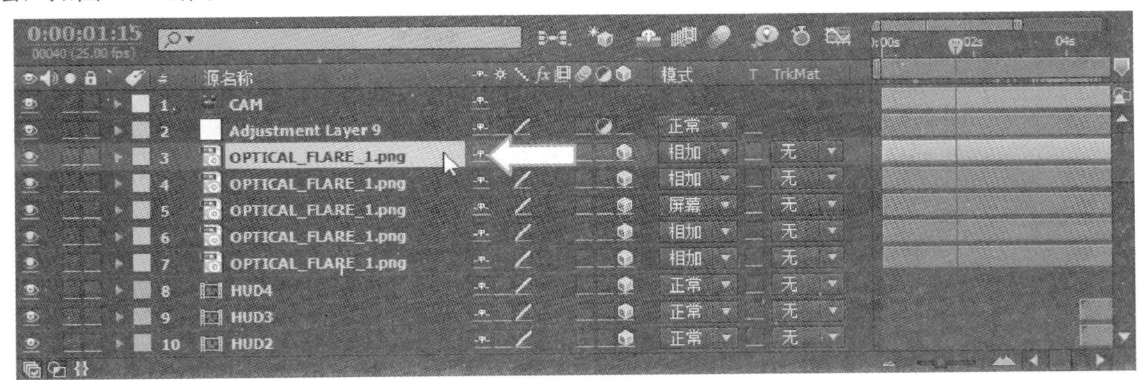

图3.2.36

2．重复

【重复】Duplicate命令主要用于将所选择的对象直接复制，与【复制】Copy命令不同，【重复】Duplicate命令是直接复制，并不将拷贝对象存入剪贴板。用户在使用【重复】Duplicate命令复制层时，会将被复制层的所有属性，包括关键帧、遮罩、效果等一同复制。该操作的快捷键是【Ctrl+D】，如图3.2.37所示。

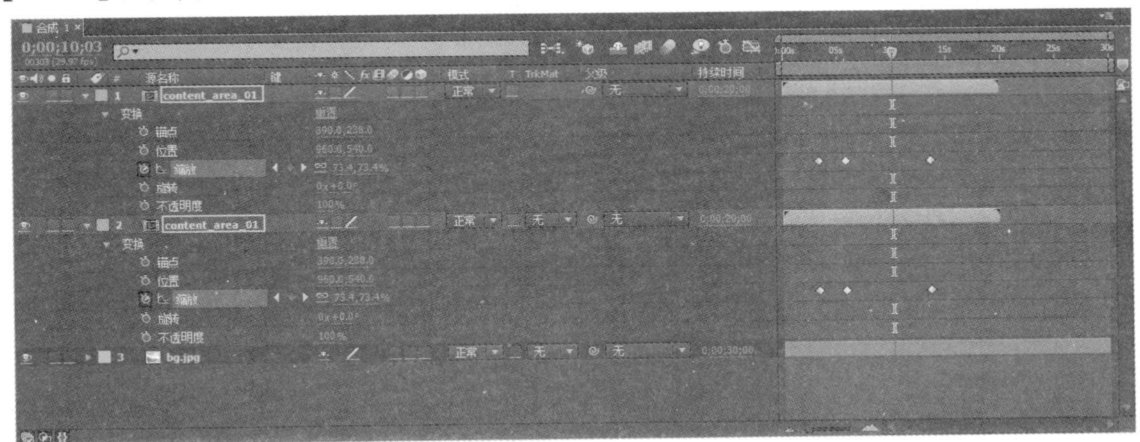

图3.2.37

3．拆分

【拆分图层】Split Layer命令主要用于分裂层，在【时间轴】Timeline面板中用户可以使用该命令将层任意切分，从而创建出两个完全独立的层，分裂后的层中仍然包含着原始层的所有关键帧。在【时间轴】Timeline面板中，用户可以使用时间指示器来指定分裂的位置，把时间指示器移动到想要分裂的时间点，执行菜单【编辑】Edit>【拆分图层】Split Layer命令，就可以分裂选中的层。该操作的快捷组合键是【Ctrl+Shift+D】，如图3.2.38和图3.2.39所示。

图3.2.38

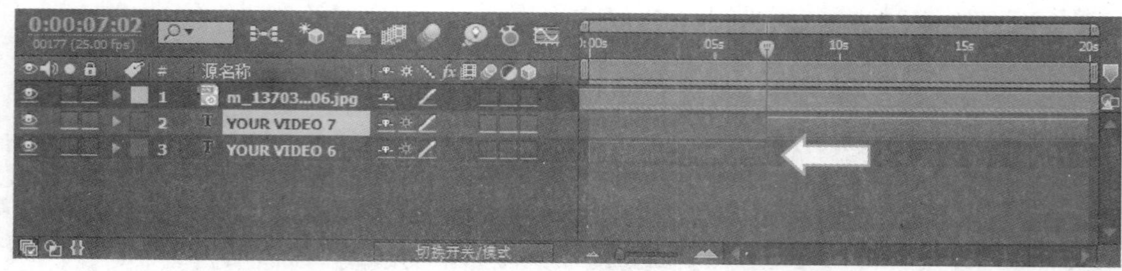

图3.2.39

4．提升工作区域

【提升工作区域】Lift Work Area命令主要用于删除【时间轴】Timeline面板中处于工作区域中的一个或多个层的部分，并且把分开的两部分分别放在一个独立的层中。

【提升工作区域】Lift Work Area命令具体操作步骤如下所述。

01 在【时间轴】Timeline面板中，调入一个或多个层，如图3.2.40所示。

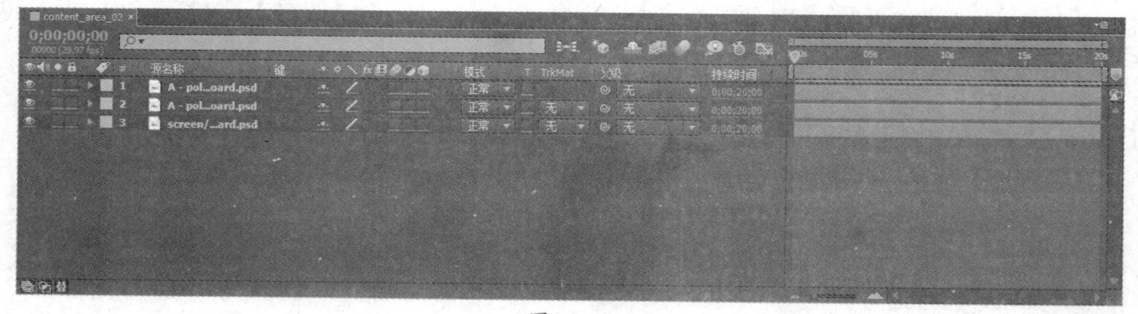

图3.2.40

02 然后将时间指示器移动到你要删除区域的开始时间处，然后按下快捷键【B】键，这时时间标尺的开头就会跳到时间指示器的位置，如图3.2.41所示。

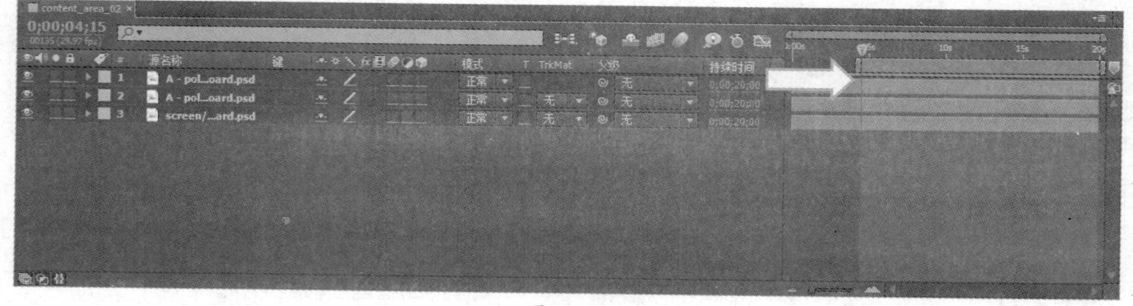

图3.2.41

03 再将时间指示器移动到要删除区域的结束位置，然后按快捷键【N】键，时间标尺的结尾就会跳到时间指示器的位置，如图3.2.42所示。

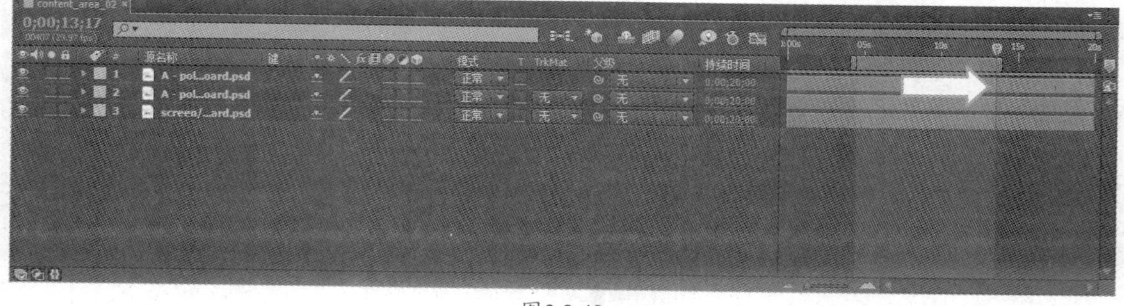

图3.2.42

04 最后执行【编辑】Edit>【提升工作区域】Lift Work Area命令，删除所有层在时间标尺中的部分，如图3.2.43所示。

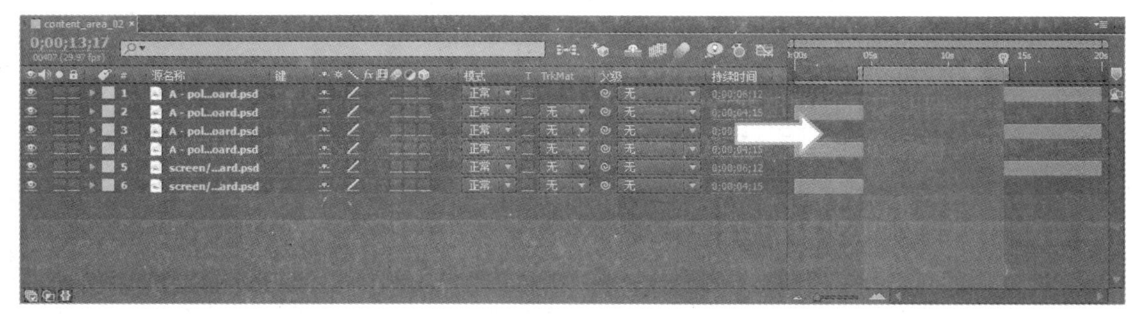

图3.2.43

5．提取工作区

【提取工作区】Extract Work Area命令主要用于把【时间轴】Timeline面板中处于工作区域中的层删除，不同于【提升工作区域】Lift Work Area命令，【提取工作区】Extract Work Area命令会自动地把层剩余的两部分连接起来。

【提取工作区】Extract Work Area命令具体操作步骤如下所述。

01 在【时间轴】Timeline面板中，将时间标尺通过上面的方法移动到你想要删除层的区域，如图3.2.44所示。

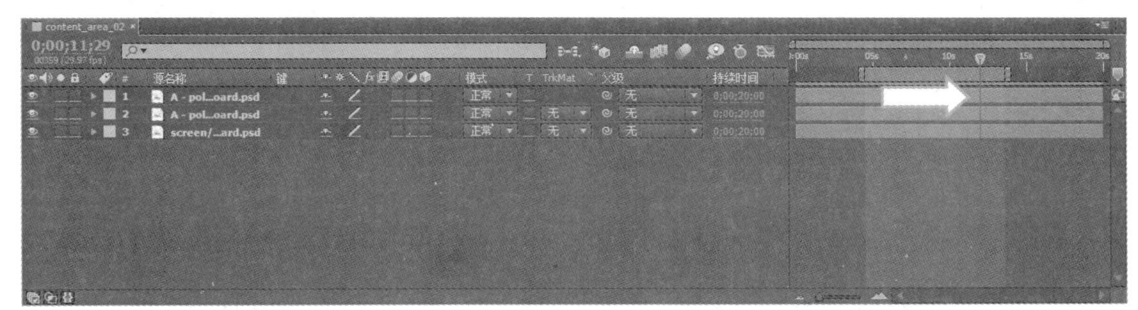

图3.2.44

02 执行【提取工作区】Extract Work Area命令，如图3.2.45所示。

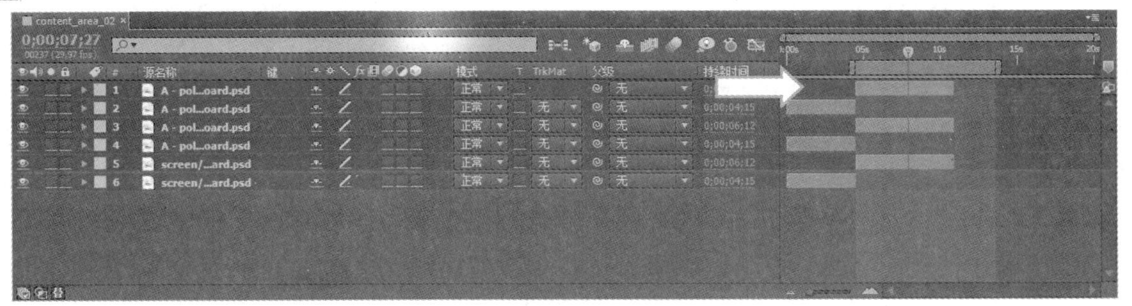

图3.2.45

6．标记层

我们在【时间轴】Timeline面板中可以看到，每个层都用不同的颜色做出了标记，以便于区分不同的层。用户也可以改变层的颜色，在层的序号前的彩色方形图标上单击鼠标，弹出菜单，用户可以选择不同的颜色。选择菜单【选择标签组】Select Label Group命令，可同时选中同一颜色类型的层，选择菜单【无】None命令，层的颜色将变成灰色。当用户需要处理复杂场景时，往往素材量大，这时候就需要用合理的颜色标记来区分不同素材。比如主要角色所在层统一用黄色，背景用深褐色，有树木的用绿色，天空层用蓝色等。合理使用色彩标记将方便团队间的沟通与合作，提高协作效率，如图3.2.46所示。

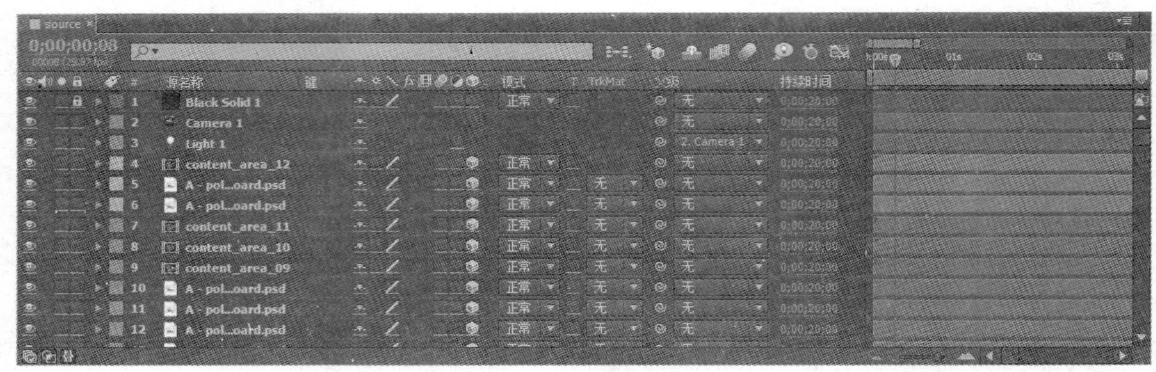

图3.2.46

如果这几种颜色不能满足用户的需要，可以通过选择菜单【编辑】Edit>【首选项】Preferences>【标签】Label Colors…命令，弹出【标签】Label Colors对话框，用户可以设定自己喜欢的颜色作为色标，如图3.2.47所示。

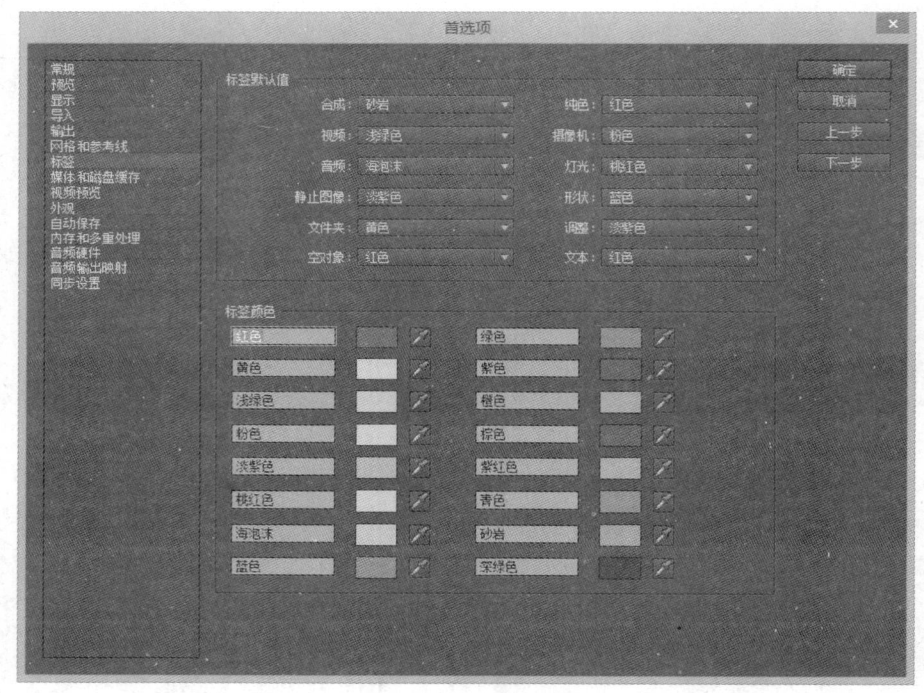

图3.2.47

7．显示／隐藏层

用户可以通过各种手段暂时把层隐藏起来，这样做的目的是为了方便操作，当用户的项目中的层越来越多时，这些操作是很有必要的。特别是给层做动画时，过多的层会影响需要调整素材的效果，并且降低预览速度。适当减少不必要层的显示，能够大大提高制作效率。

当用户想要隐藏某一个层时，单击【时间轴】Timeline面板中该层最左边的图标，眼睛图标会消失，该层在【合成】Composition面板中将不能被观察到，再次单击，眼睛图标出现，该层也将被显示出来。

这样虽然能在【合成】Composition面板中隐藏该层，但在【时间轴】Timeline面板中该层依然存在，一旦层的数目非常多时，一些暂时不需要再编辑的层在【时间轴】Timeline面板中隐藏起来是很有必要的。我们可以使用Shy Layer工具来隐藏层。

在【时间轴】Timeline面板中选中我们想要隐藏的层，单击层的图标，这时图标会变成图标。这时单击【时间轴】Timeline面板中的图标，所有标记过【消隐】Shy的层都不会在【时间轴】Timeline面板中显示，但在【合成】Composition面板中依然会显示，这样既不影响用户观察画面效果，又可以成功地为【时间轴】Timeline面板减肥。当素材大量堆积在一起，而我们又不可能随意改动素材层位置的时候，使用【消隐】Shy Layer方式能够在不改变层与层间叠加关系的同时，将不相连的层尽量显示在一起。

还有一种工具可以批量隐藏层，这就是【独奏】Solo工具。在【时间轴】Timeline面板中查到【独奏】Solo栏，单击想要隐藏层对应的开关图标，我们发现该层以下的层都被隔离了起来，不在【合成】Composition面板中显示，如图3.2.48所示。

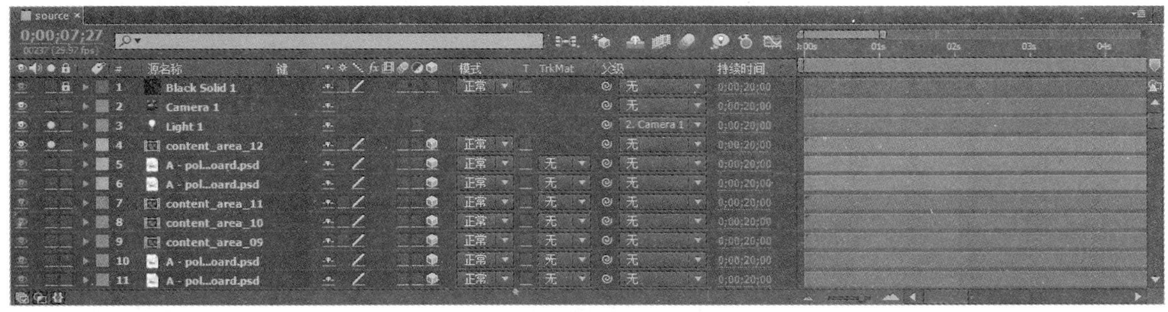

图3.2.48

3.2.3 图层属性

After Effects主要功能就是创建运动图像，通过对【时间轴】Timeline面板中图层的参数控制可以给层作各种各样的动画。图层名称的前面，都有一个按钮，用鼠标单击该按钮，就可以打开层的属性参数，如图3.2.49所示。

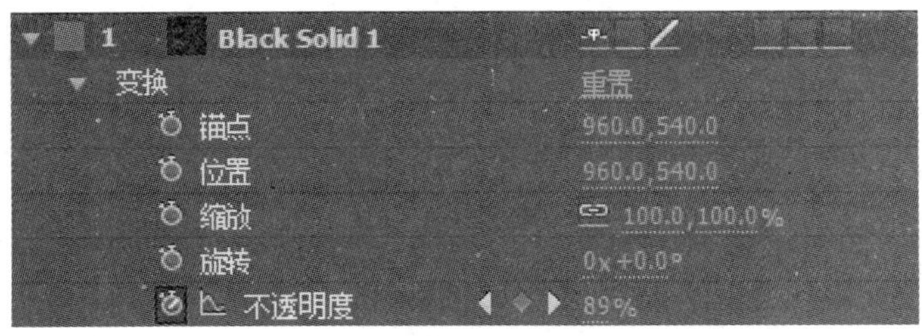

图3.2.49

- 【锚点】Anchor Point：这个参数可以在不改变层的中心的同时移动层。它后面的数值可以通过鼠标单击后输入数值，也可以用鼠标直接拖动来改变。
- 【位置】Position：这个参数就可以给层作位移。
- 【缩放】Scale：它可以控制层的放大缩小。在它的数值前面有一个按钮，这个按钮可以控制层是否按比例来缩放。
- 【旋转】Rotation：控制图层的旋转。
- 【不透明度】Opacity：控制层的透明度。

提示

在每个属性名称上单击鼠标的右键，可以打开一个下拉菜单，在菜单中选择【编辑值】Edit Value命令，就可以打开这个属性的设置面板，在面板中可以输入精确的数字，如图3.2.50所示。

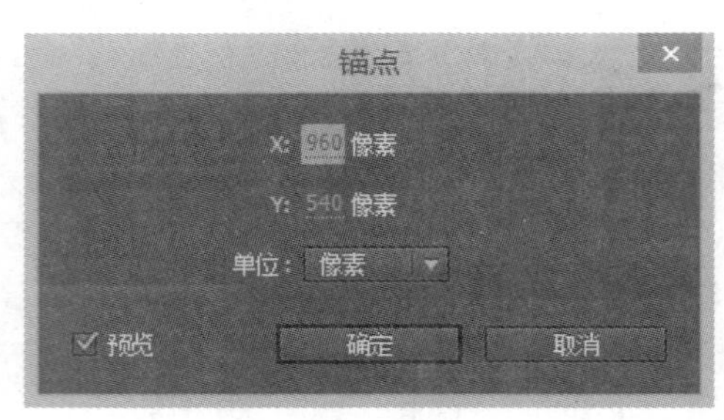

图3.2.50

在设置图层的动画时，给图层打关键帧是一个重要的手段，下面我们来看一下怎样给图层设置关键帧。

01 打开一个要做动画的图层的参数栏，把时间指针移动到要设关键帧的位置，如图3.2.51所示。

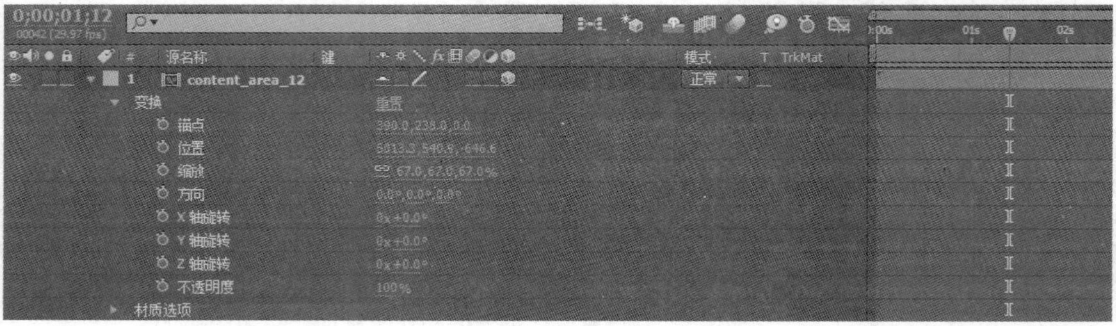

图3.2.51

02 在【位置】Position属性前有一个按钮，用鼠标单击该按钮，就会看到在时间指针的位置给【位置】Position打上了一个关键帧，如图3.2.52所示。

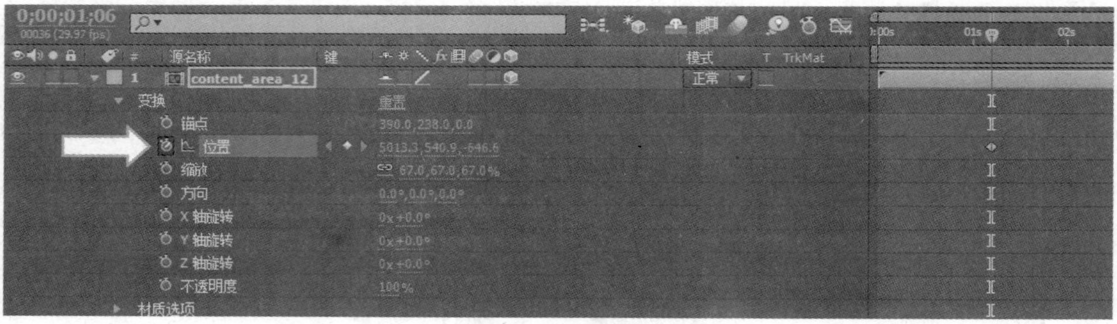

图3.2.52

03 然后改变时间指针的位置，再用鼠标拖动【位置】Position的参数，前面的参数可以修改层在横向的移动，后面的参数可以修改层在竖直方向上的移动。修改了参数后，会发现在时间指针的位置自动打上了一个关键帧，如图3.2.53所示。

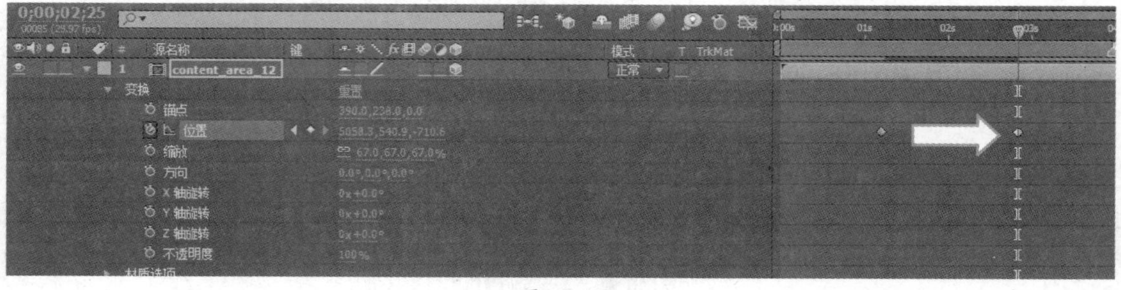

图3.2.53

这样就做好了一个完整的层移动的动画，别的参数都可以通过这样去打关键帧的方式来建立动画。

提示

在关键帧上双击鼠标的左键，可以打开【位置】Position面板，在这里可以精确地设置该属性，从而改变关键帧的位置。

我们可以通过许多方法来查看【时间轴】TimeLine和【图表编辑器】Graph Editor中元素的状态，大家可以根据不同情况来选择。我们可以使用快捷键【；】键来将时间标记停留的当前帧的视图放大和缩小。如果用户的鼠标带有滚轮的话，只需要按住键盘上的【Shift】键并滚动鼠标上的滚轮，就可以快速缩放视图。按住【Alt】键并滚动鼠标上的滚轮将动态放大或缩小时间线。

3.2.4 蒙版的创建

当一个素材被合成到一个项目里时，需要将一些不必要的背景去除掉，但并不是所有素材的背景都是非常容易被分离出来，这时我们必须使用【蒙版】Mask将背景遮罩。【蒙版】被创建时也会作为图层的一个属性显现在属性列表里，如图3.2.54所示。

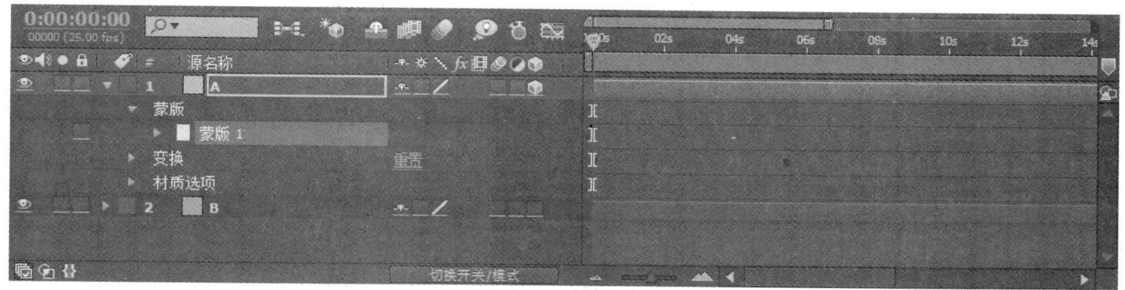

图3.2.54

【蒙版】Mask是一个用路径绘制的区域，控制透明区域和不透明区域的范围。在After Effects中用户可以通过遮罩绘制图形，控制效果范围等各种富于变化的效果。当一个【蒙版】Mask被创建后，位于【蒙版】Mask范围内的区域是可以被显示的，区域范围外的图像将不可见，如图3.2.55所示。

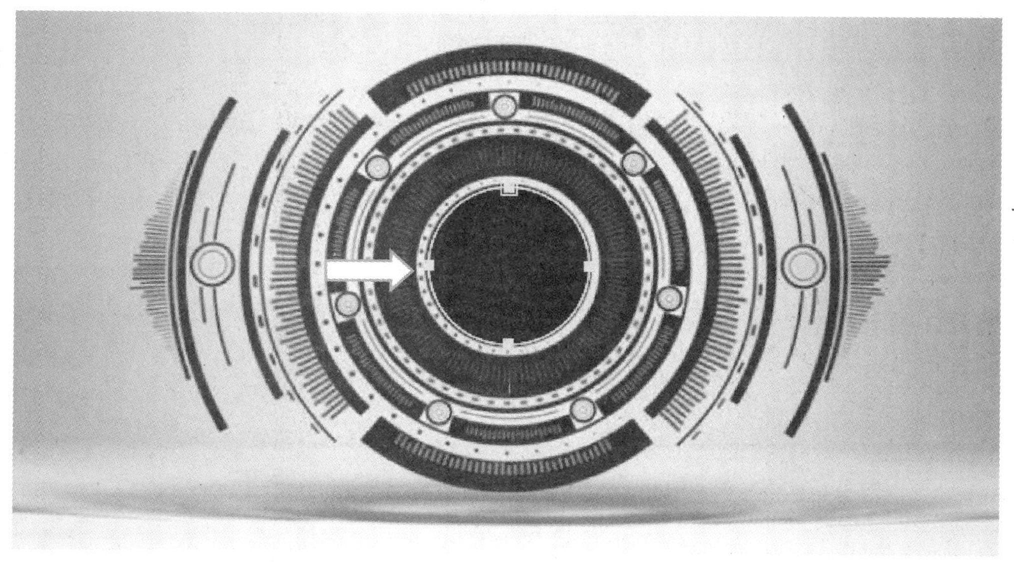

图3.2.55

在 After Effects 中可以使用【矩形工具】Rectangular Mask Tool 和【椭圆工具】Elliptical Mask Tool 等工具创建规则的【蒙版】Mask，也可以使用【钢笔工具】Pen Tool 随意创建【蒙版】Mask。但毕竟 After Effects 作为一款后期软件，其【蒙版】Mask 工具的功能是有限的，我们可以使用 Photoshop 或 Illustrator 等软件，把建好的路径文件导入项目，也可以作为【蒙版】Mask 使用。

3.2.5 蒙版的属性

每当一个【蒙版】Mask被创建后，所在层的属性中会多出一个【蒙版】Mask属性，通过对这些属性的操作可以精确地控制【蒙版】Mask。下面我们就介绍一下这些属性，如图3.2.56所示。

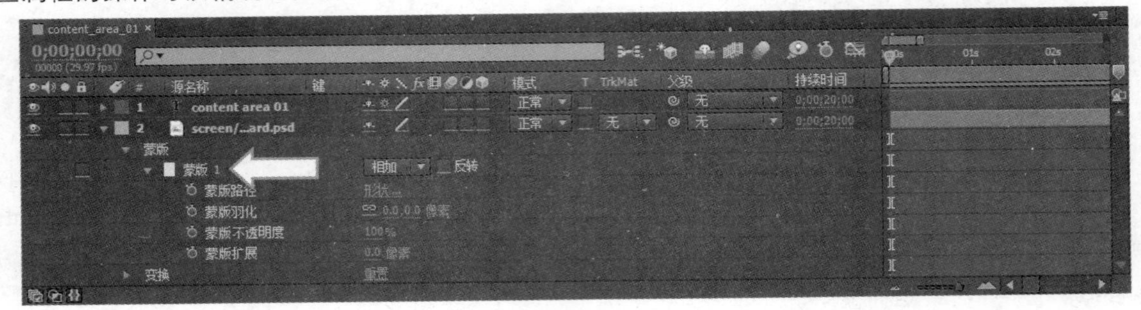

图3.2.56

- 【蒙版路径】Mask Shape：控制【蒙版】Mask的外型。可以通过对【蒙版】Mask的每个控制点设置关键帧，对层中的物体做动态的遮罩。单击右侧的 形状... 图标，弹出【蒙版形状】Mask Shape 对话框，在该对话框中可以精确调整【蒙版】Mask的外型，如图3.2.57所示。

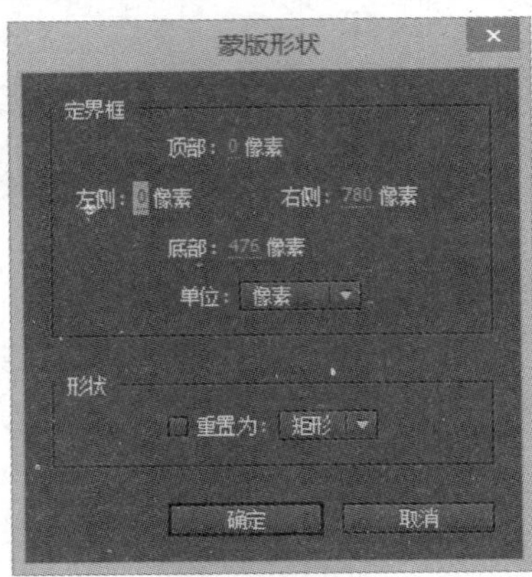

图3.2.57

- 【蒙版羽化】Mask Feather：控制【蒙版】Mask范围的羽化效果。通过修改Feather值可以改变【蒙版】Mask控制范围内外间的过渡范围。两个数值分别控制不同方向上的羽化，单击右侧的图标，可以取消两组数据的关联。如果单独羽化某一侧边界可以产生独特的效果，如图3.2.58所示。

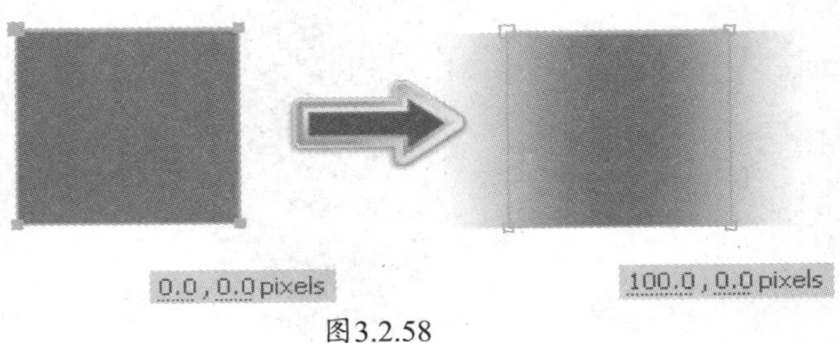

图3.2.58

【蒙版不透明度】Mask Opacity:控制【蒙版】Mask范围的不透明度。

● 【蒙版扩展】Mask Expansion：控制【蒙版】Mask的扩张范围。在不移动【蒙版】Mask本身的情况下，扩张【蒙版】Mask的范围，有时也可以用来修改转角的圆化，如图3.2.59所示。

图3.2.59

默认建立的【蒙版】Mask的颜色是柠檬黄色的，如果层的画面颜色和【蒙版】Mask的颜色一致，可以单击该【遮罩】Mask名称左边的彩色方块图标修改不同的颜色。

【蒙版】Mask名称右侧的 相加 遮罩混合模式图标，单击该图标会弹出下拉菜单，在该菜单中可以选择不同的【蒙版】Mask混合模式，如图3.2.60所示。

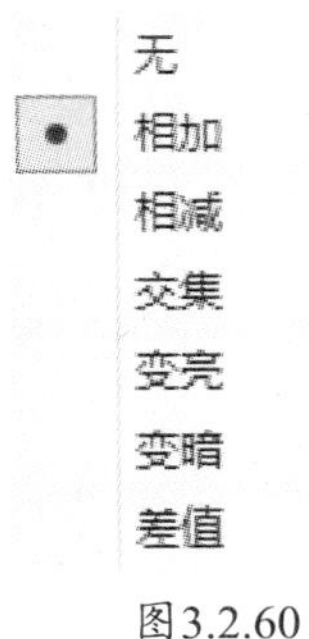

图3.2.60

● 【无】None：【蒙版】Mask没有添加混合模式，如图3.2.61所示。

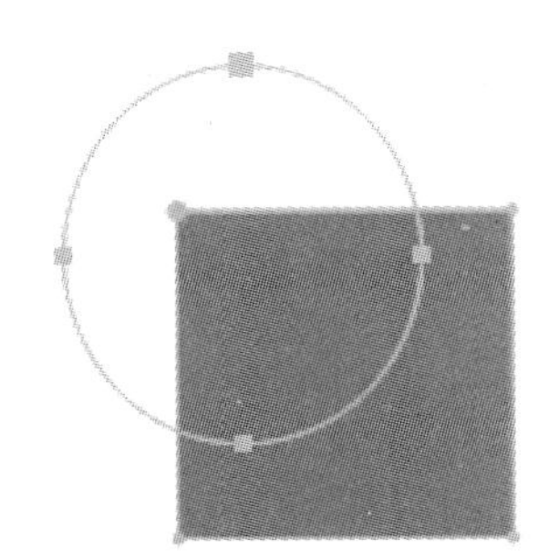

图3.2.61

● 【相加】Add：【蒙版】Mask叠加在一起时，添加控制范围。对于一些能直接绘制出的特殊曲面遮罩范围可以通过多个常规图形的遮罩效果相加计算后获得。其他混合模式也可以使用相同思路来处理，如图3.2.62所示。

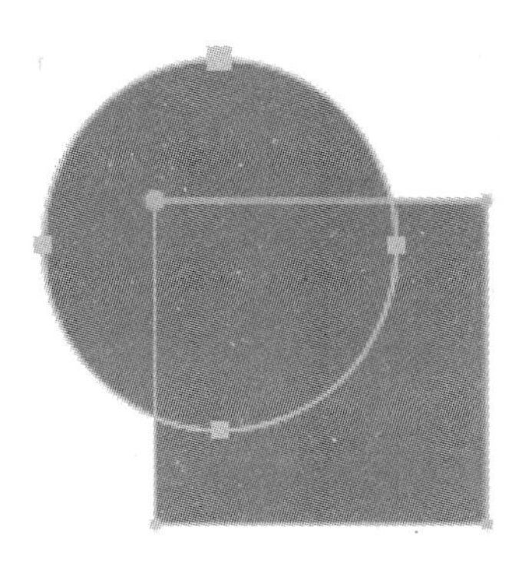

图3.2.62

● 【相减】Subtract：【蒙版】Mask叠加在一起时，减少控制范围，如图3.2.63所示。

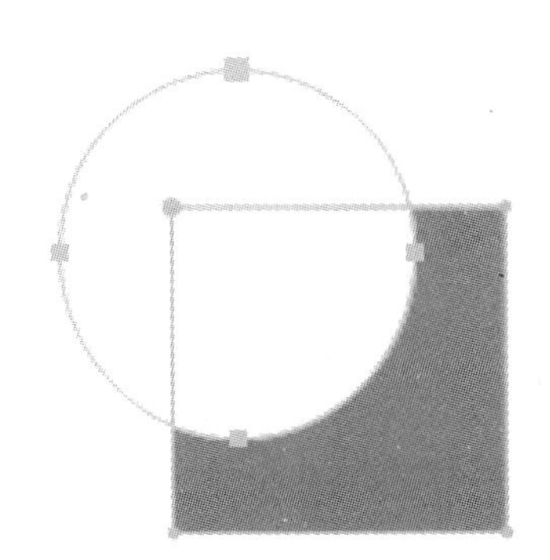

图3.2.63

● 【交集】Intersect：【蒙版】Mask叠加在一起时，相交区域为控制范围，如图3.2.64所示。

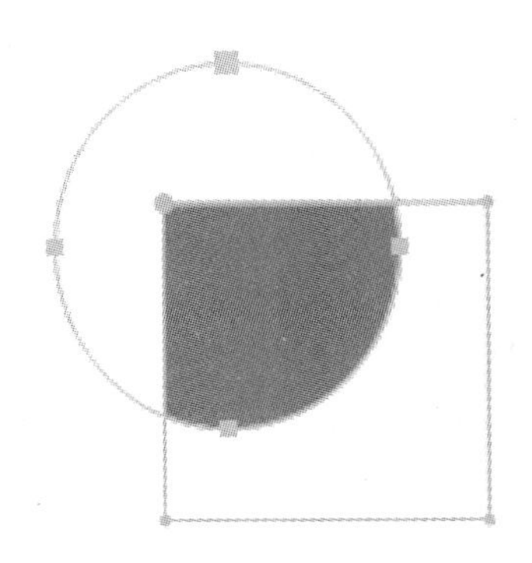

图3.2.64

● 【变亮】和【变暗】Lighten& Darken：【蒙版】Mask叠加在一起时，相交区域加亮或减暗，该功能必须作用在不透明度小于100%的【蒙版】Mask上，才能显示出效果，如图3.2.65所示。

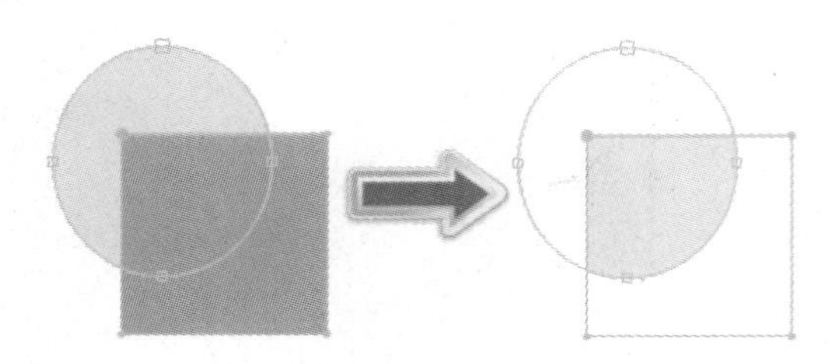

图3.2.65

【差值】Difference：【蒙版】Mask叠加在一起时，相交区域以外的控制范围如图3.2.66所示。

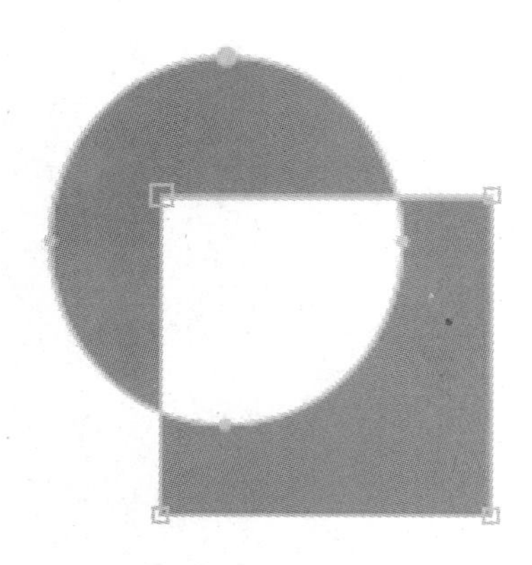

图3.2.66

在混合模式图标的右侧的【反转】Inverted复选项如果被选中，【蒙版】Mask的控制范围将被反转，如图3.2.67所示。

图3.2.67

3.2.6 蒙版插值

【蒙版插值】Smart Mask Interpolation面板可以为遮罩形状的变化创建平滑的动画，从而使遮罩的形状变化得更加自然，如图3.2.68所示。

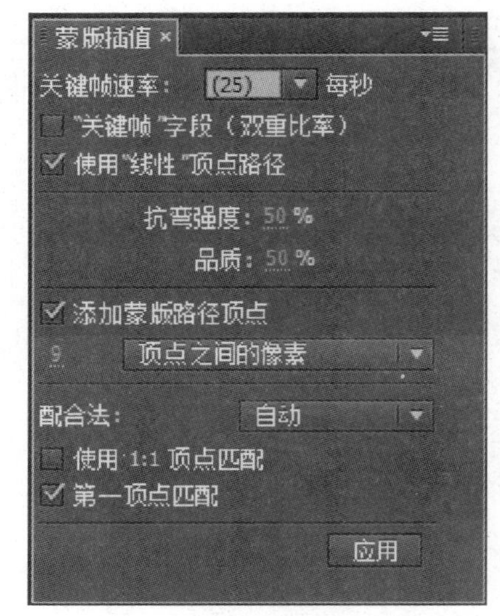

图3.2.68

- 【关键帧速率】Keyframe Rate：设置每秒添加多少个关键帧。
- 【关键帧字段】Keyframe Fields：设置在每个场（Field）中是否添加关键帧。
- 【使用"线性"顶点路径】Use Linear Vertex Paths：设置是否使用线性顶点路径。
- 【抗弯强度】Bending Resistance：设置最易受到影响的Mask的弯曲值的变量。
- 【品质】Quality：设置两个关键帧之间Mask外形变化的品质。
- 【添加蒙版路径顶点】Add Mask Shape Vertices：设置Mask外形变化的顶点的单位和设置模式。
- 【配合法】Matching Method：设置两个关键帧之间Mask外形变化的匹配方式。
- 【使用1:1顶点匹配】Use 1:1 Vertex Matches：设置两个关键帧之间Mask外形变化的所有顶点一致。
- 【第一顶点匹配】First Vertices Match：设置两个关键帧之间Mask外形变化的起始顶点一致。

3.2.7 形状图层

使用路径工具绘制图形时，当我们选中某个图层时绘制出来的是【蒙版】Mask，当我们不选中任何图层时绘制出的图形将成为【形状图层】。形状图层的属性和【蒙版】不同，其属性类似于Photoshop的形状属性，如图3.2.69所示。

图3.2.69

我们可以在After Effects中绘制形状，亦可以使用AI等矢量软件进行绘制，然后将路径导入After Effects再将其转换为【形状】，首先将AI文件导入项目，将其拖动到【时间轴】面板，在该图层上单击鼠标右键，选择【从矢量图层创建形状】命令，将AI文件转换为【形状】。可以看到矢量图层变成了可编辑模式（这个功能是CS6版本中新加入的），如图3.2.70所示。

图3.2.70

在After Effects中，无论是【蒙版】、【形状】、【绘画描边】、【动画图表】，都是依赖于路径形成的，所以绘制时基本的操作是一致的。【路径】包括【段】和【顶点】。【段】是连接顶点的直线或曲线。【顶点】定义路径的各段开始和结束的位置。一些Adobe公司的应用程序使用术语【锚点】和【路径点】来引用顶点。通过拖动【路径顶点】、每个顶点的方向线（或切线）末端的方向手柄、路径段自身来更改路径的形状。

要创建一个新的形状图层，在【合成】面板中进行绘制之前请按【F2】键取消选择所有图层。我们可以使用下面任何一种方法创建形状和形状图层。

- 使用【形状工具】或【钢笔工具】绘制一个路径。通过使用形状工具进行拖动创建形状或蒙版和使用钢笔工具创建贝塞尔曲线形状或蒙版。
- 使用菜单【图层】>【从文本创建形状】命令将文本图层转换为形状图层上的形状。
- 将蒙版路径转换为形状路径。
- 将运动路径转换为形状路径。

我们也可以首先建立一个形状图层，通过运行【图层】>【新建】>【形状图层】命令创建一个新的空形状图层。当选中路径类型工具时，在工具栏的右侧会出现相关的工具调整选项。在这里我们可以设置【填充】和【描边】等参数，这些操作在形状图层的属性中也可以修改，如图3.2.71所示。

填充 描边 ? - 像素 添加: 旋转贝塞尔曲线

图3.2.71

被转换的形状也会将原有的编【组】信息保留下来，每一个组里的【路径】【填充】属性都可以单独进行编辑并设置关键帧，如图3.2.72所示。

图3.2.72

由于After Effects并不是专业绘制矢量图形的软件，我们并不建议在After Effects中绘制复杂的形状，还是建议读者在AI这类矢量软件中进行绘制，然后导入After Effects中进行编辑。但是在导入路径时也会出现许多问题，并不是所有Illustrator 文件功能都被保留。示例包括：不透明度、图像和渐变。包含数千个路径的文件可能导入非常缓慢，且不提供反馈。

该菜单命令一次只对一个选定的图层起作用。如果我们将某个 Illustrator 文件导入为合成（即多个图层），则无法一次转换所有这些图层。不过也可以将文件导入为素材，然后使用该命令将单个素材图层转换为形状。所以在导入复杂图形时建议分层导入。

使用【钢笔工具】绘制贝塞尔曲线，通过拖动方向线来创建弯曲的路径段。方向线的长度和方向决定了曲线的形状。在按住【 Shift 】键的同时拖动可将方向线的角度限制为 45° 的整数倍。在按住 【Alt 】键的同时拖动可以仅修改引出方向线。将【钢笔工具】放置在希望开始曲线的位置，然后按下鼠标按键，如图3.2.73所示。

图3.2.73

将出现一个顶点，并且【钢笔工具】指针将变为一个箭头，如图3.2.74所示。

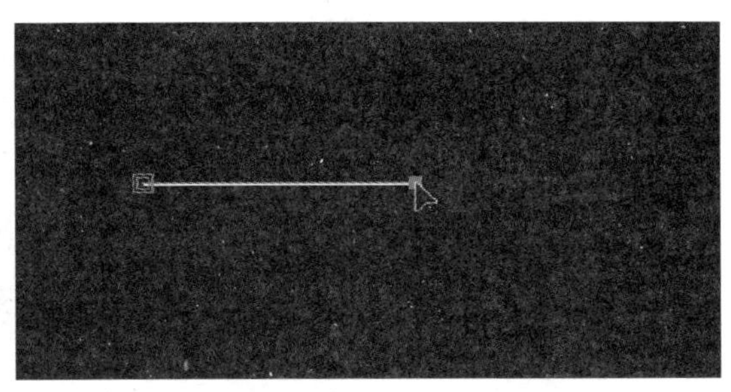

图3.2.74

拖动鼠标以修改顶点的两条方向线的长度和方向，然后释放鼠标按键，如图3.2.75所示。

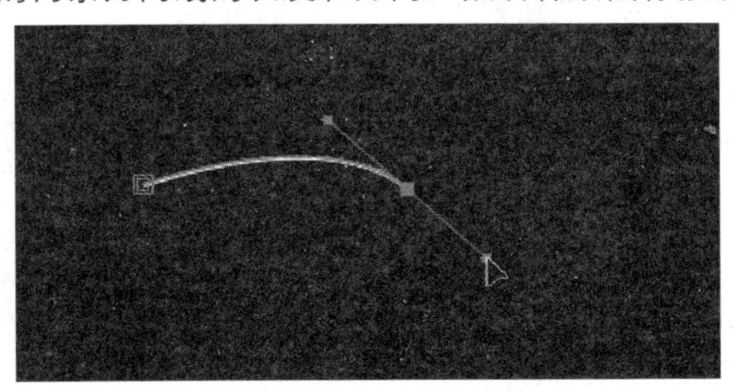

图3.2.75

贝塞尔曲线的绘制并不容易掌握，建议读者反复练习，在大多数图形设计软件中，曲线的绘制都是基于这一模式，所以必须熟练掌握，直到能自由随意地绘制出自己需要的曲线为止。

在实际的制作过程中，我们经常会在制作出动画后发现我们需要使用动画的路径作为其他动画例如粒子效果的运动路径，这时需要将动画路径转换为【蒙版】或【形状】以用于下一步的动画制作。

首先在【时间轴】面板中，选中要从其中复制运动路径的【位置】属性或【锚点】属性的名称，按住【Shift】键的同时选中这些关键帧。执行菜单【编辑】>【复制】命令。在要创建【蒙版】的合成中选中图层，选择菜单【图层】>【蒙版】>【新建蒙版】命令，然后在【时间轴】面板中，单击要从运动路径将关键帧复制到其中的蒙版的【蒙版路径】属性的名称。选择菜单执行【编辑】>【粘贴】命令，该路径就会被转为【蒙版】，转换为形状的操作方法也大致相同，如图3.2.76所示。

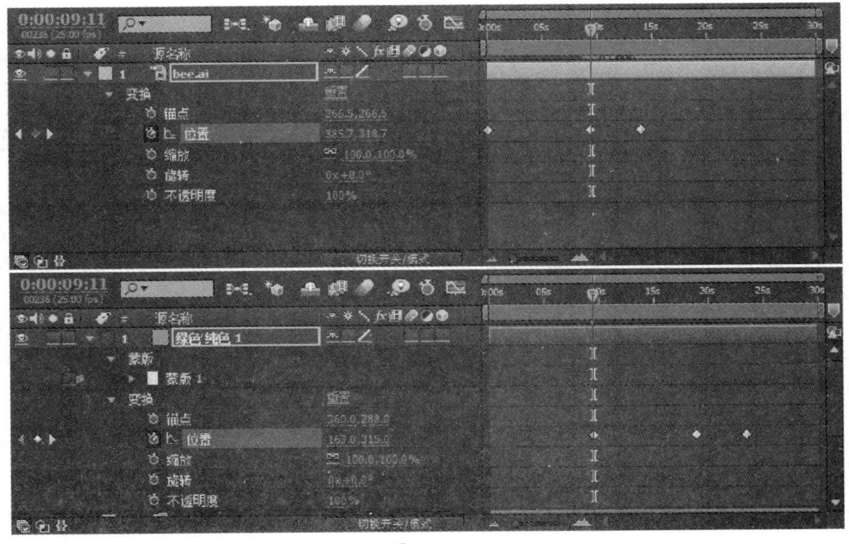

图3.2.76

3.2.8 遮罩实例

下面我们通过一个简单的实例来熟悉遮罩功能的应用。

01 选择菜单【合成】Composition>【新建合成】New Composition命令，创建一个新的合成影片，设置如图3.2.77所示。

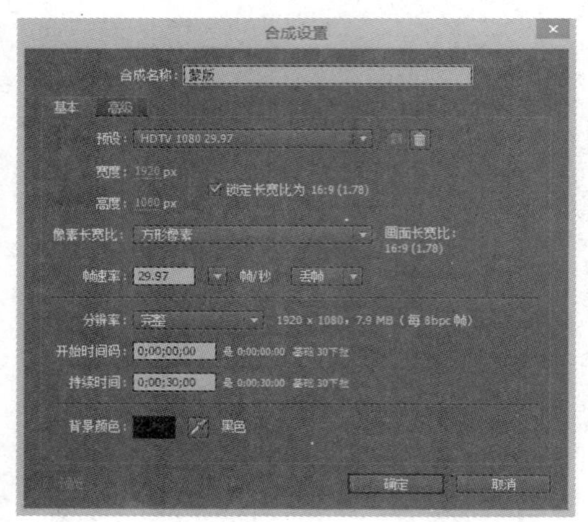

图3.2.77

02 选择菜单【文件】File>【导入】Import>【文件】File...命令导入背景图片和光线图片，在【项目】Project面板中选中图片，拖动鼠标，把文件拖入【时间轴】Timeline面板。

03 在【项目】Project面板中选中图片“光.jpg”，拖动鼠标，把文件拖入【时间轴】Timeline面板。调整该图片层的混合模式为【相加】Add模式，如图3.2.78所示。

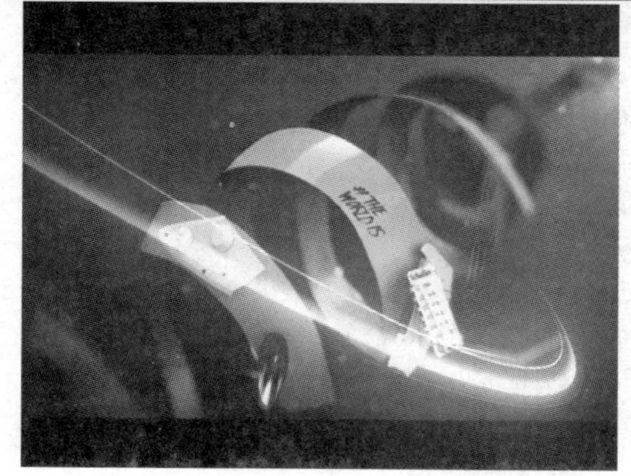

图3.2.78

04 通过层混合模式把光线图片中的黑色部分隐藏，如图3.2.79所示。

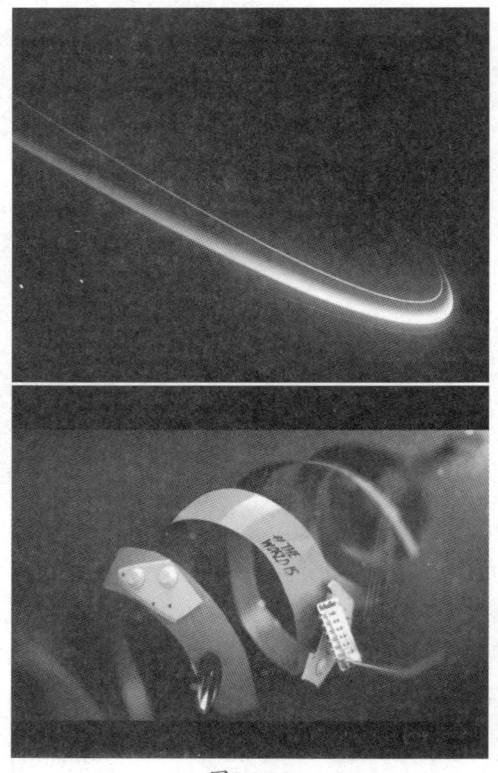

图3.2.79

05 选中“光.jpg”所在的层，在【合成】Composition面板中调整光线至合适的位置，选择【钢笔工具】Pen Tool绘制一个封闭的【蒙版】Mask，如图3.2.80所示。

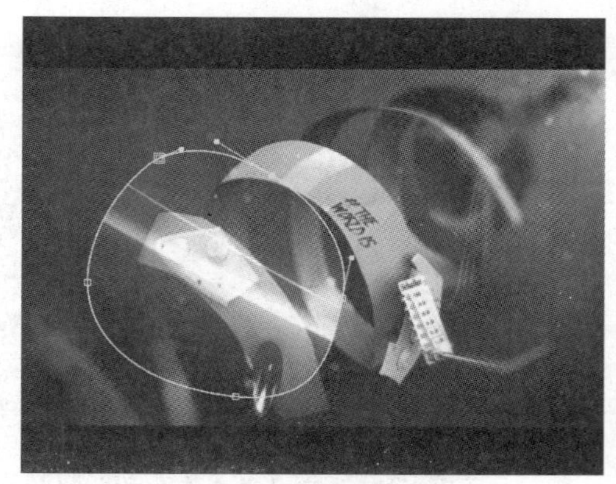

图3.2.80

06 在【时间轴】Timeline面板中展开“光.jpg”层的属性，选中【蒙版1】Mask1，修改【蒙版羽化】Mask Feather值为559，如图3.2.81所示。

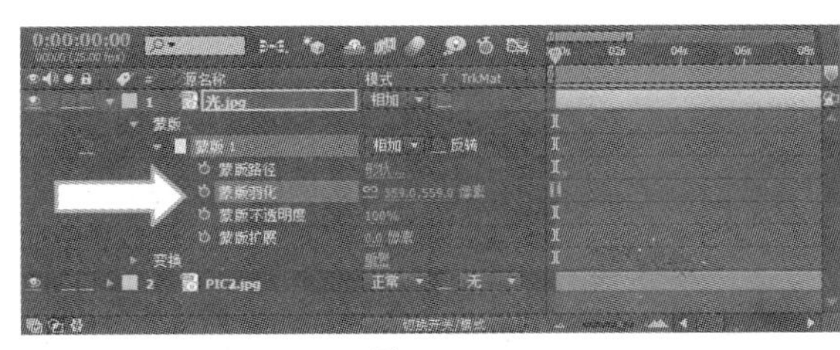

图3.2.81

07 我们观察到【蒙版】Mask遮挡的光线部分，有了平滑的过渡，如图3.2.82所示。

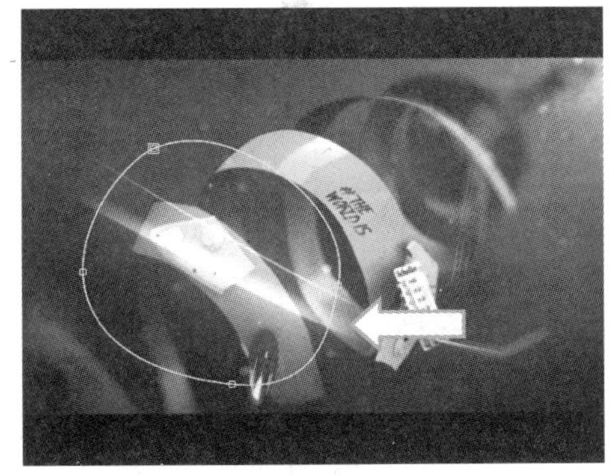

图3.2.82

08 在【合成】Composition 面板中移动【蒙版】Mask 到光线的最左边，如图 3.2.83 所示。

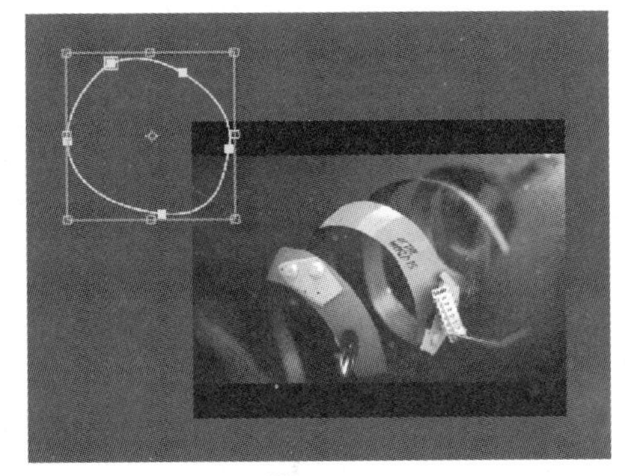

图3.2.83

09 在【时间轴】Timeline面板中，把时间指示器调整到起始位置，单击【蒙版路径】Mask Path属性左边的钟表图标，为【蒙版】Mask的外形设置关键帧，如图3.2.84所示。

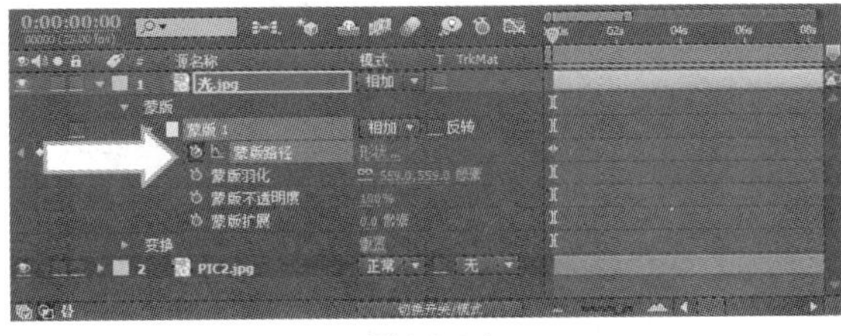

图3.2.84

10 【蒙版形状】Mask Shape 属性的关键帧动画主要是通过修改 Mask 的控制点在画面中的位置实现设定关键帧。把时间指示器调整到0:00:00:05 的位置，选中【蒙版】Mask 的控制点向右侧移动，如图 3.2.85 所示。

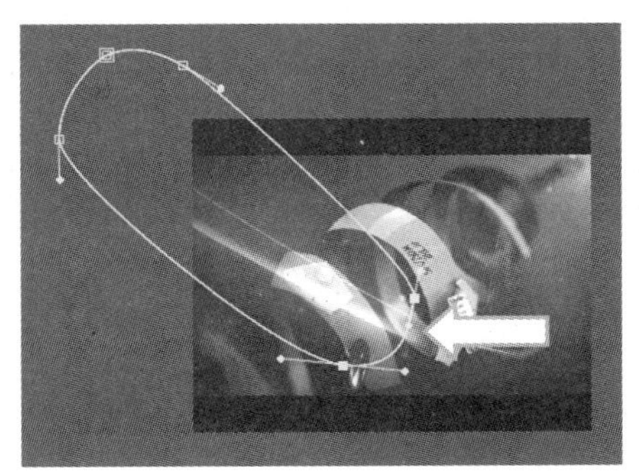

图3.2.85

11 把时间指示器调整到0:00:00:10的位置，选中【蒙版】Mask的控制点并继续向左侧移动，如图3.2.86所示。

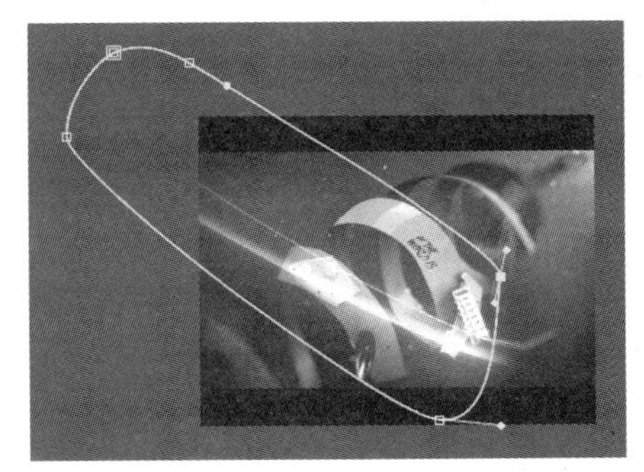

图3.2.86

12 把时间指示器调整到0:00:00:15的位置，选中【蒙版】Mask的控制点继续向左侧移动。光线将完全被显示出来，然后按下小键盘的数字键【0】，播放动画并观察效果，可以看到光线从无到有划入画面，如图3.2.87所示。

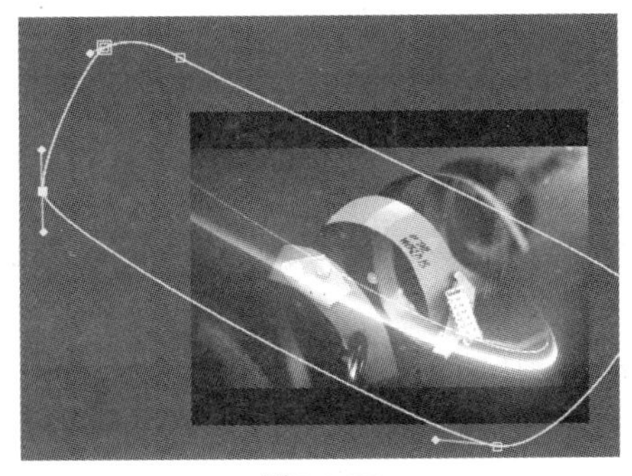

图3.2.87

13 为了让图片产生光线划过的效果，在光线划入的同时又要出现划出的效果，这样才能产生光线飞速划过的效果，如图 3.2.88 所示。

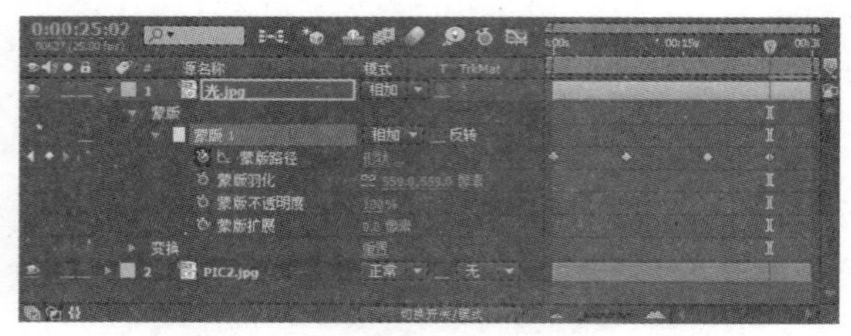

图3.2.88

14 把时间指示器调整到0:00:00:10的位置，选中【蒙版】Mask右侧的控制点并向左侧移动，如图3.2.89所示。

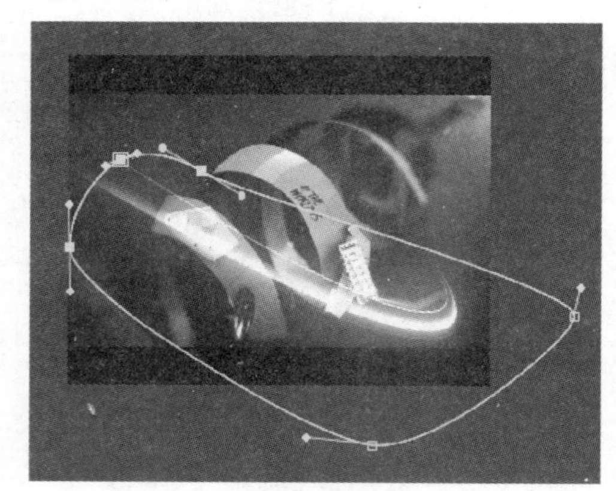

图3.2.89

15 把时间指示器调整到0:00:00:15的位置，选中【蒙版】Mask右侧的控制点并继续向左侧移动，如图3.2.90所示。

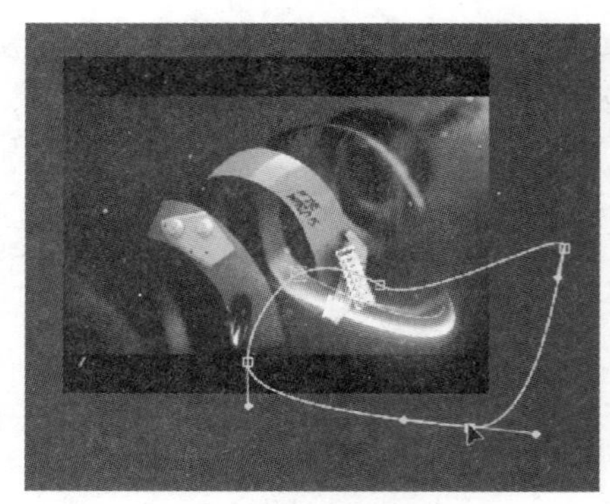

图3.2.90

16 把时间指示器调整到0:00:00:20的位置，选中【蒙版】Mask左侧的控制点并继续向右侧移动，直到完全遮住光线，如图3.2.91所示。

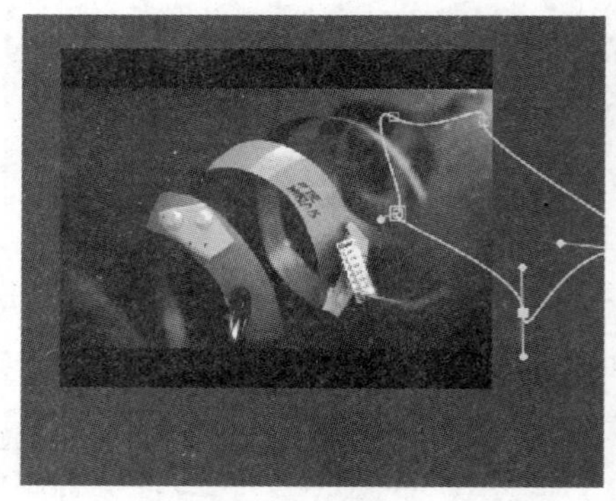

图3.2.91

17 按下小键盘的数字键【0】，播放动画观察效果，可以看到光线划过画面。我们使用一张静帧图片，利用【蒙版】Mask工具制作出光线划过的动画效果。

3.3 图层的显示

3.3.1 【图层】面板

【图层】Layer面板可以对层进行剪辑、绘制遮罩等操作，双击【合成】Composition面板中的每一层都可以在【图层】Layer面板中打开它们，如图3.3.1所示。

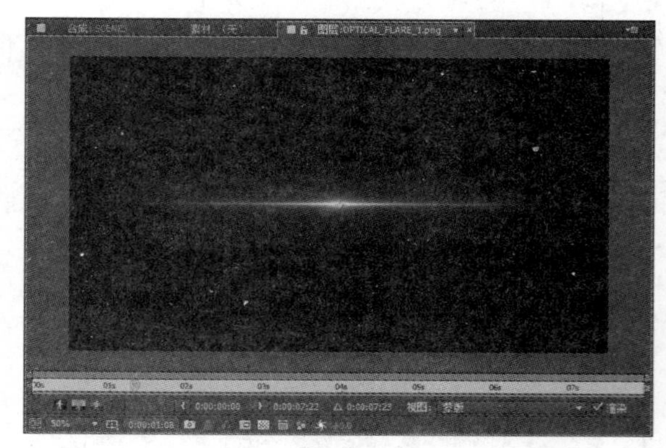

图3.3.1

把素材在【图层】Layer面板中打开后，可以对层单独做切入点和切出点设置，以及在整个【合成】Composition中的持续时间、遮罩设置、调节滤镜控制等。

3.3.2 【图层】面板工具

在【图层】Layer面板中有[按钮图标]和[按钮图标]按钮，它们是用来控制素材的切入点和切出点的位置。利用此功能可以控制一个动态素材在【合成】Composition只显示某一段内容。分别把【图层】Layer面板中的时间指针移动到切入和切出点位置，再单击这两个按钮，就可以设置这个层的切入点和切出点，如图3.3.2所示。

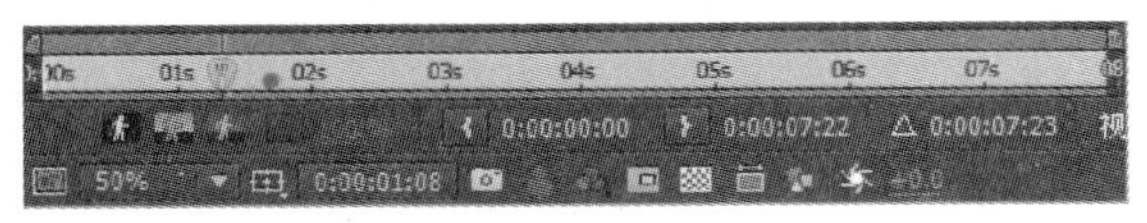

原始素材

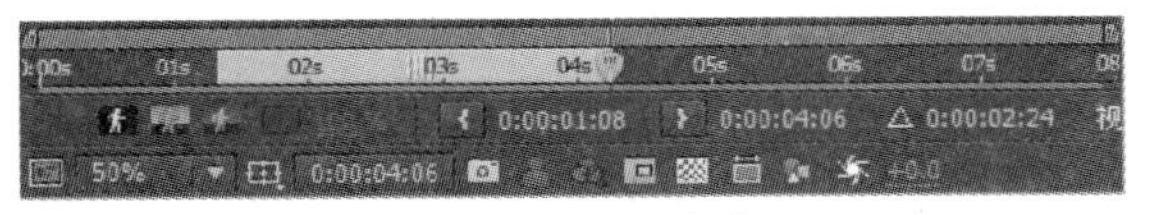

设置了切入和切出点后

图3.3.2

在【图层】Layer面板中还可以控制遮罩。打开【图层】Layer面板，然后在面板中单击鼠标的右键，会弹出用于控制遮罩的下拉菜单，它与【图层】Layer>【蒙版】Mask菜单功能相同，如图3.3.3所示。

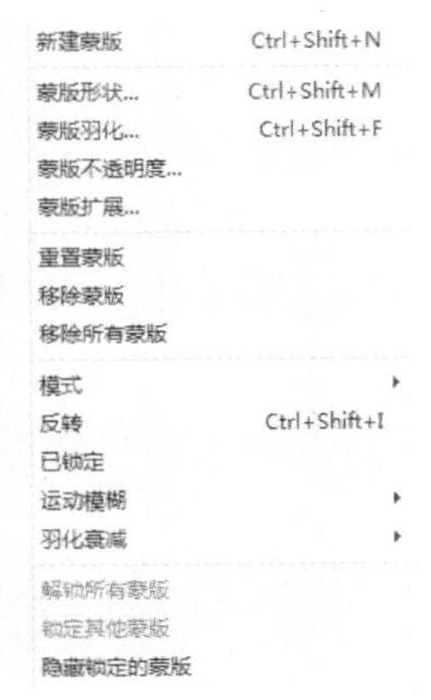

图3.3.3

3.3.3 【图层】面板中的按钮

【图层】Layer面板中的大部分按钮与【合成】Composition面板中的按钮相同，只是多了一个[按钮图标]按钮，它的功能是快速切换到【合成】Composition面板。

3.3.4 图层属性

每种类型的层被建立以后，在【时间轴】Timeline面板中都会出向相应的【变换】Transform属性，展开后其下拉属性大致相同，如图3.3.4所示。

图3.3.4

- 【锚点】Anchor Point：控制锚点位置。锚点用来控制在对层做旋转，移动等操作时的中心偏移值，如图3.3.5所示。

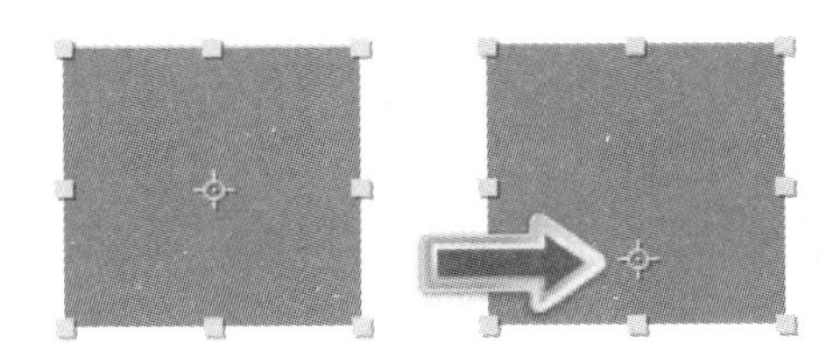

图3.3.5

- 【位置】Position：控制层在项目中的位置。
- 【缩放】Scale：控制层的缩放。
- 【旋转】Rotation：控制层的旋转。
- 【不透明度】Opacity：控制层的不透明度。

这是层的基本属性，每种属性都可以做动画，不同的操作会为层添加更多不同的属性，只要在属性的左边有[钟表图标]钟表图标，该属性就可以被制作成动画。

3.3.5 图层的分类

在【时间轴】Timeline面板中可以建立各种类型的层，选择菜单【图层】Layer>【新建】New…命令，在弹出菜单中可以选择新建层的类型，如图3.3.6所示。

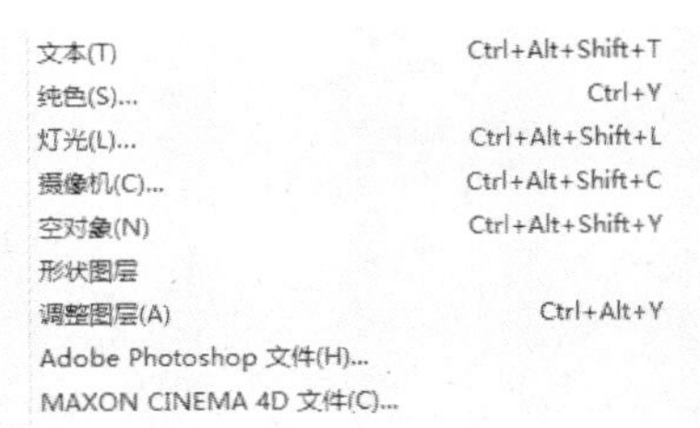

图3.3.6

- 【文本】Text：建立一个文本层，也可以直接用【文字工具】Type Tool在【合成】Composition面板中建立。【文本】Text层是最常用图层，在后期软件中添加文字效果比在其他三维软件或图形软件中制作有更大自由度和调整空间。
- 【纯色】Solid：纯色层，是一种含有固体颜色形状的层。这是我们经常要用的一种层，在实际的应用中，会经常为【纯色】Solid层添加效果和遮罩，以达到我们需要的画面效果。当选择【纯色】Solid命令时，会弹出【纯色设置】Solid Setting对话框。通过该对话框，我们可以对【纯色】Solid层进行设置，层的【大小】Size值最大可以建立到32000×32000像素，也可以为【纯色】Solid层设置各种颜色，并且系统会为不同的颜色自动命名。名字与颜色相关，当然用户也可以自己命名。单击 制作合成大小 按钮，可以使新建的【纯色】Solid层的尺寸与项目的尺寸相一致。
- 【灯光】Light：用于建立灯光。在After Effects中灯光都是以层的形式存在的，并且会一直在堆栈层的最上方。
- 【摄像机】Camera：用于建立摄像机。（在After Effects中摄像机都是以层的形式存在的，并且会一直在堆栈层的最上方。
- 【空对象】Null Object：建立一个虚拟物体层。当用户建立一个【空对象】Null Object层时，除了【透明度】Opacity属性，【空对象】Null Object层拥有其他层的一切属性。该类型层主要用于在编辑项目时，当需要为一个层指定父层级时，但又不想在画面上看到这个层的实体，而建立的一个虚拟物体，可以对它实行一切操作，但在【合成】Composition面板中是不可见的，只有一个控制层的操作手柄框，如图3.3.7所示。

图3.3.7

- 【形状图层】Shape Layer ：新的【形状图层】Shape Layer是After Effects新加入的图层效果。允许用户使用【钢笔工具】Pen Tool和几何体创建工具来绘制实体的平面图形。如果用户直接在素材上使用【钢笔工具】Pen Tool和几何体创建工具，绘制出的将是针对该层的遮罩效果。
- 【调整图层】Adjustment Layer：建立一个调整层。【调整图层】Adjustment Layer主要用来整体调整一个【合成】Composition项目中的所有层，一般该层位于项目的最上方。用户对层的操作，如添加Effects时，只对一个层起作用，【调整图层】Adjustment Layer的作用就是用来对所有层统一调整。
- 【Adobe Photoshop文件】Adobe Photoshop File：建立一个PSD文件层。建立该类型层的同时会弹出一个对话框，让用户指定PSD文件保存的位置，该文件可以通过Photoshop来编辑。
- 【MAXON CINEMA 4D文件】MAXON CINEMA 4D File：建立一个C4D文件层。建立该类型层的同时会弹出一个对话框，让用户指定C4D文件保存的位置，该文件可以通过CINEMA 4D来编辑。

3.3.6 图层的子化

子化（parenting）这个概念，在很多软件里都有。Maya中使用父子物体的功能是制作复杂动画的基础，Photoshop中相对应的概念是组合或链接，但功能上大体相当。Parenting功能允许一个层继承另一个层的Transform属性，也就是说当父物体的某些属性改变时，子物体的相应属性也跟着改变。Parenting功能早在After Effects 5.0时就已经被引入，在实践中被反复使用，可以达到事半功倍的效果。

子化（parenting）可以链接子父层之间的Transform属性，但Opacity属性是个例外，该属性并不随着父物体改变。这并不是软件工程师疏漏了这一点，而是因为传统动画的制作过程的影响，Opacity属性属于物体外观的范畴。

值得注意的是，为物体添加的属性如：文本的动画属性，这些属性制作的动画是不能被子化到被链接层中的。

下面我们通过一个简单的练习来熟悉Parenting功能的应用。

01 选择菜单【合成】Composition>【新建合成】New Composition命令，创建一个新的合成影片，设置如图3.3.8所示。

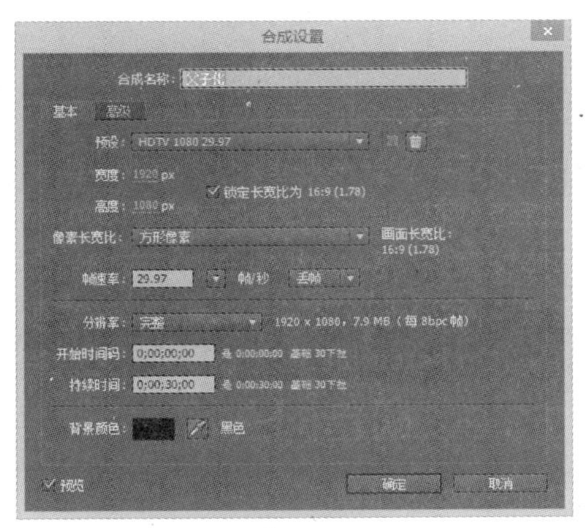

图3.3.8

02 选择文本工具T以新建一个文本层，并在其中输入文字，如图3.3.9所示。

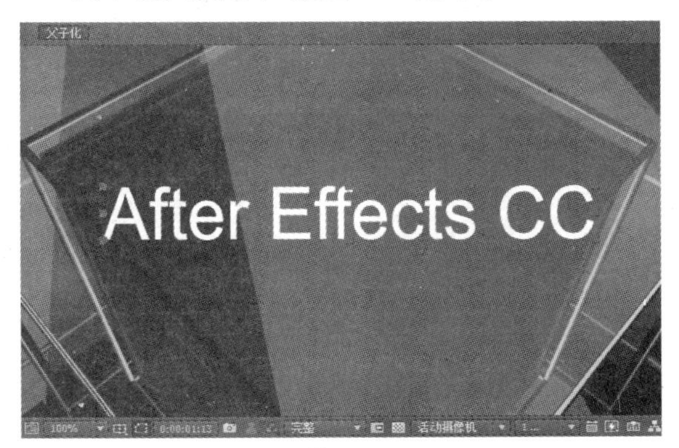

图3.3.9

03 再创建几个文本层，建立多个不同大小的文本层。也可以在【时间轴】Timeline面板中直接选中文本层，按下【Ctrl+D】快捷键以复制多个层，如图3.3.10所示。

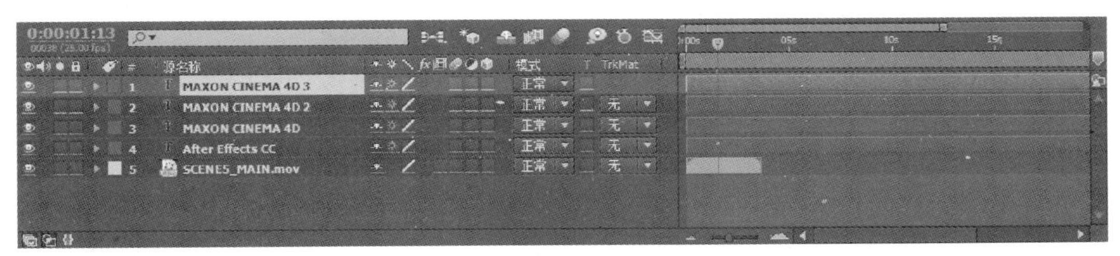

图3.3.10

04 调整文本的位置，使其相互间错落有致，如图3.3.11所示。

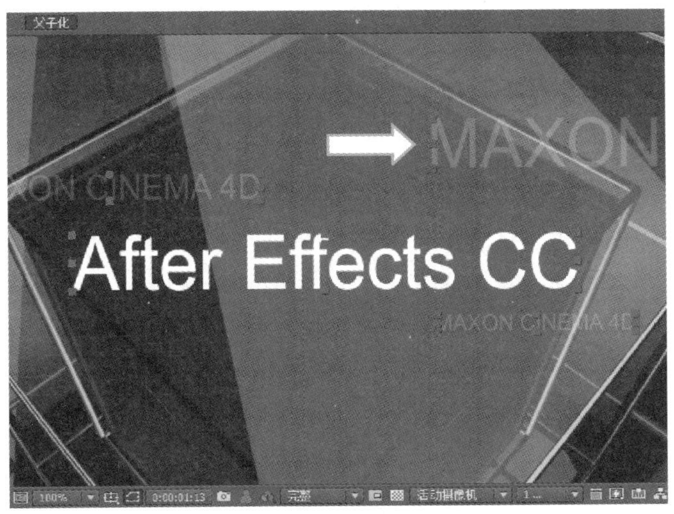

图3.3.11

05 在【时间轴】Timeline面板中，修改第一个建立的文本层的【变换】Transform属性，调整Anchor Point的位置，移动到文本的中心。设置【位置】posittion属性，单击左侧的钟表图标，制作关键帧动画，使文本随意地颤动，但幅度不要太大，如图3.3.12所示。

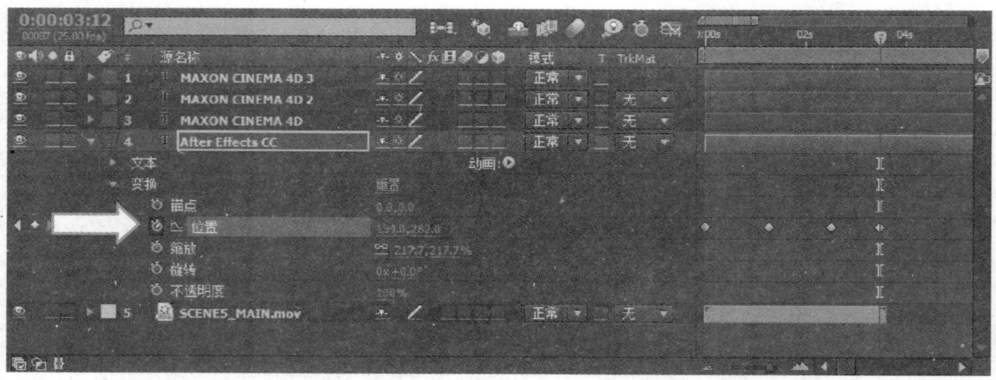

图3.3.12

06 我们想要得到这样的效果，就是其他层跟随设好动画的层运动。把设置好动画的层作为父物体，单击【时间轴】Timeline面板右上方的三角形图标，选择弹出菜单【列数】Columns>【父级】Parent命令。在【时间轴】Timeline面板中会出现【父级】Parent栏，如图3.3.13所示。

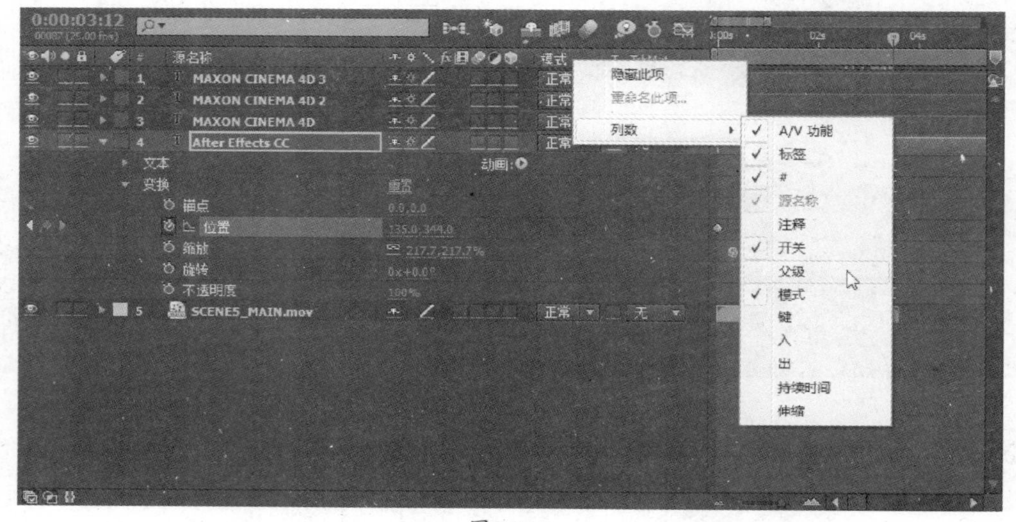

图3.3.13

07 单击其他层的图标（螺旋线图标），拖动鼠标至设置好动画的层，我们可以看到有一条连线建立在两个层之间。松开鼠标就可以看到被链接层的【父级】Parent栏的名称已经从【无】None改为父层的名称，如图3.3.14所示。

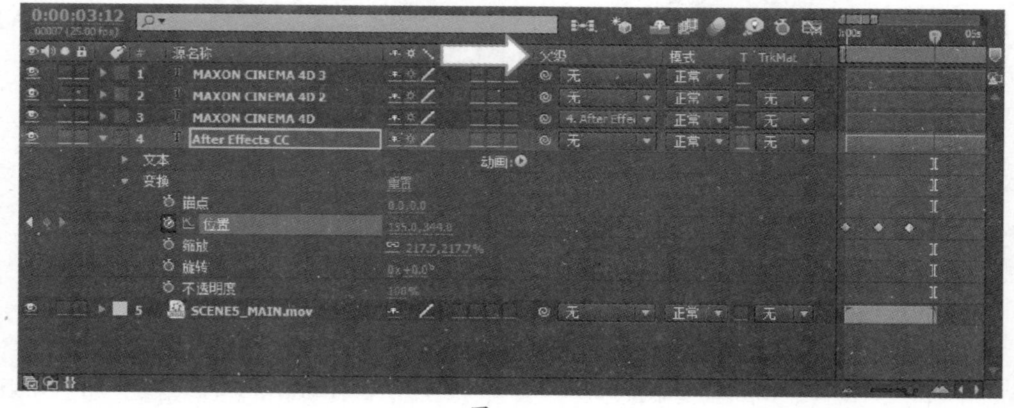

图3.3.14

08 用同样的方法依次把其他几个层都链接给设定好动画的层，这就是After Effects中子化（Parenting）一个层的方法，如图3.3.15所示。

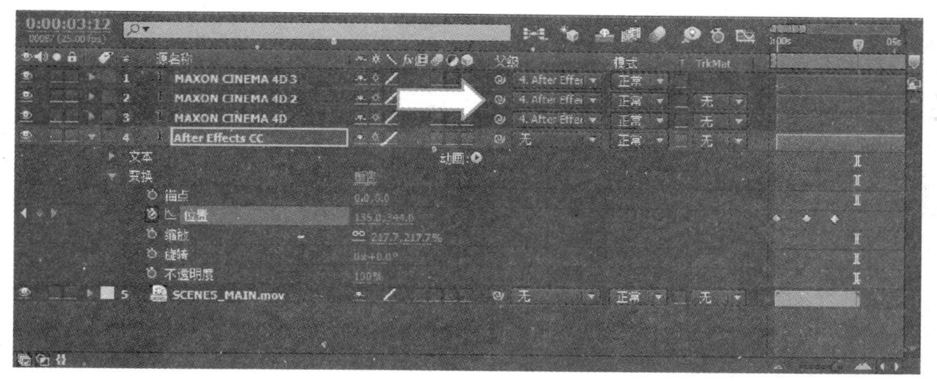

图3.3.15

09 按下小键盘的数字键【0】，播放动画并观察效果，其他的几个层会随着父层做出一样的动画效果，但子层的【变换】Transform属性值并没有变化。

提示

细心的用户会发现，如果拖动鼠标没有链接上某个层，连线会像卷尺一样缩回去，Adobe的工程师把这个过程作了一个动画，连线像是被自动卷回去的，这个微小的细节体现出了软件的人性化和工程人员的幽默感。在另一个后期软件Shake中，节点间的连线也有类似的效果，当用户用力晃动节点时，连线会脱落，多有创意的点子。

3.3.7 【流程图】面板

除了使用图层方式观察编辑素材外，我们还可以通过流程图模式观察合成，大多数高级后期软件都是以这种节点的方式进行编辑的。【流程图】Flowchart View面板可以观察整个【合成】Composition中素材之间的进程，它和一些节点式的合成软件很相似，但是它的功能比较单一，只能用来观察，不能用来实际的操作，如图3.3.16所示。

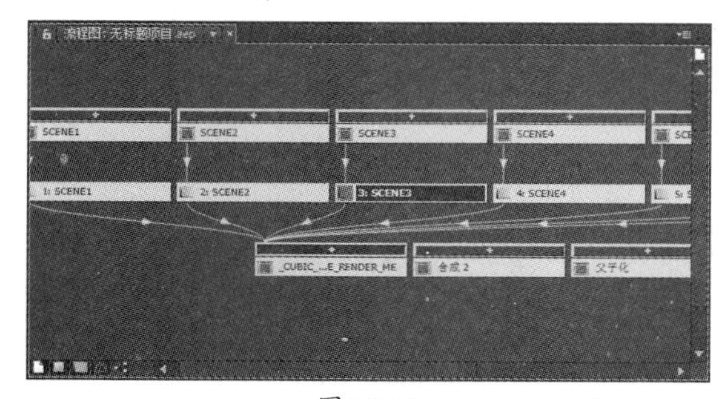

图3.3.16

打开【流程图】Flowchart View面板的方式有两种，第一种是直接在【合成】Composition面板中单击下方的按钮；另一种方式是，执行【合成】Composition>【合成和流程图】Composition Flowchart View命令。这两种方式都可以直接打开【流程图】Flowchart View面板。

在【流程图】Flowchart View面板中，我们可以看到所有的【合成】Composition和所有的层，以及每层施加的各种滤镜和各种设置。初次打开，可以单击【合成】Composition上的加号来打开它的流程图。

- ：这个按钮用来显示或隐藏素材流程。
- ：该按钮用来显示或隐藏固态层。
- ：显示或隐藏层级，如图3.3.17所示。

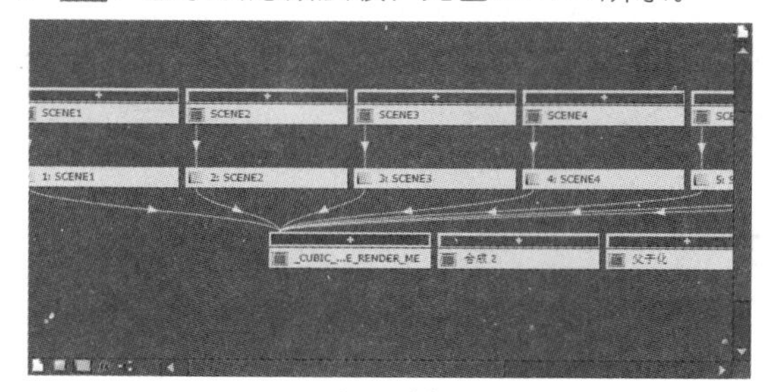

显示层级

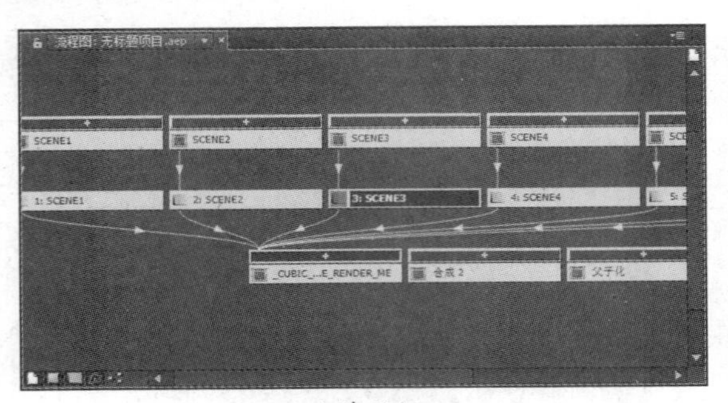

隐藏层级

图3.3.17

● ：显示或隐藏滤镜，如图3.3.18所示。

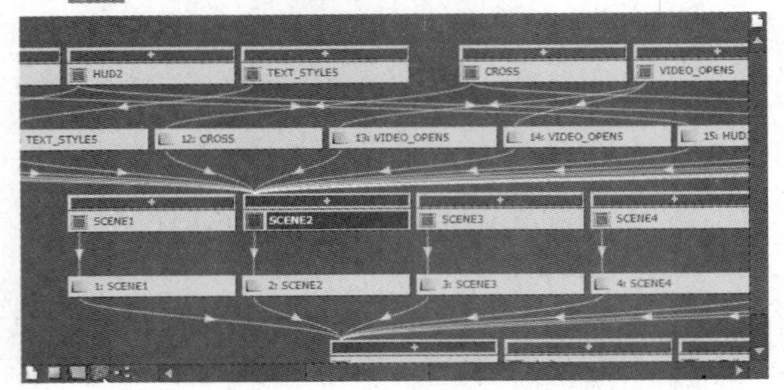

显示滤镜

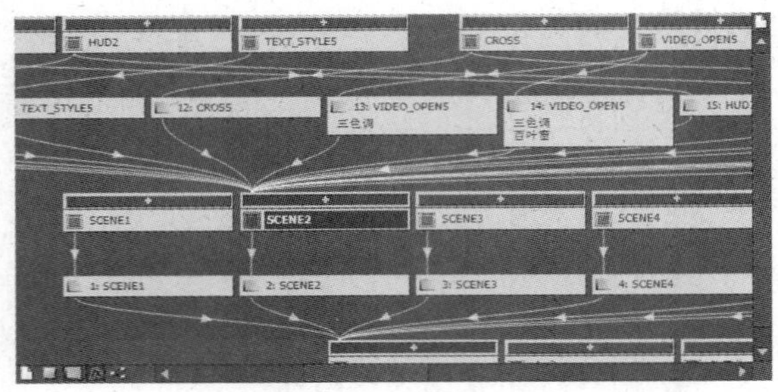

隐藏滤镜

图3.3.18

● ：可用利用这个按钮来设置链接层与滤镜之间链接线的显示方式，分别是曲线方式和折线方式，如图3.3.19所示。

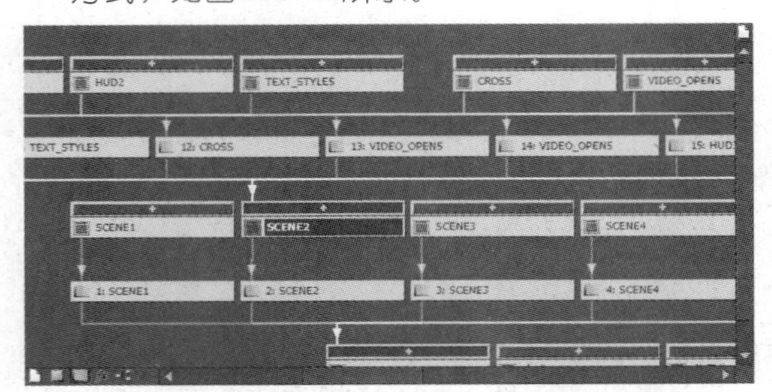

图3.3.19

● ：可以利用这个按钮来设置流程的方向，单击它有下拉菜单出现，如图3.3.20所示。

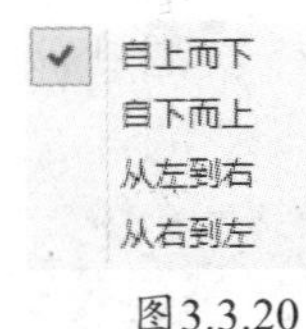

图3.3.20

● 在【流程图】Flowchart View面板中的空白位置单击鼠标的右键，会弹出一个下拉菜单，它的命令和我们刚才介绍的按钮功能相同，如图3.3.21所示。

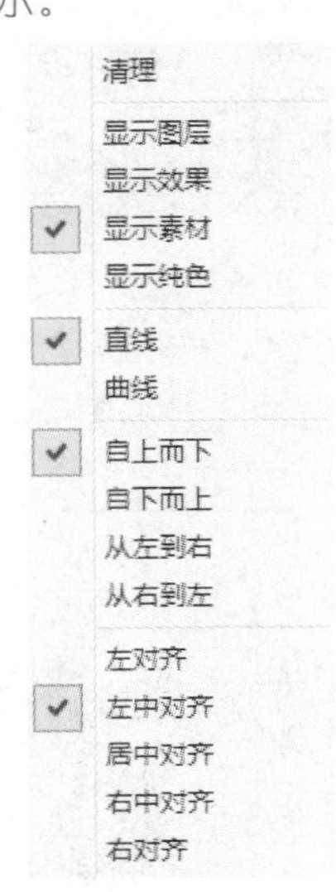

图3.3.21

● 在每个节点上单击鼠标右键，也会弹出下拉菜单，这个菜单可以用来更改每个节点的显示颜色，如图3.3.22所示。

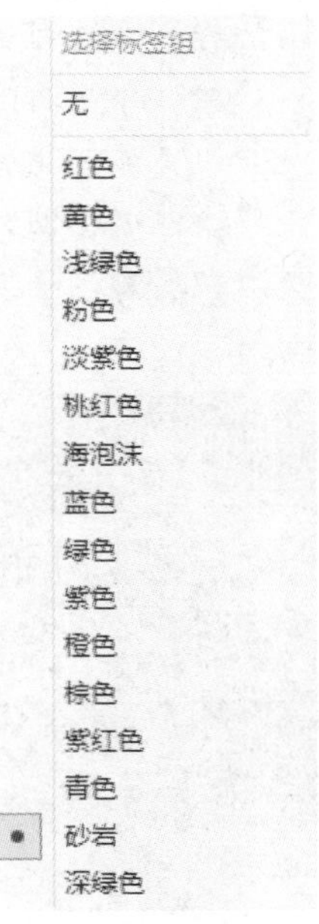

图3.3.22

3.4 【图层】菜单

【图层】Layer菜单中包含着与层相关的各种操作，大部分命令在【时间轴】Timeline面板也可以实现，After Effects中的编辑操作是以层作为基础的，熟练掌握层的相关操作是非常重要的，如图3.4.1所示。

新建(N) ▸
纯色设置... Ctrl+Shift+Y

打开图层(O)
打开图层源(U) Alt+Numpad Enter
在资源管理器中显示

蒙版(M) ▸
蒙版和形状路径 ▸
品质(Q) ▸
开关(W) ▸
变换(T) ▸
时间 ▸
帧混合 ▸
3D 图层
参考线图层
环境图层
添加标记(R) Numpad *

保持透明度(E)
混合模式(D) ▸
下一混合模式 Shift+=
上一混合模式 Shift+-
跟踪遮罩(A) ▸
图层样式 ▸

组合形状 Ctrl+G
取消组合形状 Ctrl+Shift+G

排列 ▸

转换为图层合成
从文本创建形状
从文本创建蒙版
从矢量图层创建形状
摄像机 ▸
自动追踪
预合成(P)... Ctrl+Shift+C

图3.4.1

3.4.1 新建

【新建】New 命令主要用于创建各种类型After Effects中存在的层，用户可以根据不同的要求详细设定各种类型层的参数。该命令在图层的分类小节已经介绍过，在这里就不再复述了。

3.4.2 纯色设置

当我们建立了一个纯色图层时，该命令会变为【纯色设置】Layer Settings命令，该命令主要用于对已经建立的各种类型的层重新修改设置，当用户选中那一种类型的层，【设置】Setting前会更改成为该类型层的名称、颜色和其他参数，如图3.4.2所示。

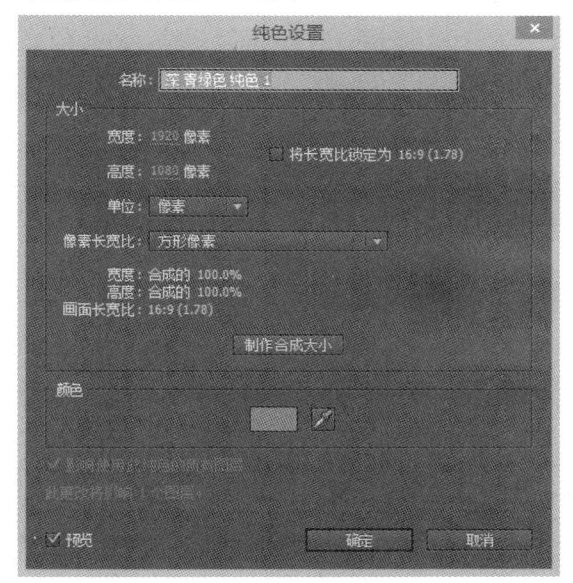

图3.4.2

3.4.3 打开图层

【打开图层】Open Layer命令主要用于打开层的【图层】面板，【图层】面板主要用类对层实施一些特殊操作，如图3.4.3所示。

图3.4.3

3.4.4 打开图层源

【打开图层源】Open Source Window 命令主要用于打开当前素材的 Source 面板，Source 面板主要用于浏览素材，如图 3.4.4 所示。

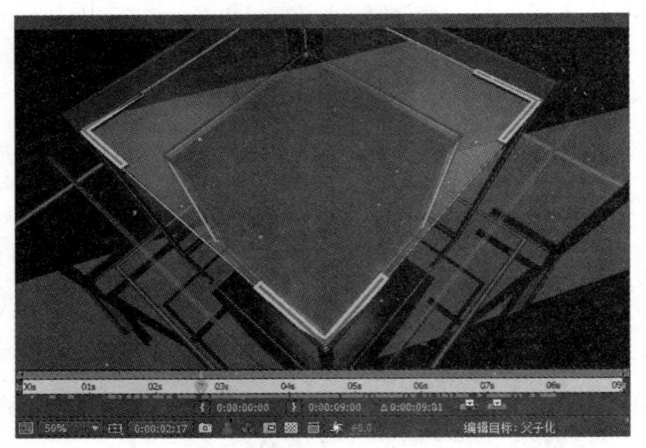
图3.4.4

3.4.5 在资源管理器中显示

该命令可以通过资源管理器浏览素材在电脑上的位置，我们在替换素材时会经常使用到这个命令。

3.4.6 蒙版

【蒙版】Mask 命令主要用于对【蒙版】Mask 进行相关操作。在二级菜单中用户可以对【蒙版】Mask 进行更为复杂的操作，蒙版相关的设置我们会在其他课节中讲解，如图 3.4.5 所示。

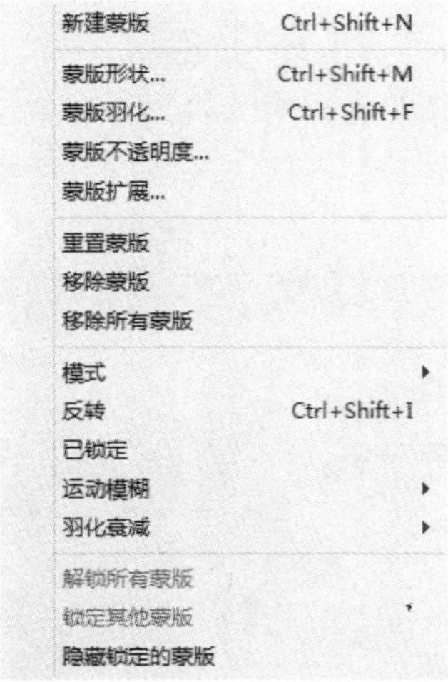

新建蒙版	Ctrl+Shift+N
蒙版形状...	Ctrl+Shift+M
蒙版羽化...	Ctrl+Shift+F
蒙版不透明度...	
蒙版扩展...	
重置蒙版	
移除蒙版	
移除所有蒙版	
模式	▸
反转	Ctrl+Shift+I
已锁定	
运动模糊	▸
羽化衰减	▸
解锁所有蒙版	
锁定其他蒙版	
隐藏锁定的蒙版	

图3.4.5

- 【新建蒙版】New Mask：创建一个【蒙版】Mask。
- 【蒙版形状】Mask Shape：设置【蒙版】Mask的形状和尺寸。
- 【蒙版羽化】Mask Feather：设置【蒙版】Mask的羽化效果。
- 【蒙版不透明度】Mask Opacity：设置【蒙版】Mask的不透明度。
- 【蒙版扩展】Mask Expansion：设置【蒙版】Mask的扩张范围。在不移动【蒙版】Mask本身的情况下，扩张【蒙版】Mask的范围，有时也可以用来修改转角的圆化。
- 【重置蒙版】Reset Mask：将【蒙版】Mask的属性恢复为默认的状态。
- 【移除蒙版】Remove Mask：移除当前选中的遮罩。
- 【移除所有蒙版】Remove All Mask：移除所有的遮罩。
- 【模式】Mode：设置Mask的混合模式。
- 【反转】Inverse：反转【蒙版】Mask的区域。
- 【已锁定】Locked：锁定【蒙版】Mask。
- 【运动模糊】Motion Blur：设置【蒙版】Mask的运动模糊效果。
- 【与图层相关】Same as Layer：与【蒙版】Mask所在层的运动模糊效果相同。
- 【开】On：打开运动模糊效果。
- 【关】Off：关闭运动模糊效果。
- 【解锁所有蒙版】Unlocked All Masks:解除所有锁定状态的【蒙版】Mask。
- 【锁定其他蒙版】Lock Other Masks：锁定未被选中的【蒙版】Mask。
- 【隐藏锁定的蒙版】Hide locked Masks：隐藏被锁定的【蒙版】Mask。

3.4.7 蒙版和形状路径

【蒙版和形状路径】Mask and Shape Path 命令是由之前版本的对【蒙版】Mask的编辑命令分离出来的独立面板，如图3.4.6所示。

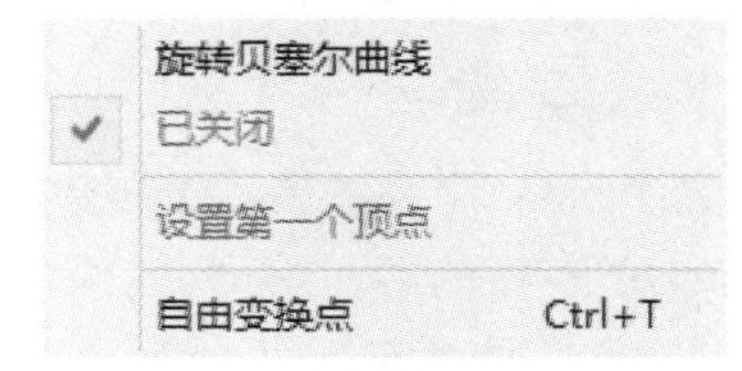

图3.4.6

- 【旋转贝塞尔曲线】RotoBezier：转换【蒙版】

Mask 为由贝塞尔曲线形式控制，使用这种形式用户可以随意修改曲线，如图 3.4.7 所示。

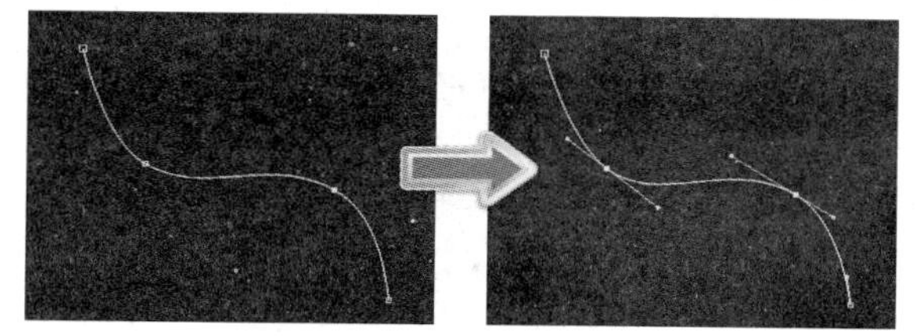

图3.4.7

- 【已关闭】Closed：闭合没有封闭的Mask。
- 【设置第一个顶点】Set First Vertex：设置【蒙版】Mask的起始点。【蒙版】Mask的起始点的位置对于一些命令和操作是至关重要的，这些效果会沿着【蒙版】Mask实施效果，用户必须为这些操作设置一个动画起始点，【设置第一个顶点】Set First Vertex命令正是解决了这些问题。
- 【自由变换点】Free Transform Points：设置【蒙版】Mask的自由转换点。

3.4.8 品质

- 【品质】Quality命令主要用于设置画面的质量等级，不同于【合成】面板中的品质设置，该命令可以单独控制某个图层的显示品质。
- 【最佳】Best：最佳质量，选中该项画面将显示Sub pixel Positioning（子像素位置）、Anti-Aliasing（抗锯齿）等全部外挂滤镜的效果。
- 【草图】Draft：草图质量，选中该项画面将显得粗糙。
- 【线框】Wireframe：线框质量，选中该项画面将显示为一个线框。
- 【双立方】：该选项可以在缩放图像时最大程度地保证图像质量，使生成的图像不失真，它是默认的缩放方式。
- 【双线性】：该选项提供较差但较快的显示算法。

3.4.9 开关

- 【开关】Switches命令主要用于切换层的相关操作，用户需要打开【时间轴】Timeline面板中的【开关】Switches栏，如图3.4.8所示。

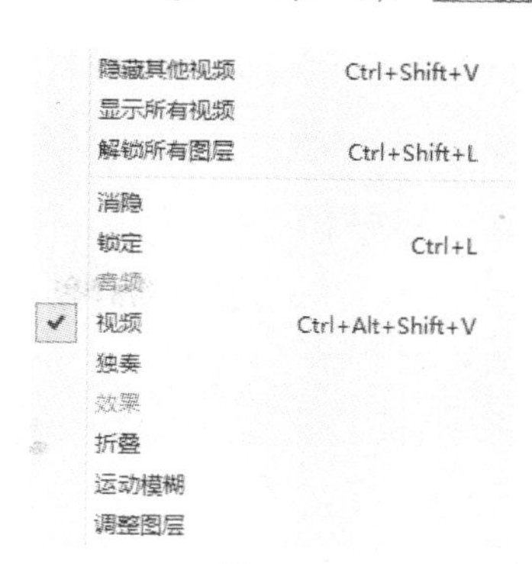

图3.4.8

- 【隐藏其他视频】Hide Other Video：隐藏其他视频层，使其他的层都不可见。
- 【显示所有视频】Show All Video：显示所有的视频层。
- 【解锁所有图层】Unlock All Layers：解除所有的锁定层。
- 【消隐】Shy：设置为【消隐】Shy层。【消隐】Shy层在【合成】Composition面板中可以显示，但是可以在【时间轴】Timeline面板中将不会被显示出来。用户也可以单击【时间轴】Timeline面板中找到相应的命令按钮。
- 【锁定】Lock：锁定选中的层， 用户可以在【时间轴】Timeline面板中找到相对应的命令按钮。
- 【音频】Audio：打开或关闭素材中的音频，用户可以在【时间轴】Timeline面板中找到相对应的命令按钮。
- 【视频】Video：显示或隐藏素材图像，用户可以在【时间轴】Timeline面板中找到相对应的命令按钮。
- 【独奏】Solo：单独显示某个层。用户可以在【时间轴】Timeline面板中找到相对应的命令按钮。
- 【效果】Effect：打开或关闭素材中的滤镜效果。用户可以在【时间轴】Timeline面板中找到相对应的命令按钮。
- 【折叠】Collapse：设置嵌套合成影像的使用方式和质量，用户可以在【时间轴】Timeline面板中找到相对应的命令按钮。
- 【运动模糊】Motion Blur：打开或关闭素材中运动模糊效果，用户可以在【时间轴】Timeline面板中找到相对应的命令按钮。
- 【调整图层】Adjustment Layer：打开或关

闭调节层，用户可以在【时间轴】Timeline面板中找到相对应的命令按钮。

3.4.10 变换

【变换】Transform命令主要用于对层的属性实施的各种常规变换外形精确操作，在二级菜单中的命令可以调整层的Anchor Point（定位点）、Position（位置）、Scale（缩放）、Orientation（方位）、Rotation（旋转）、Opacity（不透明度）等，这与【时间线】Timeline面板中层的Transform属性都是一一对应的，如图3.4.9所示。

重置(R)

锚点...
位置... Ctrl+Shift+P
缩放...
方向... Ctrl+Alt+Shift+R
旋转... Ctrl+Shift+R
不透明度... Ctrl+Shift+O

水平翻转
垂直翻转
视点居中 Ctrl+Home

适合复合 Ctrl+Alt+F
适合复合宽度 Ctrl+Alt+Shift+H
适合复合高度 Ctrl+Alt+Shift+G

自动定向... Ctrl+Alt+O

图3.4.9

- 【重置】Reset：将层的所有属性恢复为默认值。
- 【锚点】Anchor Point：精确设置层的定位点在画面中的位置，用户可以在弹出对话框中输入坐标位置。
- 【位置】Position：精确设置层在画面中的位置。用户可以在弹出对话框中输入坐标位置。
- 【缩放】Scale：精确设置层的缩放。用户可以在弹出对话框中输入宽度和高度。
- 【方向】Orientation：精确设置3D层的方位。用户可以在弹出对话框中输入X、Y、Z轴的角度。
- 【旋转】Rotation：精确设置层的缩放旋转。用户可以在弹出对话框中输入旋转的角度。
- 【不透明度】Opacity：精确设置层的不透明度。用户可以在弹出对话框中输入不透明度的百分比。
- 【水平翻转】Flip Horizontal：该命令用于将素材在水平方向上翻转。
- 【垂直翻转】Flip Vertical：该命令用于将素材在垂直方向上翻转。
- 【视点居中】Center In View：该命令用于将素材调整到窗口的中心位置。
- 【适合复合】Fit to Comp：该命令主要用于使素材适应于【合成】Composition的尺寸，需要注意的是用户如果对原始尺寸小于该【合成】Composition尺寸的素材实施此操作时，最终的画面质量将得不到保证，如图3.4.10所示。

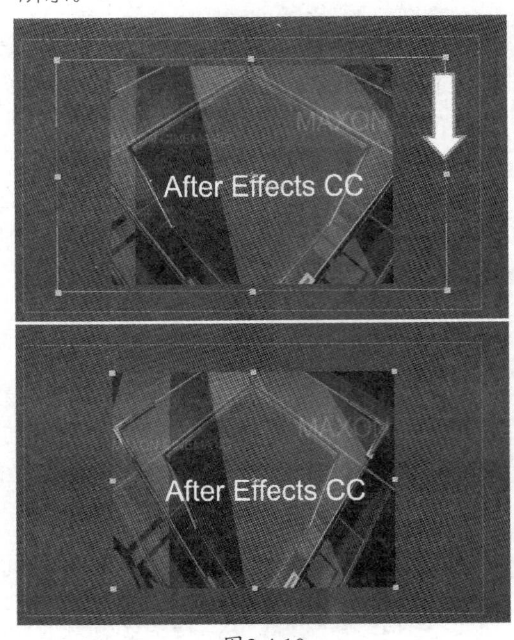

图3.4.10

- 【适合复合宽度】Fit to Comp Width：该命令主要用于使素材适应于【合成】Composition的宽度。
- 【适合复合高度】Fit to Comp Height：该命令主要用于使素材适应于【合成】Composition的高度。

提示

上面的【适合复合】Fit to Comp、【适合复合宽度】Fit to Comp Width和【适合复合高度】Fit to Comp Height3个命令在实际的工作中会经常被使用到。需要注意的是，对于素材我们有一个编辑的原则，这就是只能将素材缩小，而将素材拉伸，我们是不建议这样做的，这样会带来最终影片的质量损失，所以对于素材的拉伸一定要谨慎使用。

- 【自动方向】Auto-Orientation：控制【合成】Composition的自动方位旋转，如图3.4.11所示。

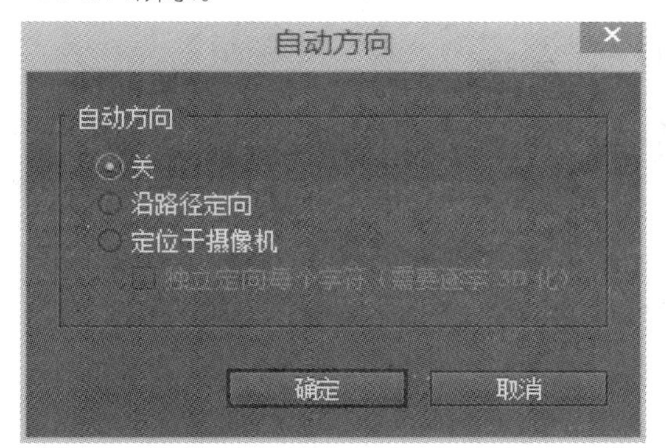

图3.4.11

3.4.11 时间

【时间】Time命令主要用于对素材的时间控制，After Effects整合了原版本的相关命令并放入二级菜单中，如图3.4.12所示。

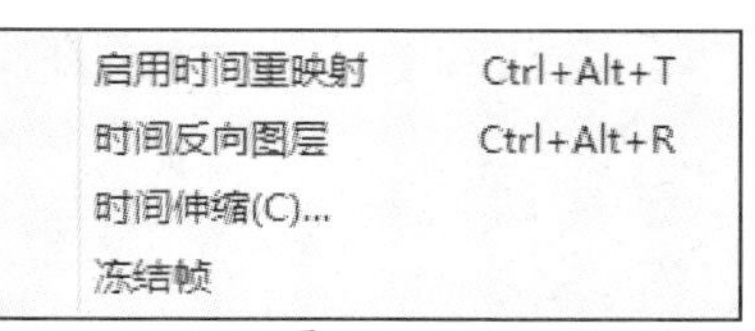

图3.4.12

- 【启用时间重映射】Enable Time Remapping：重新映射素材时间。执行命令后系统自动会在素材的起始和结束位置设定关键帧，用户可以通过控制关键帧自由地控制素材的播放时间。

下面我们介绍一下【时间重映射】Time Remap命令的操作。选中在【时间轴】Timeline面板中素材层，执行【启用时间重映射】Enable Time Remapping命令，可以看到在素材的起始和结束位置有两个关键帧。选中结束位置的关键帧并向左侧拖动，按下小数字键盘的【0】键并预览素材。我们会发现素材加快了播放速度，画面中的动作加速了，如图3.4.13所示。

图3.4.13

移动时间指示器到两个关键帧中间的位置，单击最左侧的添加关键帧图标，为素材添加一个关键帧，如图3.4.14所示。

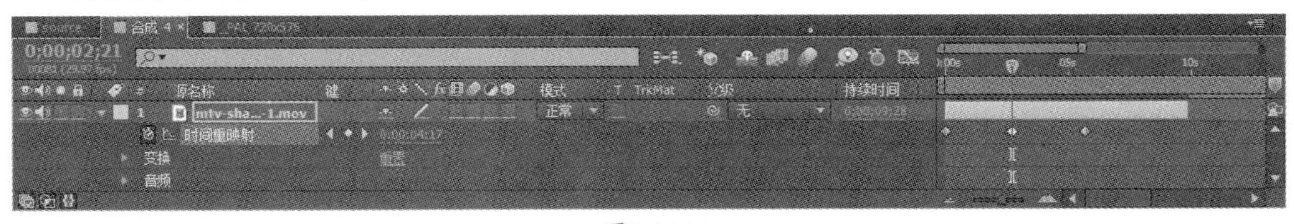

图3.4.14

单击【时间轴】Timeline面板中的曲线编辑器图标，展开动画曲线，我们可以看到，新添加的关键帧为动画曲线添加了一个控制点，如图3.4.15所示。

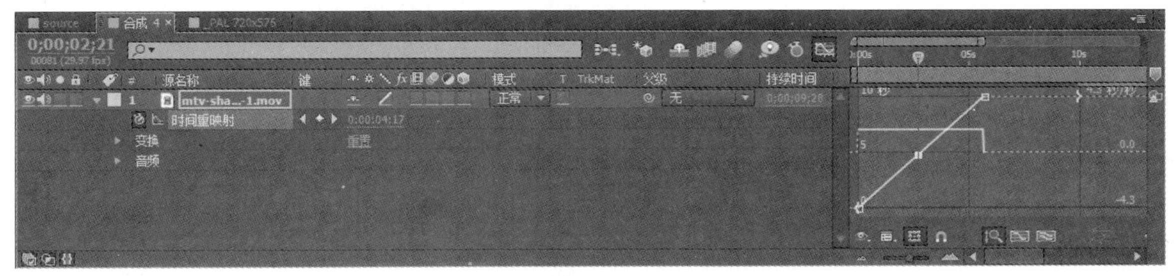

图3.4.15

我们再次移动时间指示器，为素材添加两个关键帧，如图3.4.16所示。

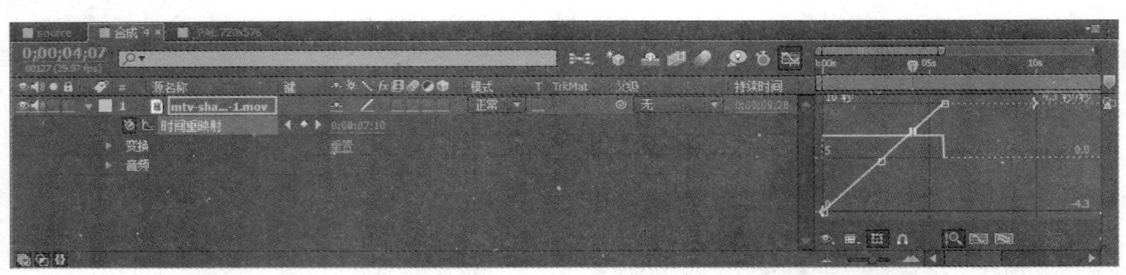

图3.4.16

移动控制点到指定位置，注意不要移动第一和第二个控制点，如图3.4.17所示。

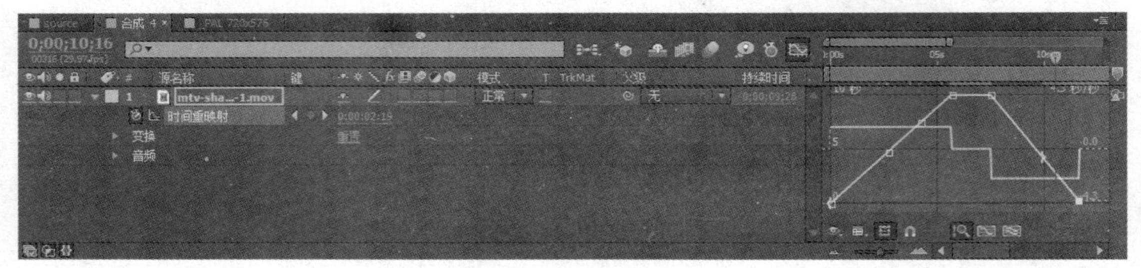

图3.4.17

这五个关键帧划分出4段时间区域，分别展现出不同的时间播放效果，A：正常播放； B：加速或减速播放（两个关键帧的时间距离大于正常播放时间，素材将减速播放，反之亦然）；C：冻结播放； D：倒退播放。用户可以遵循这一规律，自由地通过控制曲线来控制素材的播放速度。

- 【时间反向图层】Time-Reverse Layer：使素材动画倒退播放（起始位置与结束位置与原素材相反），如图3.4.18所示。

图3.4.18

- 【时间伸缩】Time Stretch：延长或缩短素材动画的播放时间，在弹出的【时间伸缩】Time Stretch对话框中，用户可以设置缩放的百分比，在【时间轴】Timeline面板中也可以修改这一数据，如图3.4.19和图3.4.20所示。

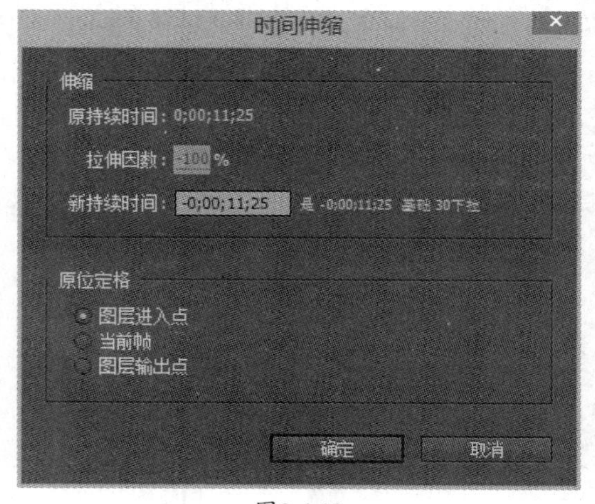

图3.4.19

图3.4.20

- 【冻结帧】Freeze Frame：冻结素材动画中的某一帧，如图3.4.21所示。

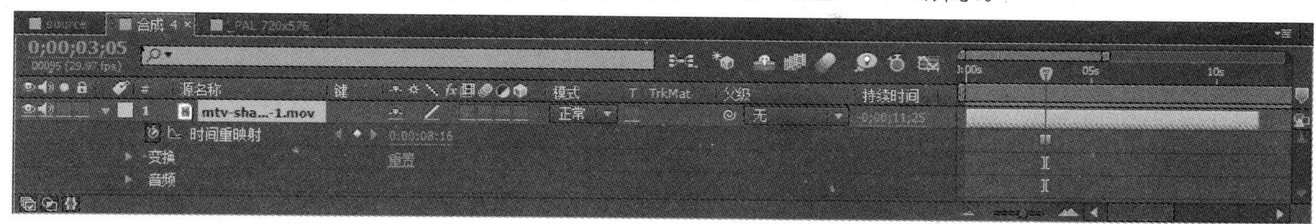

图3.4.21

3.4.12 帧混合与3D图层

【帧混合】Frame Blending命令主要用于融合帧与帧之间的画面，使之过渡得更加平滑。

当素材的帧速率与Composition的帧速率不一致时，After Effects会自动补充中间缺失的帧或跳跃播放，但这样的播放模式会产生画面的抖动，在使用了【帧混合】Frame Blending命令以后会消除抖动，但浏览和渲染速度会减慢。After Effects提供了两种【帧混合】Frame Blending模式，分别为Frame Mix和Pixel Motion，两种模式优势不同，用户可以自己选择，Frame Mix模式的渲染耗费时间少，但不如Pixel Motion模式的画面效果好。用户也可以在【时间轴】Timeline面板中通过单击【帧混合】Frame Blending图标开启【帧混合】Frame Blending模式。

【3D图层】3D Layer命令主要用于将当前选中的层转化为3D层，用户也可以在【时间轴】Timeline面板中激活3D层。

3.4.13 参考线图层

参考线图层作为【合成】Composition面板的参考，用户可以用于视频和音频上的参考也可以用于保存注解。需要注意的是参考线图层将不能被渲染显示在最终的画面效果中，在嵌套合成影像中的引导层将不能被显示在父合成影像中，如图3.4.22所示。

图3.4.22

3.4.14 环境图层

在使用光线追踪渲染器时，可使用 3D 素材或嵌套合成图层作为场景周围的球状映射环境。可以将普通的图片转换为【环境图层】，选中该图层执行命令即可，在图片层旁边会出现一个环境图层图标 EV.jpg ，转换后图片可以参与反射，如图3.4.23和图3.4.24所示。

图3.4.23

图3.4.24

3.4.15 添加标记

【添加标记】Add Marker命令主要用于在【时间轴】Timeline面板中层的时间条上添加标记，如图3.4.25所示。

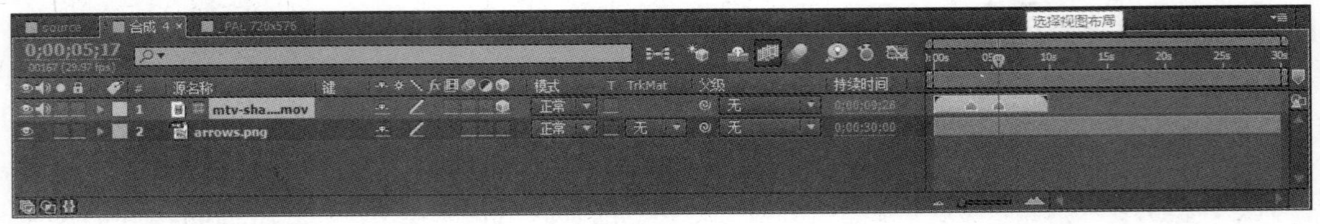

图3.4.25

用户可以双击该标记，在弹出的【图层标记】Maker对话框中为标记添加注释，如图3.4.26所示。

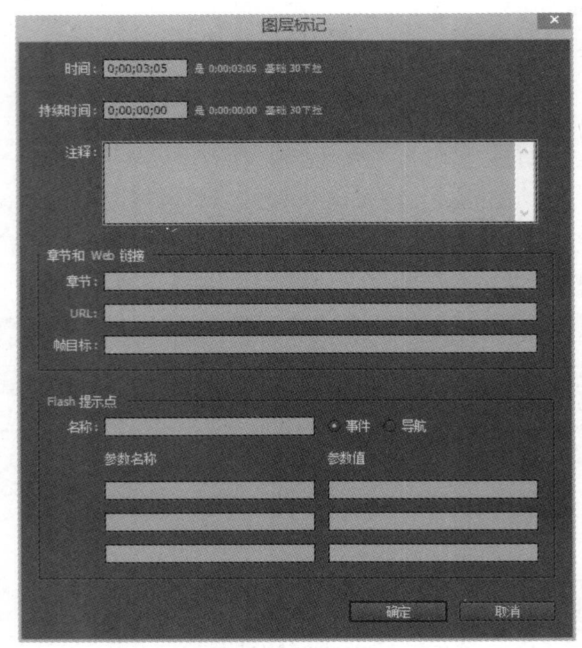

图3.4.26

3.4.16 保持透明度与混合模式

【保持透明度】Preserve Transparency命令主要用于层在【合成】Composition面板中显示时保持透明度。执行该命令可以利用下层的透明通道来使上层透明。

【混合模式】Blending Mode命令主要用于混合上下层的画面效果。这是After Effects的一个常用命令，通过不同层的画面相互叠加，产生出绚丽的画面效果。用户也可以在【时间轴】Timeline面板中直接修改层的融合模式，如图3.4.27所示。

图3.4.27

（1）【正常】类别——正常、溶解、动态抖动溶解。除非不透明度小于源图层的100%，否则像素的结果颜色不受基础像素的颜色影响。“溶解”混合模式使源图层的一些像素变成透明的。

- 【正常】Normal：层的正常叠加模式，After Effects的基础融合模式。上一层画面完全不对下一层重叠的画面产生影响。
- 【溶解】Dissolve：将层的画面分解成像素形态的矩形点，【溶解】Dissolve模式是根据【不透明度】Opacity属性来决定点分布的密度的，画面中显示了【不透明度】Opacity属性为80%时的画面效果。
- 【动态抖动溶解】Dancing Dissolve：与【溶解】Dissolve模式相同，不过【动态抖动溶解】模式对层之间的融合区域进行了随机的动画。

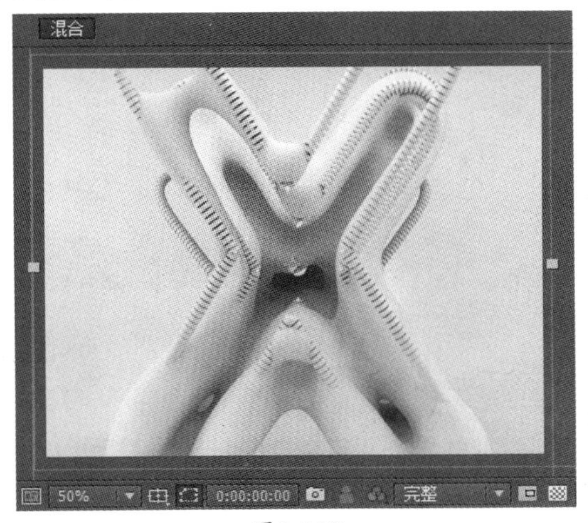

图3.4.28

（2）【减少】类别——变暗、相乘、颜色加深、经典颜色加深、线性加深、较深的颜色。这些混合模式往往会使颜色变暗，其中一些混合颜色的方式与在绘画中混合彩色颜料的方式大致相同，如图3.4.29所示。

- 【变暗】Darken：重叠的画面色彩中，突出深色的部分。混合时系统检查每个通道中的色彩信息，并选择基色或混合色中的较暗颜色作为结果色，比混合色亮的颜色将被替换。
- 【相乘】Multiply：减色混合模式。基色与混合色相乘，形成一种光线透过两张叠加在一起的幻灯效果，结果呈现一种较暗的效果。任何颜色与黑色相乘产生黑色，与白色相乘则保持不变。
- 【颜色加深】Color Burn：通过增加对比度使基色变暗以反映混合色，如果混合色为黑色和白色时不产生变化。
- 【经典颜色加深】Classic Color Burn：通过增加对比度使基色变暗以反映混合色，优化于【颜色加深】Color Burn模式。
- 【线性加深】Linear Burn：通过减小亮度使基色变暗以反映混合色，但与白色混合不产生任何效果。
- 【较深的颜色】Darker color：每个结果像素是源颜色值和相应的基础颜色值中的较深颜色。“深色”类似于“变暗”，但是“深色”不对各个颜色通道执行操作。

图3.4.29

（3）【添加】类别——相加、变亮、屏幕、颜色减淡、经典颜色减淡、线性减淡、较浅的颜色。这些混合模式往往会使颜色变亮，其中一些混合颜色的方式与混合投影光的方式大致相同。我们在实现粒子和光线效果时会使用这类叠加模式。

- 【相加】Add：将基色与混合色相加，得到更为明亮的颜色。混合色为纯黑或基色为纯白时，均不发生变化。这是一种常用的混合模式，常用于加亮粒子的效果。
- 【变亮】Lighten：与变暗模式正好相反，混合时系统检查每个通道中的色彩信息，并选择基色或混合色中的较亮颜色作为结果色，比混合色亮暗的颜色将被替换。
- 【屏幕】Screen：加色混合模式，相互反转混合画面颜色，将混合色的补色与基色相乘，呈现出一种较亮的效果。
- 【颜色减淡】Color Dodge：通过减小对比度使基色变亮以反映混合色，如果混合色为黑色不产生变化，画面整体变亮。
- 【经典颜色减淡】Classic Color Dodge：通过减小对比度使基色以反映混合色，优化于【颜色变淡】Color Dodge模式。
- 【线性减淡】Linear Doge：用于查看每个通道中的颜色信息，并通过增加亮度使基色变亮以反映混合色，与黑色混合则不发生变化。
- 【较浅的颜色】lighter color：每个结果像素是源颜色值和相应的基础颜色值中的较亮颜色。“浅色”类似于“变亮”，但是“浅色”不对各个颜色通道执行操作。

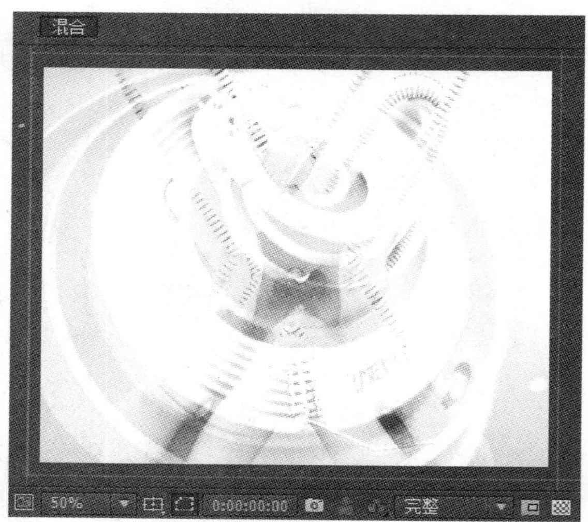

图3.4.30

（4）【复杂】类别——叠加、柔光、强光、线性光、高光、点光、纯色混合。这些混合模式对源和基础颜色执行不同的操作，具体取决于颜色之一是否比50%灰色浅。

- 【叠加】Overlay：复合或过滤色，具体取决于基色。颜色在现有像素上叠加，同时保留基色的明暗对比。不替换基色，但基色与混合色相混以反映原色的亮度或暗度。该模式对于中间色调影响较明显，对于高亮度区域和暗调区域影响不大。

- 【柔光】Soft Light：可以产生柔和的光照效果，使颜色变亮或变暗，具体取决于混合色。此效果与发散的聚光灯照在图像上相似。
- 【强光】Hard Light：模拟强光照射，复合或过滤色彩，具体取决于混合色。此效果与耀眼的聚光灯照在图像上相似。如果混合色比50%灰色亮，则图像变亮，就像过滤后的效果。这对于向图像中添加高光非常有用。如果混合色比50%灰色暗，则图像变暗，就像复合后的效果。这对于向图像中添加暗调非常有用。
- 【线性光】Linear Light：通过减小或增加亮度来加深或减淡颜色，具体取决于混合色。
- 【高光】Vivid Light：通过增加或减小对比度来加深或减淡颜色，联合了【颜色变淡】Color Dodge模式和【颜色加深】Color Burn模式。
- 【点光】Pin Light：替换比混合色暗或亮的颜色，这取决与混合色的颜色，联合了【变亮】Lighten模式和【变暗】Darken模式。
- 【纯色混合】Hard Mix：该模式可以增加原始层遮罩下方可见层的对比度，遮罩的大小决定了对比区域的大小。

图3.4.31

（5）【差异】类别——差值、经典差值、排除、相减、相除。这些混合模式基于源颜色和基础颜色值之间的差异创建颜色。

- 【差值】Difference：重叠的深色部分反转为下层的色彩，从基色中减去混合色，或从混合色中减去基色，具体取决于哪一个颜色的亮度值更大。
- 【经典差值】Classic Difference：从基色中减去混合色，或从混合色中减去基色，是早期版本的【差值】Difference 模式。
- 【排除】Exclusion：与【差值】Difference模式相同，但补色对比弱了一些，创建一种与差值模式相似但对比度更低的效果。与白色混合将反转出基础颜色，与黑色混合不发生变化。
- 【相减】Subtract：从基础颜色中减去源颜色。如果源颜色是黑色，则结果颜色是基础颜色。在 32-bpc 项目中，结果颜色值可以小于 0。
- 【相除】Divide：基础颜色除以源颜色。如果源颜色是白色，则结果颜色是基础颜色。在 32-bpc 项目中，结果颜色值可以大于 1.0。

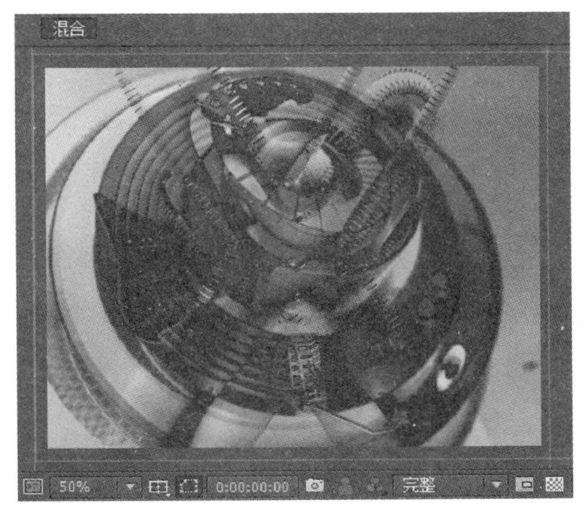

图3.4.32

（6）【HSL】类别——色相、饱和度、颜色、发光度。这些混合模式将颜色的 HSL 表示形式的一个或多个组件（色相、饱和度和发光度）从基础颜色传递到结果颜色。

- 【色相】Hue：这是一种利用HSL色彩进行合成的模式，用基色的亮度和饱和度以及混合色的色相创建结果色。
- 【饱和度】Saturation：用基色的亮度和色相以及混合的饱和度创建结果色，如果原有色没有饱和度将不能产生效果。
- 【颜色】Color：用基色的亮度以及混合色的色相和饱和度创建结果色，保留了层中灰阶，主要用来给画面上色。
- 【发光度】Luminosity：用基色的色相和饱和度以及混合色的亮度创建结果色。

图3.4.33

（7）【遮罩】类别——模板 Alpha、模板亮度、轮廓 Alpha、轮廓亮度。这些混合模式实质上将源图层转换为所有基础图层的遮罩。

- 【模板 Alpha】Stencil Alpha：穿过【模板】Stencil层的Alpha通道显示多个层。
- 【模板亮度】Stencil Luma：通过Stencil层的像素亮度显示多个层。
- 【轮廓 Alpha】Silhouette Alpha：该模式可以通过层的Alpha通道在几层间剪切出一个洞，区域内显示下层的色彩。
- 【轮廓亮度】Silhouette Luma：该模式可以通过层上像素的亮度在在几层间切出一个洞，使用它时，层中较亮的像素比较暗的像素透明。
- 【 Alpha添加】Alpha Add：底层与目标层的Alpha通道共同建立一个无痕迹的透明区域。
- 【冷光预乘】Luminescent Premul：该模式可以将层的透明区域像素和底层作用，在Alpha通道边缘产生透镜和光亮效果。

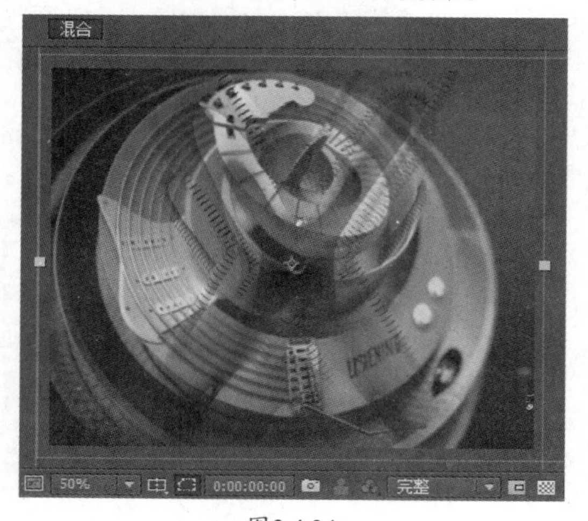

图3.4.34

3.4.17 下一个混合模式与上一个混合模式

【下一个混合模式】Next Blending Mode命令主要用于选择下一个混合模式。

【上一个混合模式】Previous Blending Mode命令主要用于选择上一个混合模式。

3.4.18 跟踪遮罩

【跟踪遮罩】Track Matte命令主要用于将【合成】Composition中某个素材层前面或【时间轴】Timeline面板中素材层中某素材层上面的层设为透明的轨道遮罩层，如图3.4.35所示。

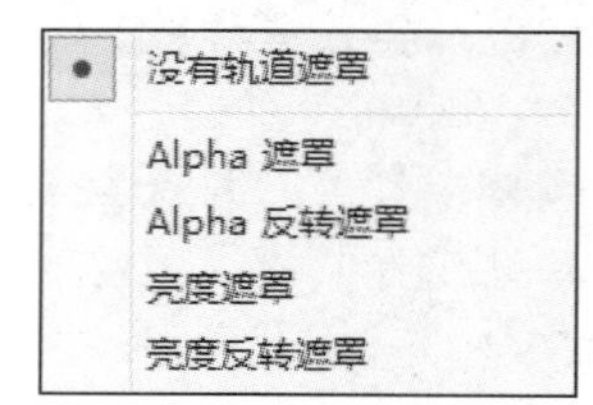

图3.4.35

- 【没有轨道遮罩】No Track Matte：底层的图像以正常的方式显示出来。
- 【Alpha遮罩】Alpha Matt：利用素材的Alpha通道创建轨迹遮罩。
- 【Alpha反转遮罩】Alpha Inverted Matte：反转Alpha通道遮罩。
- 【亮度遮罩】Luma Matte：利用素材层的亮度创建遮罩。
- 【亮度反转遮罩】Luma Inverted Matte：反转亮度遮罩。

3.4.19 图层样式

图层样式菜单如图3.4.36所示。

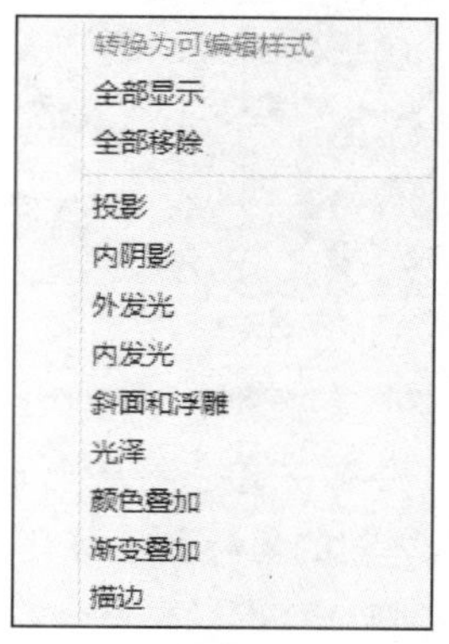

图3.4.36

- 【转换为可编辑样式】Convert to Editable

Styles：转换可编辑形态。

- 【全部显示】Show All：展示全部。
- 【全部移除】Remove All：移除全部。
- 【投影】Drop Shadow：为素材添加下拉阴影，增加景深感，使素材具有一个逼真的立体效果。
- 【内阴影】Inner Shadow：为素材添加一个内阴影，增加素材的立体感。
- 【外发光】Outer Glow：为素材添加一种外部发光。
- 【内发光】Inner Glow：为素材添加一种内部发光。
- 【斜面和浮雕】Bevel and Emboss：该效果是为素材添加倒角和浮雕效果，视觉上使一些平面的素材，例如字体，表现出立体感。
- 【光泽】Satin：该效果是为素材添加丝绸般的光亮效果。
- 【颜色叠加】Color Overlay：该效果是为素材添加颜色叠加效果。
- 【渐变叠加】Gradient Overlay：该效果是为素材添加渐变叠加效果。
- 【描边】Stroke：该效果是为素材添加一个边缘。

3.4.20 组合形状与取消组合形状

【组合形状】Group Shapes命令主要用于将层内的形状元素打组在一起以方便编辑。

【取消组合形状】Ungroup Shapes命令主要用于将层内打组在一起的形状元素打散。

3.4.21 排列

这几个命令在操作的时候会被经常使用，由于单击菜单操作繁琐，所以要牢记快捷键，如图3.4.37所示。

将图层置于顶层	Ctrl+Shift+]
使图层前移一层	Ctrl+]
使图层后移一层	Ctrl+[
将图层置于底层	Ctrl+Shift+[

图3.4.37

- 【将图层置于顶层】Bring Layer To Front：该命令主要用于移动当前层到所有层的最前面。
- 【使图层前移一层】Bring Layer Forward：该命令主要用于将当前层向前移动一层。
- 【使图层后移一层】Send Layer To Back：该命令主要用于移动当前层向后移动一层。
- 【将图层置于底层】Send Layer Backward：该命令主要用于移动当前层到最后一层。

3.4.22 转换

- 【转换图层合成】Convert To Editable Text：该命令主要用于将外部文本文件转变为可编辑文本。
- 【从文本创建形状】Create Shapes from Text：该命令主要用于将文本转换为形状。
- 【从文本创建蒙版】Create Masks from Text：该命令主要用于将文本转换为蒙版。
- 【从矢量图层创建形状】Create Shapes from Vector Layer：该命令主要用于将矢量图形转换为形状。

3.4.23 摄像机

【摄像机】Camera：主要用于创建3D摄像机，执行该命令后将建立一个立体3D控件，被作用后的合成将会变成立体显示方式，如图3.4.38所示。

图3.4.38

系统会自动为合成建立立体3D控件和3D眼镜效果，通过调整效果参数可以控制3D画面效果，如图3.4.39所示。

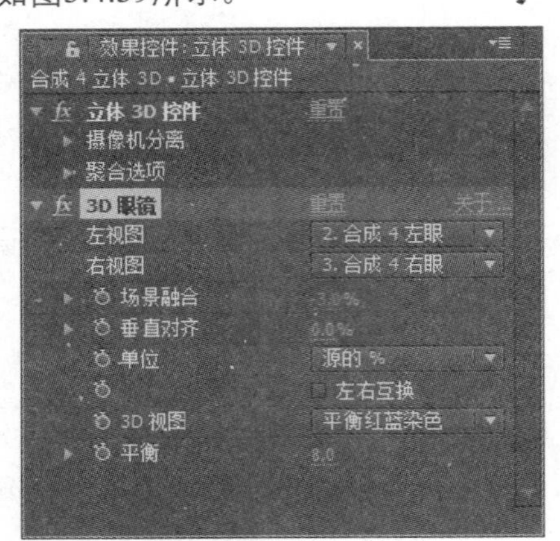

图3.4.39

3.4.24 自动跟踪

【自动跟踪】Auto-trace命令主要用于将层的Alpha通道转化为一个或多个遮罩，也可以使用层的Red、Green、Blue通道来创建遮罩，如图3.4.40所示。

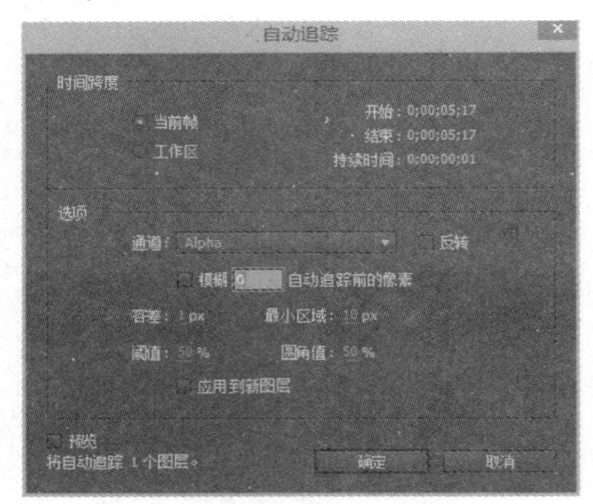

图3.4.40

- 【当前帧】Current Frame：当前帧创建遮罩。
- 【工作区】Work Area：工作区中创建遮罩层关键帧。
- 【通道】Channel：选择遮罩的通道类型。
- 【模糊】Blur：指定在进行阈值取样之前对图层的模糊大小，单位是“像素”。
- 【容差】Tolerance：设置遮罩路径轨迹与通道图形的接近程度。单位是“像素”。
- 【最小区域】Minimum Area：设置遮罩路径轨迹与通道图形最小差值。
- 【阈值】Threshold：指定遮罩轨迹的绘制区域。大于该参数值的区域被影射为白色不透明的区域；小于该参数值的区域被影射为黑色透明区域。

【圆角值】Apply to new layer：在一个新的纯色图层中创建遮罩。

3.4.25 预合成

【预合成】Pre-Compose命令主要用于建立【合成】Composition中的嵌套层。当我们制作的项目越来越复杂时，用户可以利用该命令选择合成影像中的层再建立一个嵌套合成影像层，这样可以方便用户管理。在实际的制作过程中，每一个嵌套合成影像层用于管理一个镜头或效果，创建的嵌套合成影像层的属性可以重新编辑，如图3.4.41所示。

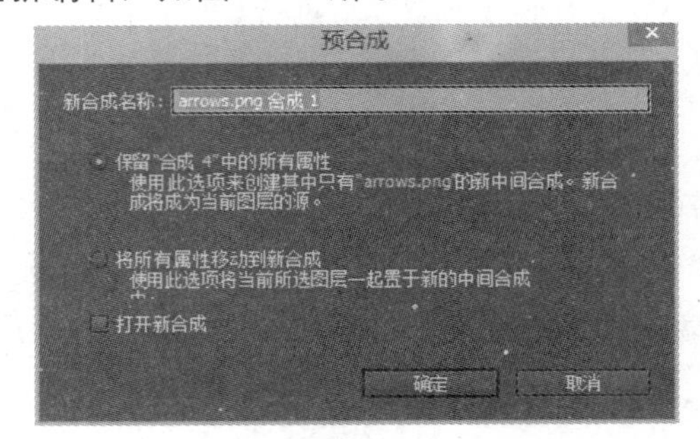

图3.4.41

- 【保留‘XX’中的所有属性】Leave All Attributes In：创建一个包含选取层的新的嵌套合成影像，新的合成影像中替换原始素材层，并且保持原始层在原合成影像中的属性和关键帧不变。
- 【将所有属性移动到新的合成】Move All Attributes Into The New Composition：将当前选择的所有素材层都一起放在新的合成影像中，原始素材层的所有属性都转移到新的合成影像中，新合成影像的帧尺寸与源合成影像的一样。
- 【打开新的合成】Open New Composition：创建后打开新的合成面板。

预合成应用：通过下面这个实例应用，我们会了解预合成命令的基本使用方法，在实际应用中我们会经常使用预合成来重新组织合成的结构模式。

01 选择菜单【合成】Composition>【新建合成】New Composition命令，弹出【合成设置】Composition Settings对话框，创建一个新的合成面板，命名为“预合成”，设置控制面板参数，如图3.4.42所示。

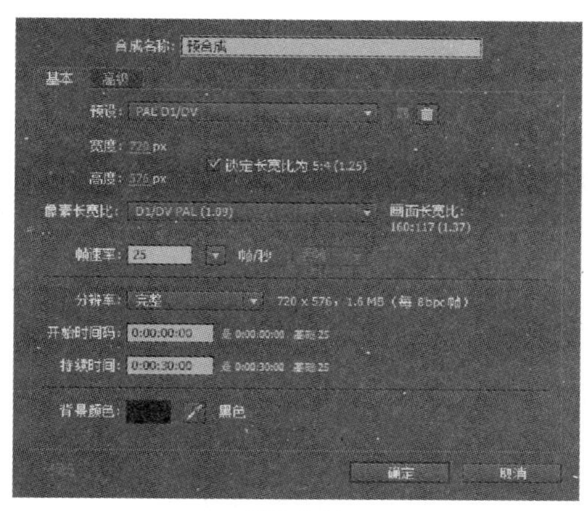

图3.4.42

02 选择菜单【文件】File>【导入】Import>【文件】File命令，在【项目】Project面板选中导入的素材文件，将其拖入【时间轴】Timeline面板，图像将被添加到合成影片中，在合成窗口中将显示出图像。选择工具箱中的T【文字工具】Type Tool，系统会自动弹出【字符】Character属性面板，将文字的颜色设为白色，其他参数额设置，如图3.4.43所示。

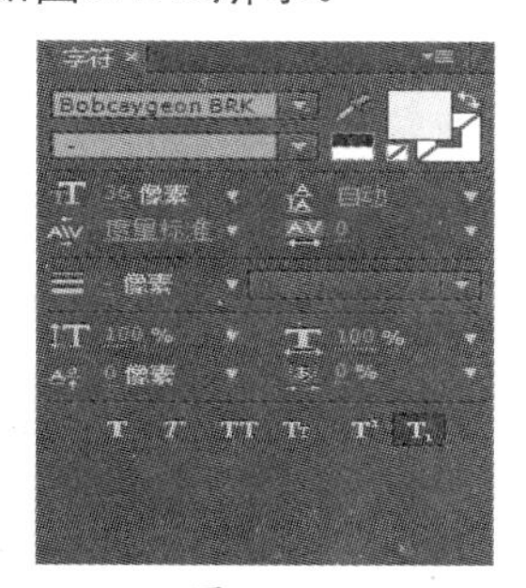

图3.4.43

03 选择【文字工具】Type Tool，在合成面板中单击并输入文字“YEAR”，在【字符】Character属性面板中将文字字体调整为“Orator Std”字体，并调整文字的大小到合适的位置，如图3.4.44所示。

图3.4.44

04 再次选择【文字工具】Type Tool，在合成面板中单击并输入文字“02、03、04、05、06、07、08、09”（使其成为一个独立的文字层），在【段落】Character属性面板中将文字字体调整为“Impact”字体，并调整文字的大小到合适的位置，如图3.4.45所示。

图3.4.45

05 在【时间轴】Timeline 面板中展开数字文字层的【变换】Transform 属性，选中【旋转】Position 属性，单击属性左边的小钟表图标，为该属性设置关键帧动画。动画为文字层从02 向上移动至 09，如图 3.4.46 所示。

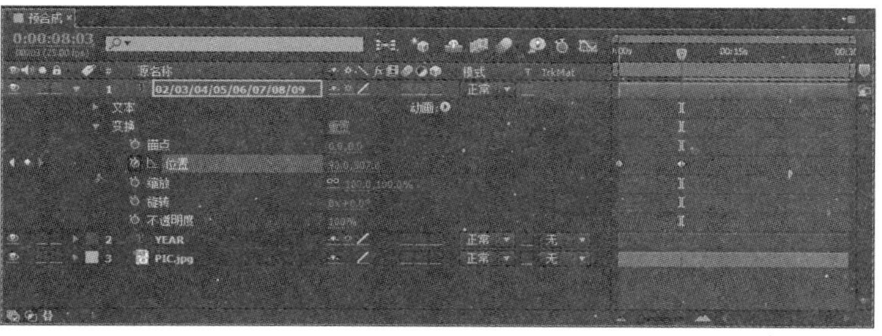

图3.4.46

06 按下数字键盘上的【0】数字键，对动画进行预览。可以看到文字不断向上移动，如图3.4.47所示。

图3.4.47

07 在【时间轴】Timeline选中数字文字层，按下快捷组合键【Ctrl+Shift+C】，弹出【预合成】Pre-compose对话框，单击【确定】OK键，这样可以将文字层作为一个独立的【合成】Composition出现，如图3.4.48所示。

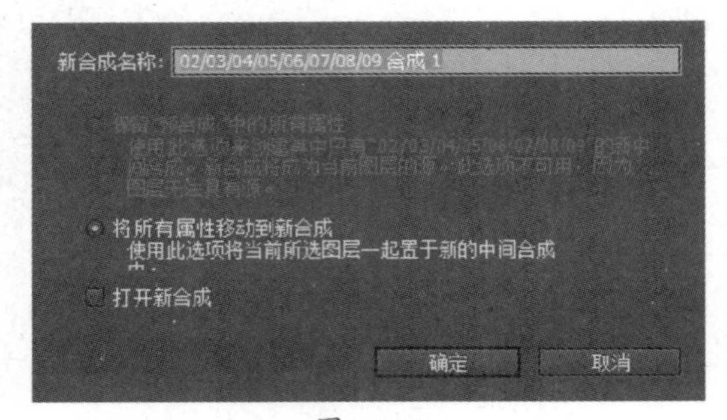

图3.4.48

08 在【时间轴】Timeline面板中选中合成后的数字文字层，使用工具箱中的【矩形工具】Rectangle Tool，在【合成】Composition面板中绘制一个矩形【蒙版】Mask，如图3.4.49所示。

图3.4.49

09 按下数字键盘上的【0】数字键，对动画进行预览。可以看到文字出现了滚动动画效果，【蒙版】Mask以外的文字将不会被显示出来，如图3.4.50所示。

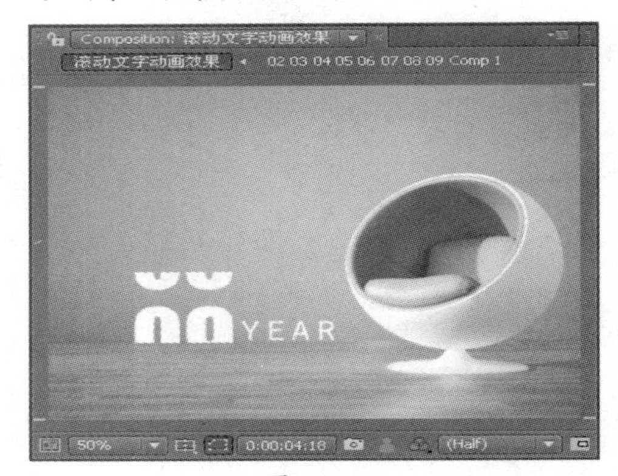

图3.4.50

第4课
摄像机与灯光

本课详细介绍After Effects中的3D效果的概念与应用，以及3D图层中灯光和摄像机的操作在实际操作中的应用。3D效果的应用可以大大激发设计者的创作灵感，在多变的三维空间中制作动画对于没有其他三维软件基础的用户会有一定的难度，但3D效果可以帮助我们更好地把握画面的光感以及最终的效果。有了这些更加完美的工具配合其他三维软件，After Effects将发挥出更大的优势。在本课中，我们将详细介绍与3D相关的后期制作的内容。

4.1 3D图层的概念

3D(三维)的概念是建立在2D(二维)的基础之上的，我们所看到的任何画面都是在2D空间中形成的，不论是静态还是动态的画面，到了边缘只有水平和垂直两种边界，但画面所呈现的效果可以是立体的，这是人们在视觉上形成的错觉。

在三维立体空间中，我们经常用X、Y、Z坐标来表示物体在空间中所呈现的状态，这一概念来自数学体系。X、Y坐标呈现出二维的空间，直观地说就是我们常说的长和宽。Z坐标是体现三维空间的关键，它代指深度，也就是我们所说的远和近。我们在三维空间中可以通过对X，Y，Z 3个不同方向坐标值调整，以确定一个物体在三维空间中所在的位置。现在市面上有很多优秀的三维软件，可以完成各种各样的三维效果。After Effects虽然是一款后期处理软件，但也有着很强的三维能力。在After Effects可以显示2D图层，也可以显示3D图层。

提示

在After Effects中可以导入和读取三维软件的文件信息，并不能像在三维软件中一样，随意地控制和编辑这些物体，也不能建立新的三维物体。这些三维信息在实际的制作过程中主要用来匹配镜头和做一些相关的对比工作。在After Effects CC中加入了C4D文件的无缝连接这大大加强了After Effects三维功能，C4D这款软件在这几年一直致力于动态图形设计方向的发展，这次和After Effects的结合，进一步确立了在这方面的操作优势。

4.2 3D图层的基本操作

4.2.1 创建3D图层

创建 3D 图层是一件很简单的事，与其说是创建，其实更像是在转换。选择菜单【合成】Composition>【新建合成】New Composition 命令。按【Ctrl + Y】快捷键，新建一个【纯色】Solid 图层，设置颜色为桔色，这样方便观察坐标轴，然后缩小该图层到合适的大小，如图 4.2.1 所示。

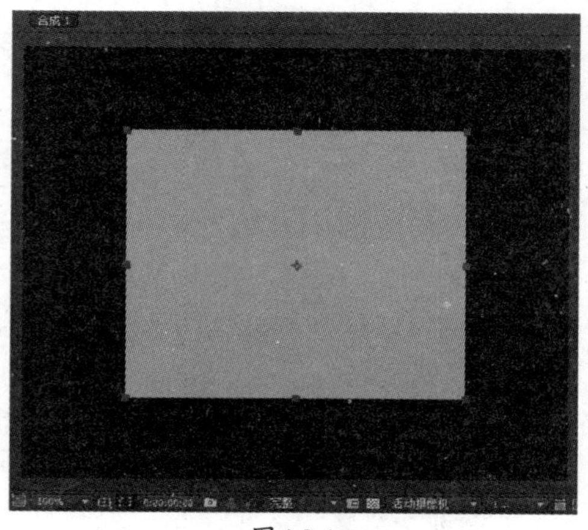

图4.2.1

单击时间轴【时间轴】Timeline面板中【3D 图层】按钮下对应的方框，在方框内出现立方体图表，这时该层就被转换成3D图层，也可以通过选择菜单【图层】Layer>【3D图层】3D Layer命令进行转换。打开【纯色】Solid图层的属性列表，用户会看到多出了许多属性，如图4.2.2所示。

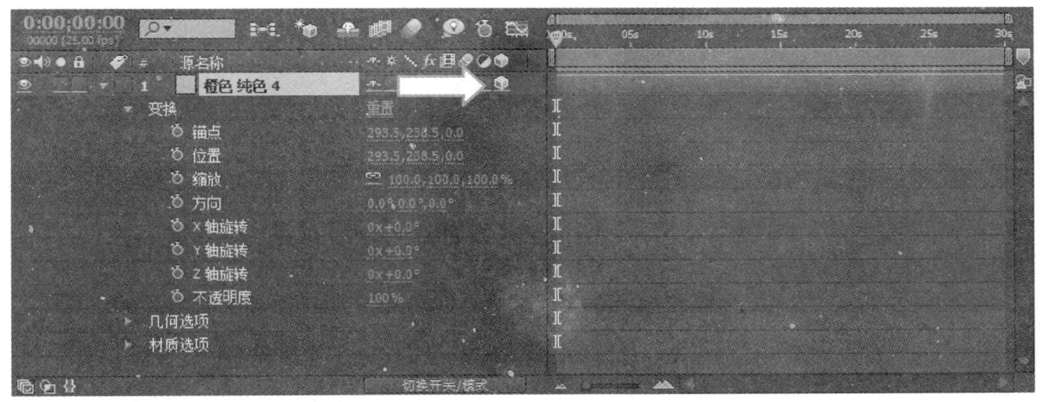

图4.2.2

使用【旋转工具】Rotation，在【合成】Composition面板中旋转该图层，可以看到该层的图像有了立体的效果，并出现了一个三维坐标控制器，红色箭头代表X轴（水平），绿色箭头代表Y轴（垂直），蓝色箭头代表Z轴（深度），如图4.2.3所示。

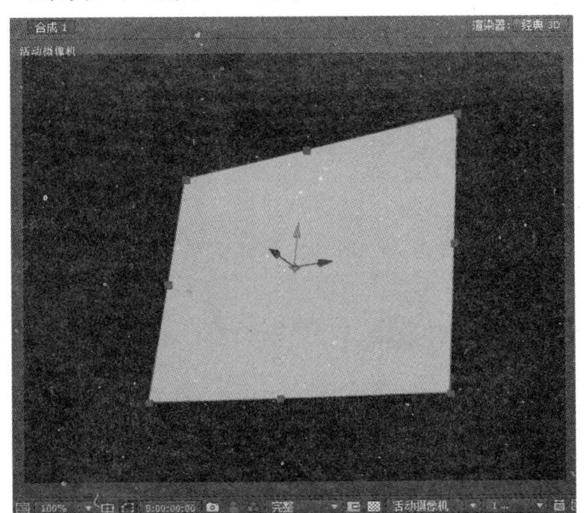

图4.2.3

同时在【信息】Info面板中，也出现了3D图层的坐标信息，如图4.2.4所示。

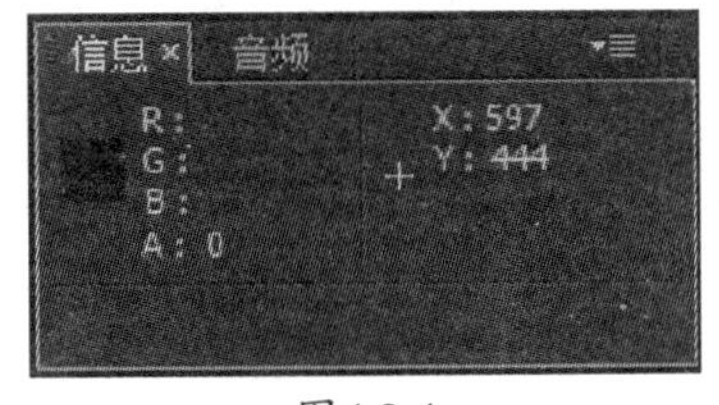

图4.2.4

提示

如果在【合成】Composition面板中没有看到坐标轴，可能是因为没有选择该层或软件没有显示控制器，选择菜单【视图】View>【视图选项】View Option命令，弹出【视图选项】View Option对话框，选中【手柄】Handles复选项就可以了，如图4.2.5所示。

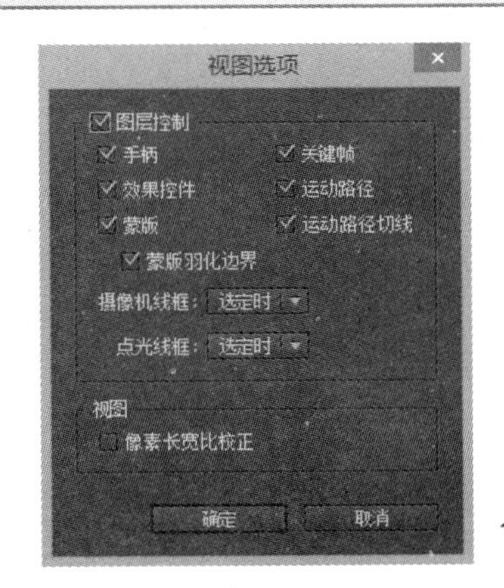

图4.2.5

4.2.2 基本操作

在图层转换为3D图层后，原来所有的属性都会添加了一组数值，用来控制深度上的变化。当用户改变【位置】Position属性的数值时，层在移动时会沿着相对应的坐标轴，同时在透视上也有了变化。也可以使用鼠标在【合成】Composition面板中直接操作，选中坐标轴就可以在这个方向上移动，如图4.2.6和图4.2.7所示。

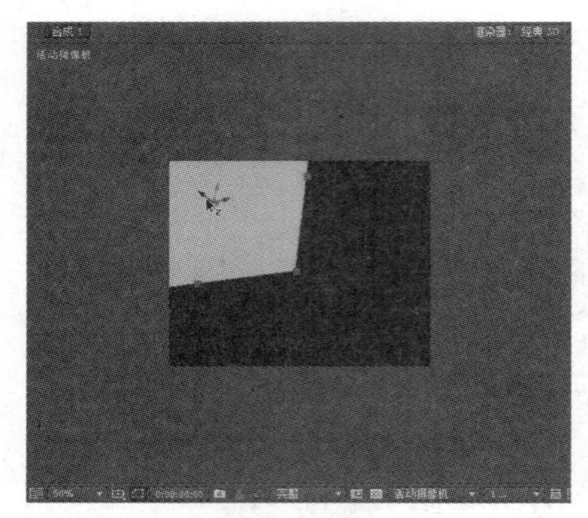

图4.2.6

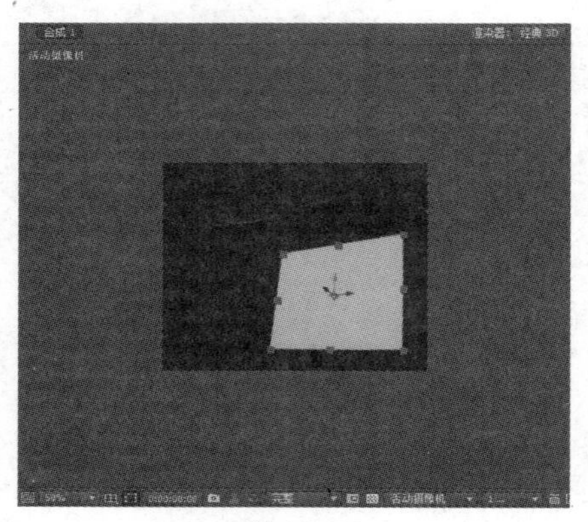

图4.2.7

用户可以通过使用【旋转工具】Rotation，在【合成】Composition面板中直接控制层的旋转，如果需要单独在某一个坐标轴方向上旋转，可以把鼠标靠近坐标轴，当鼠标图标上出现该坐标轴的值时，再拖动鼠标就可以实现在单一方向的旋转。如果需要精确控制，可以通过改变相应属性的值来实现。【时间轴】Timeline面板中【方向】Orientation属性后的3个值分别控制X、Y、Z轴不同的方向，如图4.2.8所示。

图4.2.8

4.2.3 观察3D图层

我们知道在2D图层模式下，图层会按照在【时间轴】Timeline面板中的顺序依次显示，也就是说位置越靠前，在【合成】Composition面板中就会越靠前显示。而当图层打开3D模式时，这种情况就不存在了。图层的前后顺序完全取决于它在3D空间中的位置，如图4.2.9所示。

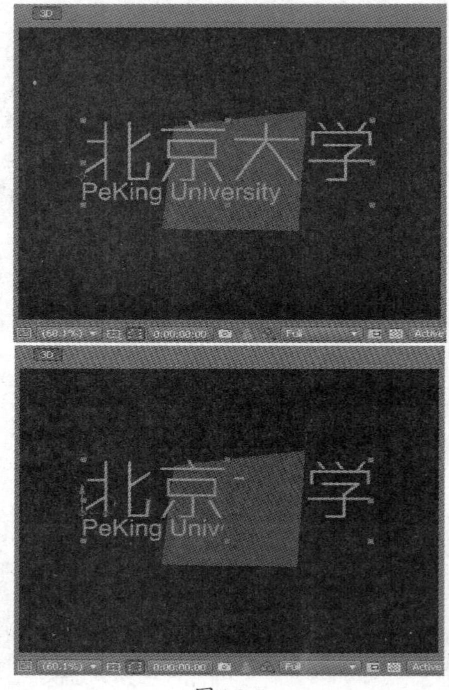

图4.2.9

这时用户必须通过不同的角度来观察3D图层之间的关系。单击【合成】Composition面板中 活动摄像机 按钮，在弹出菜单中选择不同的视图角度，也可选择在菜单【视图】View>【切换3D视图】Switch 3D View命令中切换视图。默认选择的视图为【活动摄像机】Active Camera，其他视图还包括摄像机视图，6种不同方位视图和3个自定义视图，如图4.2.10所示。

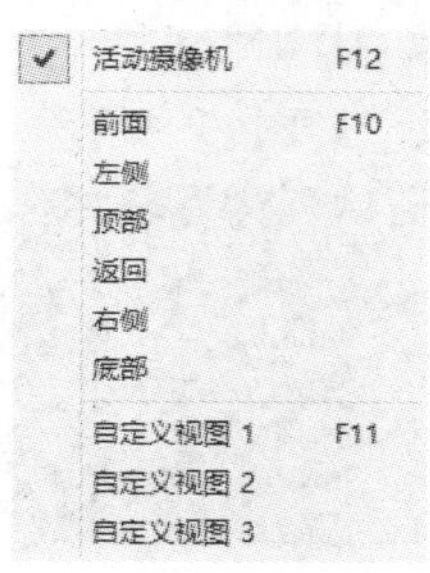

图4.2.10

用户也可以在【合成】Composition面板中同时打开4个视图，从不同的角度观察素材，单击【合成】Composition面板的【选择视图布局】Select View Layout按钮，在弹出的菜单中选择【四个视图】4 View，如图4.2.11所示。

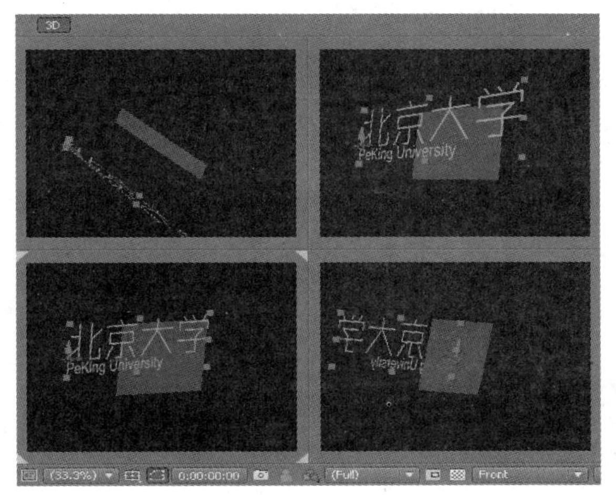

图4.2.11

在【合成】Composition 面板中对图层实施移动或旋转等操作中，按住【Alt】键不放，图层在移动时会以线框的方式显示，这样方便用户和操作前的画面作对比，如图 4.2.12 所示。

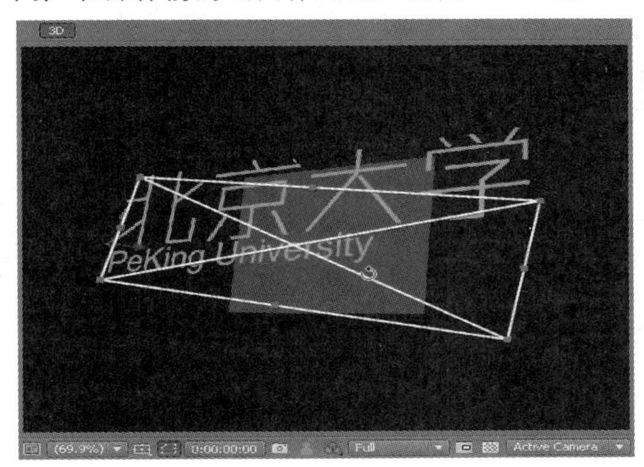

图4.2.12

提示

在实际的制作过程中可以通过快捷键在几个窗口之间切换，通过不同的角度观察素材，操作也会方便许多（如【F10】、【F11】、【F12】等快捷键）。按【Esc】键可以快速切换回上一次的视图。

4.2.4 操作实例

01 首先我们要在PhotoShop中绘制出背景图案的基本形体和颜色，PhotoShop的操作，在这里就不再详细讲解了。新建一个文件，设置文件的大小并设置分辨率为PAL D1/DV模式，如图4.2.13所示。

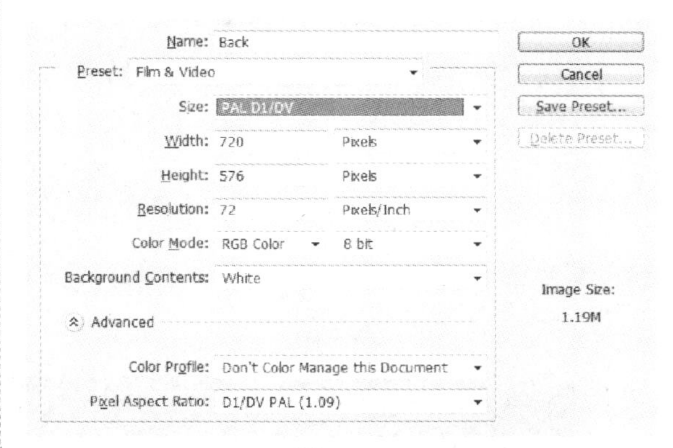

图4.2.13

02 创建十多个新的图层，在每一个图层上绘制不同结构的图形。每个图层选择不同的图层融合模式，用来增加画面的层次感，如图4.2.14所示。

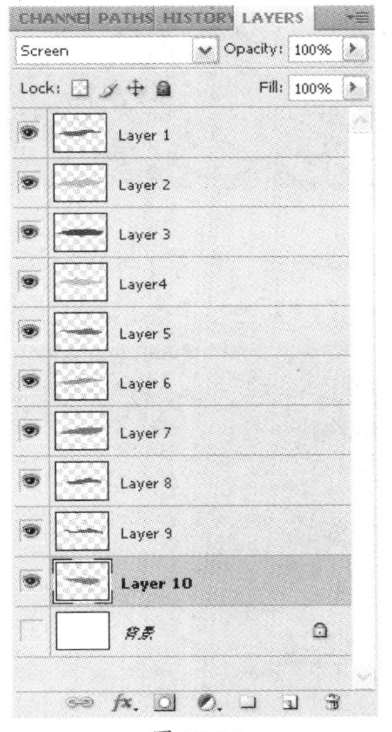

图4.2.14

03 图形的外形根据画面的需要，颜色相互叠加，保持色彩的主调一致，如图4.2.15所示。

图4.2.15

04 打开After Effects，下面为这些图层添加动画效果。将制作好的PSD文件导入After Effects中，选择菜单【文件】File>【导入】Import>【文件...】File...命令，弹出对话框，设置【导入种类】Import Kind为【合成】Composition类型，如图4.2.16所示。

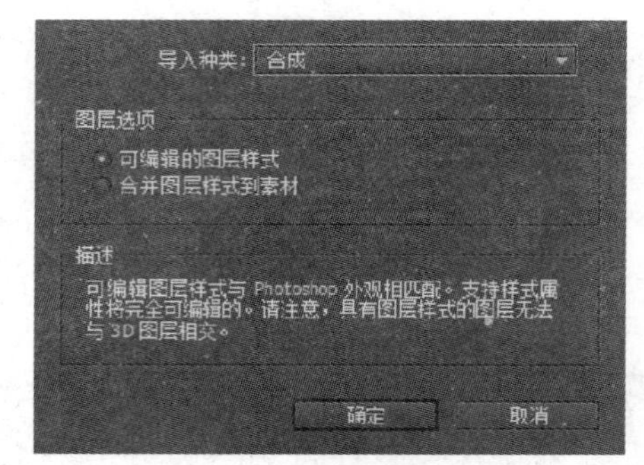

图4.2.16

05 在【项目】Project面板中双击该【合成】Composition，【时间轴】Timeline面板中显示出各个图层，PhotoShop中的图层融合模式也继承到了该【合成】Composition的层中，如图4.2.17所示。

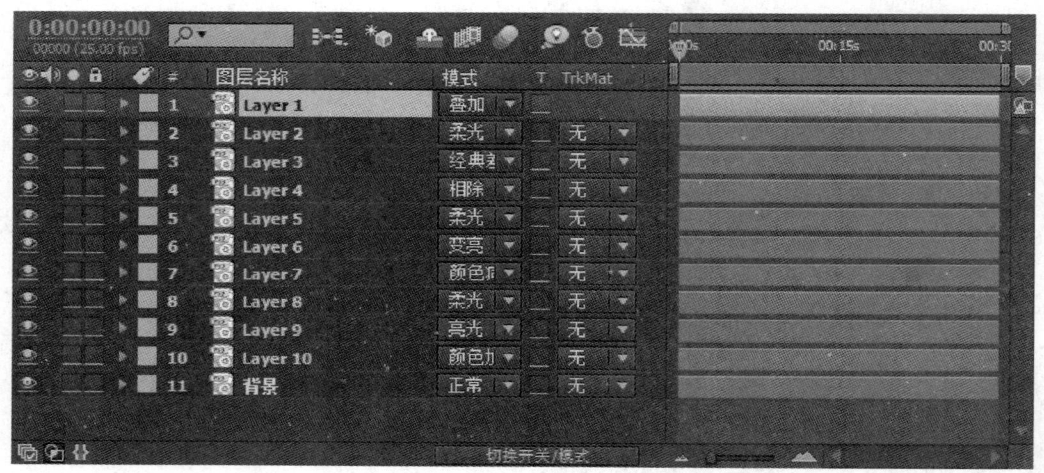

图4.2.17

06 选中所有图层，单击【开关】Switches栏中的立方体图标（如画面中没有【开关】栏可以按下快捷键【F4】进行切换），转换图层为3D图层，如图4.2.18所示。

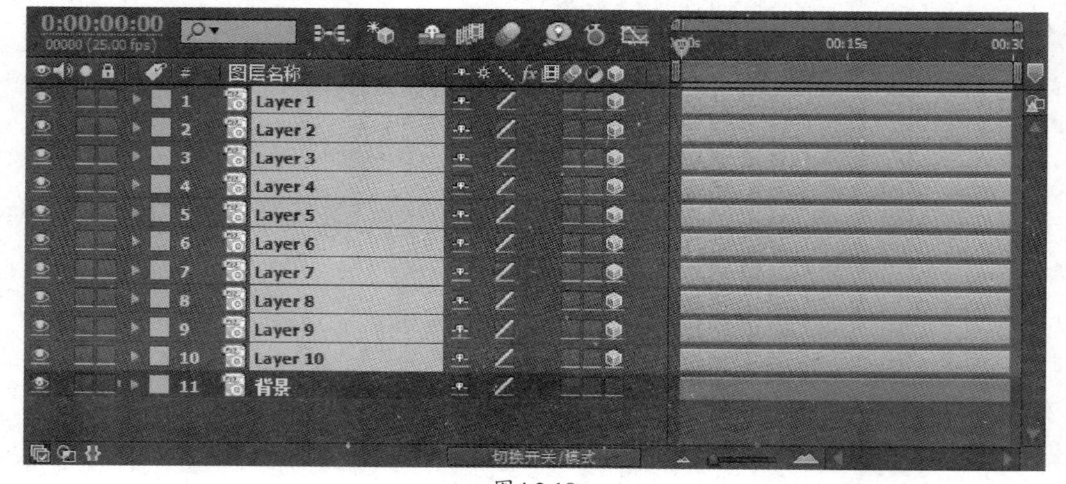

图4.2.18

如果需要对多个图层实施同样的操作时，用户可以一次选中多个图层，这时我们对某一个图层进行操作，其他被选中的图层也会被实施该操作。

07 在【时间轴】Timeline面板中选中Layer1图层，展开其【变换】Transform属性，单击【缩放】Scale、【Y轴旋转】Y Rotation和【不透明度】Opacity属性前的钟表图表，为该属性建立关键帧，并修改这3个属性的初始值，如图4.2.19所示。

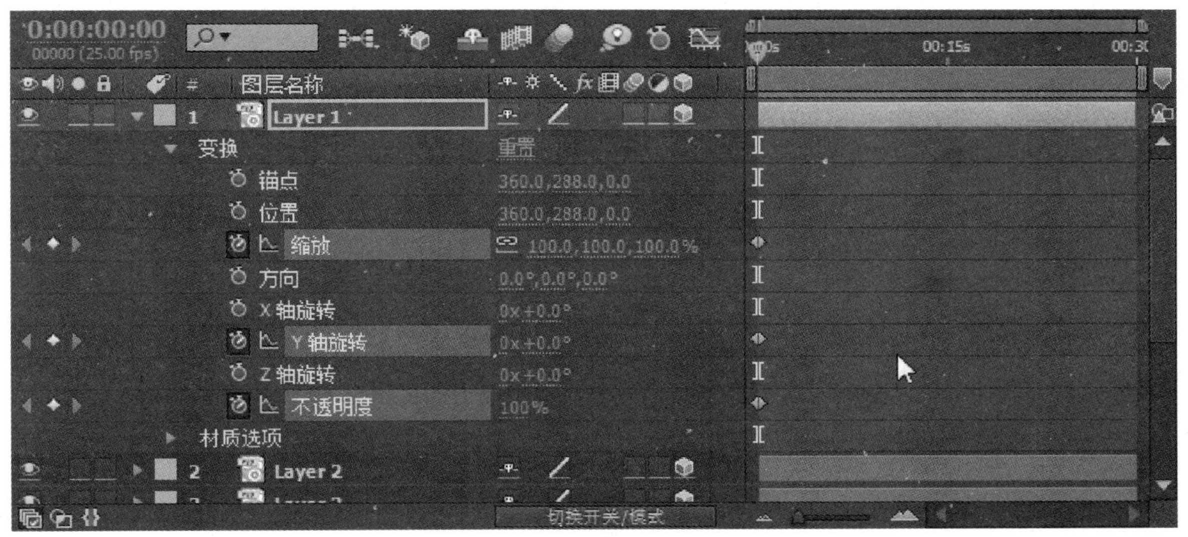

图4.2.19

08 选中Layer1的3个关键帧属性，按下快捷键【Ctrl+C】，复制属性关键帧。再选中其他图层，按下快捷键【Ctrl+V】，把属性关键帧粘贴给其他图层的相关属性，如图4.2.20所示。

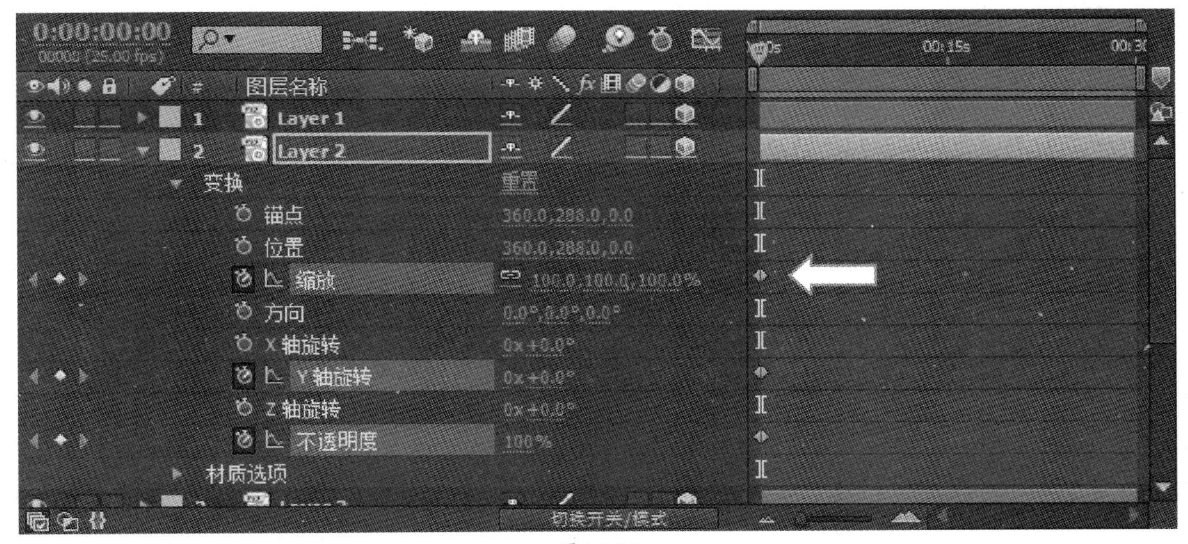

图4.2.20

09 依次调整每个图层的【Y轴旋转】Y Rotation属性的初始值，以25°为单位，依次增加，如图4.2.21所示。

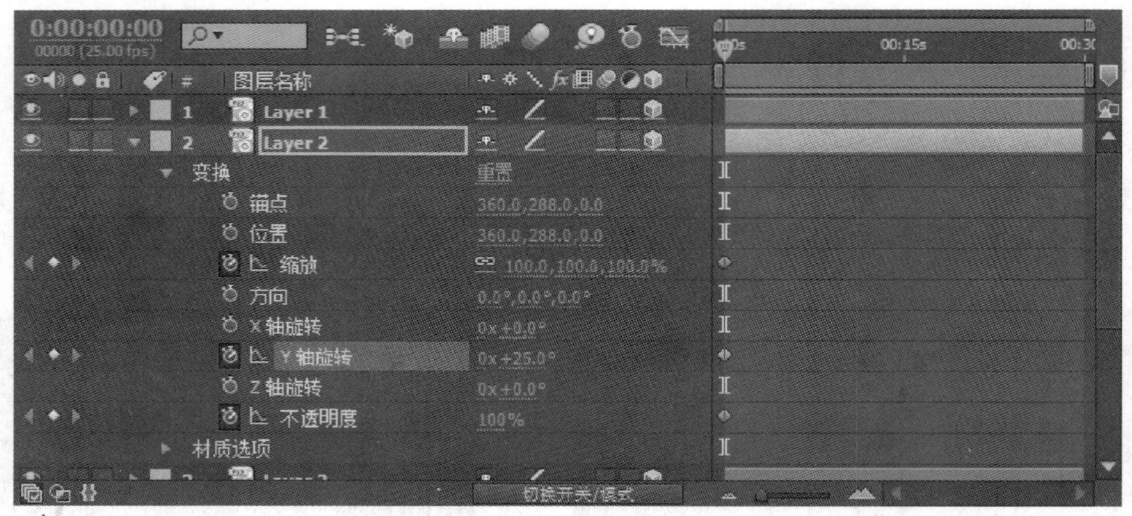

图4.2.21

10 把时间指示器调整到0:00:03:00的位置，修改3个属性的值。在调整【Y轴旋转】Y Rotation属性时，单击角度值，当数值变为可修改时输入5×+125.0°，按下【确定】键，角度值将增大5倍。这种调整数值的方法也适用于其他数值，如图4.2.22所示。

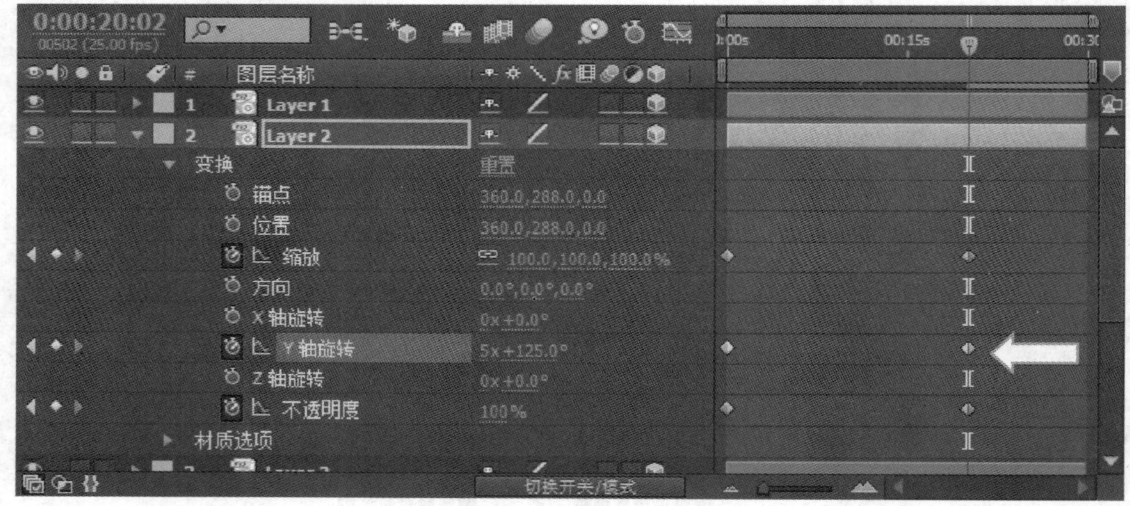

图4.2.22

11 再将时间指示器移动到时间终止处，用同样的方法将【Y轴旋转】Y Rotation属性旋转角度加大10倍，其他值保持不变。然后按下小键盘的数字键【0】，播放动画并观察效果。图形依次逐渐显现并旋转，如图4.2.23所示。

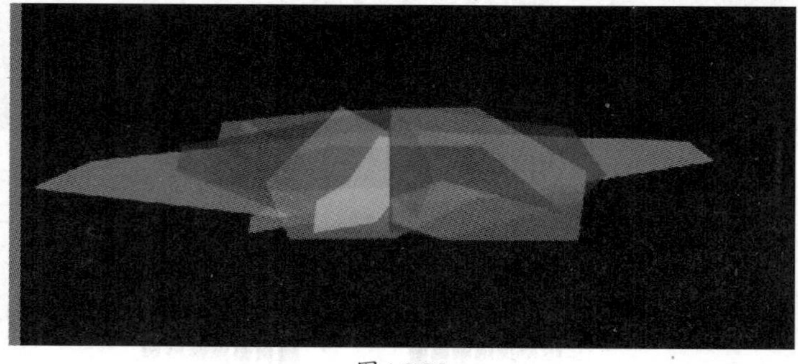
图4.2.23

12 平行的旋转太过呆板，下面我们要使画面产生更佳的立体效果。选择菜单【图层】Layer>【新建】New>【空对象】Null Object命令，创建一个【空对象】Null Object图层，这个图层中没有可见的物体，但我们一样可以控制它的相关属性，如图4.2.24所示。

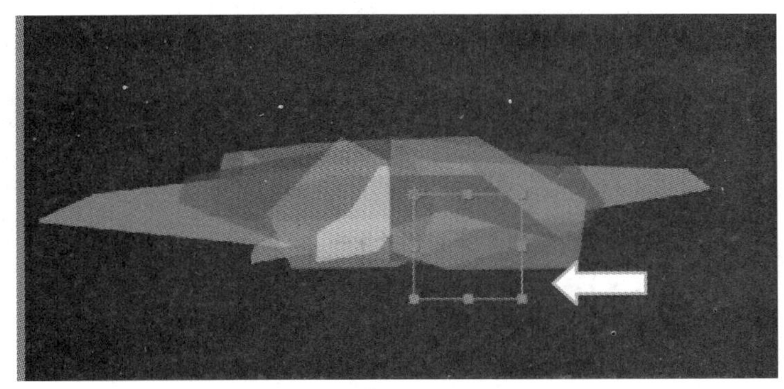

图4.2.24

13 转换【空对象】Null图层为3D图层，在【图层名称】处单击鼠标右键，在弹出菜单中选中【列数】>【父级】命令，这样【时间轴】面板中就会显示【父级】列表，选中所有图形层，单击【父级】前面的螺旋线图标，拖动鼠标至【空1】图层，如图4.2.25所示。

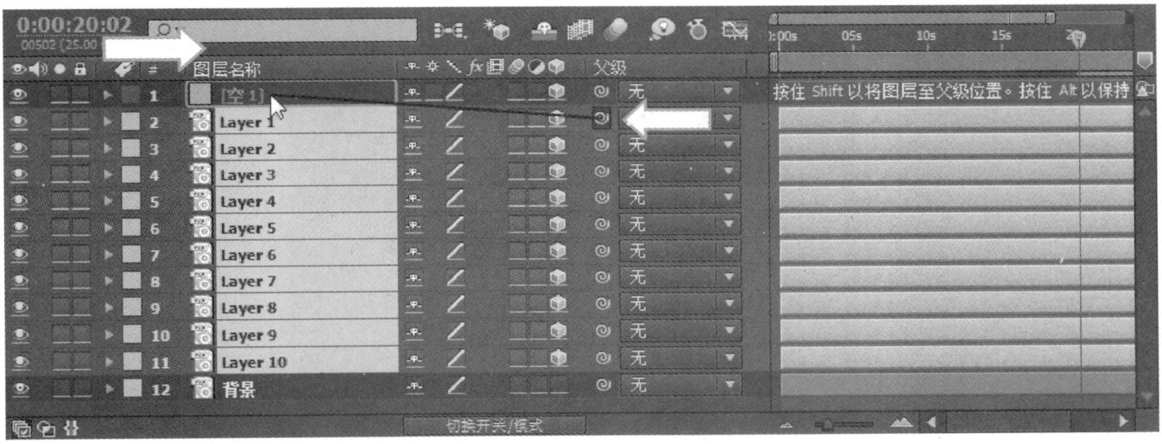

图4.2.25

14 可以看到所有图形层的【父级】列表显示【空1】为【父级】图层，这样我们就可以通过控制【空对象】来统一控制其他图层，如图4.2.26所示。

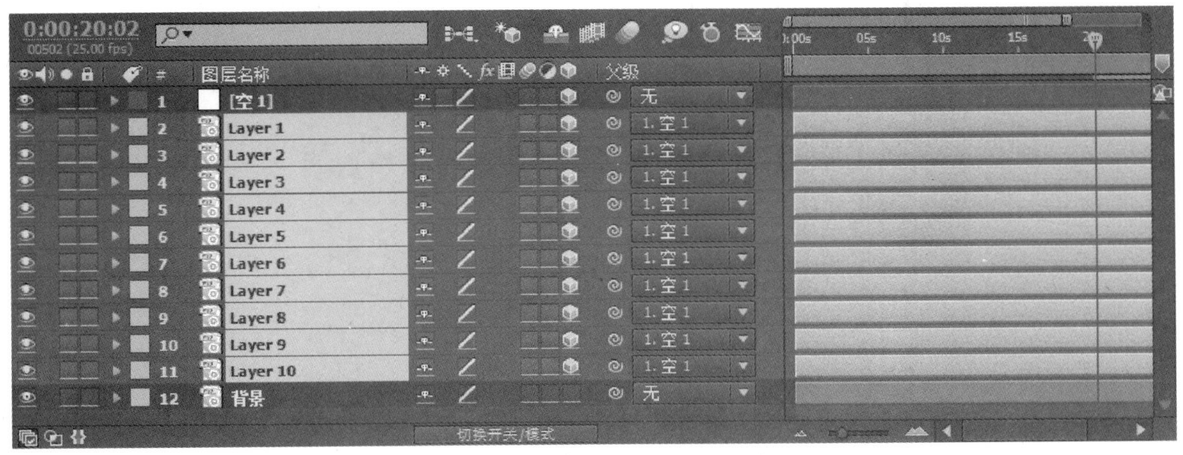

图4.2.26

15 选中【空对象】“空1”图层，展开【变换】Transform属性，把时间指示器调整到初始位置，修改【xyz轴旋转】X Y Z Rotation3个属性为25°，再把时间指示器移动到结束位置，修改【xyz轴旋转】X Y Z Rotation3个属性为-25°，如图4.2.27所示。

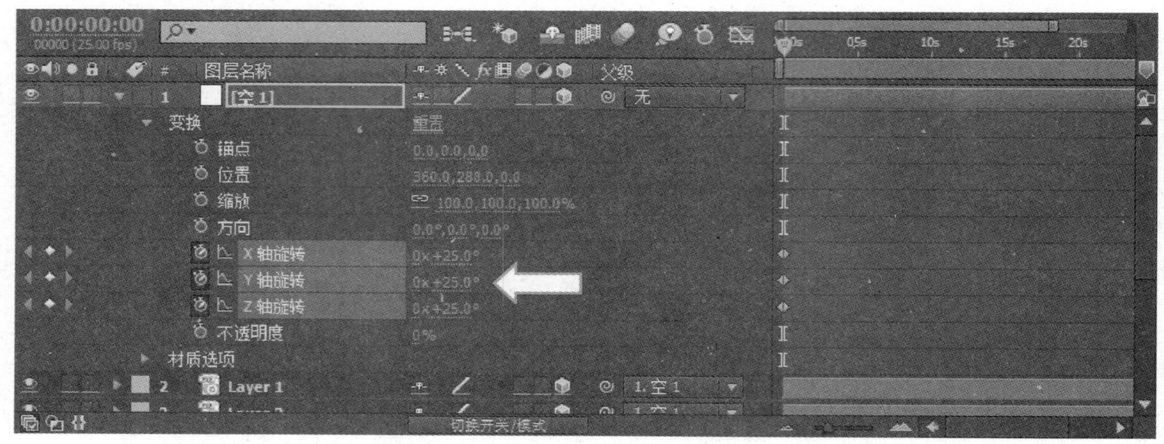

图4.2.27

16 然后按下小键盘的数字键【0】，播放动画并观察效果。我们发现其他图层随着“空1”图层在三维空间中旋转，如图4.2.28所示。

图4.2.28

17 选中所有图层，选择菜单【图层】Layer>【预合成】Pre-compose命令，弹出【预合成】Pre-compose对话框，我们将所有图层合并，制作成一个新的【合成】Composition并命名为“back”，如图4.2.29所示。

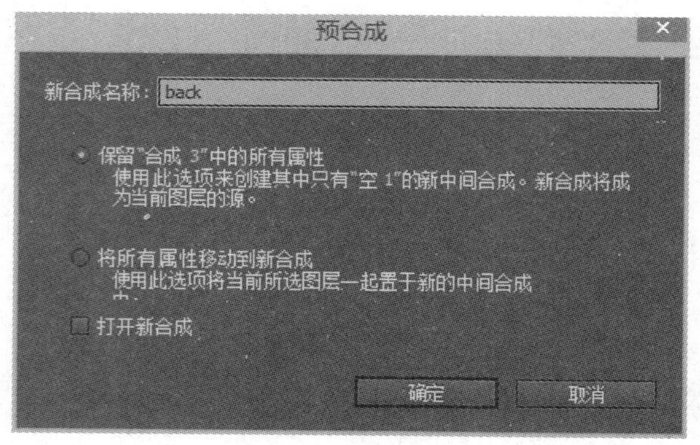

图4.2.29

18 为了丰富画面效果，在【时间轴】Timeline面板中我们复制“back”图层，并修改其图层的融合模式为【叠加】类型，如图4.2.30所示。

图4.2.30

19 移动上面的“back”图层使其初始时间向后交错，并调整其【不透明度】Opacity属性为50%。然后按下小键盘的数字键【0】，播放动画并观察效果。我们看到画面变得更加富于变化，如图4.2.31所示。

图4.2.31

20 为了丰富画面的颜色变化，我们为影片添加一个深蓝的渐变背景，如图4.2.32所示。

图4.2.32

4.3 灯光图层

灯光可以增加画面光感的细微变化，这是手工模拟所无法达到的。我们可以在After Effects中创建灯光，用来模拟现实世界中的真实。灯光在After Effects的3D效果中有着不可替代的作用，各种光线效果和阴影都依赖灯光的支持，灯光图层作为After Effects中的一种特殊的图层，除了正常的属性值外，还有着一组灯光特有的属性，我们可以通过对这些属性的设置来控制画面效果。

用户可以选择菜单【图层】Layer>【新建】New>【灯光】Light命令来创建一个灯光图层，同时会弹出【灯光设置】Light Setting对话框，如图4.3.1所示。

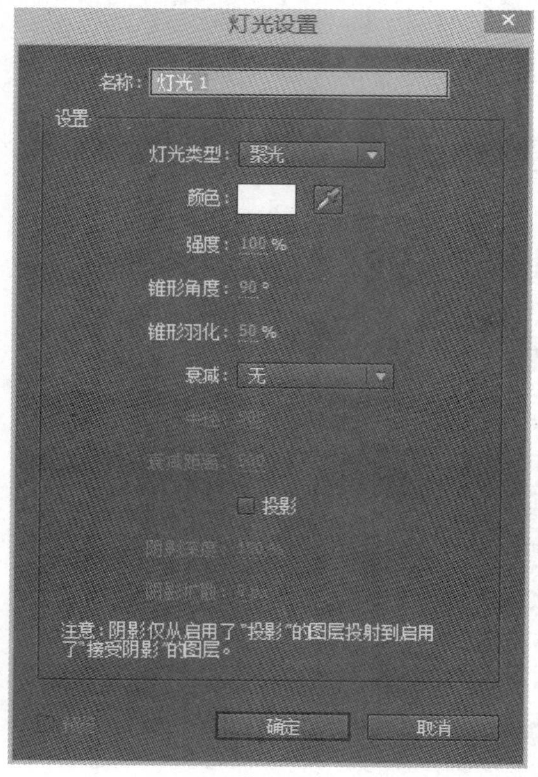

图4.3.1

通过对【灯光设置】Light Setting 对话框的设置，我们可以确定灯光的类型和基本属性。

4.3.1 灯光的类型

熟悉三维软件的用户对这几种灯光类型并不陌生，大多数三维软件都有这几种灯光类型，按照用户的不同需求，After Effects提供了4种光源：【平行】Parallel、【聚光】Spot、【点】Point和【环境】Ambient。

- 【平行】Parallel：光线从某个点发射照向目标位置，光线平行照射。类似于太阳光，光照范围是无限远的，它可以照亮场景中位于目标位置的每一个物体或画面，如图4.3.2所示。

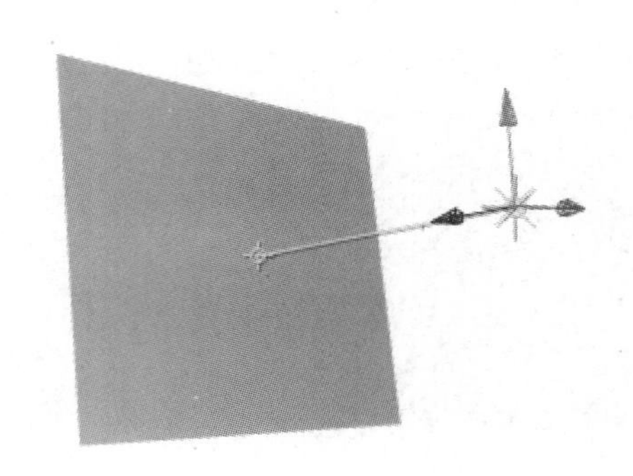

图4.3.2

- 【聚光】Spot：光线从某个点发射以圆锥形呈放射状照向目标位置。被照射物体会形成一个圆形的光照范围，可以通过调整【锥形角度】Cone Angle来控制照射范围的面积，如图4.3.3所示。

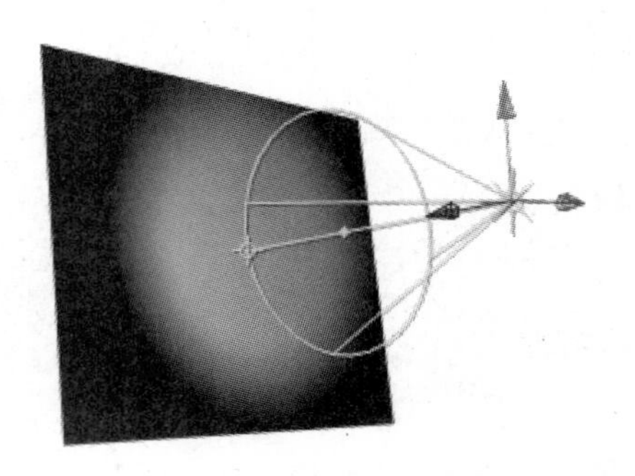

图4.3.3

- 【点】Point：光线从某个点发射向四周扩散。随着光源距离物体的远近，光照的强度会增强或衰减。其效果类似于平时我们所见到的人工光源，如图4.3.4所示。

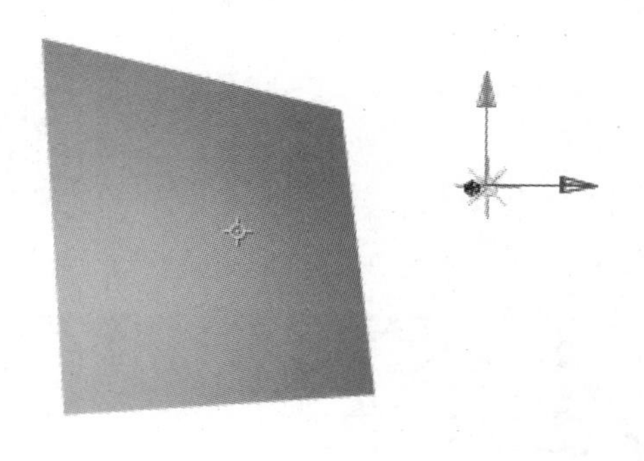

图4.3.4

- 【环境】Ambient：光线没有发射源，可以照亮场景中所有物体，但环境光源无法产生投影，通过改变光源的颜色来统一整个画面的色调，如图4.3.5所示。

图4.3.5

提示

创建好的灯光可以随时在编辑的过程中改变灯光的类型，灯光可以使3D图层的物体产生阴影，但需要注意的是，用户必须打开3D图层的【投影】Cast Shadows属性，同时要打开一个现实阴影的辅助图层，如图4.3.6所示。

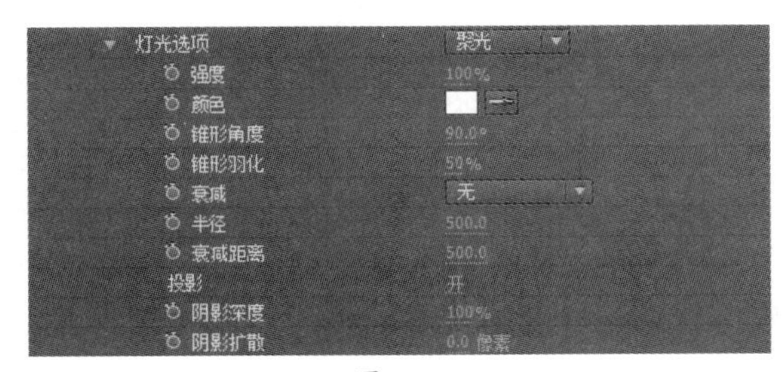

图4.3.6

4.3.2 灯光的操作

我们以【聚光】Spot灯为例说明一下灯光的操作。与其他图层一样，我们使用【选取工具】对灯光进行操作，不同于其他物体，灯光有两个操控器，在锥形尖顶部的三维操控器，还有一个就是光源方向控制器。我们可以使用【旋转工具】调整灯光的方向，如图4.3.7所示。

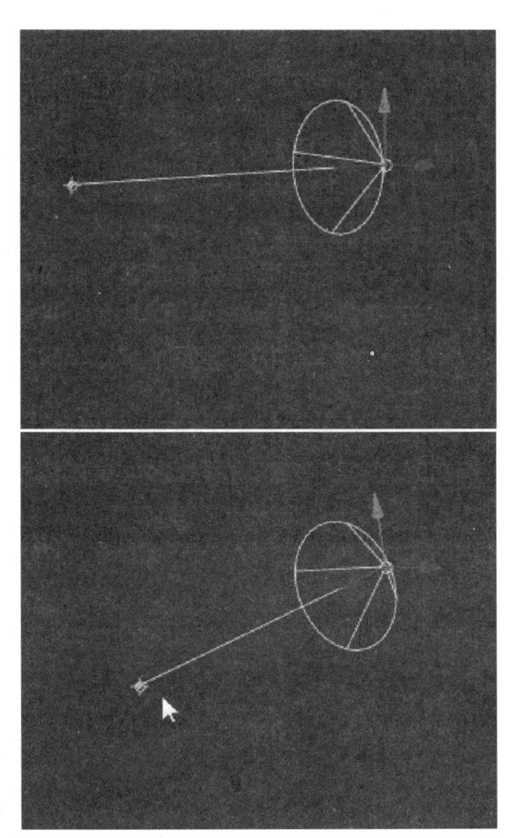

图4.3.7

4.3.3 灯光的属性

在创建灯光时可以定义灯光的属性，也可以在创建灯光后在属性栏里修改。下面我们详细介绍一下灯光的各个属性，如图4.3.8所示。

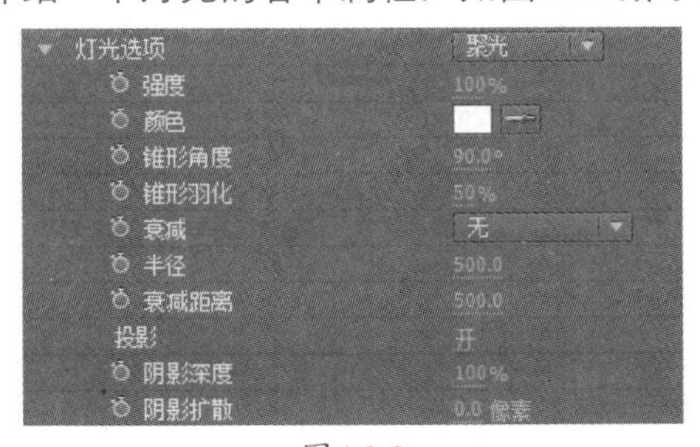

图4.3.8

- 【强度】Intensity：控制灯光强度。强度越高，灯光越亮，场景受到的照射就越强。当把【强度】Intensity的值设为0时，场景就会变黑。如果将强度设置为负值，可以去除场景中某些颜色，也可以吸收其他灯光的强度，如图4.3.9和图4.3.10所示。

图4.3.9

图4.3.10

- 【颜色】Color：控制灯光的颜色。
- 【锥形角度】Cone Angle：控制灯罩角度。只有【聚光】Spot类型灯光有此属性，主要来调整灯光照射范围的大小，角度越大，光照范围越广，如图4.3.11和图4.3.12所示。

图4.3.11

图4.3.12

- 【锥形羽化】Cone Feather：控制灯罩范围的羽化值。只有【聚光】Spot类型灯光有此属性，可以使聚光灯的照射范围产生一个柔和的边缘，如图4.3.13和图4.3.14所示。

图4.3.13

图4.3.14

- 【衰减】Fall off：这个概念来源于正式的灯光，任何光线都带有衰减的属性。在现实生活中，当一束灯光照射出去，站在十米开外和百米开外所看到的光的强度是不同的，这就是灯光的衰减。而在After Effects系统中如果不进行设置，灯光是不会衰减的，会一直持续的照射下去，【衰减】方式可以设置开启或关闭两种状态。
- 【半径】Radius：控制【衰减】的半径。
- 【衰减距离】Falloff Distance：控制【衰减】的距离。
- 【投影】Casts Shadows：打开投影。打开该选项，灯光会在场景中产生投影。如果要看到投影的效果，同时还要打开图层材质属性中的Accepts Shadows属性。
- 【投影深度】Shadow Darkness：控制阴影的颜色深度。
- 【投影扩散】Shadow Diffusion：控制阴影的扩散。主要用于控制图层与图层之间的距离产生的柔和的漫反射效果，注意图中的阴影变化，如图4.3.15和图4.3.16所示。

图4.3.15

图4.3.16

4.3.4 阴影的细节

如果想在画面中得到较为细腻的阴影细节，需要调整【合成设置】。After Effects中的默认阴影并不是灯光照射生成的，而是由贴图生成，而贴图的分辨率就决定了阴影的细节。

当我们需要提高阴影细节时，选择菜单【合成】>【合成设置】命令，在弹出的面板中单击【选项】按钮，在【经典的3D渲染器选项】面板中提高【阴影图分辨率】。如果使用的是【光线追踪3D】渲染器，则要提高【光线追踪品质】的级别来提高阴影质量，如图4.3.17所示。

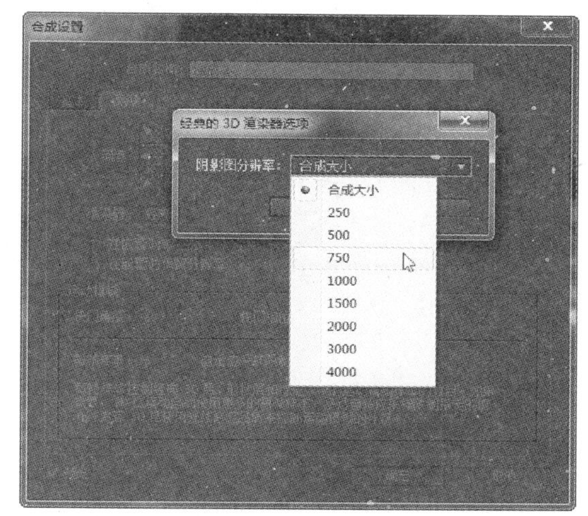

图4.3.17

4.3.5 几何选项

如果使用【光线追踪3D】渲染模式（在菜单【合成】>【合成设置】面板高级选项中更改），当图层被转换为3D图层时，除了多出三维空间坐标的属性还会添加【几何选项】，不同的图层类型被转换为3D图层时，所显示的属性会有所变化，如图4.3.18所示。

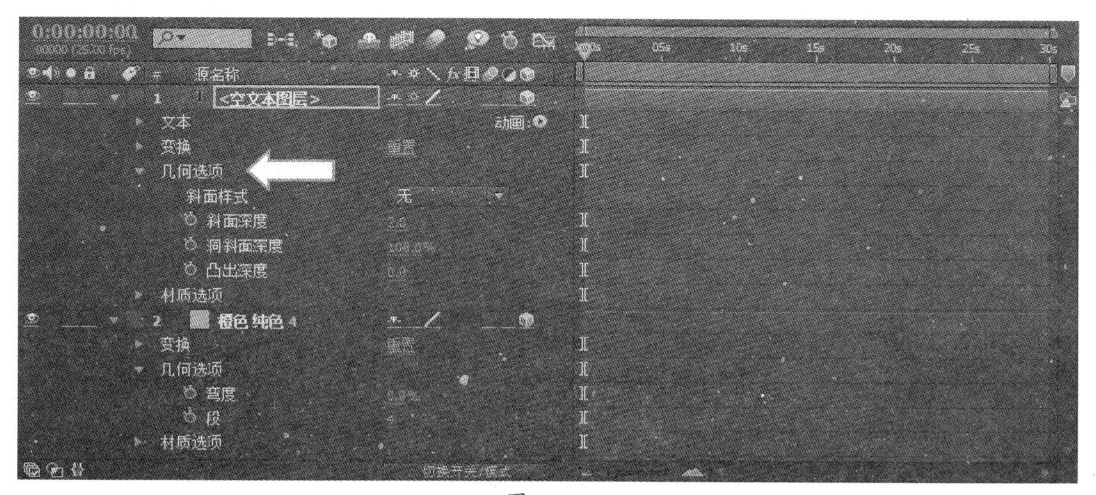

图4.3.18

普通图层在转换为3D图层时会多出【弯度】和【段】两个属性，一个用于控制图层弯曲的度数，另一个用于分解弯曲面所形成的段数，段数越大形成的面越光滑。而【文本图层】和【形状图层】的【几何选项】属性较为复杂，这类似于三维软件中的文字倒角效果。

下面我们建立一个场景来学习文本【几何选项】的属性。

首先建立一个【合成】，分别创建【摄像机】和【灯光】，使用【文本工具】，在【合成面板】中输入文字并调整到合适的位置，如图4.3.19所示。

图4.3.19

这时单击时间轴【时间轴】Timeline面板中文本图层的【3D 图层】按钮下对应的方框，方框内出现立方体图表，这时文本图层就被转换成3D图层。展开文本图层的属性，可以看到【几何选项】被添加，如图4.3.20所示。

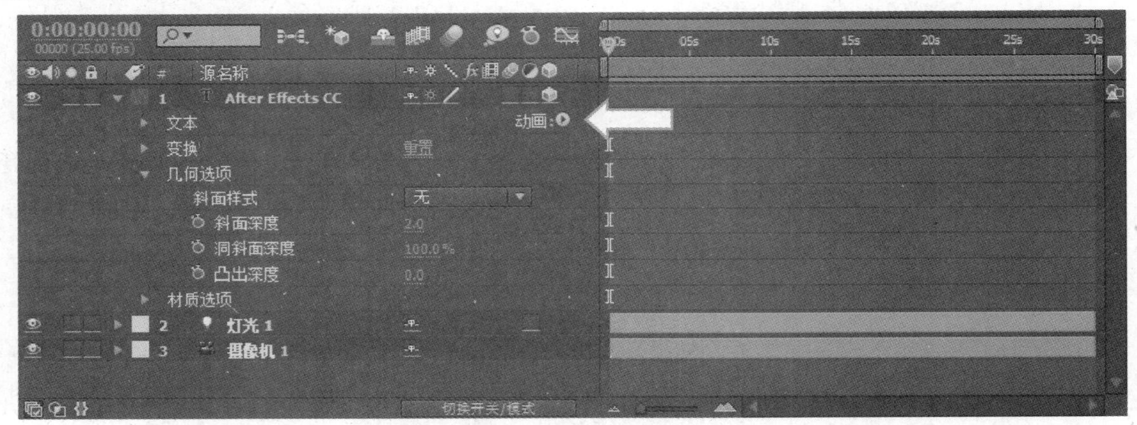

图4.3.20

使用【统一摄像机工具】调整摄像机角度，以便于我们观察效果，调整【凸出深度】为30，可以看到立体字的效果形成，如图4.3.21所示。

图4.3.21

使用【跟踪 Z 摄像机工具】将镜头拉近，将【斜面样式】修改为【凸面】，调整【斜面深度】的值，可以看到画面中的文字形成倒角效果，如图4.3.22所示。

图4.3.22

4.3.6 材质属性

当场景创建灯光后，场景中的图层受到灯光的照射，图层中的属性需要配合灯光。当图层的3D属性打开时，【材质选项】Material Options属性将被开启，下面我们介绍一下该属性（当使用光线追踪渲染器时，材质属性会发生变化），如图4.3.23所示。

材质选项	
投影	关
透光率	0%
接受阴影	开
接受灯光	开
环境	100%
漫射	50%
镜面强度	50%
镜面反光度	5%
金属质感	100%

图4.3.23

- 【投影】Casts Shadows：设置是否形成投影。主要控制阴影是否形成，就像一个开关。而透射阴影的角度和明度则取决于【灯光】Light，也就是说这个功能对应【灯光】Light图层，观察这个效果必须先建一盏【灯光】Light，并打开【灯光】Light图层的【投影】Casts Shadows属性。【投影】Casts Shadows属性有3个选项：【开】On打开投影，【关】Off关闭投影，【仅】Only只显示投影不显示图层。（需要注意的是【灯光】Light的【投影】Cast Shadows选项也要打开才能投射阴影），如图4.3.24所示。

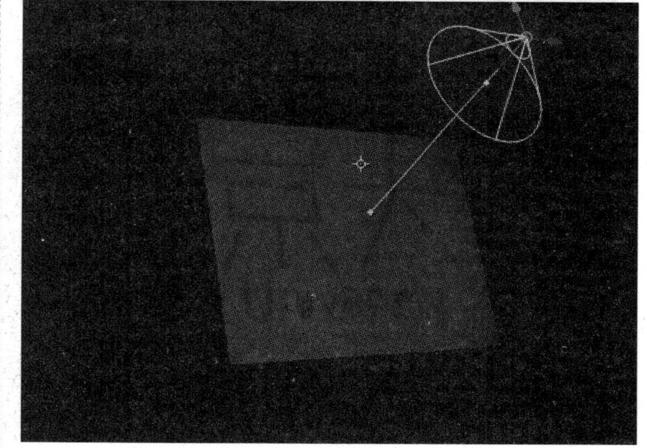

图4.3.24

- 【透光率】Light Transmission：控制光线穿过图层的比率。当用户调大这个值时，光线将穿透图层，而图层的颜色也将继承给投影。适当调整一下该值，将会使投影变得更加真实。设置一个这样的场景用于说明【透光率】的概念，建立一盏灯，将两个图片在三维空间中成九十度角竖立，如果【透光率】的值为0时，画面的阴影部分将变为一片漆黑，如图4.3.25所示。

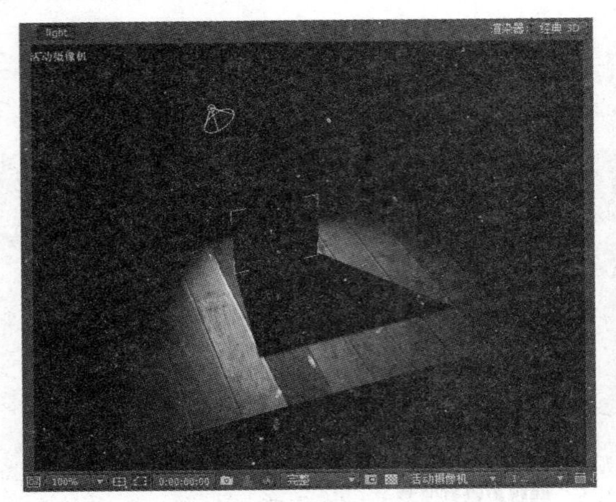

图4.3.25

将【透光率】设置为50%时，可以看到图片的内容被清楚地映衬在阴影中。在实际的工作中，我们一般不将投射原物体显示在画面中，我们只需要投射出的阴影效果就可以了，树叶的影子大多是通过这种方式模拟的，如图4.3.26所示。

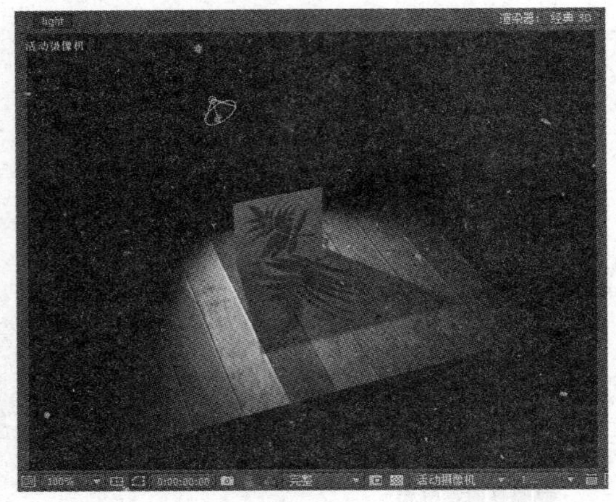

图4.3.26

- 【接受阴影】Accepts Shadows：控制当前图层是否接受其他图层投射的阴影。
- 【接受灯光】Accepts Light：控制当前图层本身是否接受灯光的影响，如图4.3.27所示。

图4.3.27

熟悉三维软件的用户对这几个属性不会陌生，这是控制材质的关键属性。因为是后期软件，这些属性所呈现出的效果并不像三维软件中那么明显。

- 【环境】Ambient：也就是反射周围物体的比率。
- 【漫射】Diffuse：控制接受灯光的物体发散比率。该属性决定图层中的物体受到灯光照射时，物体反射的光线的发散率。
- 【镜面强度】Specular：控制光线被图层反射出去的比率。100% 指定最多的反射；0% 指定无镜面反射。
- 【镜面反光度】Shininess：控制镜面高光范围的大小。仅当“镜面”设置大于零时，此值才处于活动状态。100% 指定具有小镜面高光的反射。0% 指定具有大镜面高光的反射。
- 【金属质感】Metal：控制高光颜色。值为最大时，高光色与图层的颜色相同，反之，则与灯光颜色相同。

下面的【反射强度】、【反射锐度】、【反射衰减】、【透明度】、【透明度衰减】、【折射率】等参数为光线追踪独有的渲染属性。

- 【反射强度】：控制其他反射的 3D 对象和环境映射在多大程度上显示在此对象上。
- 【反射锐度】：控制反射的锐度或模糊度。较高的值会产生较锐利的反射，而较低的值会使反射较模糊。
- 【反射衰减】：针对反射面，控制“菲涅尔”效果的量（即处于各个反射角时的反射强度）。
- 【透明度】：控制材质的透明度，并且不同于图层的“不透明度”设置。具有完全透明的表面，但仍然会出现反射和镜面高光。

- 【透明度衰减】：针对透明的表面，控制相对于视角的透明度量。当直接在表面上查看时，透明度将是该指定的值，当以某个掠射角查看时（例如，沿弯曲的对象的边缘直接查看它时）将更加不透明。
- 【折射率】：控制光如何弯曲通过 3D 图层，以及位于半透明图层后的对象如何显示。

不要小看这些数据的细微差别，影片中物体的细微变化，都是在不断地调试中得到的，只有细致地调整这些参数，才能得到预想的完美效果。结合【光线追踪 3D】渲染器，通过调整图层的【几何选项】和【材质选项】参数，可以调整出三维软件才能制作出的金属效果，如图 4.3.28 所示。

图4.3.28

4.4 摄像机的应用

摄像机主要用来从不同的角度观察场景，其实我们一直在使用摄像机，当用户创建一个项目时，系统会自动地建立一个摄像机，即【活动摄像机】Active Camera。用户可以在场景中创建多个摄像机，为摄像机设置关键帧，可以得到丰富的画面效果。动画之所以不同其他艺术形式，就在于它的观察事物的角度是有着多种方式的，给观众带来与平时不同的视觉刺激。

摄像机在After Effects中也是作为一个图层出现的，新建的摄像机被排在堆栈图层的最上方，用户可以通过选择菜单【图层】Layer>【新建】New>【摄像机】Camera命令创建摄像机，这时会弹出【摄像机设置】Camera Setting对话框，如图4.4.1所示。

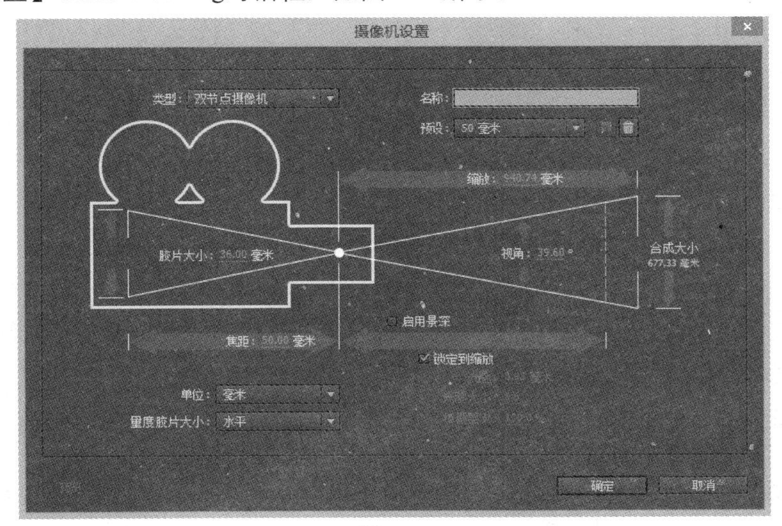

图4.4.1

After Effects中的摄像机和现实中的摄像机一样，用户可以调节镜头的类型、焦距和景深等设置。After Effects提供了9种常见的摄像机镜头。下面我们简单介绍一下其中的几个镜头类型。

- 15mm 广角镜头：镜头可视范围极大，但镜头会使看到的物体拉伸，产生透视上的变形，用这种镜头可以使画面变得很有张力，冲击力很强。
- 200mm鱼眼镜头：镜头可视范围极小，镜头不会使看到的物体拉伸。
- 35mm标准镜头：这是我们常用的标准镜头，和人们正常看到的图像是一致的。

其他几种镜头类型的焦距都是在15mm和200mm之间，选中某一种镜头时，相应的参数也会改变。【视角】Angle Of View的值控制可视范围的大小，【胶片大小】Film Size用于指定胶片合成图像的尺寸面积，【焦距】Focal Length则指定焦距长度。当一个摄像机在项目里被建立以后，用户可以在【合成】Composition面板中调整摄像机的位置参数，用户可以在面板中看到摄像机的Point Of Interest（目标位置），Position（机位）等参数，如图4.4.2所示。

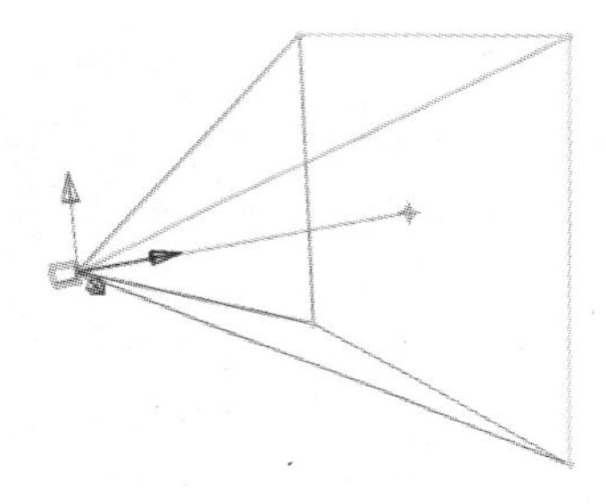

图4.4.2

用户要调节这些参数，必须在另一个摄像机视图中进行，不能在摄像机视图中选择当前摄像机。工具中的摄像机工具可以帮助用户调整视图角度。这些工具都是针对摄像机工具而设计的，所以在项目中必须有 3D 图层存在，只有这样，这些工具才能起作用，如图 4.4.3 所示。

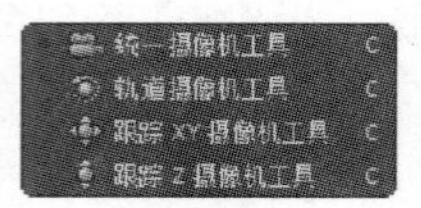

图4.4.3

统一摄像机工具

- 【轨道摄像机工具】Orbit Camera：使用该工具可以向任意方向旋转摄像机视图，直到调整到用户满意的位置。
- 【跟踪 XY 摄像机工具】Track XY Camera Tool：在水平或垂直方向上移动摄像机视图。
- 【跟踪 Z 摄像机工具】Track Z Camera Tool：缩放摄像机视图。

下面我们具体介绍一下摄像机图层的Camera Option 下的摄像机属性，如图 4.4.4 所示。

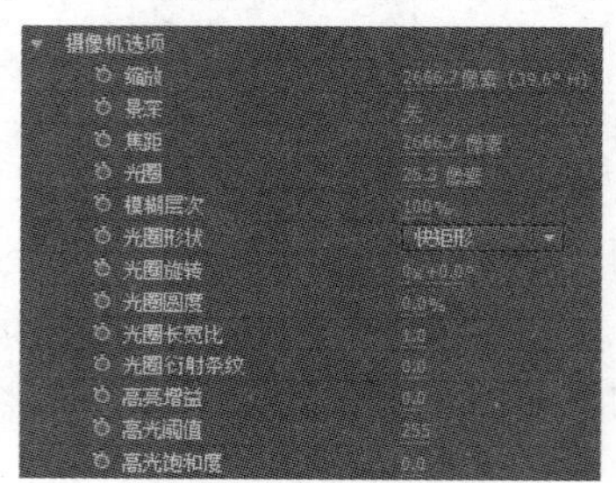

图4.4.4

- 【缩放】Zoom：控制摄像机镜头到镜头视线框间的距离。
- 【景深】Depth Of Field：控制是否开启摄像机的景深效果。
- 【焦距】Focus Distance：控制镜头焦点位置。该属性模拟了镜头焦点处的模糊效果，位于焦点的物体在画面中显得清晰，周围的物体会以焦点所在位置为半径进行模糊，如图4.4.5和图4.4.6所示。

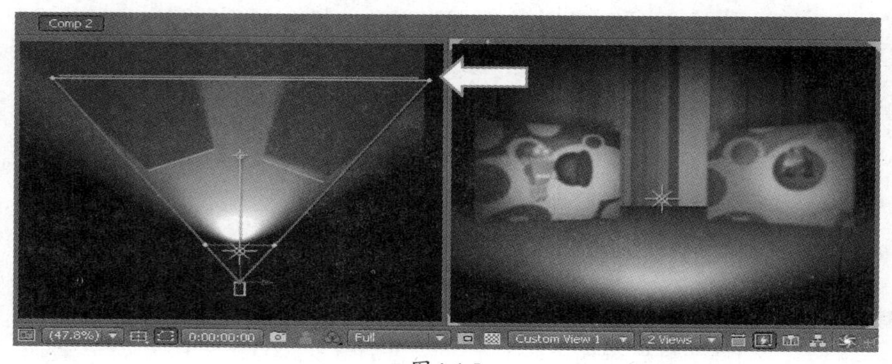

图4.4.5

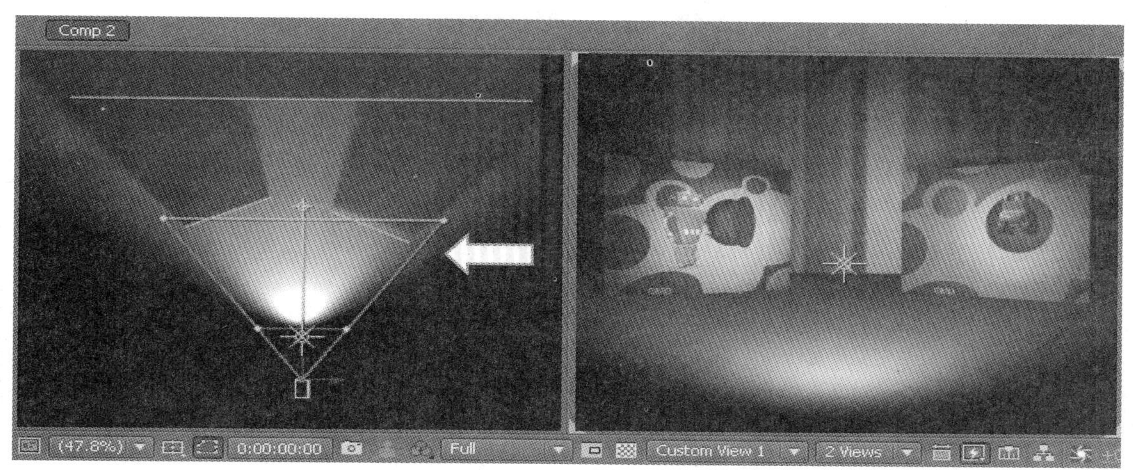

图4.4.6

- 【光圈】Aperture：控制快门尺寸。镜头快门越大，受焦距影响的像素点就越多，模糊范围就愈大。该属性与F-Stop值相关联，F-Stop为焦距到快门的比例。
- 【模糊层次】Blur Level：控制聚焦效果的模糊程度。
- 【光圈形状】Iris Shape：控制模拟光圈叶片的形状模式，以多边形组成包括从三角形到十边形的多边形。
- 【光圈旋转】Iris Rotation：控制光圈旋转的角度。
- 【光圈圆度】Iris Roundness：控制模拟光圈形成的圆滑程度。
- 【光圈长宽比】Iris Aspect Ratio：控制光圈图像的长宽比。

【光圈衍射条纹】Iris Diffraction Fringe、【高亮增益】Highlight Gain、【高亮阈值】Highlight Threshold、【高光饱和度】Highlight Saturation属性只有在【经典3D】模式下才会显示，主要用于【经典3D】渲染器中高光部分的细节控制。

提示

After Effects中的3D效果在实际的制作过程中，都用来辅助三维软件，也就是说大部分的三维效果都是用三维软件生成的，After Effects中的3D效果多用来完成一些简单的三维效果以提高工作的效率，同时模拟真实的光线效果，丰富画面的元素，使影片效果显得更加生动。

4.5 三维综合实例

01 首先在Photoshop中创建一个文字效果，在文字的表面做出一个样式效果，使其带有一定的金属质感（如果不会在PS中制作效果可以打开光盘内的工程文件），如图4.5.1所示。

图4.5.1

02 启动Adobe After Effects，选择菜单【合成】Composition>【新建合成】New Composition命令，弹出【合成设置】Composition Settings对话框，创建一个新的合成面板，命名为“三维文字”，设置控制面板参数，如图4.5.2所示。

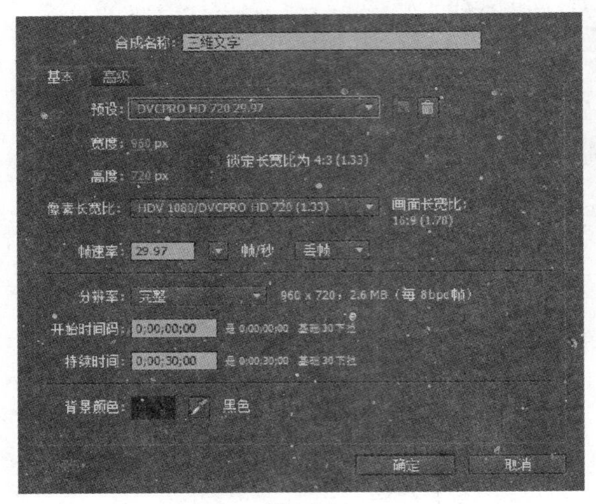

图4.5.2

03 将在Photoshop中制作完成平面文字导入After Effects。需要注意的是，在导入PSD文件时需要选择以【合成】Composition方式导入，这样PSD文件中的每个图层都会被单独地导入进来，如图4.5.3所示。

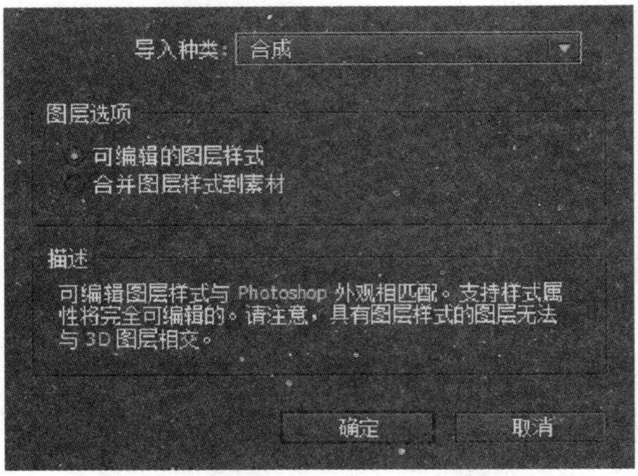

图4.5.3

04 将其中的PSD图层拖入【时间轴】Timeline面板中，在【时间轴】Timeline面板中，执行右键快捷菜单【新建】New>【纯色】Solid命令（或执行【图层】Layer>【新建】New>【纯色】Solid命令），创建一个固态图层并命名为“背景”，如图4.5.4所示。

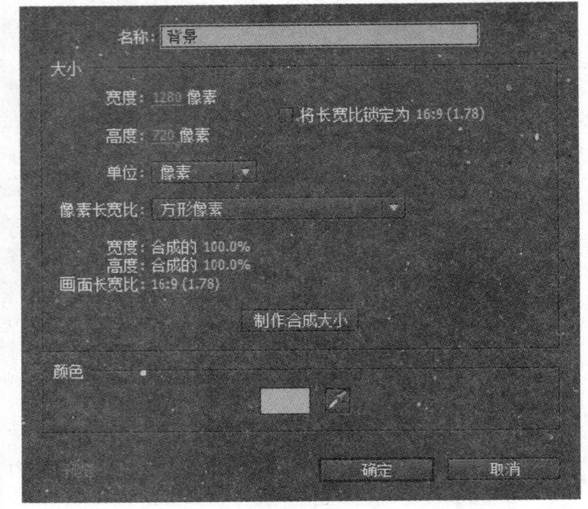

图4.5.4

05 首先我们需要将文字图层转化为3D图层，将该图层的3D图标勾选，这样这个图层就转换为3D图层。使用旋转工具等来操作该图层在三维空间中的位置，如图4.5.5所示。

图4.5.5

06 在【时间轴】Timeline面板中选中文字图层，按下快捷键【Ctrl+D】以复制该图层，展开复制图层的【时间轴】Transform属性，修改【位置】Position的参数，一共有3个参数，修改你所选旋转方向的值，可以试一下，只要文字在纵深轴的方向上有所移动就可以了，如图4.5.6所示。

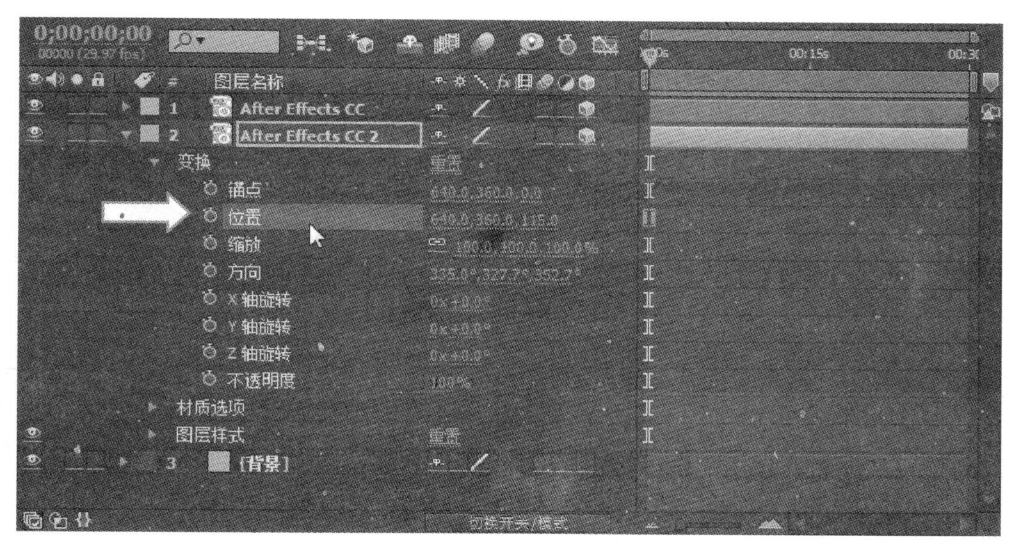

图4.5.6

07 在【时间轴】Timeline 面板中，执行右键快捷菜单【新建】New>【摄像机】Camera 命令（或执行【图层】Layer>【新建】New>【摄像机】Camera 命令），创建一个摄像机，如图 4.5.7 所示。

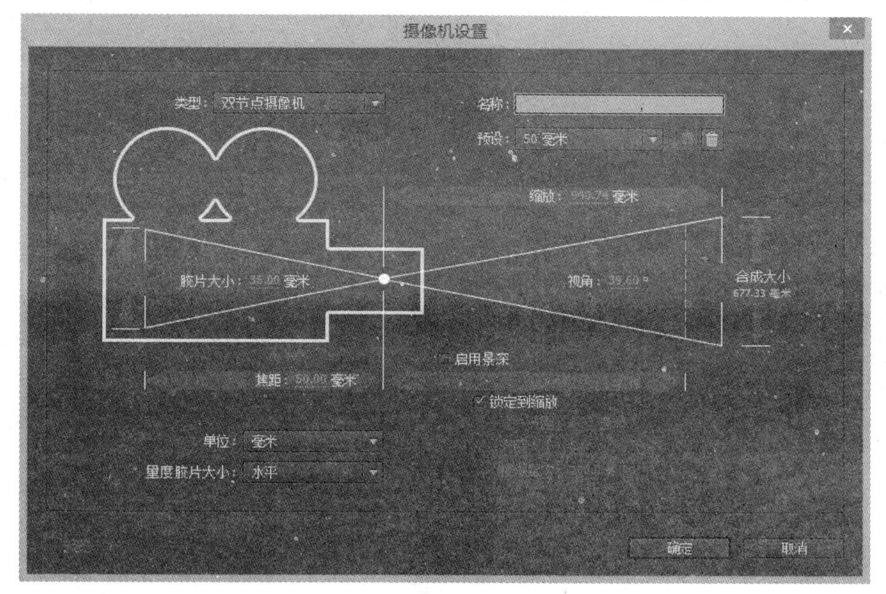

图4.5.7

08 与其他图层不同，摄像机图层是通过独立的工具来控制的，我们可以在工具架上找到这些工具，如图4.5.8所示。

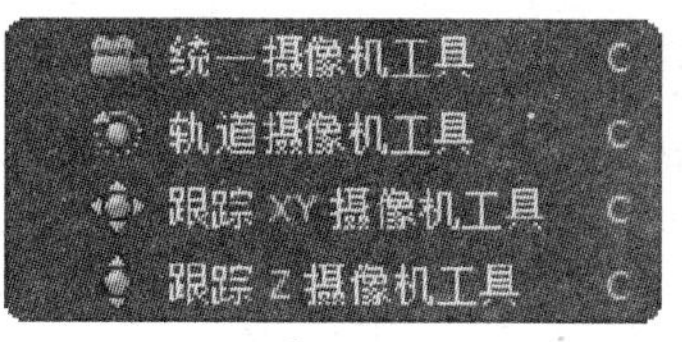

图4.5.8

09 在【时间轴】Timeline面板中，选中文字图层，展开复制图层的【时间轴】Transform属性，选中【位置】Position，执行菜单【动画】Animation>【添加表达式】Add Expression命令，为这个参数添加表达式，如图4.5.9所示。

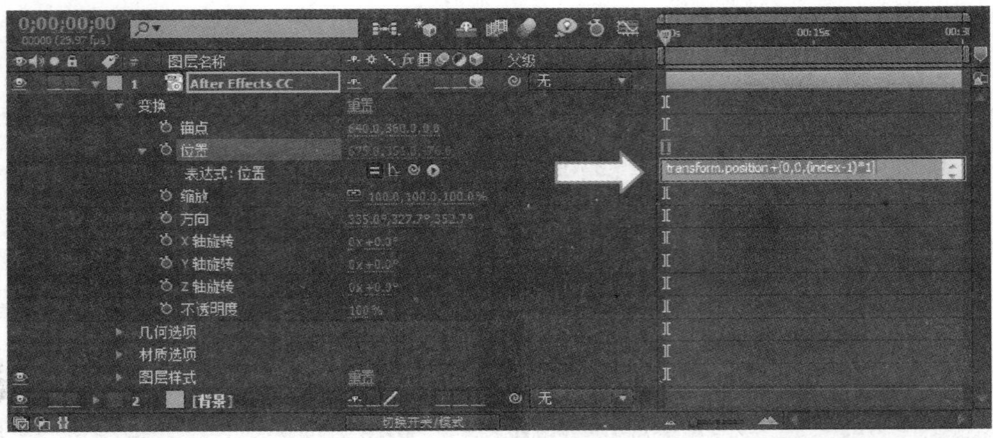

图4.5.9

10 可以看到系统自动地为参数设定了起始的值，我们在后面的位置输入表达式“transform. position+[0，0，(index-1)*1]”。打开【时间轴】Timeline面板的【父级】Parent面板，用户可通过在【时间轴】Timeline面板栏上单击鼠标右键，在弹出的菜单中勾选【父级】Parent选项，如图4.5.10所示。

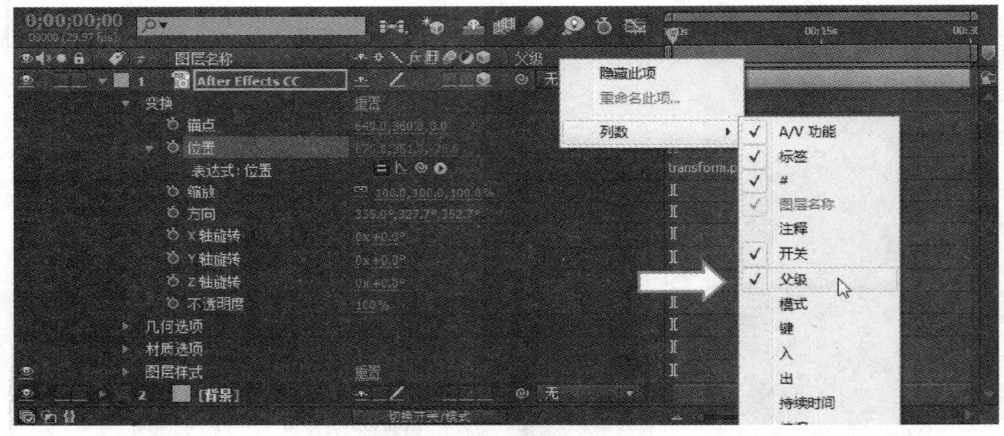

图4.5.10

11 选中文字图层，按下快捷【Ctrl+D】并复制该图层，选中下面的一个图层，按住【父级】Parent面板上的螺旋图标，同时拖动该图标至上一个文字图层，如图4.5.11所示。

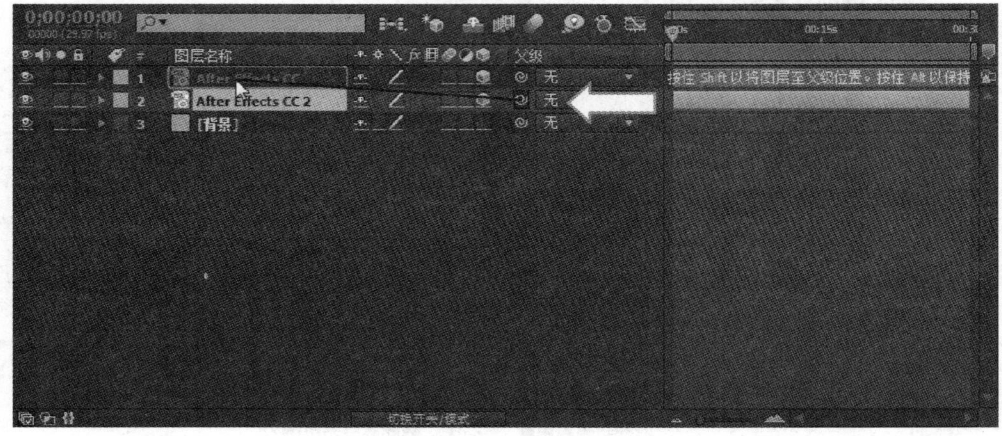

图4.5.11

12 我们可以看见，下面的那个文字图层的【父级】Parent面板中有了上一个图层的名字，这代表了两个图层之间建立了父子关系，如图4.5.12所示。

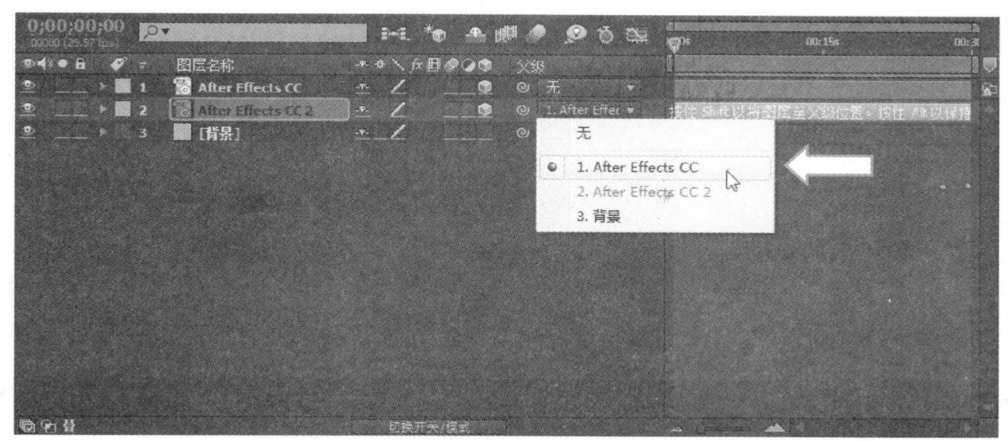

图4.5.12

13 选中下面的那个文字图层，按下快捷键【Ctrl+D】并复制该图层，不断执行复制，操作多次，如图4.5.13所示。

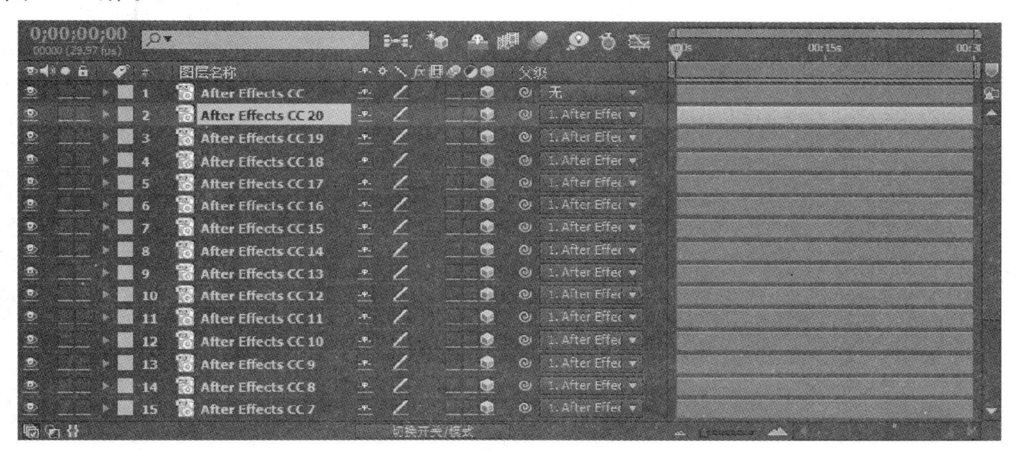

图4.5.13

14 观察【合成】Composition面板，可以看到立体的文字效果出来了，并且立体面是光滑的过渡，如图4.5.14所示。

图4.5.14

15 如果觉得图层太多，编辑起来比较麻烦，可以通过开启【隐藏】Shy功能，将图层隐藏起来，如图4.5.15和图4.5.16所示。

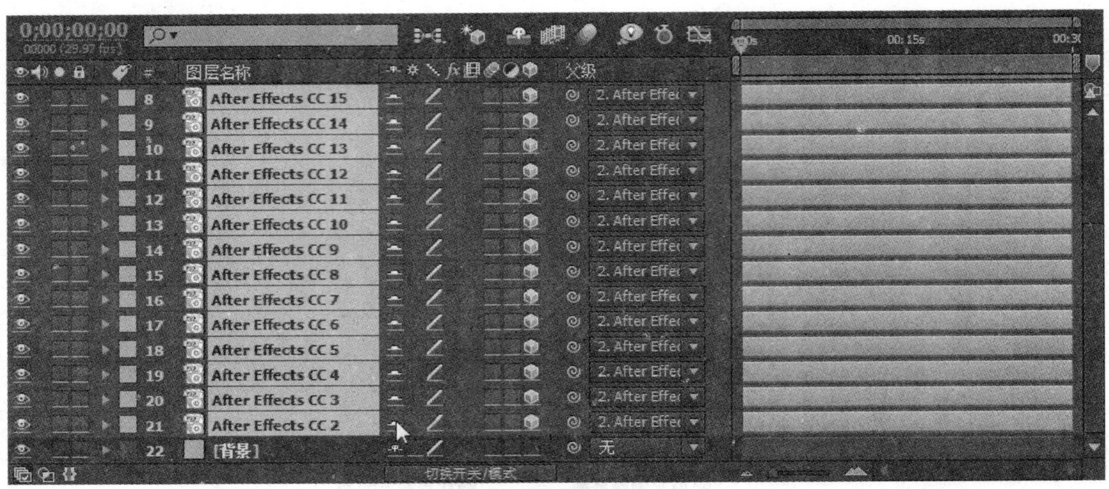

图4.5.15

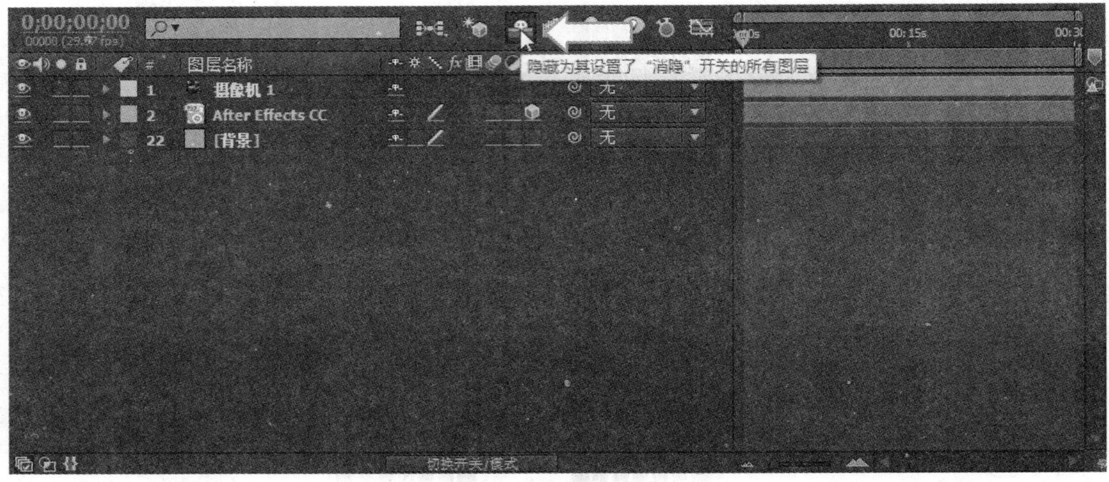

图4.5.16

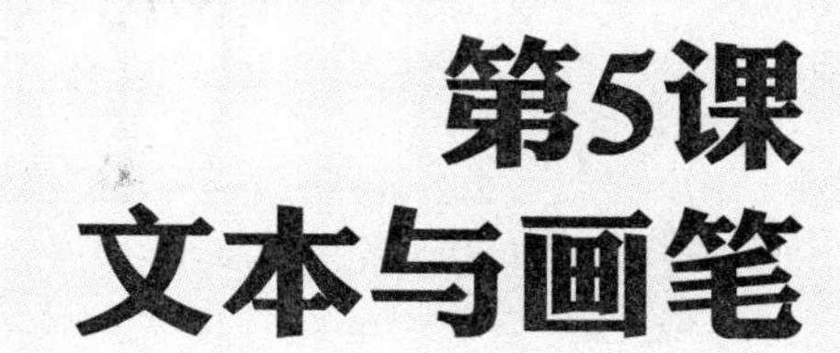

第5课 文本与画笔

本课将详细介绍After Effects中文本与画笔的概念，以及复杂的文本动画的制作。文本的动画制作在影视后期制作中是重点中的重点，用户可以利用文本的基本属性和附加属性制作出复杂的文字动画效果。熟悉和掌握文本的属性是学习文本动画的关键。我们也可以组合这些属性合成出富于变化的动画效果，这都需要在长期的实践中不断积累经验。

5.1 文本概述

有很多文字动画制作都是在后期软件中完成的，后期软件并不能使字体有很强的立体感，而优势在于字体的运动所产生的效果。After Effects的文本工具可以制作出用户可以想象出的各种效果，使您的创意得到最好的展现。

5.1.1 创建文本

使用【文字工具】可以直接在【合成】面板创建文字，其分为横排和直排两种形式，如图5.1.1当我们创建文字完成后，可以单击工具栏右侧【切换字符和段落面板】按钮，调整文字的大小、颜色、字体等基本参数。

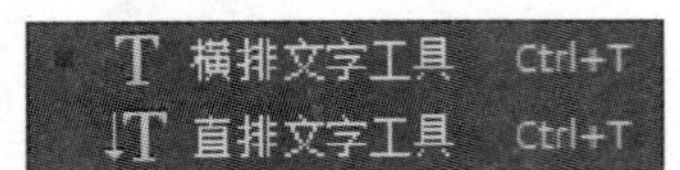

图5.1.1

5.1.2 【字符】面板

如果找不到这个面板，可以通过执行菜单【窗口】>【字符】命令激活该面板，这个面板主要在用户编辑文字时，用来设置文字的字体、大小、颜色等参数，如图5.1.2所示。

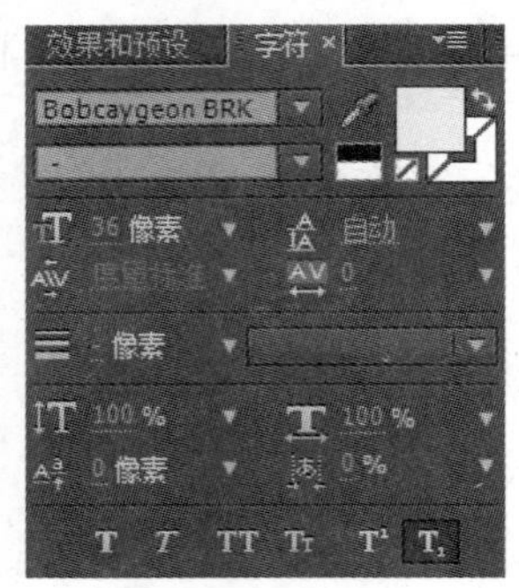

图 5.1.2

【字符】Character面板共分为5个部分，我们分别介绍它的每个部分。

第一个部分，在这里可以设置文字的字体、颜色、样式等参数，如图5.1.3所示。

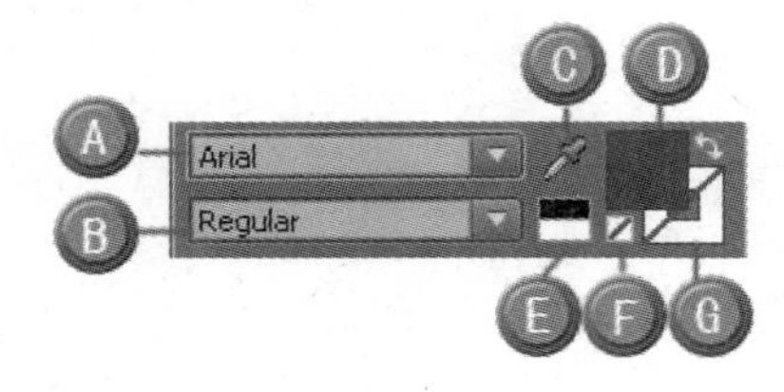

图 5.1.3

- A：在此可以改变当前所选择的文字的字体，单击后面的三角形按钮会弹出Windows系统中支持的所有字体。
- B：在此可以改变文字的样式，一般会有Regular（常规）、Italic（斜体）、Bold（粗体）、Bold Italic（粗体斜体）4种字形。
- C：吸管工具，利用它可以在After Effects界面的任意地方为文字的填充色或描边色吸取颜色。
- D：为文字的填充色。
- E：可以为填充色或描边色选择黑色或白色。
- F：可以使填充色或描边色为无颜色。
- G：文字的描边颜色。

第二部分，可以调节文字的大小和间距等设置，如图5.1.4所示。

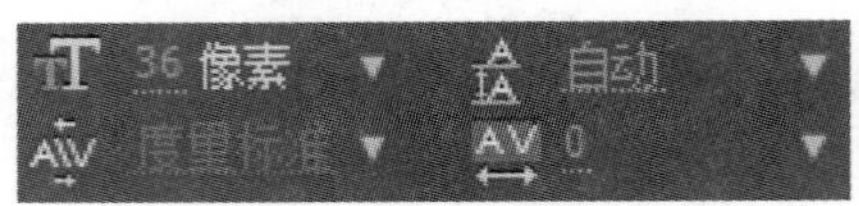

图 5.1.4

- ：设置字体大小。
- ：设置行距。
- ：设置两个字符之间的字符间距。
- ：设置所选字符的字符间距。

第三部分，在此可以调节文字的描边，如图5.1.5所示。

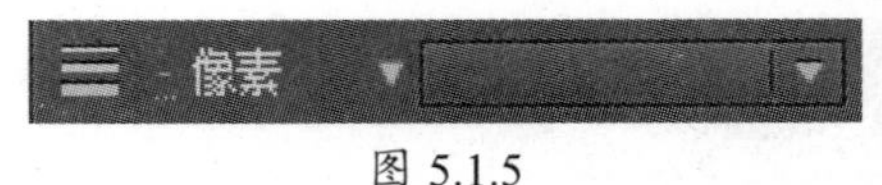

图 5.1.5

：设置描边宽度。

后面的下拉菜单中有4个选项，可以用来选择描边的方式，如图5.1.6所示。

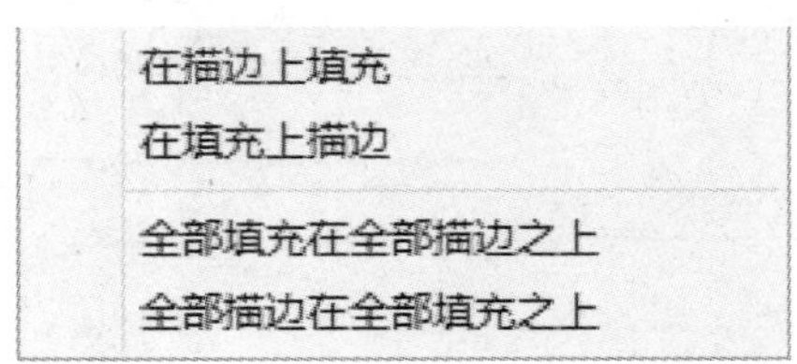

图 5.1.6

● 【在描边上填充】Fill Over Stroke，如图5.1.7所示。

图5.1.7

● 【在填充上描边】Stroke Over Fill，如图5.1.8所示。

图5.1.8

● 【全部填充在全部描边之上】All Fills Over All Strokes，如图5.1.9所示。

图5.1.9

● 【全部描边在全部填充之上】All Strokes Over All Fills，如图5.1.10所示。

图5.1.10

第四部分，在此可以调节文字的放缩和移动，如图5.1.11所示。

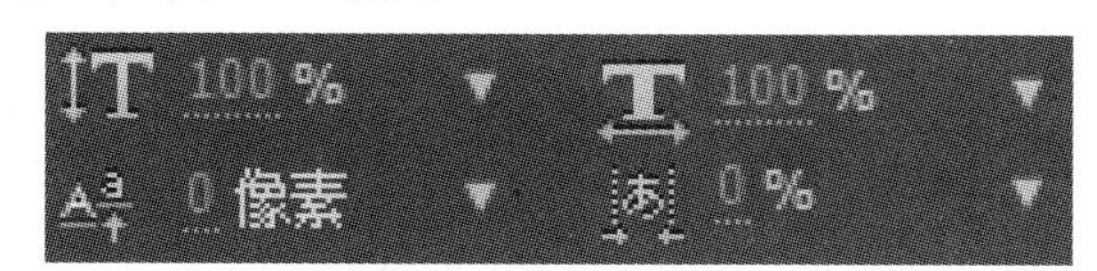

图5.1.11

● [图标]：设置垂直缩放。
● [图标]：设置水平缩放。
● [图标]：设置基线偏移。
● [图标]：设置所选字符的比例间距。

最后这个部分是用来设置文字的字型的，如图5.1.12所示。

图 5.1.12

● [图标]：仿粗体。
● [图标]：仿斜体。
● [图标]：全部大写字母。
● [图标]：小型大写字母。
● [图标]：上标。
● [图标]：下标。

5.1.3 【段落】面板

【段落】Paragraph 面板可以对一段文字进行缩进、对齐、间距等设置，如图 5.1.13 所示。

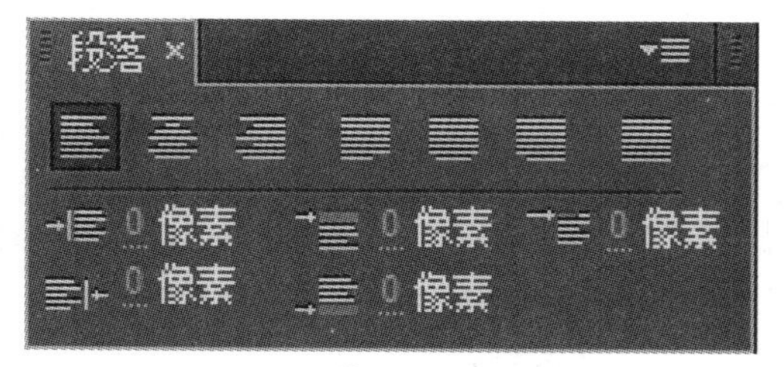

图5.1.13

图5.1.13上半部分内容的介绍。

● [图标]：左对齐文本。
● [图标]：居中对齐文本。
● [图标]：右对齐文本。
● [图标]：最后一行左对齐。
● [图标]：最后一行居中对齐。
● [图标]：用来使段落文字除最后一行的外所有文字都分散对齐，水平文字最后一行右对齐，垂直文字最后一行底部对齐。
● [图标]：用来使段落文字所有文字行都分散对齐，最后一行将强制使用分散对齐。

图5.1.13下半部分内容的介绍。

● [图标]：缩进左边距。
● [图标]：缩进右边距。
● [图标]：段前添加空格。
● [图标]：首行缩进。
● [图标]：段后添加空格。

5.2 文本属性

5.2.1 源文本属性

文本层的属性中除了【变换】Transform属性，还有【文本】Text属性，这是文本特有的属性。【文本】Text属性中的【源文本】Source Text属性可以制作文本相关属性的动画，如颜色、字体等。利用【字符】Character和【段落】Paragraph面板中的工具，改变文本的属性制作动画。我们就以改变颜色为例，制作一段【源文本】Source Text属性的文本动画。

01 执行菜单【合成】Composition>【新建合成】New Composition命令，新建一个【合成】Composition，设置如图5.2.1所示。

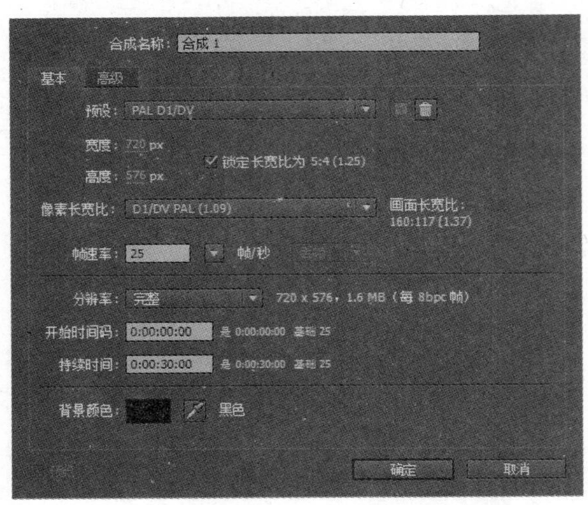

图5.2.1

02 按【Ctrl+Y】快捷键，新建一个【纯色层】Solid，设置颜色为白色，这样方便观察文本的颜色变化，如图5.2.2所示。

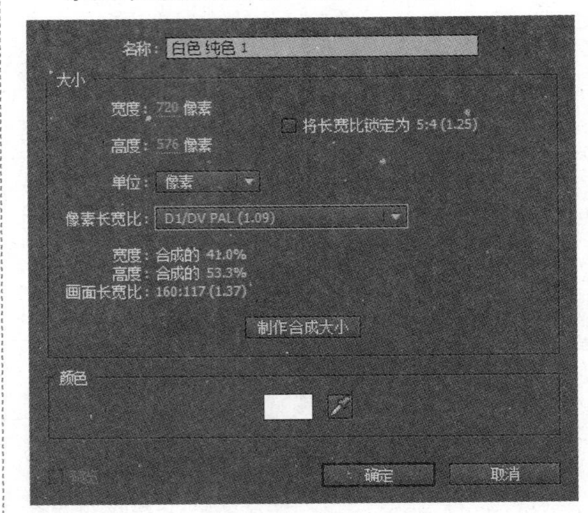

图5.2.2

03 选择工具箱中的T工具，建立一个文本层并输入文字，设置文字为黑色，如图5.2.3所示。

After Effects CC

图5.2.3

04 打开【时间轴】Timeline面板中的文本层的【文本】Text属性，单击【源文本】Source Text属性前的钟表图标，设置一个关键帧，如图5.2.4所示。

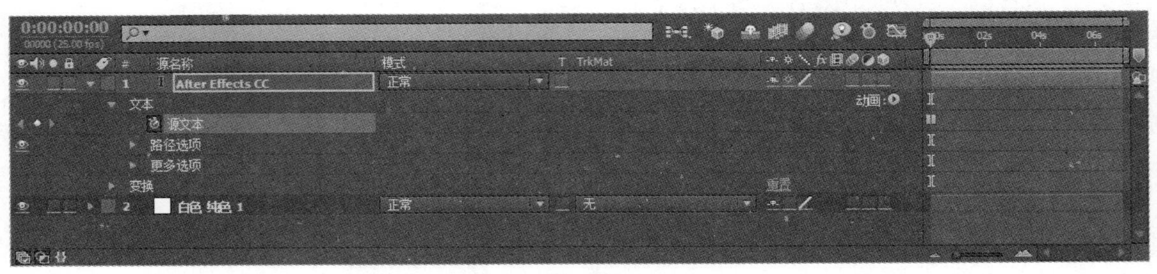

图5.2.4

05 移动时间指示器到07s（秒）的位置，在【字符】Character面板中单击填充颜色图标，弹出【文本颜色】Color Picker对话框，选取改变字体的颜色，如图5.2.5所示。

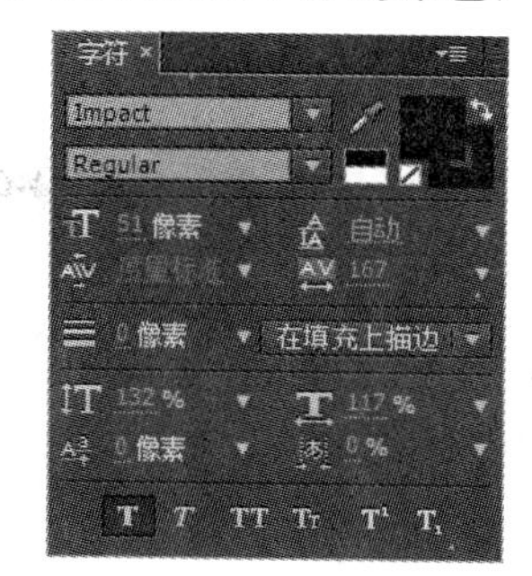

图5.2.5

06 在【源文本】Source Text属性上建立了一个新的关键帧，如法炮制，在18s（秒）处再建立一个改变颜色的关键帧，如图5.2.6所示。

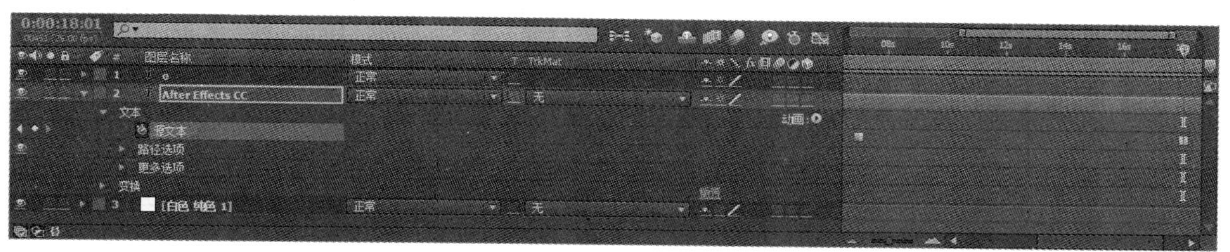

图5.2.6

提示

【源文本】Source Text属性的关键帧动画是以插值的方式显示，也就是说关键帧之间是没有变化的，在没有播放到下一个关键帧时，文本将保持前一个关键帧的特征，所以动画就像在播幻灯片。

5.2.2 路径选项属性

【文本】Text属性下方有一个【路径选项】Path Options，单击旁边的三角形图标 路径选项，展开下拉菜单，当用户在文本层中建立【蒙版】Mask时，就可以在【蒙版】Mask的路径上创建动画效果。【蒙版】Mask路径在应用于文本动画时，可以是封闭的路径，也可以是开放的路径。下面我们通过一个实例来体验一下【路径选项】Path Option属性的动画效果。

01 选择菜单【合成】Composition→【新建合成】New Composition命令，新建一个【合成】Composition，再新建一个固态层作为背景，可以按照【源文本】Source Text实例设置。

02 新建一个文本层并输入文字，选中文本层，使用【椭圆工具】Elliptical Mask 创建一个【蒙版】Mask，如图5.2.7所示。

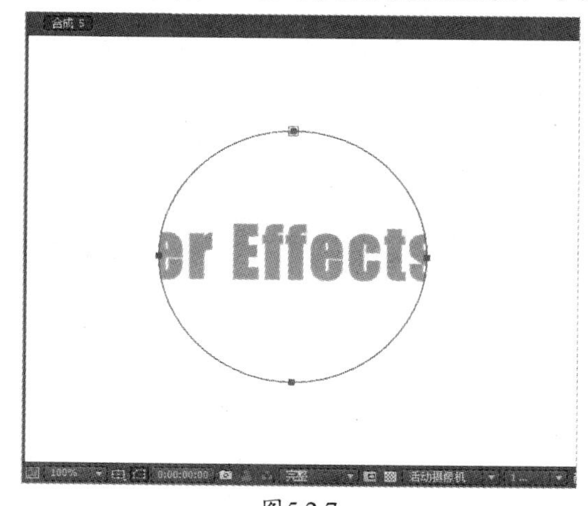

图5.2.7

03 在【时间轴】Timeline面板中，展开文本层下的【文本】Text属性，单击【文本】Text旁的三角形图标 ▸ 文本 ，展开【路径选项】Path Options下的选项，在【路径】Path下拉菜单中选中【蒙版1】Mask1，文本将会沿路径排列，如图5.2.8和图5.2.9所示。

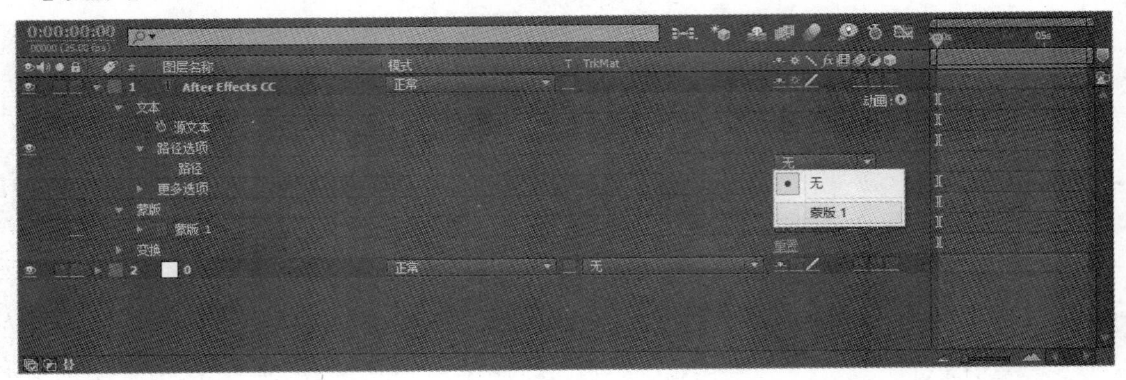

图5.2.8

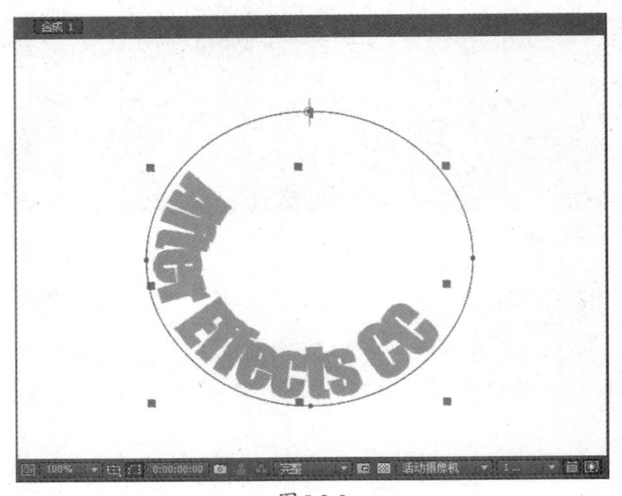

图5.2.9

04 在【路径选项】Path Options下出现文本路径的控制选项，如图5.2.10所示。

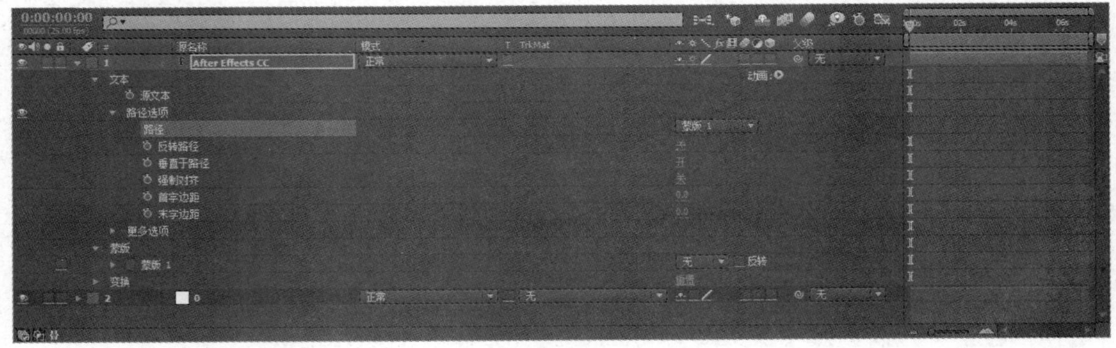

图5.2.10

【路径选项】Path Option属性下的控制选项，都可以制作动画，但要保证【蒙版】Mask的模式为【无】None，如图5.2.11所示。

图5.2.11

● 【反转路径】Reverse Path选项，如图5.2.12所示。

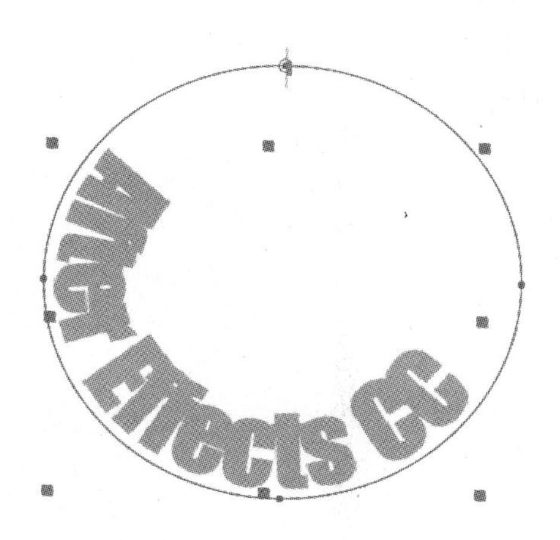

图5.2.12

● 【垂直于路径】Perpendicular To Path选项，如图5.2.13所示。

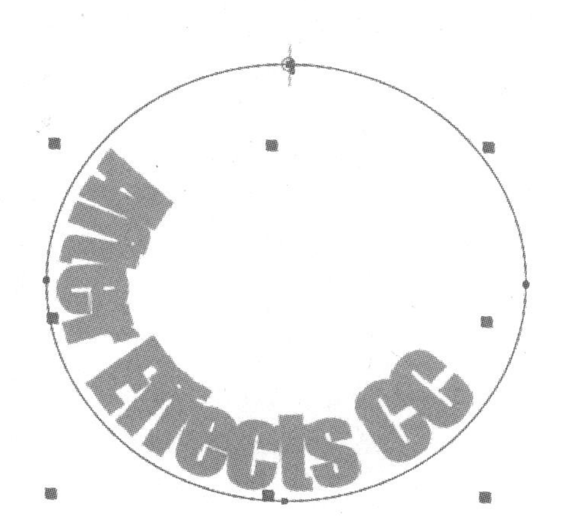

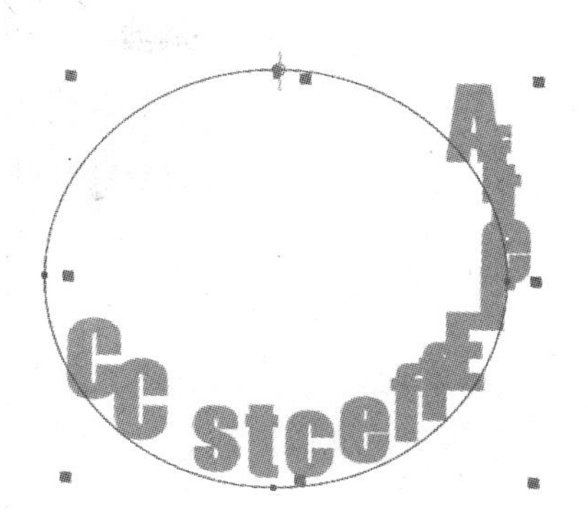

图5.2.13

● 【强制对齐】Force Alignment选项：控制路径中的排列方式。在【首字边距】First Margin和【末字边距】Last Margin之间排列文本时，该选项打开，分散排列在路径上；该选项关闭，字母将按从起始位置顺序排列，如图5.2.14所示。

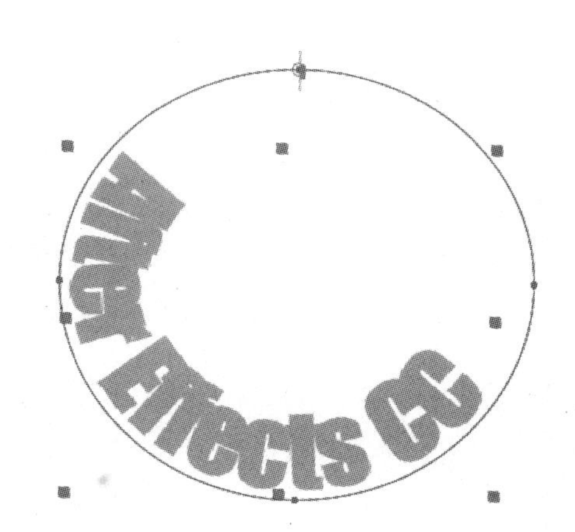

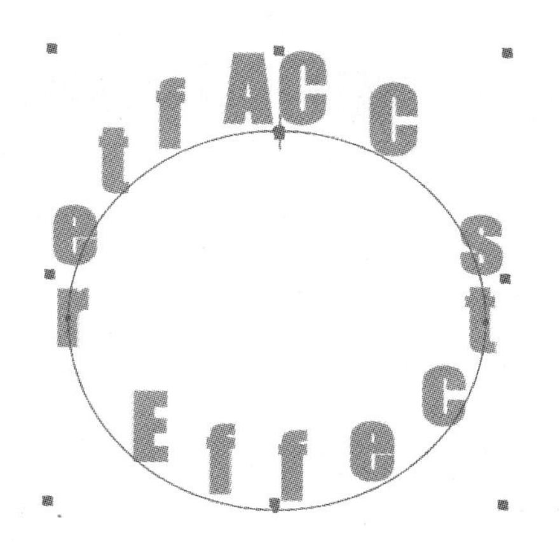

图5.2.14

- 【首字边距】和【末字边距】First＆Last Margin选项：分别指定首尾字母所在的位置，坐在位置与路径文本的对齐方式有直接关系。

用户可以在【合成】Composition面板中对文本进行调整，可以用鼠标调整字母的起始位置，也可以通过改变【首字边距】和【末字边距】First＆Last Margin选项的数值来实现。我们单击【首字边距】First Margin选项前的钟表图标，设置第一个关键帧，然后移动时间指示器到合适的位置，再改变【首字边距】First Margin的数值为100.0，一个简单的文本路径动画就做成了，如图5.2.15所示。

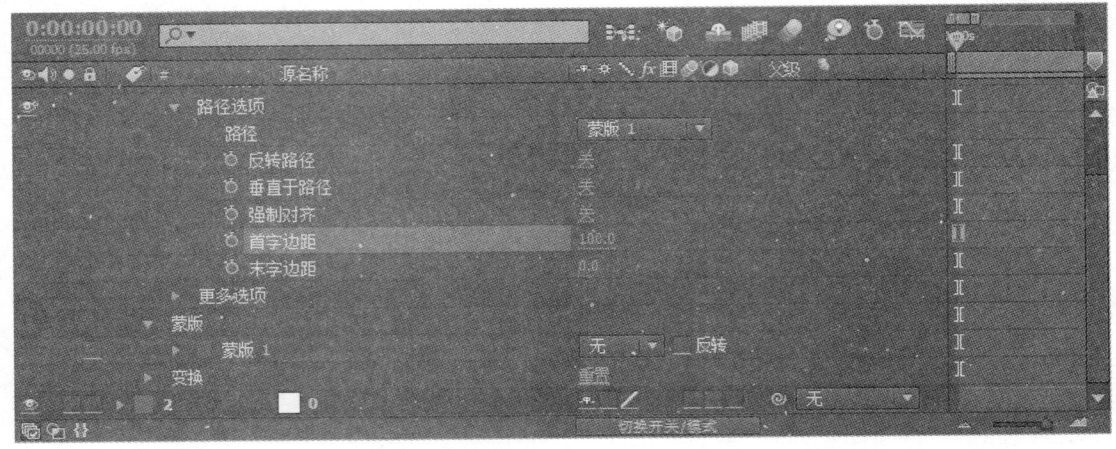

图5.2.15

在【路径选项】Path Options下面还有一些相关选项，【更多选项】More Options中的设置可以调节出更加丰富的效果，如图5.2.16所示。

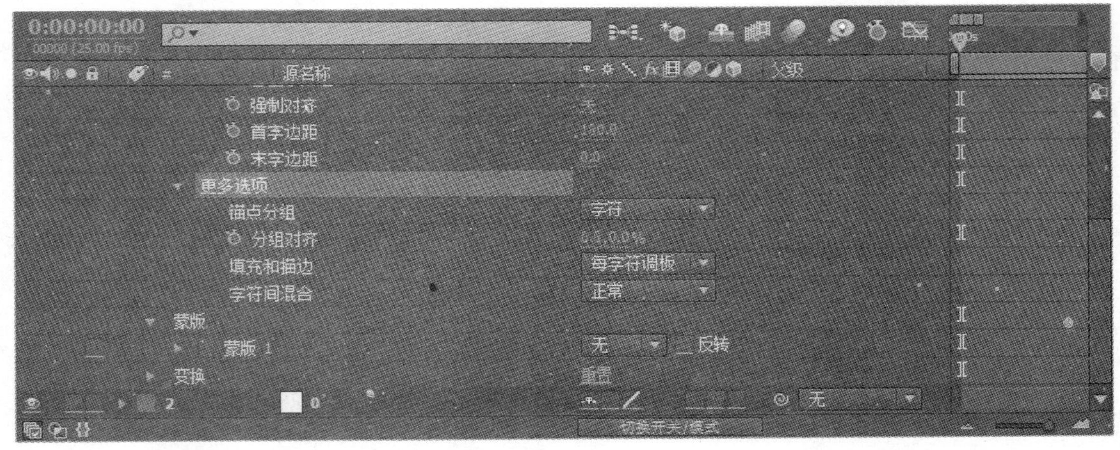

图5.2.16

【描点分组】Anchor Point Grouping选项：提供了4种不同的文本锚点的分组方式，单击右侧的下拉菜单可以提供四种方式：【字符】Character、【词】Word、【行】Line和【全部】All，如图5.2.17所示。

图5.2.17

- 【字符】Character：把每一个字符作为一个整体，分配在路径上的位置，如图5.2.18所示。

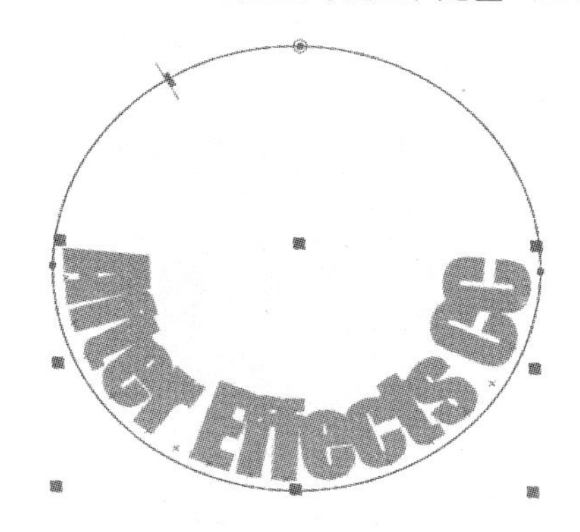

图5.2.18

- 【词】Word：把每一个单词作为一个个体，分配在路径上的位置，如图5.2.19所示。

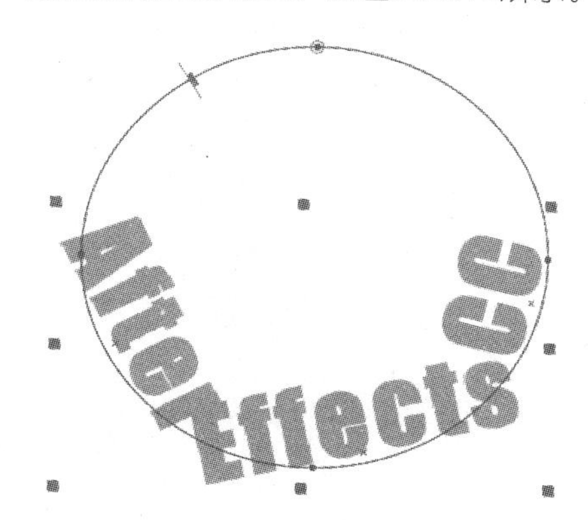

图5.2.19

- 【行】Line：把文本作为一个列队，分配在路径上的位置，如图5.2.20所示。

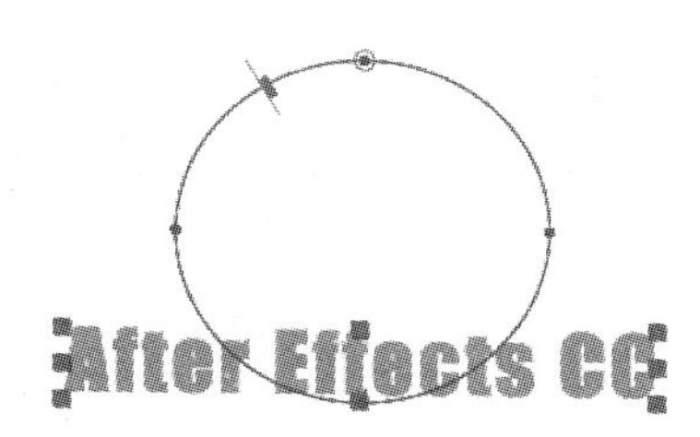

图5.2.20

- 【全部】All：把文本中所有文字，分配在路径上的位置，如图5.2.21所示。

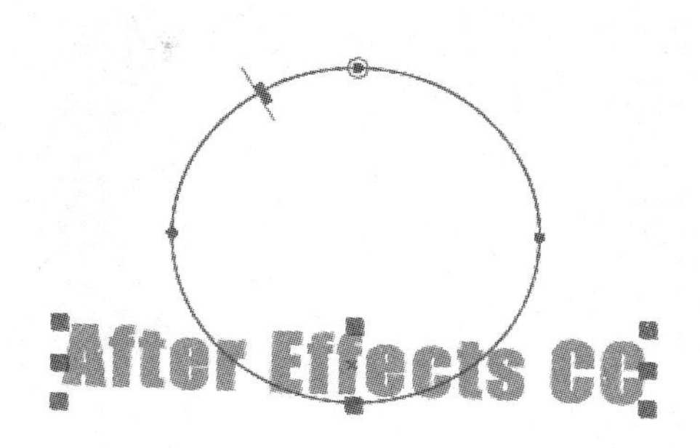

图5.2.21

- 【分组对齐】Grouping Alignment：控制文本的围绕路径排列的随机度，如图5.2.22所示。

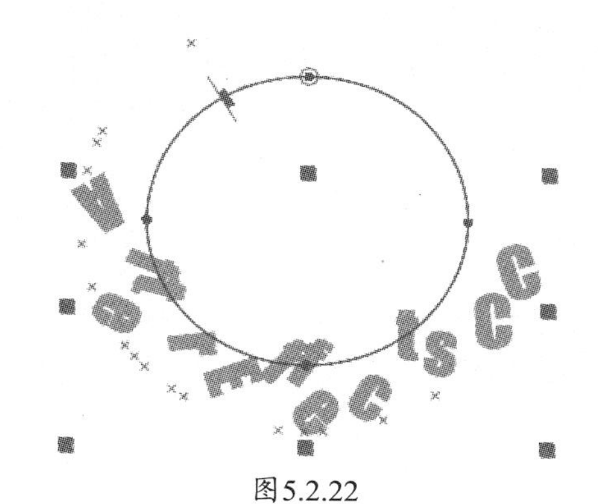

图5.2.22

- 【填充和描边】Fill＆Stroke：控制文本填充与描边的模式。
- 【字符间混合】Inter－Character Blending：控制字符间的混合模式。

提示

通过修改【路径】Path下属性，再配合【描点分组】Anchor Point Grouping下的不同属性，我们就能创造出丰富的文字动画效果。

5.3 范围控制器

文本层可以通过文本动画工具创作出复杂的动画效果，当文本动画效果被添加时，软件会建立一个【范围】Range控制器，利用起点、终点和偏移值的设置，制作出各种的文字运动形式，如图5.3.1所示。

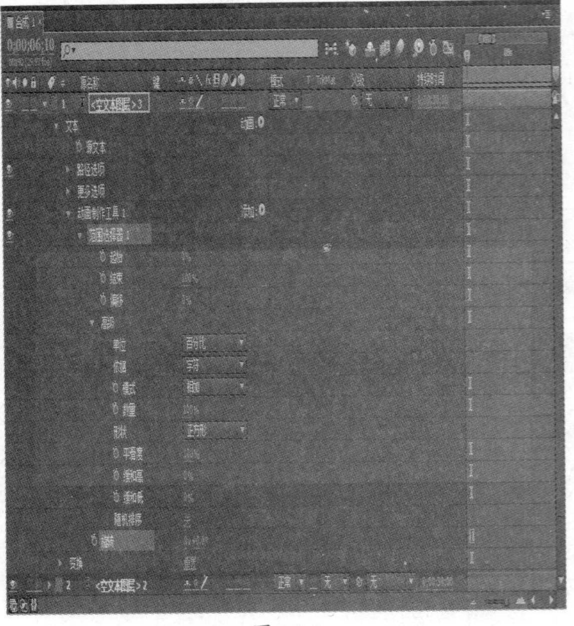

图5.3.1

为文本添加动画的方式有两种，可以选择菜单【动画】Animation→【动画文本】Animate Text命令，也可以单击【时间轴】Timeline面板中文本层的【动画】Animate属性旁的三角形图标 动画:◎。两种方式都可以展开文本动画菜单，菜单中有各种可以添加到文本的动画属性。

文本动画工具可以添加如下的效果。

- 【启用逐字3D化】Enable Per-character 3D
- 【位置】Position
- 【倾斜】Skew
- 【旋转】Rotation
- 【不透明度】Opacity
- 【全部变换属性】All Transform Properties
- 【填充颜色】Fill Color
- 【描边颜色】Stroke Color
- 【描边宽度】Stroke Width
- 【字符间距】Tracking
- 【行描点】Line Anchor
- 【行距】Line Spacing
- 【字符位移】Character Offset
- 【字符值】Character Value
- 【模糊】Blur

前面我们提到了每当用户添加了一个文本动画属性，软件会自动建立一个【范围】Range控制器，如图5.3.2所示。

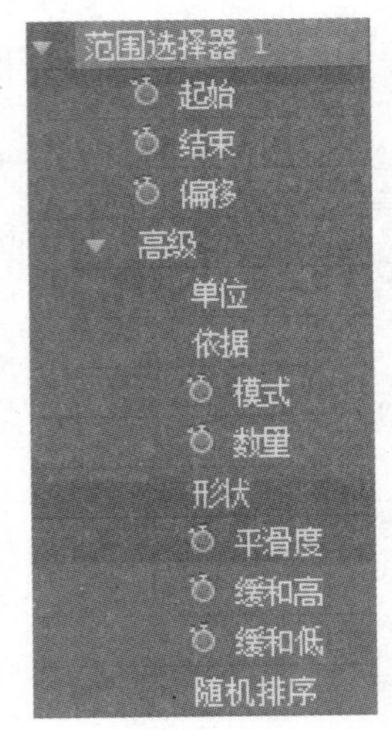

图5.3.2

用户可以反复添加【范围】Range 控制器，多个控制器得出的复合效果非常丰富。下面介绍一下【范围】Range 控制器的相关参数。

- 【起始】Start：设置控制器的有效范围的起始位置。
- 【结束】End：设置控制器的有效范围的结束位置。
- 【偏移】Offset：控制【起始】和【结束】Start＆End范围的偏移值（即文本起始点与控制器间的距离，如果【偏移】Offset值为0时，【起始】和【结束】Start＆End属性将没有任何作用）【偏移】Offset值的设置在文本动画制作过程中非常重要，该属性可以创建一个可以随时间变化的选择区域（如：当【偏移】Offset值为0%时，【起始】和【结束】Start＆End的位置可以保持在用户设置的位置，当值为100%时，【起始】和【结束】Start＆End的位置将移动到文本末端的位置）。

【高级】Advanced包括以下属性。

- 【单位】和【依据】Units＆Based On：指定有效范围的动画单位（即指定有效范围内的动画以什么模式为一个单元方式运动，如：【字符】Character以一个字母为单位，【单词】Words以一个单词为单位）。
- 【模式】Mode：制定有效范围与原文本的交互

模式（共6种融合模式）。

- 【数量】Amount：控制【动画制作工具】Animator属性影响文本的程度。
- 【形状】：控制有效范围内字母的排列模式，如图5.3.3所示。

【正方形】Square

【上斜坡】Ramp Up

【下斜坡】Ramp Down

【三角形】Triangle

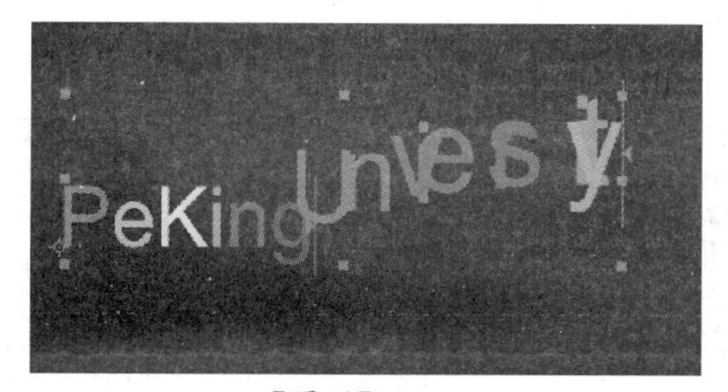

【圆形】Round

【平滑】Smooth

图5.3.3

- 【平滑度】Smoothness：控制文本动画过渡时的平滑程度（只有在选择【正方形】Square模式时才会显示）。
- 【缓和高】和【缓和低】Ease High&Low：控制文本动画过渡时的速率。
- 【随机排序】Randomize Order：是否应用有效范围的随机性，如图5.3.4和图5.3.5所示。

【随机排序】关Randomize Order Off

图5.3.4

【随机排序】开Randomize Order On

图5.3.5

- 【随机植入】Random Seed：控制有效范围的随机度（只有在打开【随机排序】Randomize Order时才会显示）。
- 除了可以添加【范围】Range控制器，还可以对文本添加【摆动】Wiggly和【表达式】Expression控制器。【表达式】控制器是在After Effects 6.5的版本中新添加的功能，我们会在表达式的课节里详细讲解After Effects表达式的相关内容。【摆动】Wiggly控制器可以做出很多种复杂的文本动画效果，电影《黑客帝国》中经典的坠落数字的文本效果就是使用After Effects创建的。下面我

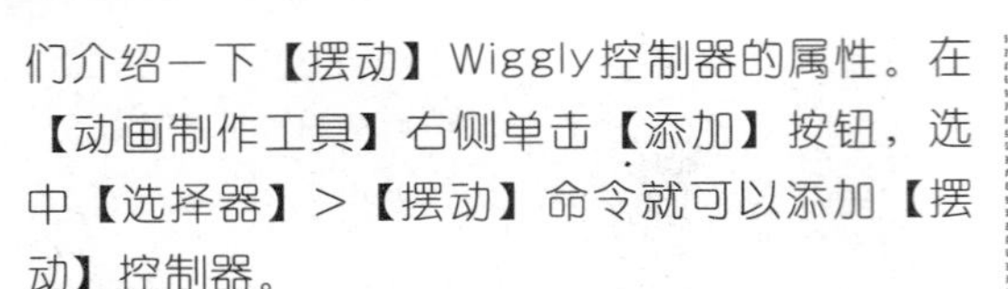

们介绍一下【摆动】Wiggly控制器的属性。在【动画制作工具】右侧单击【添加】按钮，选中【选择器】>【摆动】命令就可以添加【摆动】控制器。

- 【摆动】Wiggly控制器主要来随机地控制文本，用户可以反复添加。
- 【模式】Mode：控制与上方选择器的融合模式（共6种融合模式）。
- 【最大量】和【最小量】Max & Min Amount：控制器随机范围的最大值与最小值。
- 【依据】Base On：居于4种不同的文本字符排列形式。
- 【摇摆/秒】Wiggles / Second：控制器每秒变化的次数。
- 【关联】Correlation：控制文本字符（【依据】Base On属性所选的字符形式）间相互关联变化随机性的比率。
- 【时间和空间相位】Temporal & Spatial Phase：控制文本在动画时间范围内控制器的随机值的变化。
- 【锁定维度】Lock Dimensions：锁定随机值的相对范围。
- 【随机植入】Random Seed：控制随机比率。

下面我们通过实例来讲解【范围选择器】动画效果的制作。

5.3.1 范围选择器动画

01 选择菜单【合成】Composition→【新建合成】New Composition命令，创建一个新的合成影片，设置如图所示，如图5.3.6所示。

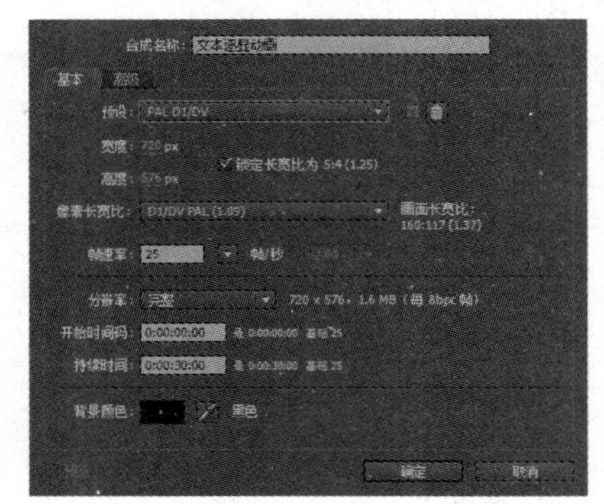

图5.3.6

02 选择T文本工具，新建一个文本层并输入文字。

03 为文本层添加动画效果，选中文本层，再选择菜单【动画】Animation→【动画文本】Animate Text→【不透明度】Opacity命令，也可以单击【时间轴】Timeline面板中【文本】Text属性右侧的【动画】Animate旁的三角形图标 动画:▶ ，在弹出的菜单中选择【不透明度】Opacity命令，为文本添加【范围】Range动画控制器和【不透明度】Opacity属性，如图5.3.7所示。

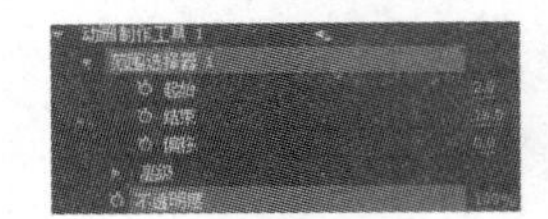

图5.3.7

04 在【时间轴】Timeline面板中，把时间指示器调整到起始位置，单击【范围选择器1】Range Selector 1属性下【偏移】Offset前的钟表图标，设置关键帧【偏移】Offset值为0%，如图5.3.8所示。

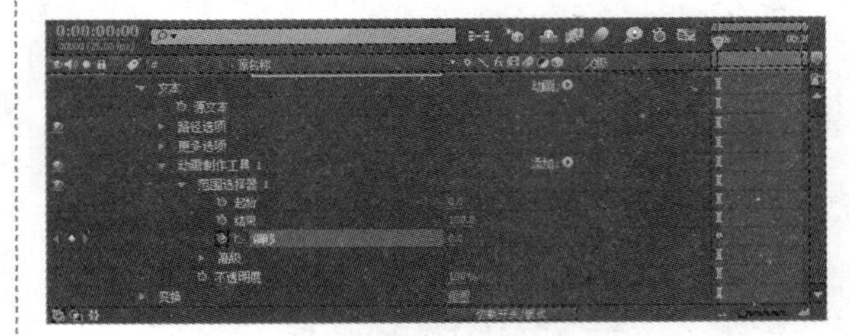

图5.3.8

05 调整时间指示器到结束位置，设定关键帧【偏移】Offset值为100%，如图5.3.9所示。

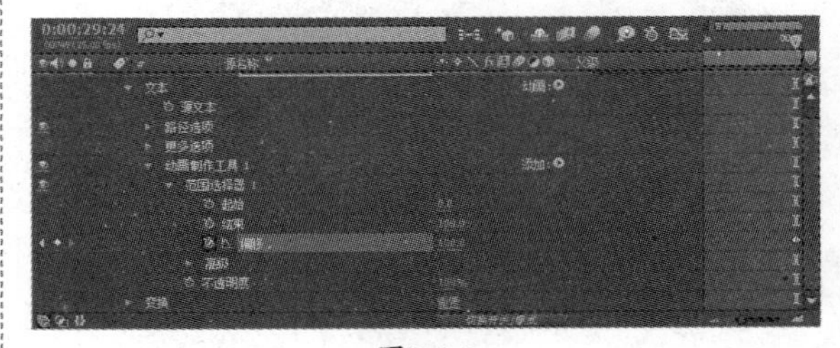

图5.3.9

06 把【不透明度】Opacity值调整为0%，如图5.3.10所示。

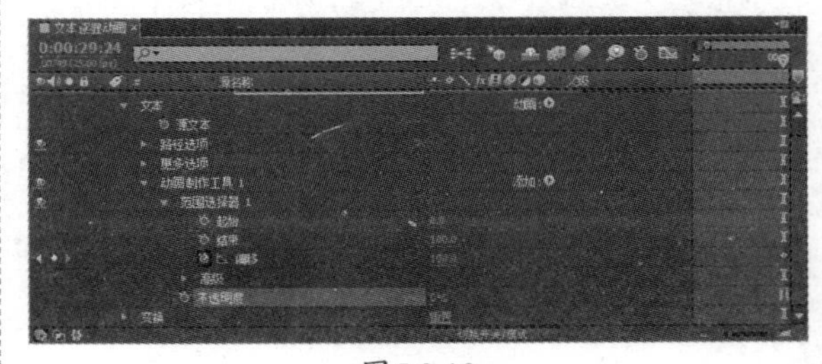

图5.3.10

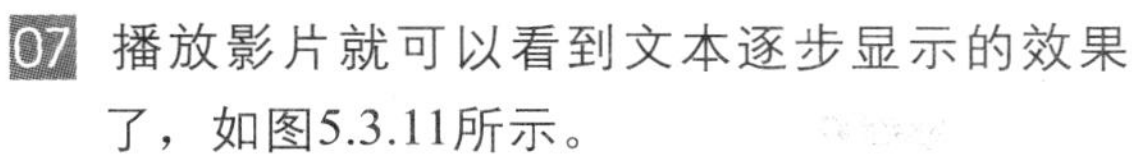

07 播放影片就可以看到文本逐步显示的效果了，如图5.3.11所示。

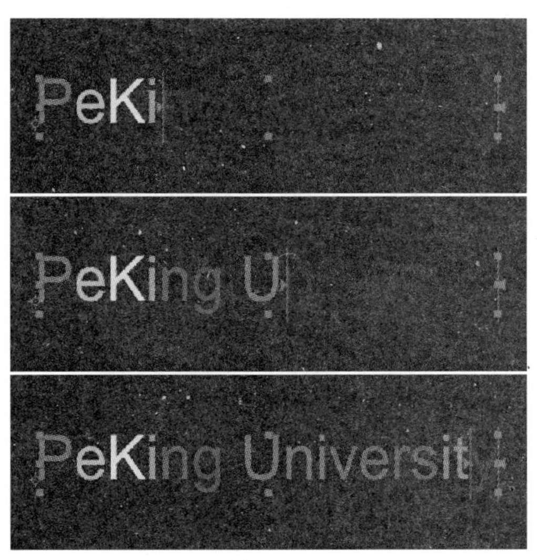

图5.3.11

提示

【偏移】Offset属性主要用来控制动画效果范围的偏移值，也就是说我们对【偏移】Offset值设置关键帧就可以控制偏移值的运动，如果设置【偏移】Offset值为负值，运动方向和正值则正好相反。在实际的制作中，我们可以通过调节【偏移】Offset值的动画曲线来控制运动的节奏。

5.3.2 透明度动画

使用同样的工具，不同的设计师可以制作出万千效果，关键在于如何利用手头的工具。下面我们将要学习复合地使用文本动画控制工具的实例，几种不同效果的混合可以制作出复杂的效果。文本动画的制作，建立在文本的每个字符的基础之上。在【图层】Layer 菜单下的【从文本创建蒙版】Create Outlines 命令可以将文本转化为【蒙版】Mask，在 Adobe 公司的软件 Illustrator 和 Flash 中都有该项功能，但一旦转换为【蒙版】Mask 将不能再添加文本属性。

01 选择菜单【合成】Composition→【新建合成】New Composition命令，创建一个新的合成影片，设置如图5.3.12所示。

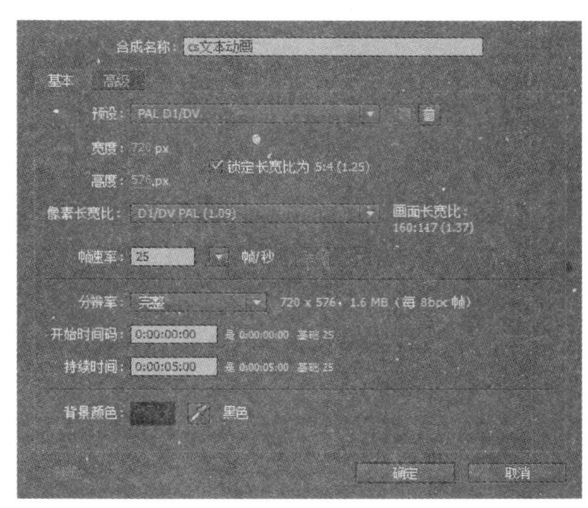

图5.3.12

02 为文本效果制作一个背景，烘托一下气氛。新建两个【纯色】Solid图层，两个层的颜色分别设置为：上层为（R 239，G 000，B 003），下层为（R 161，G 000，B 008），如图5.3.13所示。

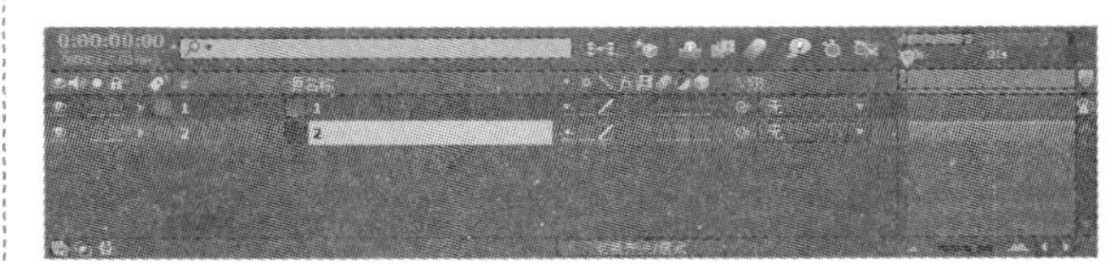

图5.3.13

03 选中上层1，使用【圆形遮罩工具】创建【蒙版】Mask，如图5.3.14所示。

图5.3.14

04 在【时间轴】Timeline面板中，打开【蒙版】Mask属性，调节【蒙版羽化】Mask Feather的值为60像素，如图5.3.15和图5.3.16所示。

图5.3.15

图5.3.16

05 然后打开层的【变换】Transform属性，对【蒙版】Mask的【位置】Position和【缩放】Scale属性设置关键帧，如图5.3.17和图5.3.18所示。

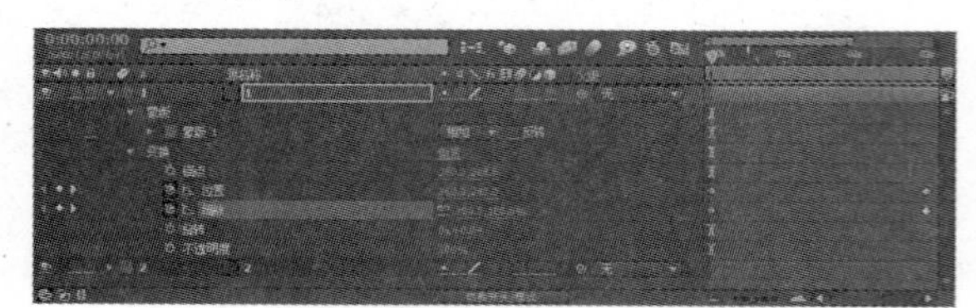

图5.3.17

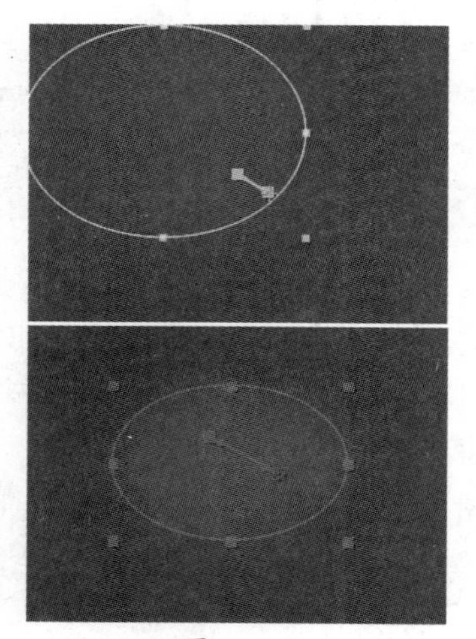

图5.3.18

06 选择文本工具T，新建一个文本图层并输入文字，如图5.3.19所示。

图5.3.19

07 为文本层添加动画效果，选中文本层，再选择菜单【动画】Animation>【动画文本】Animate Text>【不透明度】Opacity命令，也可以单击【时间轴】Timeline面板中【文本】Text属性右侧的【动画】Animate旁的三角形图标 动画:◎，在弹出的菜单中选择【不透明度】Opacity命令，为文本添加【范围】Range动画控制器和【不透明度】Opacity属性，如图5.3.20所示。

图5.3.20

08 在【时间轴】Timeline面板中，把时间指示器调整到起始位置，单击【范围选择器】Range Selector 1属性下【偏移】Offset前的钟表图标，设置关键帧【偏移】Offset值为0%。在01S（秒）的位置，设置关键帧【偏移】Offset值为60%，在02S（秒）的位置，设置关键帧【偏移】Offset值为100%，然后再设置【不透明度】Opacity的值为0%，如图5.3.21所示。

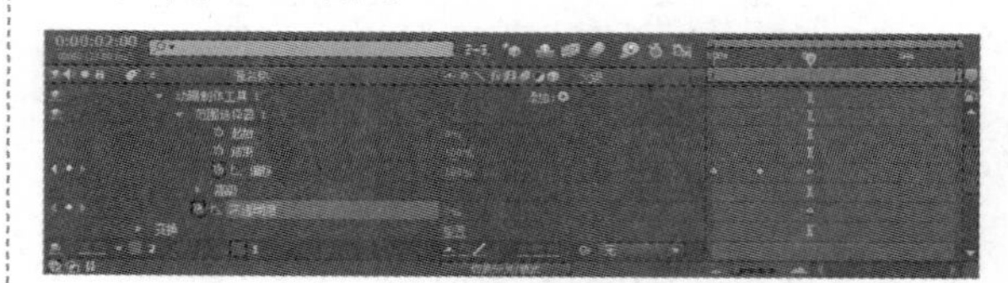

图5.3.21

09 现在我们为文本添加第二个效果，单击【文本】Text层【动画制作工具1】Animator 1属性右侧的 添加:◎ 按钮，展开菜单并选择【属性】Property>【缩放】Scale命令，为文本添加【缩放】Scale效果。这时在【文本】Text层中多了一项【缩放】Scale属性，调节【缩放】Scale的值为200%，然后按下小键盘的数字键“0”，播放动画并观察效果，文本在逐步显示的过程中又添加了缩放的效果，如图5.3.22所示。

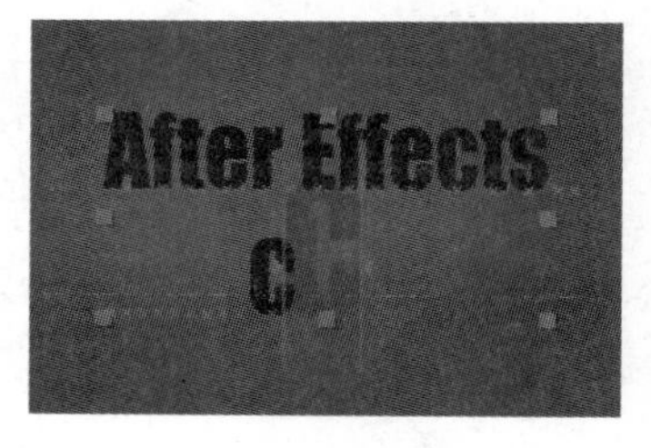

图5.3.22

5.3.3 起始与结束属性动画

在【范围选择器】属性下除了【偏移】属性还有【起始】和【结束】两个属性，这两个属性用于定义【偏移】的影响范围。对于初学者，这个概念理解上存在一定困难，但是经过反复训练可以熟练掌握。

01 首先创建一段文字，如图5.3.23所示。

图5.3.23

02 选中文本图层，再选择菜单【动画】Animation>【动画文本】Animate Text>【缩放】Scale命令，也可以单击【时间轴】Timeline面板中【文本】Text属性右侧的【动画】Animate旁的三角形图标 动画:，在弹出的菜单中选择【缩放】Scale命令，为文本添加【范围】Range动画控制器和【缩放】Scale属性，如图5.3.24所示。

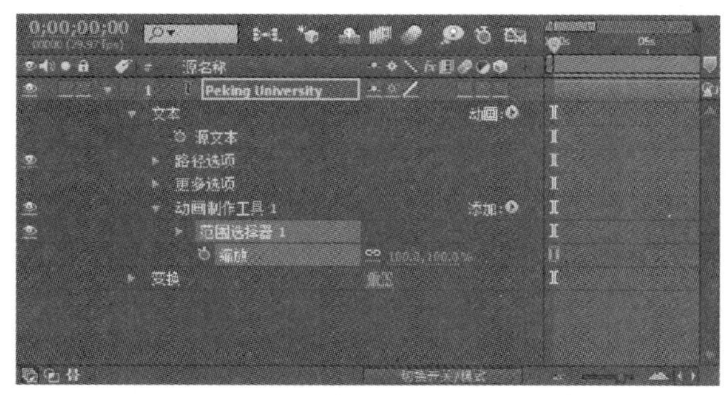

图5.3.24

03 在【时间轴】Timeline面板中，调节【范围选择器】Range Selector 1属性下【起始】Start的值为0%，【结束】End的值为15%，这样我们就设定了动画的有效范围。在【合成】Composition面板中可以观察到，字体上的控制手柄会随着数值的变化而移动位置，也可以通过鼠标拖曳控制器，如图5.3.25所示。

图5.3.25

04 再设置【偏移】Offset的值，把时间指示器调整到01S（秒）的位置，单击【偏移】Offset前的钟表图标，设置关键帧【偏移】Offset值为－15%，把时间指示器调整到03S（秒）的位置，设置关键帧【偏移】Offset值为100%。用鼠标拖动时间指示器，可以看到控制器的有效范围被制作成了动画，如图5.3.26所示。

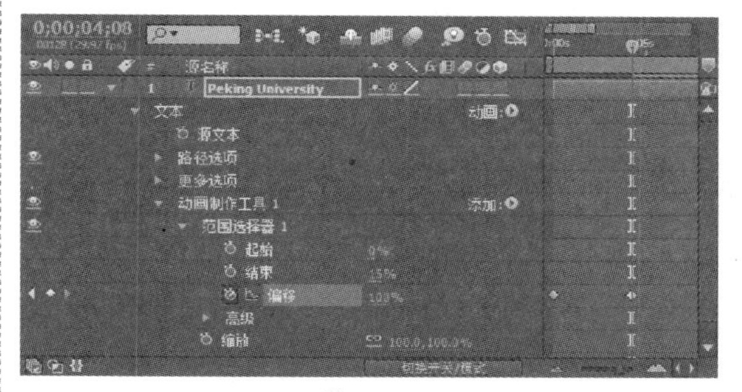

图5.3.26

05 调节文本图层的【缩放】Scale 值为 250%，就可以看到只有在有控制器有效范围内，文本在做着缩放动画，如图 5.3.27 所示。

图5.3.27

06 我们再为文本添加一些效果，单击文本图层【动画】Animator 1属性右侧的按钮 添加: 并展开菜单，选择【属性】Property>【填充颜色】Fill Color>【RGB】命令，为文本添加【填充颜色】Fill Color效果。这时在文本图层中多了一项【填充颜色】Fill Color属性，修改【填充颜色】Fill Color的【RGB】值为（0，145，233）（也就是LOGO的颜色），然后按下小键盘的数字键【0】，播放动画并观察效果，我们看到文本在放大的同时颜色也在改变，如图5.3.28所示。

图5.3.28

提示

这个示例使用了【起始】和【结束】Start & End属性，用户也可以为这两个属性设置关键帧，以达到影片画面的需求。其他的属性添加方式也是一样的，将不同的属性组合在一起，得出的效果是不一样的，可以多尝试一下创作出新的文本效果。

5.3.4 路径文字效果

01 选择菜单【合成】Composition>【新建合成】New Composition 命令，弹出【合成设置】Composition Settings 对话框，创建一个新的合成面板，命名为“路径文字动画效果”，设置控制面板参数，如图 5.3.29 所示。

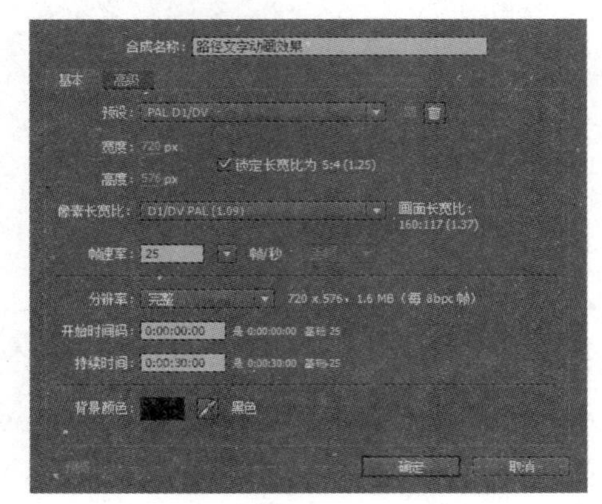

图5.3.29

02 选择菜单【文件】File>【导入】Import>【文件】File命令，在【项目】Project面板选中导入的素材文件，将其拖入【时间轴】Timeline面板，图像将被添加到合成影片中，在合成窗口中将显示出图像，如图5.3.30所示。

图5.3.30

03 选择菜单【图层】Layer>【新建】New>【纯色】Solid 命令（或按下快捷键【Ctrl + Y】），打开【纯色设置】Solid Settings 对话框，建立一个纯色图层，如图 5.3.31 所示。

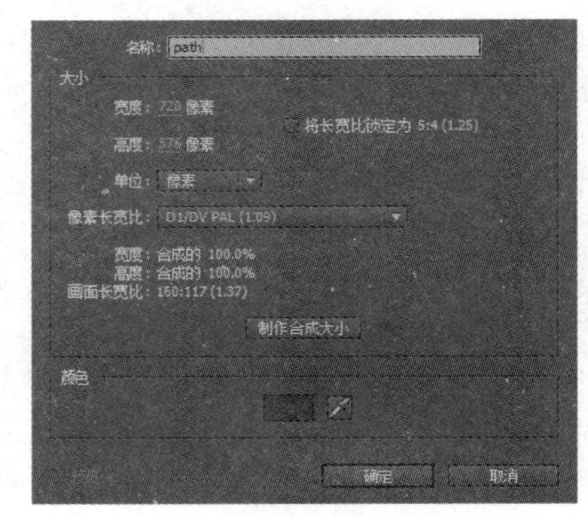

图5.3.31

04 选中建立的纯色图层，选择菜单【效果】Effect>【过时】obsolete>【路径文本】Path Text命令，为该层添加一个滤镜效果，在弹出的【路径文字】Path Text对话框中输入文字“After Effects CC”，并选择合适的字体，如图5.3.32所示。

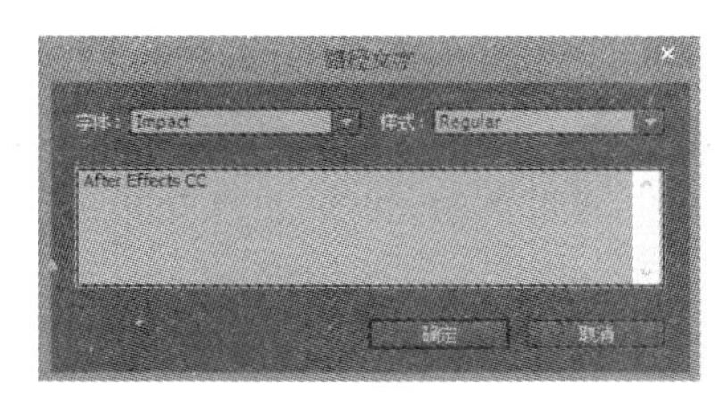

图5.3.32

05 在【合成】Composition面板中可以看到，文字出现在面板中，原有的固态层的底色也消失了，文字是由路径来控制的，我们可以使用工具箱中的【选取工具】Selection Tool来控制路径曲线，如图5.3.33所示。

图5.3.33

06 路径文字被创建的同时会弹出【效果控件】Effect Controls对话框，在这个面板里可以控制【路径文本】Path Text效果的相关命令，并制作出动画效果，如图5.3.34所示。

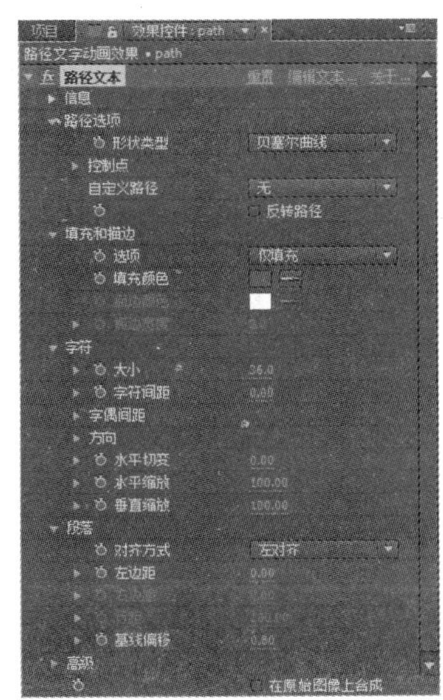

图5.3.34

07 如果默认路径并不能完成我们所需要达到的效果，可以在【时间轴】Timeline面板中选中路径文字所在的层，使用工具箱中的【钢笔工具】Pen Tool在【合成】Composition面板中绘制一条满意的曲线，如图5.3.35所示。

图5.3.35

08 在【效果控件】Effect Controls面板中将【路径选项】Path Options属性下的【自定义路径】Custom Path的选项改为【蒙版1】Mask 1，也就是我们刚才绘制的曲线，如图5.3.36所示。

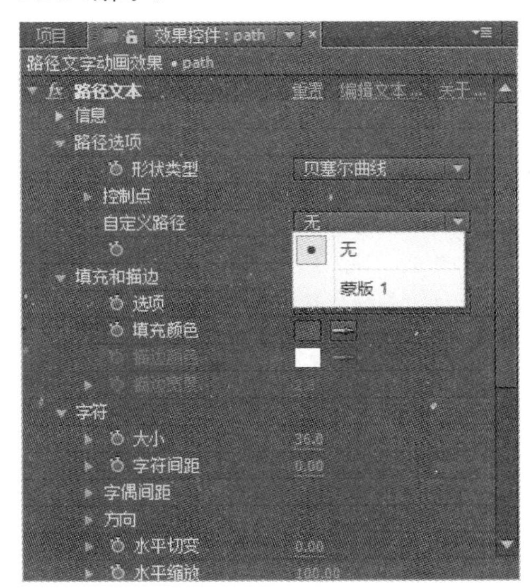

图5.3.36

09 观察【合成】Composition面板，文字已经随着新绘制的路径弯曲，如图5.3.37所示。

图5.3.37

10 在【时间轴】Timeline面板中选中路径文字层，在【效果控件】Effect Controls面板中修改【字符】Character属性下的【大小】Size参数为70，并将【填充颜色】Fill Color参数改为红棕色，如图5.3.38所示。

图5.3.38

11 下面我们为路径文字设置动画，在【时间轴】Timeline面板中选中路径文字层，展开【效果】Effects>【路径文本】Path Text>【高级】Advanced>【可视字符】Visible Characters属性，单击【可视字符】Visible Characters属性左边的小钟表图标，开始记录关键帧动画，将时间指示器移动到0:00:00:00的位置，将【可视字符】Visible Characters属性的参数改为0.00，再将时间指示器移动到0:00:10:00的位置，设置参数为30.00，如图5.3.39所示。

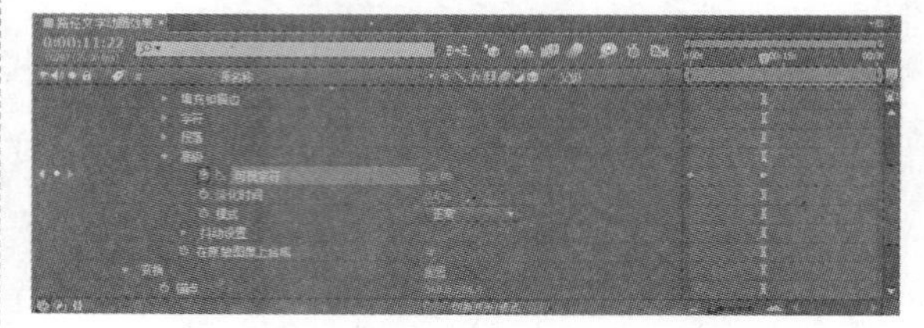

图5.3.39

12 将文字层转换为3D图层，在三维空间中旋转字体，按下数字键盘上的【0】数字键，对动画进行预览。可以看到文字随着路径逐渐显现，如图5.3.40所示。

图5.3.40

5.3.5 文本动画预设

在After Effects中预设了很多文本动画效果，如果用户对文本没有特别的动画制作需求，只是需要将文本以动画的形式展现出来，使用动画预设是一个很不错的选择。下面我们来学习一下如何添加动画预设。

首先在【合成】面板创建一段文本，在【时间轴】面板选中文本图层，选择菜单【窗口】>【效果与预设】命令，可以看到面板中有【动画预设】选项，如图5.3.41所示。

图5.3.41

展开【动画预设】（注意不是下面【文本】效果），【Presets】>【Text】下的预设都是定义文本动画的。其中【Animate in】和【Animate Out】就是我们在平时经常制作的文字呈现和隐去的动画预设，如图5.3.42所示。

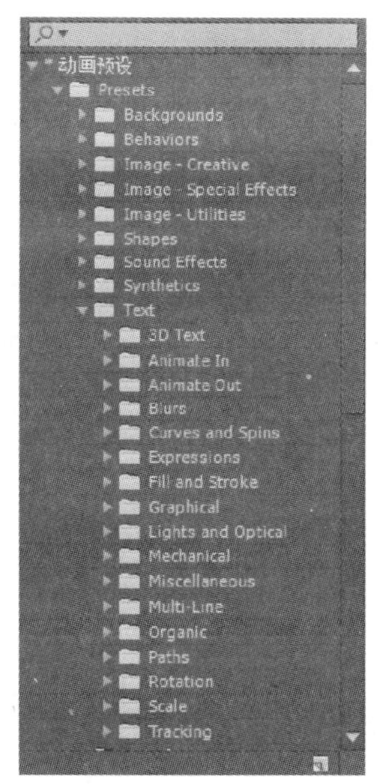

图5.3.42

展开其中的预设命令，当选中需要添加的文本后，双击需要添加的预设，再观察【合成】面板播放动画，可以看到文字动画已经设定成功。展开【时间轴】面板上的文本属性，可以看到范围选择器已经被添加到文本上，预设的动画也可以通过调整关键帧的位置来调整动画时间的变化，如图5.3.43所示。

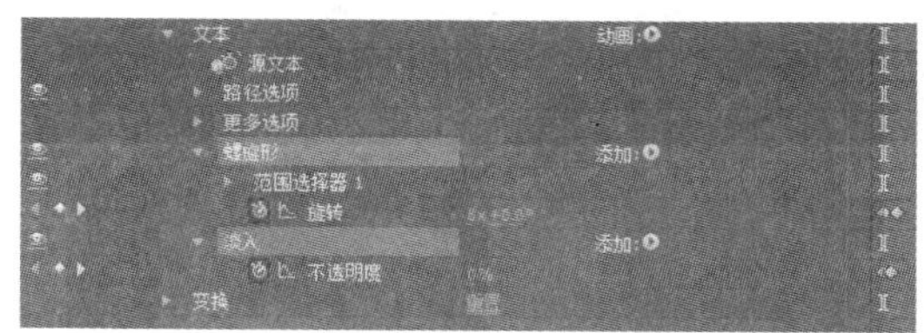

图5.3.43

如果用户想预览动画预置的效果也十分简单，在【效果和预设】面板单击右上角的图标，在下拉菜单中选中【浏览预设】命令，用户就可以在Adobe Bridge中预览动画效果（一般情况下Bridge都是默认自动安装的），如图5.3.44所示。

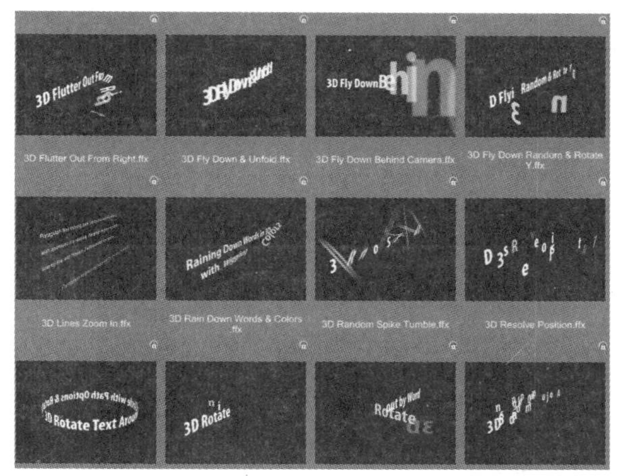

图5.3.44

5.4 文本特殊应用实例

使用同样的工具配合不同的方法创作出的画面效果是不一样的，学习工具的关键在于能灵活地使用这些工具，下面我们通过一个实例来深入了解工具的应用。

01 选择菜单【合成】Composition>【新建合成】New Composition命令，创建一个新的合成影片，设置如图5.4.1所示。

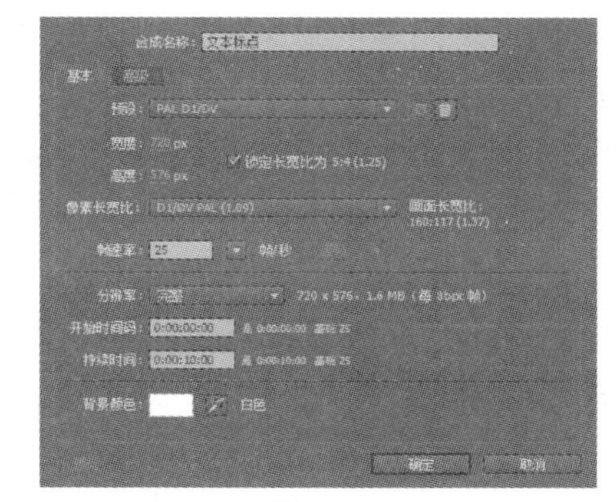

图5.4.1

02 选择文本工具T，新建一个文本层，输入“标点”。输入的是标点而不是文字，我们可以利用标点的外形做出丰富的动画。输入“.”号，也就是英文的句号。建立一个连续的、由标点组成的虚线，如图 5.4.2 所示。

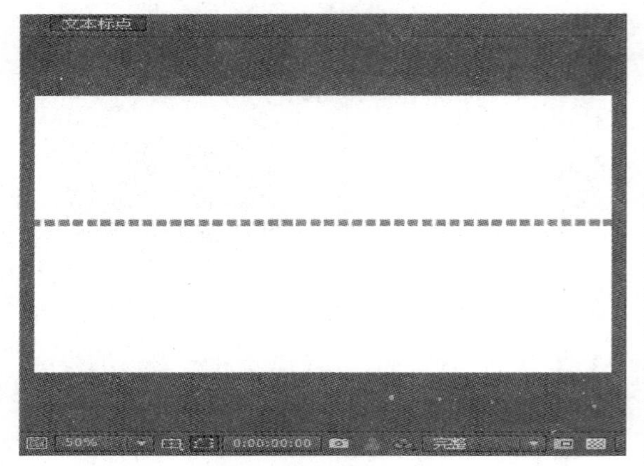

图5.4.2

提示

如果创建的标点样式和间隔与本例子不同，请注意调整文本工具上的文本样式、文本大小、文本颜色和文本间隔各项属性。

03 为文本层添加动画效果，选中文本层，再选择菜单【动画】Animation>【动画文本】Animate Text>【缩放】Scale命令，也可以单击【时间轴】Timeline面板中【文本】Text属性右侧的【动画】Animate旁的三角形图标 动画:，在弹出的菜单中选择【缩放】Scale命令，为文本添加【范围】Range动画控制器和【缩放】Scale属性，如图5.4.3所示。

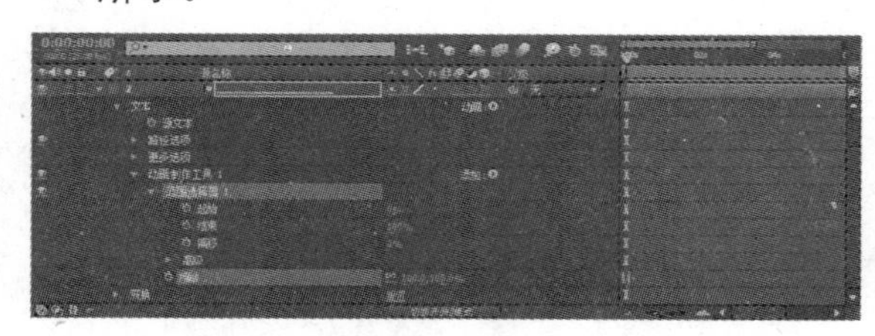
图5.4.3

04 在【时间轴】Timeline面板中，把【缩放】Scale值调整为合适的值，可以通过观察【合成】Composition面板中红色矩形的大小来确定，如图5.4.4所示。

图5.4.4

05 我们再为文本添加随机效果，单击【文本】Text 层【动画制作工具 1】Animator 1 属性右侧的 添加: 按钮并展开菜单，选择【选择器】Selector>【摆动】Wiggly 命令，为文本添加【摆动】Wiggly 选择器，如图 5.4.5 所示。

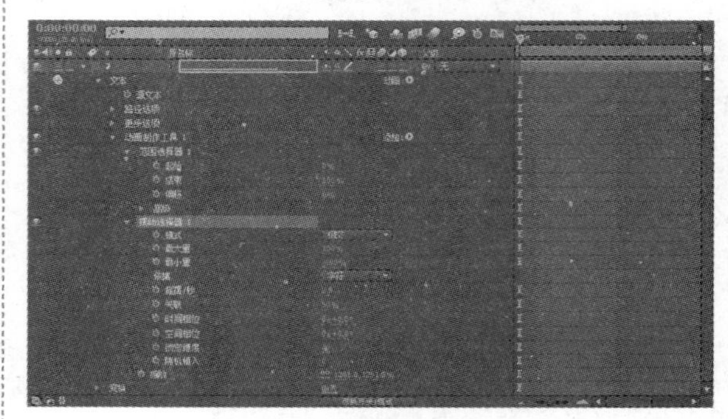
图5.4.5

06 观察【合成】Composition面板，可以看到蓝色的矩形变成了随机上下变化的方块，这是【缩放】Scale属性和【摆动选择器】Wiggly Selector效果融合的结果，如图5.4.6所示。

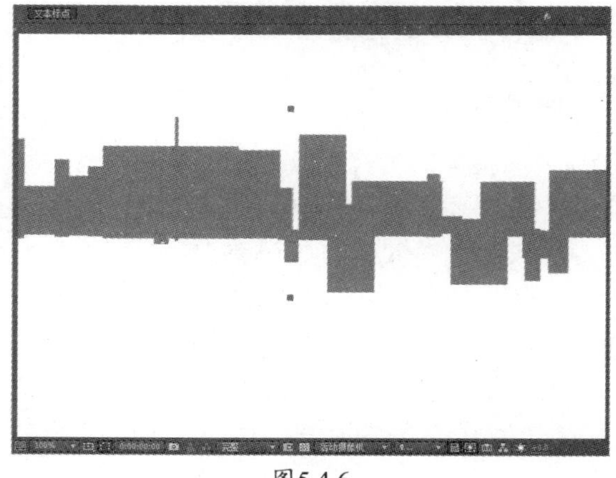

图5.4.6

07 按下小键盘的数字键“0”并预览动画。由于画面缺少层次，所以我们再为文本添加一些效果，单击【文本】Text层【动画制作工具1】Animator 1属性右侧的添加:按钮，展开菜单，选择【属性】Property>【填充颜色】Fill Color>【RGB】命令，为文本添加【填充颜色】Fill Color效果。这时在【文本】Text层中多了一项【填充颜色】Fill Color属性。把时间指示器调整到00S（秒）的位置，单击【填充颜色】Fill Color属性左侧的钟表图标，为该属性设置关键帧。我们可以设置一个蓝色到紫色的变化效果，如图5.4.7所示。

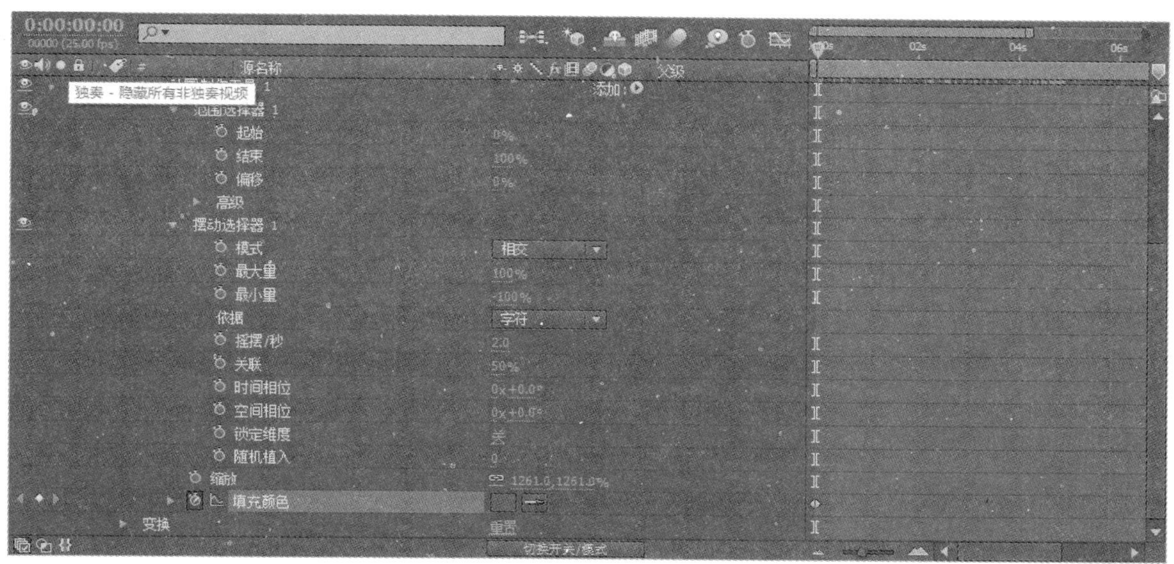

图5.4.7

08 再次观察【合成】Composition面板，画面有了丰富的色彩变化。按下小键盘的数字键“0”并预览动画。可以看到大大小小的色块，随机而富于韵律的运动。所以说使用工具不要拘泥于软件，使用各种可以利用的资源，创作出富于想象力的作品，如图5.4.8所示。

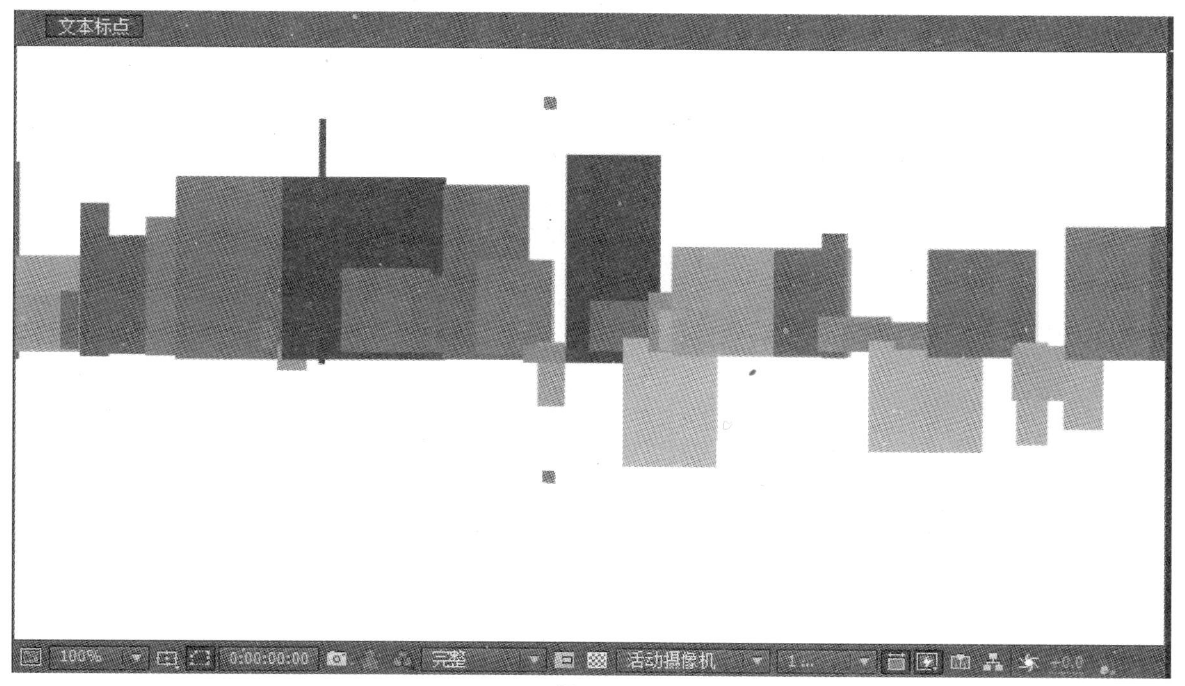

图5.4.8

5.5 【绘画】面板

【绘画】Paint面板在用户使用画笔工具和橡皮图课工具时是必须用到的，通过这个面板可以控制画笔和橡皮图课的各种属性，如图5.5.1所示。

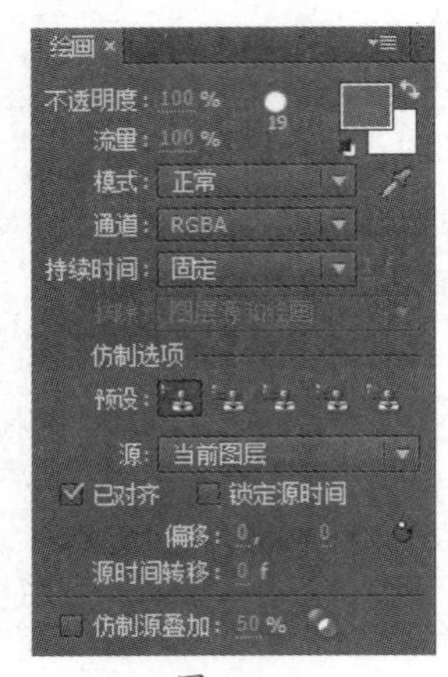

图 5.5.1

5.5.1 画笔参数

- 【不透明度】Opacity：该参数用来控制画笔的透明度，它的取值范围是0～100%。
- 【流量】Flow：该参数用来控制画笔的墨水流量。
- 【模式】Mode：这里是混合模式，画笔和图层之间的混合模式比较相似，单击它后面的小方块可以弹出混合模式的下拉菜单。
- 【通道】Channel：这个选项可以来设置画笔的使用通道，该选项含有3种通道模式。
  - RGBA：为默认状态，它表示画笔工具同时影响图像的所有通道。
  - RGB：这个选项可以使画笔工具只影响图像的RGB通道。
  - Alpha：这个选项可以使画笔工具只影响图像的Alpha通道。
- 【持续时间】Duration：该参数也有4个选项，可以控制画笔不同的持续时间，如图5.5.2所示。

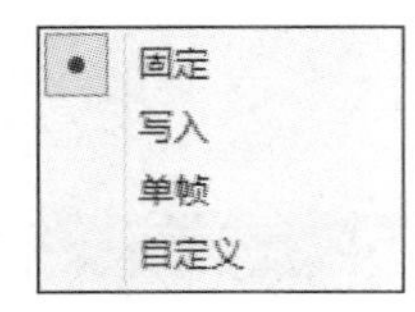

图 5.5.2

  - 【固定】Constant：该项是默认选项。可以控制画笔从当前帧开始到合成影像的最后一帧上进行绘画。
  - 【写入】Write On：这个选项可以使画笔产生动画。
  - 【单帧】Single Frame：该项控制画笔只能在当前帧绘画。
  - 【自定义】Custom：该项可以使画笔在指定的帧中进行绘画。
- 【抹除】Erase：这个选择是用来设置【橡皮擦工具】Eraser Tool的擦除方式。其中有3个选项，如图5.5.3所示。

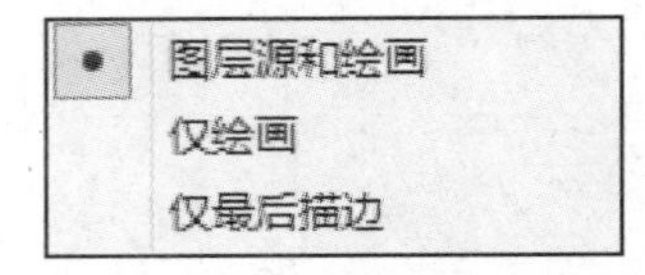

图 5.5.3

  - 【图层源和绘画】Layer Source& Paint：该选项可以使【橡皮擦工具】Eraser Tool擦除笔画的同时，也可以擦除笔画下的图层。
  - 【仅绘画】Paint Only：该选项使【橡皮擦工具】Eraser Tool只擦除画笔。
  - 【仅最后描边】Last Stroke Only：该选项只擦除最后一次的绘画效果。

5.5.2 仿制选项参数

接下来在【绘画】Paint面板中的【仿制选项】Clone Options栏是用来控制【橡皮擦工具】Eraser Tool的，下面来具体进行介绍。

- 【预设】Preset：这个选项是用来储存预先设定的取样点，一共可以储存5个不同的取样点。
- 【源】Source：是用来显示取样点的图层，当然也可以在这里改变这个图层，取样点也会因此而改变，但是它的坐标位置是不变的。
- 【已对齐】Aligned和【锁定源时间】Lock Source Time：这两个选项在前面介绍【仿制选项】Eraser Tool的时候已经说过了，这里就不作介绍了。
- 【偏移】Offset：显示了取样之后，鼠标在图层中移动的坐标，这个坐标是以取样点为中心点的，克隆过一次后，这个坐标就不变了，除非再次取样。在这个坐标后面的图标■是用来清除取样记录的。

- 【源时间转移】Source Time Shift：是用来改变克隆源（也就是被取样的图层）的时间，当我们在克隆一个动画片断或是一个序列帧时，就可以通过这个选项来改变克隆源的时间，此时在需要克隆的图层上会暂时显示出克隆源的图像变化。

5.5.3 画笔颜色

用户可以在【绘画】Paint 面板的右上角的前景色和背景色更改画笔的颜色，如图 5.5.4 所示。

图 5.5.4

上层的是前景色，后层的背景色，单击■按钮可以交换前景色和背景色的颜色，单击■按钮可以恢复默认的前景色和背景色。

5.6 【画笔】面板

在【画笔】Brush Tips面板中为用户提供了多种画笔，而且可以修改每种画笔的属性来更改画笔的形状。在默认状态下，【画笔】Brush Tips面板是灰色且不可编辑状态，只有当我们选择了【画笔工具】Brush Tool后，该面板才会被激活，如图5.6.1所示。

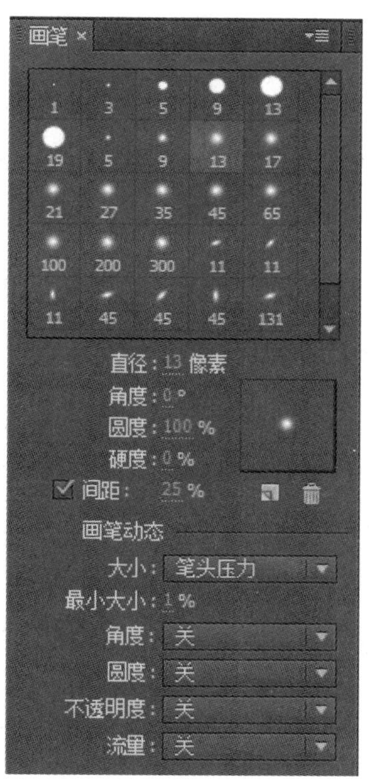

图5.6.1

5.6.1 画笔的显示

在【画笔】Brush Tips面板的上方是各种画笔的陈列区，用户可以通过一些命令改变画笔的显示方式。单击右上角的■按钮，打开【画笔】Brush Tips面板的下拉菜单，如图5.6.2所示。

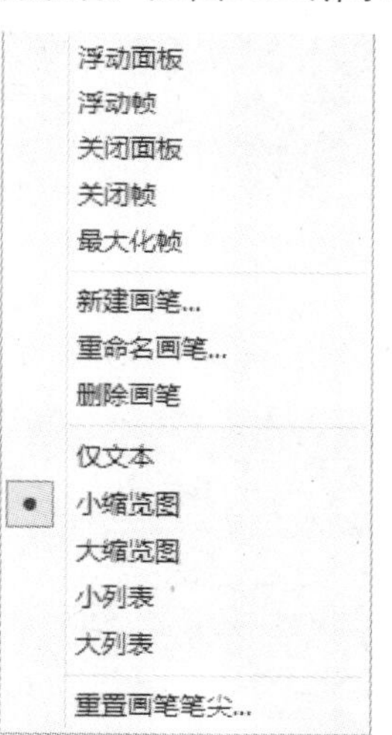

图 5.6.2

上图中有标记的命令都是用来改变画笔的不同显示方式的。

- 【仅文本】Text Only：只显示每种画笔类型的名称。这种显示方式将为用户节省大量空间，但不够直观，如图5.6.3所示。

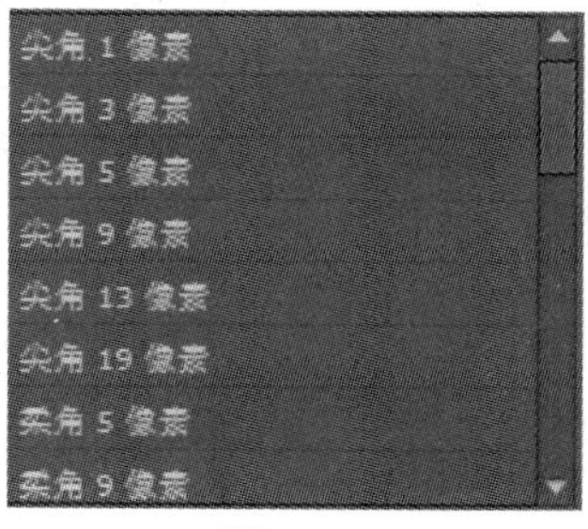

图 5.6.3

- 【小缩览图】Small Thumbnail：这个命令是默认的画笔默认的状态，是以比较小的图标显示画笔，如图5.6.4所示。

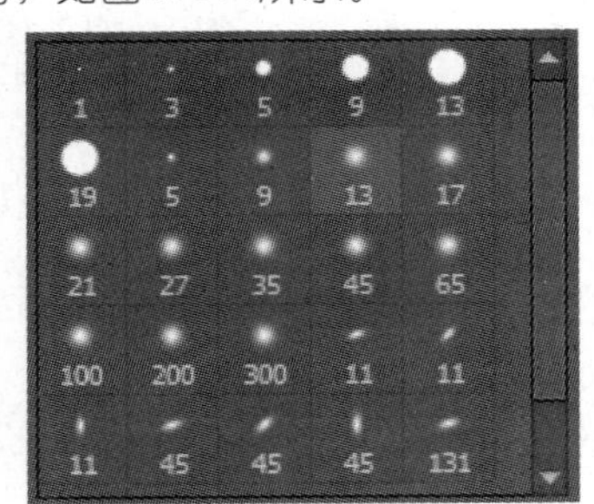

图5.6.4

- 【大缩览图】Large Thumbnail：用比较大的图标来显示画笔，如图5.6.5所示。

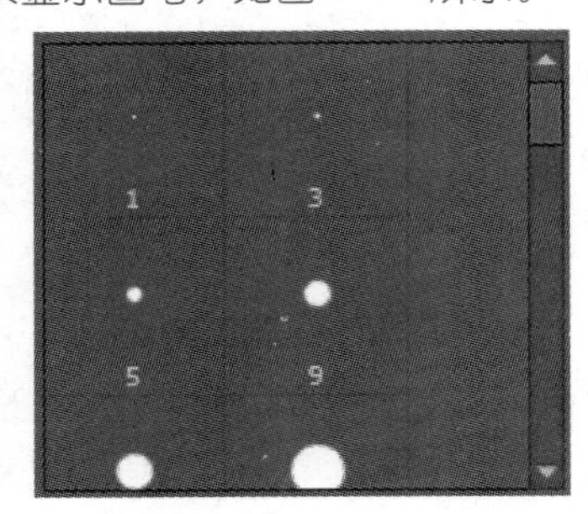

图5.6.5

- 【小列表】Small List：用比较小的方式来显示画笔的状态和名称，如图5.6.6所示。

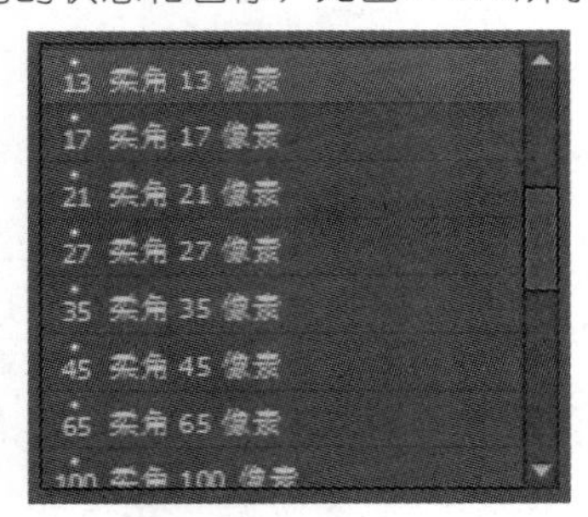

图5.6.6

- 【大列表】Large List：这种显示方式和上一种方式一样，只是相对来说显示得大一些，如图5.6.7所示。

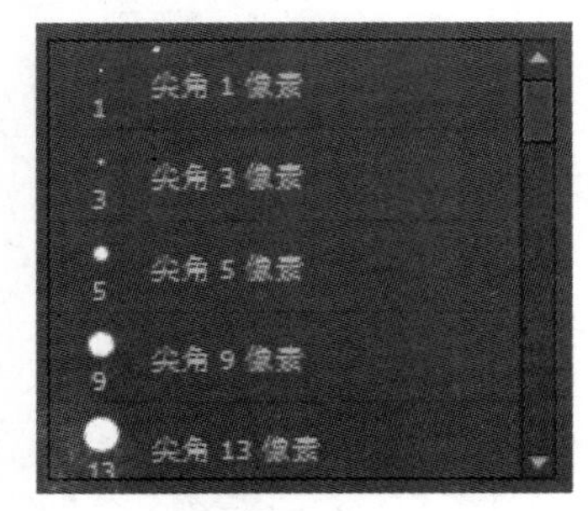

图5.6.7

5.6.2 【画笔】面板的参数

在【画笔】Brush Tips面板的下方是一些修改画笔形状的属性参数，下面来看一下它们的具体功能，如图5.6.8所示。

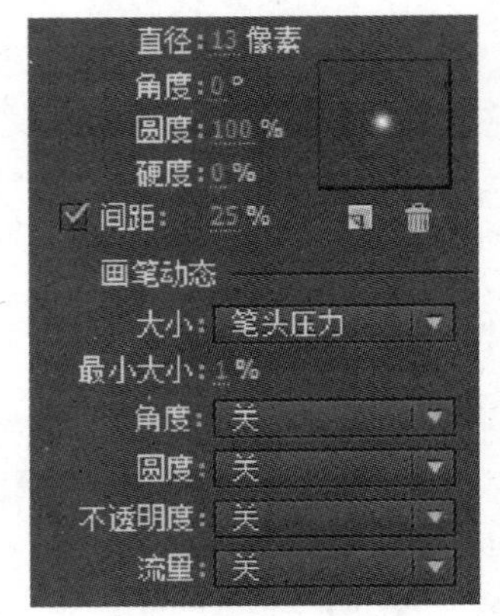

图5.6.8

【直径】Diameter：该项用来控制画笔的直径大小，可以直接输入数值，也可以用鼠标来拖曳。最小数值为1，最大数值为2500。

提示

在【图层】Layer面板中按住【Ctrl】键并拖动鼠标可以调节笔刷的大小，释放【Ctrl】键后不要释放鼠标，继续拖动鼠标可以调节笔刷的硬度。

- 【角度】Angle：该项功能用来控制椭圆形画笔长坐标轴距水平面的角度。最小数值为−180，最大数值为180。
- 【圆度】Roundness：该项可以使画笔变为椭圆形，也就是控制画笔长短坐标的比率。最小数值为0%，最大数值为100%。
- 【硬度】Hardness：控制笔刷效果边缘从100%不透明到100%透明的转化程度，当该参数为较小值时，只有笔刷中心是完全不透明的。
- 【间距】Spacing：该项可以用来控制画笔在绘画时笔尖标记的间隔大小。如果取消这个控制，鼠标的速度决定了间隔的大小。鼠标运动越快，间隔越大；反之亦然。最小数值为1%，最大数值为1000%。
- 【画笔动态】Brush Dynamics：该栏中的选项是用于用户使用压力手写笔装置代替鼠标绘画时向默认笔尖中添加动态变化元素。
- 【大小】Size：该项可以来指定一个笔画中笔

刷痕迹大小变化的程度。包括【关】Off、【笔头压力】Pen Pressure、【笔倾斜】Pen Tilt、【笔尖转动】Stylus Wheel。

- 【最小大小】Minimum Size：指定一个从1%到100%的范围。该选项只有在【大小】Size菜单中不选择【关】Off项时可用。
- 【角度】Angle：该项用来指定一个笔画中笔刷痕迹角度变化的程度。其中包括【笔头压力】Pen Pressure、【笔倾斜】Pen Tilt、【笔尖转动】Stylus Wheel等选项。
- 【圆度】Roundness：该项用来指定一个笔画中笔刷痕迹圆度变化的程度，包括【关】Off、【笔头压力】Pen Pressure、【笔倾斜】Pen Tilt、【笔尖转动】Stylus Wheel等选项。
- 【不透明度】Opacity：该项用来指定一个笔画中笔刷痕迹不透明度的变化程度。包括【关】Off、【笔头压力】Pen Pressure、【笔倾斜】Pen Tilt、【笔尖转动】Stylus Wheel等选项。
- 【流量】Flow：该项用来指定一个画笔中笔刷痕迹墨水流量的变化程度。包括【关】Off、【笔头压力】Pen Pressure、【笔倾斜】Pen Tilt、【笔尖转动】Stylus Wheel等选项。

5.6.3 添加和删除画笔

在【画笔】Brush Tips面板中可以对任何一个画笔进行删除，也可以对调整好的画笔进行保存。

：通过这个按钮或者单击面板右上角的三角形按钮，在弹出的下拉菜单中选择【新建画笔】New Brush命令，就可以打开【选择名称】Choose Name对话框，在这里输入名字，单击【确定】OK按钮 就可以新建一个画笔。

：该按钮用来删除画笔。选中一个画笔，再单击这个按钮就可以删除选择的画笔。

5.7 文本综合实例

01 首先我们开始建立一个新的【合成】，在菜单栏中单击合成选项，在下拉菜单中选择【新建合成】命令，弹出【合成设置】对话框，命名为“文字运动模糊合成”，如图5.7.1所示。

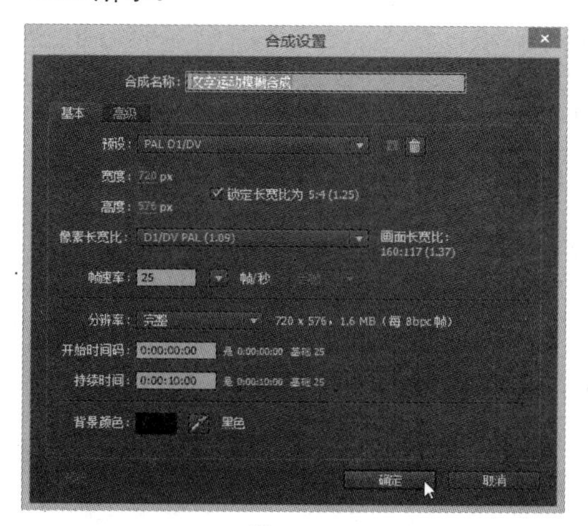

图5.7.1

02 在工具栏中选择文字工具，单击合成面板进入文字编辑模式。本次实例做的是文字的运动模糊效果，输入文字内容为“LIVEING ON MY LIFE AND CHASING DREAMS ALL MY OWN”将每个单词作为单独的一个图层，并将每层的三维开关打开。这么做是为了后面我们对文字做更好的编辑（文字内容可自主更改），如图5.7.2所示。

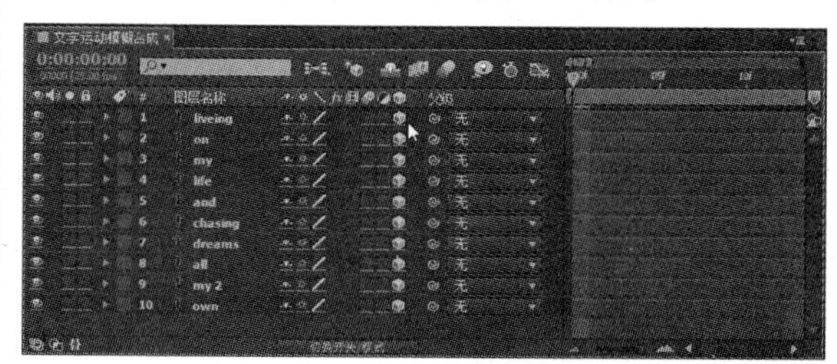

图5.7.2

03 对文字进行必要的排列组合，为了位置的准确，在这里要用到【标尺】命令，单击菜单栏中的视图选项，在下拉菜单中选择【显示标尺】命令（快捷键【Ctrl+R】）。利用鼠标在合成窗口内的标尺领域单击并拖曳出标尺线，这样有利于精确确定文字排放的位

置，使得画面更加美观，如图5.7.3所示。

图5.7.3

04 在菜单栏中找到窗口选项，选择【字符】命令，即可在面板中出现字符面板，选中所要编辑的文字层即可在字符面板中调整其相应参数，如图5.7.4所示。

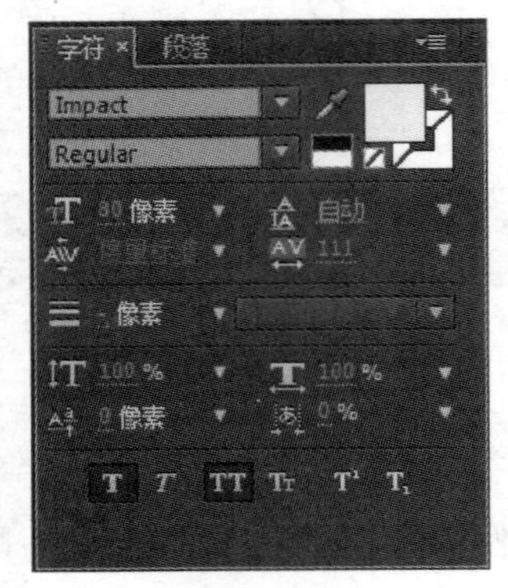

图5.7.4

05 下面我们开始文字模糊动画的制作流程，选择第一个文字层“liveing”，首先制作运动动画，选择该层的位置参数，在0.5秒的位置上单击位置秒表，将指针移动到0秒位置并修改文字的位置，将文字向左水平移出一个身位，可以利用鼠标在合成窗口中选中该层并按住【Shift】键拖曳或是在该层的位置选项中修改相应的参数，如图5.7.5所示。

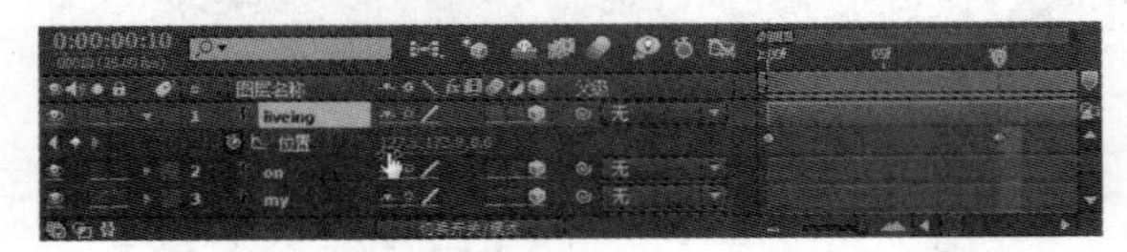

图5.7.5

06 在【时间轴】窗口中单击运动模糊开关图标，然后单击“liveing”层的运动模糊开关（这一步很关键，直接影响到画面的运动效果质量），如图5.7.6所示。

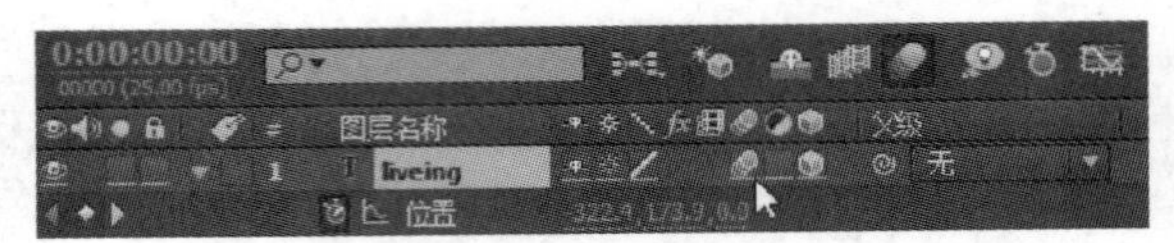

图5.7.6

07 将指针移动到0秒，按空格键进行预览，可以看到先后明显的对比效果，如图5.7.7所示。

图5.7.7

08 前一步骤我们对文字移动层添加了运动模糊的效果，可以看到该效果给人一种高速移动的感觉，该步骤对文字的移动节奏进行编辑，选中“liveing”层的运动关键帧，在【时间轴】面板中单击图标编辑器图标，如图5.7.8所示。

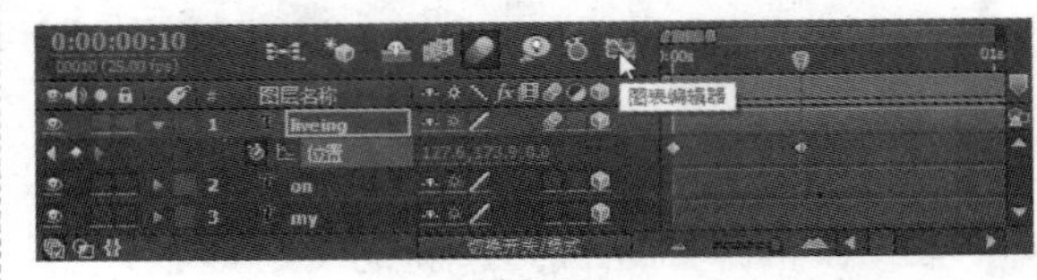

图5.7.8

09 可以看到【时间轴】面板模式发生了变化，可以看到有很多不同颜色的线段，每一条线段是该层下面的位置选项的运动情况，为了更好地理解图标编辑器，我们也称之为曲线编辑器，在该模式下能够更好地观测物体运动情况并对其做更为细腻的操作，如图5.7.9所示。

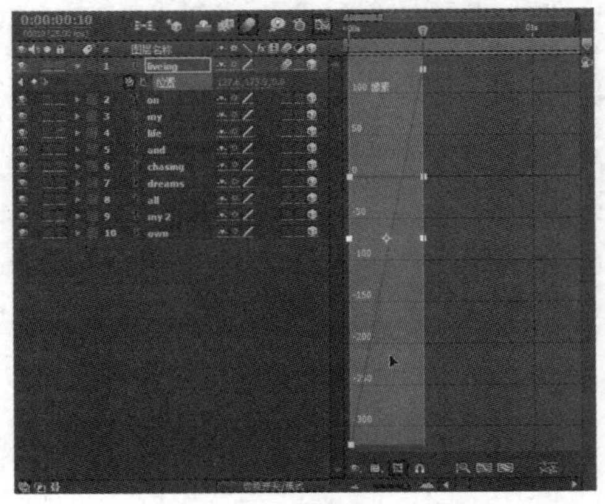

图5.7.9

10 为了便于我们观察编辑曲线的具体细节，在面板下方的放大缩小图标 可以控制该区域的放大和缩小，如图 5.7.10 所示。

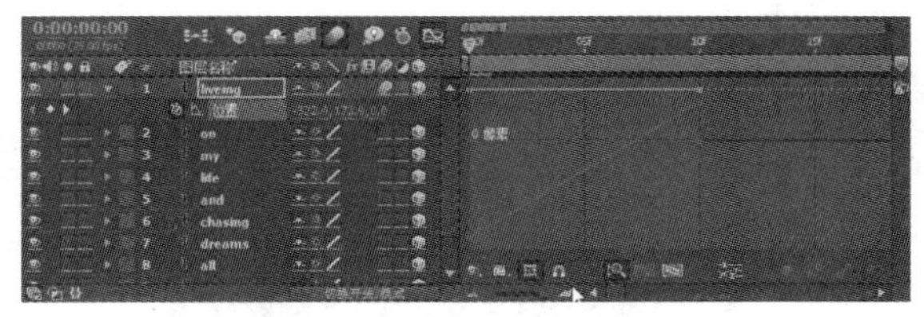
图5.7.10

11 在面板中能够看到 3 条不同颜色的线段（前提是必须选择该层的位置属性），3 条线表示该层在 X 轴、Y 轴、Z 轴上的运动情况。鼠标选中红色末端的点以实心黄点显现，单击面板下方的缓动图标 ，如图 5.7.11 所示。

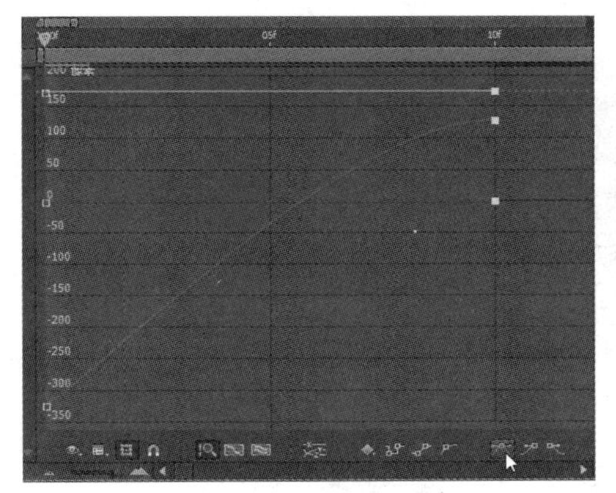
图5.7.11

12 选中末端端点并单击单独尺寸图标 ，如图5.7.12所示。

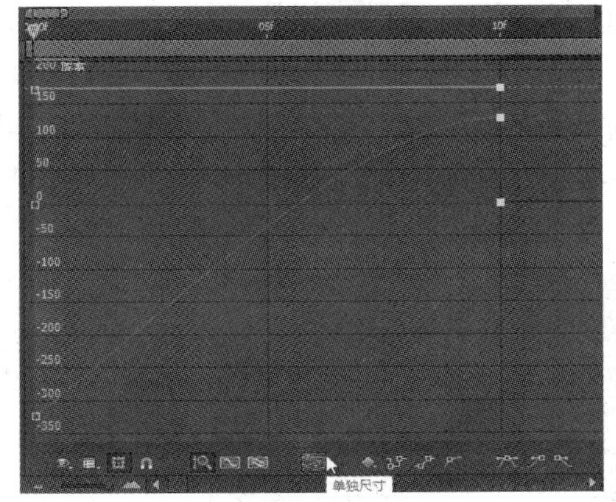

图5.7.12

13 此时末端端点出现曲线控制手柄，控制手柄的方向长短即可调整层运动的节奏。按住【Shift】键并将末端手柄一直向左拖曳到底，该线段起始端将进行反方向拖曳，如图5.7.13所示。

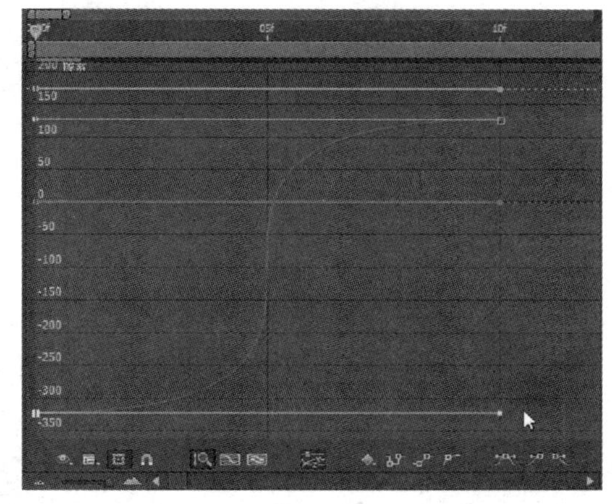
图5.7.13

14 将指针放在0秒位置，按空格键预览文字层运动效果，如图5.7.14所示。

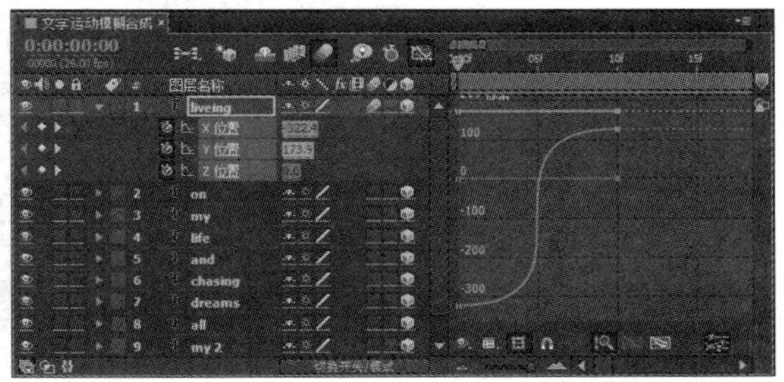
图5.7.14

15 选中“liveing”层，对该图层添加【预合成】命令，在菜单栏中执行【图层】>【预合成】命令。该步骤的作用是为了后面的遮罩能够对文字进行部分遮盖的同时不跟随文字一同运动，如图5.7.15所示。

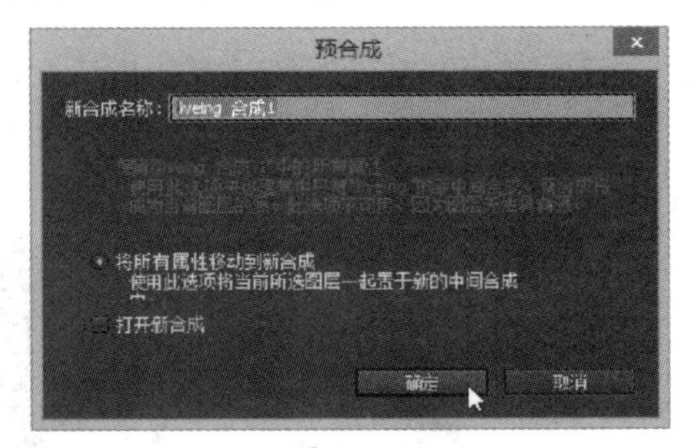

图5.7.15

16 将指针移到0秒位置，选中“liveing”层并在工具栏中选择【矩形工具】，在合成面板中绘制矩形仅仅将文字“liveing”框选出来，如图5.7.16所示。

图5.7.16

17 在【时间轴】面板中找到该层的蒙版参数，选中【反转】复选框，在合成窗口预览第一个文字的运动效果，如图5.7.17所示。

图5.7.17

18 选中第二个图层“on”层，在工具栏中选择【向后平移工具】（快捷键【Y】），该工具能够任意移动被选中物体中心点的位置。将“on”层中心点移动至左下角处，如图5.7.18所示。

图5.7.18

19 对该图层进行旋转运动，将指针移动至0.5秒处，单击Z轴旋转选项秒表，将关键帧移动至1秒位置，在0.5秒处将Z轴旋转参数设置为90，如图5.7.19所示。

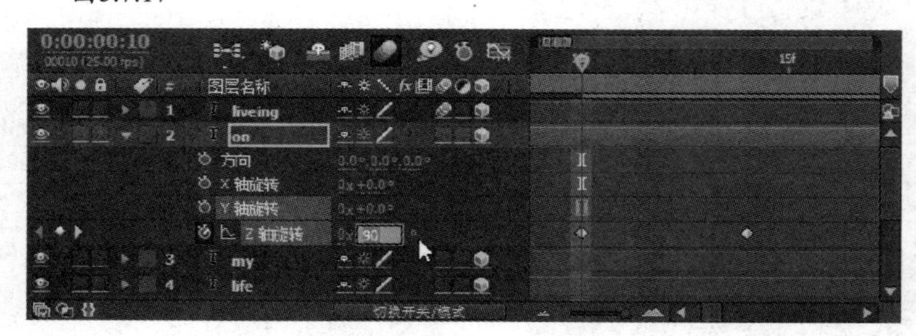
图5.7.19

20 单击该层的运动模糊开关，如图5.7.20所示。

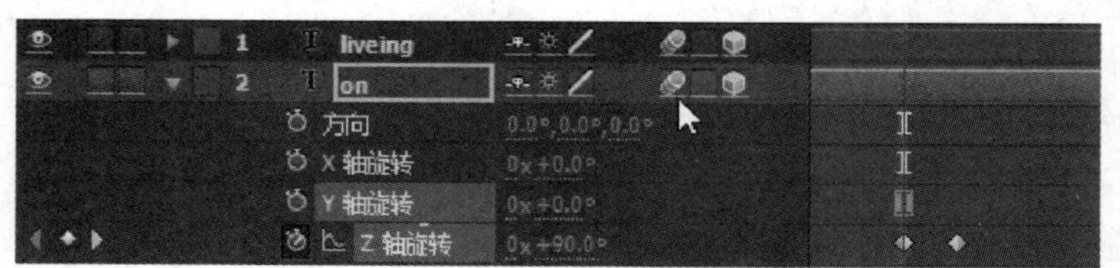
图5.7.20

21 选中Z轴选项，在【时间轴】面板中单击【图像编辑器】图标，找到Z轴的运动线段，选中其始末端，单击面板下方的【缓入】图标和【单独尺寸】图标。使得始末端出现可控制手柄，如图5.7.21所示。

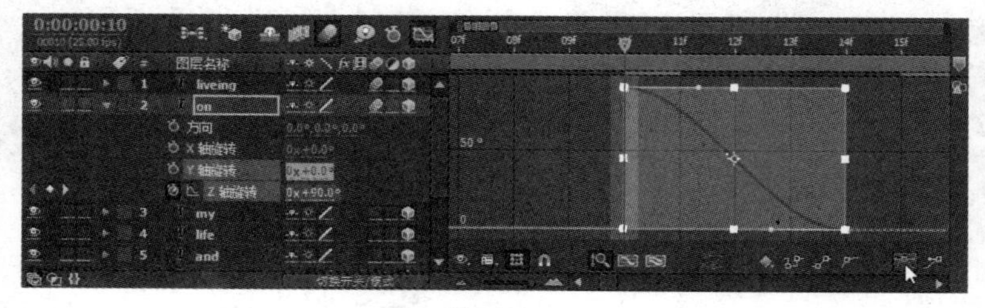
图5.7.21

22 按住【Shift】键并拖曳手柄往水平左右方向，（注意：拖曳到底，否则效果不明显），如图5.7.22所示。

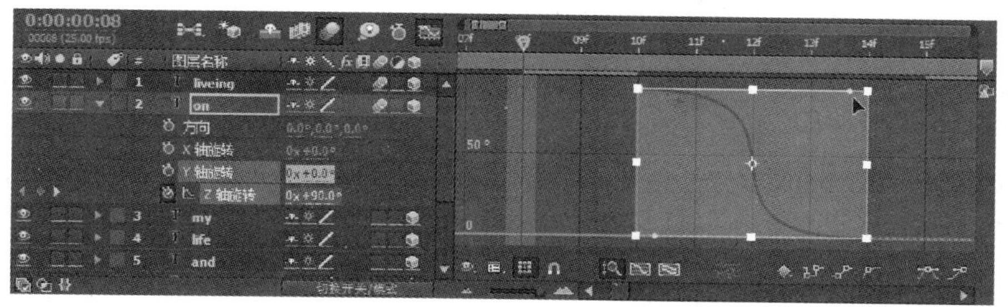

图5.7.22

23 打开【不透明度】选项，将指针移至0.6秒位置，单击【不透明度】关键帧并将其参数更改为0，再将指针移至0.8秒位置，将【不透明度】更改为100，如图5.7.23所示。

图5.7.23

24 选择第三个图层“my”层，给该层设置动画。在其位置选项中，将指针移动至0.9秒位置，将该层文字向下移动一个身位，将指针移动至1.3秒处，把文字放回原来位置，如图5.7.24所示。

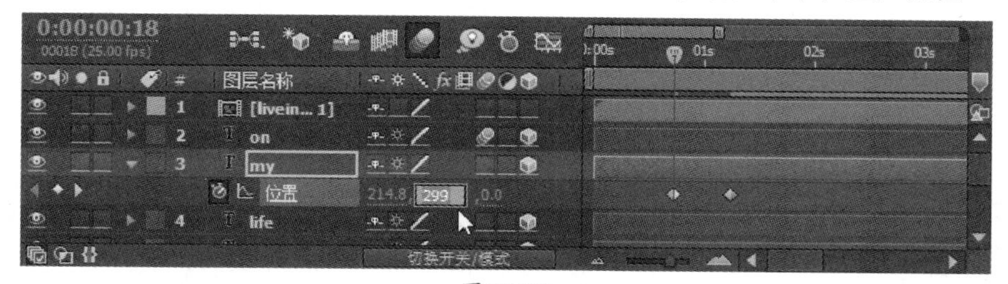

图5.7.24

25 单击“my”层运动模糊按钮，然后单击时间面板的【图像编辑器】图标，将选中的运动曲线按照前面的操作，对线段两端的手柄进行水平左右方向拖曳，如图5.7.25所示。

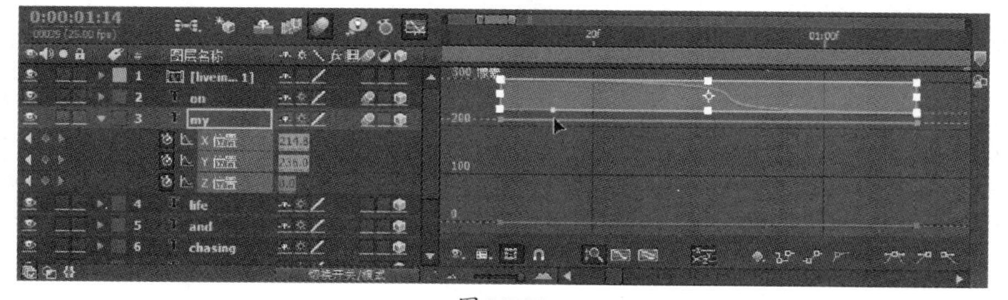

图5.7.25

26 将“my”层选中，执行【预合成】命令。该步骤的作用是为后面的遮罩能够对文字进行部分遮盖，同时不跟随文字一同运动，如图5.7.26所示。

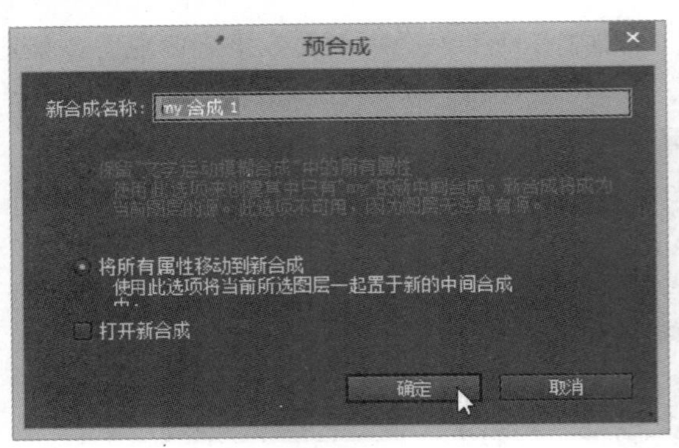
图5.7.26

27 对新建的【预合成】进行遮罩操作，选中“my”层并选中【矩形工具】对其绘制遮罩，如图5.7.27所示。

图5.7.27

28 对“my”层的蒙版勾选【反转】复选项，如图5.7.28所示。

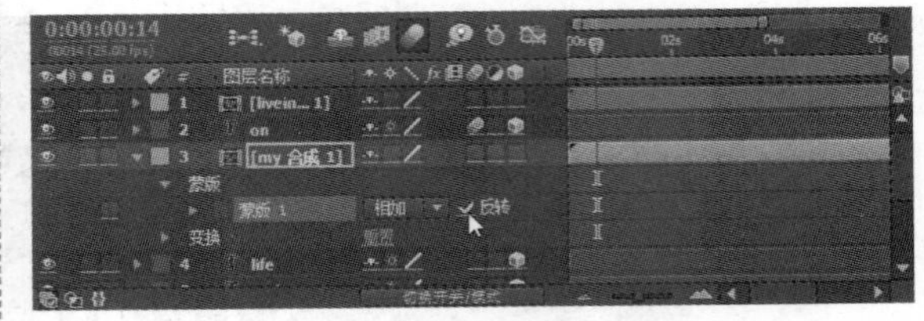
图5.7.28

29 下面选中第四个文字层“life层”，在工具栏中选择【向后平移】工具，将“life”层的中心点平移至其最左端，如图5.7.29所示。

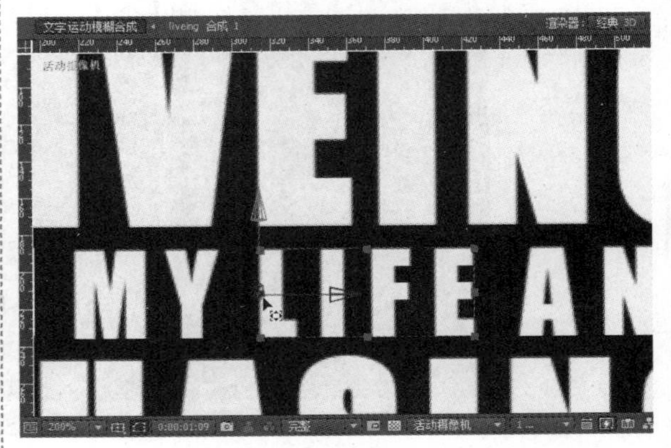
图5.7.29

30 将指针移至1.5秒位置，对该层的Y轴旋转选项进行编辑，将其参数设置为90。然后将指针移动至2秒位置，将Y轴旋转选项设置为0。下一步开启该层的运动模糊开关，选中Y轴旋转选项，单击图像编辑器，在该模式下的【时间轴】面板中找到对应的运动线段，单击缓入图标，将线段的始末两端的手柄拖曳至水平左右方向两端，如图5.7.30所示。

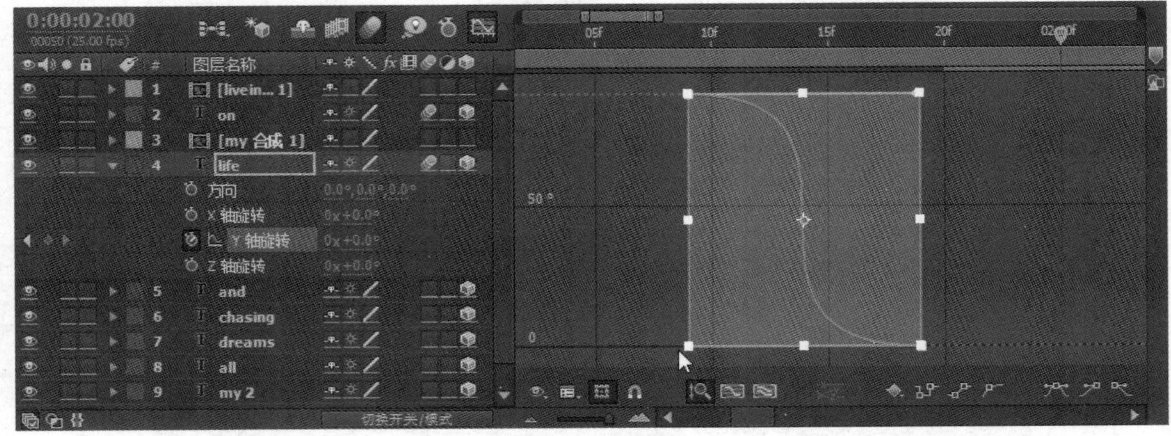

图5.7.30

31 选中“life”层，按住【Shift+T】键即可使得【旋转】选项同【不透明度】选项一起出现在【时间轴】面板中，这样更有利于节省空间。对其【不透明度】进行修改，将指针移动至1.5秒位置【不透明度】为0，移动指针到1.7秒位置并将数值更改为100，如图5.7.31所示。

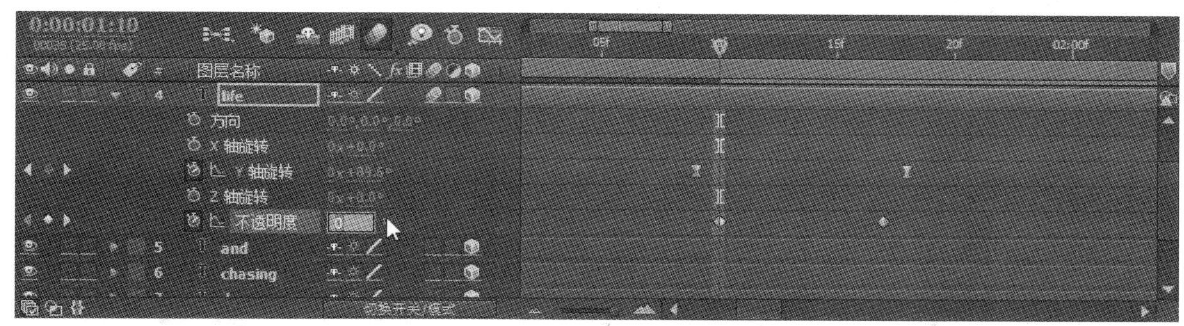

图5.7.31

32 选中第五个文字层“and”层并更改位置参数。将指针移动至2秒处，单击其位置秒表。将“and”层的位置向上移动一个身位，将指针移动至2.5秒处，把文字放回原来位置，然后打开该层的运动模糊开关，如图5.7.32所示。

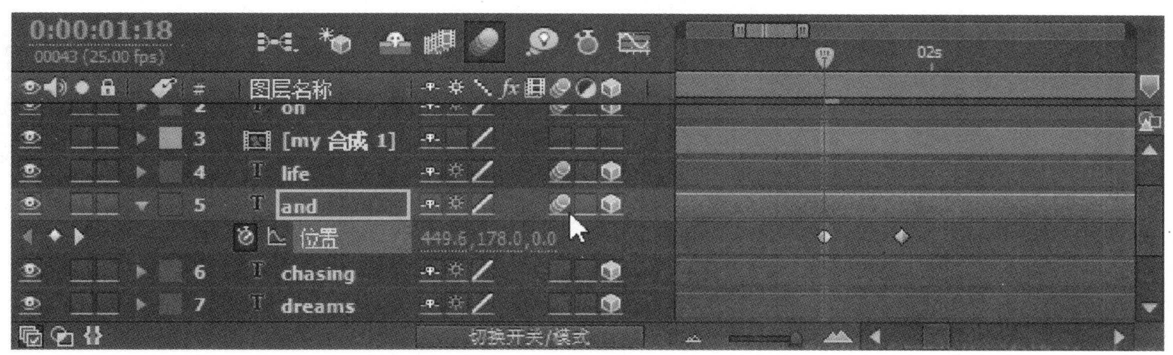

图5.7.32

33 单击【时间轴】面板的【图像编辑器】图标，将选中的运动曲线按照前面的操作，对线段两端的手柄进行水平左右方向拖曳，如图5.7.33所示。

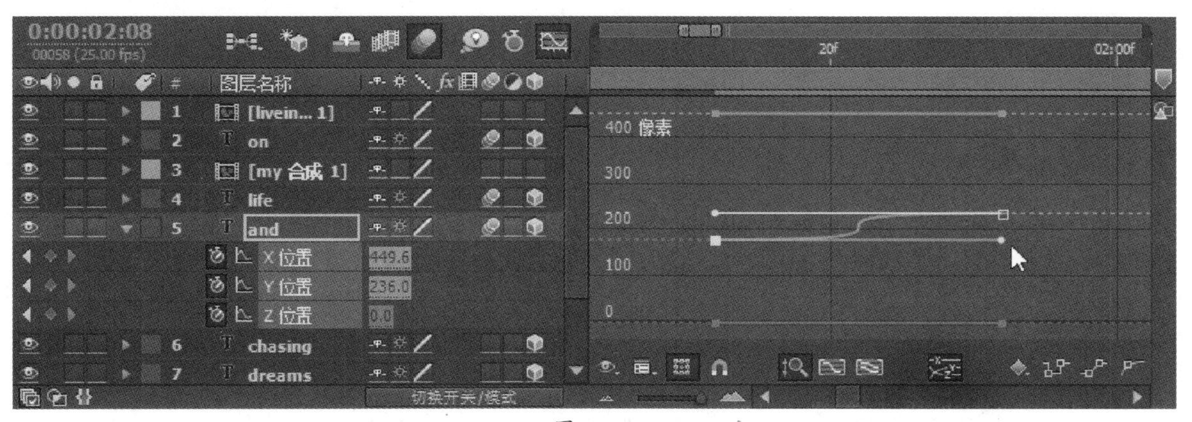

图5.7.33

34 将“and”层选中，进行【预合成】命令。该步骤的作用是为了后面的遮罩能够对文字进行部分遮盖，同时不跟随文字一同运动，如图5.7.34所示。

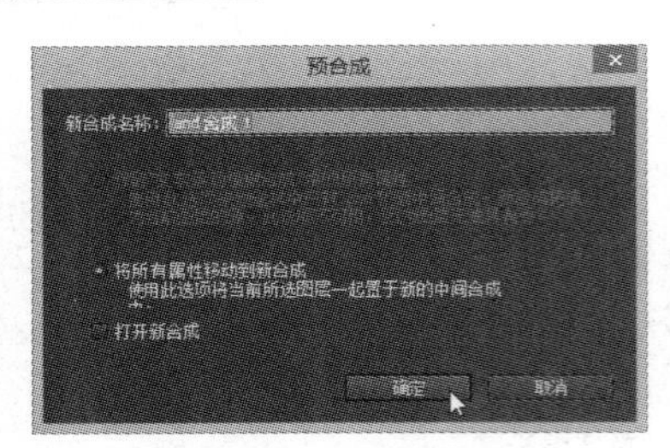

图5.7.34

35 对新建的【预合成】进行遮罩操作，选中“and”层并使用【矩形工具】对文字“and”绘制遮罩，如图5.7.35所示。

图5.7.35

36 对“my”层的蒙版勾选【反转】复选项，如图5.7.36所示。

图5.7.36

37 选中第六个文字层“chasing”层，在工具栏中选择【向后平移工具】，将文字的中心点移动至左上角处，如图5.7.37所示。

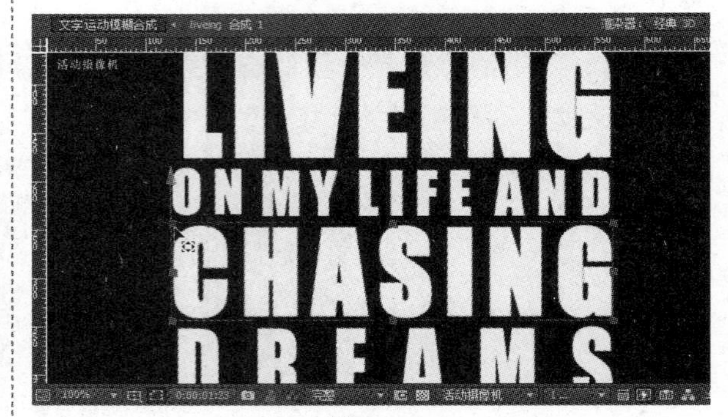

图5.7.37

38 移动指针至2.5秒位置，对该层【X轴旋转】进行编辑，单击【X轴旋转】将并其数值更改为–90，将指针移动至3秒位置，将其数值更改为0，如图5.7.38所示。

图5.7.38

39 打开“chasing”层的【运动模糊】开关并单击图像编辑器图标，将选中运动曲线，按照前面的操作，对线段两端的手柄进行水平左右方向拖曳，如图5.7.39所示。

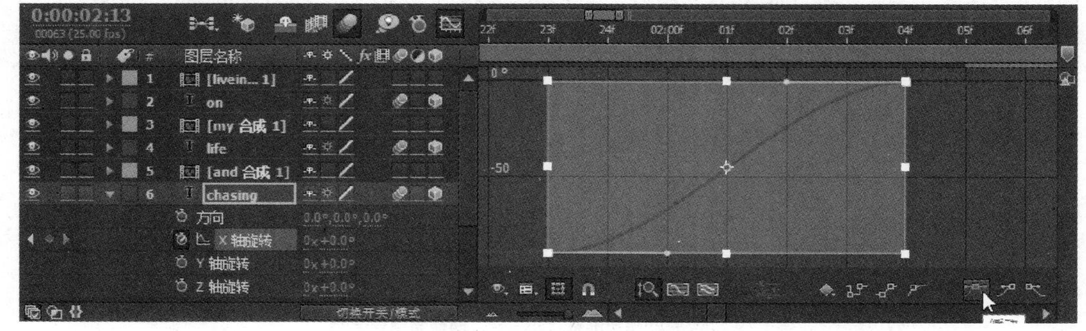

图5.7.39

40 打开该层的【不透明度】选项，将指针移动至2.3秒处，将【不透明度】更改为0。将指针移至2.5秒处，将【不透明度】改为100，如图5.7.40所示。

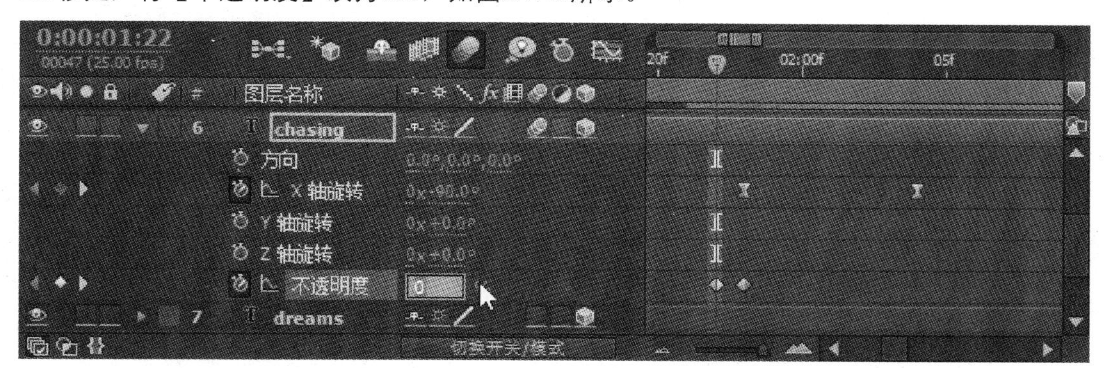

图5.7.40

41 该文字层的运动完成，将指针移至 0 秒位置，按空格键对画面效果进行预览，如图 5.7.41 所示。

图5.7.41

42 选中第七个文字图层，开始对“dreams”层制作运动效果，在菜单栏中选中【图层】在下拉菜单中选择【新建】>【空对象】，将新建好的空对象层放置在“dreams”正右端，如图5.7.42所示。

图5.7.42

43 该步骤是通过父级绑定的方式完成文字的运动。下面开始对该层进行父级绑定运动的具体操作，在【时间轴】面板中找到【图层名称栏】，在该栏中的空白区域单击鼠标右键，在下拉列表中选择【列数】>【父级】命令，可以看到【时间轴】面板展开隐藏选项，如图 5.7.43 所示。

图5.7.43

44 可以看到在【时间轴】面板中的【图层名称】行中出现【父级】其下方对应的是每个图层的父级参数选项，找到“dreams”层父级下的螺旋图标，单击并拖曳至空对象层上，本步骤到此完成了“dreams”层和空对象层的绑定，如图5.7.44所示。

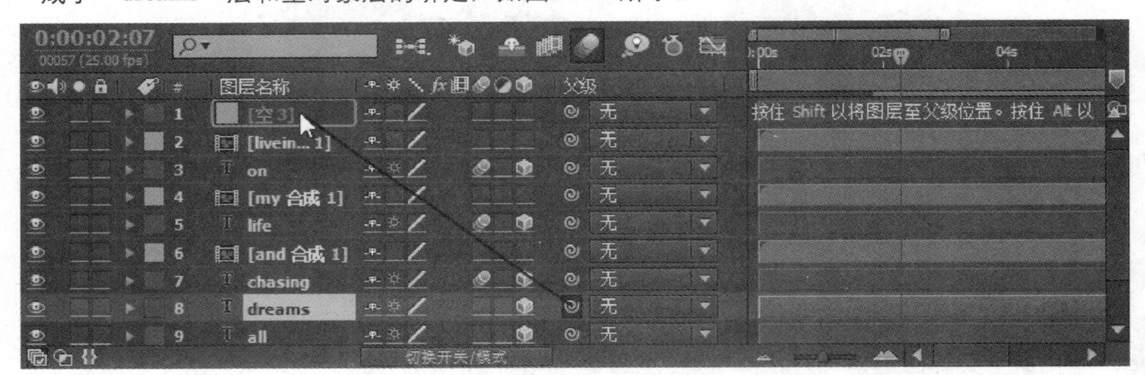

图5.7.44

45 【父级绑定】是为了更好地控制物体的运动，通过对空对象的编辑命令，使得“dreams”层也被迫必须进行同样的运动效果。首先，把“dreams”层的运动模糊开关打开，然后选中“空对象层”并打开其【3D开关】，如图5.7.45所示。

图5.7.45

46 对空对象层的【Z轴旋转】选项进行操控，将指针移至3秒位置，将【Z轴旋转】选项参数更改为–90，将指针移动至3.5秒位置，将其参数更改为0，如图5.7.46所示。

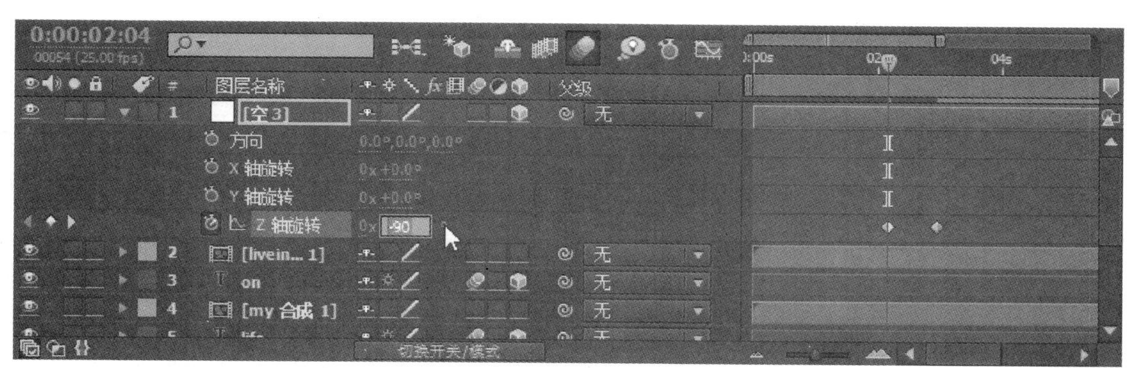

图5.7.46

47 选中空对象层的【Z轴旋转】选项，单击图像编辑器图标，将选中运动曲线，按照前面的操作，对线段两端的手柄进行水平左右方向拖曳，如图5.7.47所示。

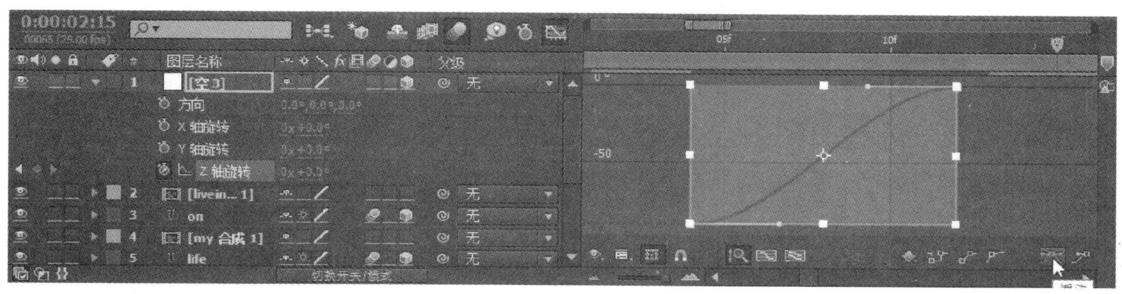

图5.7.47

48 该文字层的运动完成，将指针移至 0 秒位置，按空格键对画面效果进行预览，如图 5.7.48 所示。

图5.7.48

49 选中第八个文字层“all”层，对该层位置移动，将指针移至3.5秒处，单击该层位置选项的秒表并修改参数，使得位置向左移动一个身位，将指针移至4秒处，将参数设置为原位置参数。然后打开该层的运动模糊开关，并单击图像编辑器图标，将选中运动曲线，按照前面的操作，对线段两端的手柄进行水平左右方向拖曳。选中“all”层，对该层添加【预合成】命令，在菜单栏中单击图层，在其下拉列表中选择【预合成】命令，如图5.7.49所示。

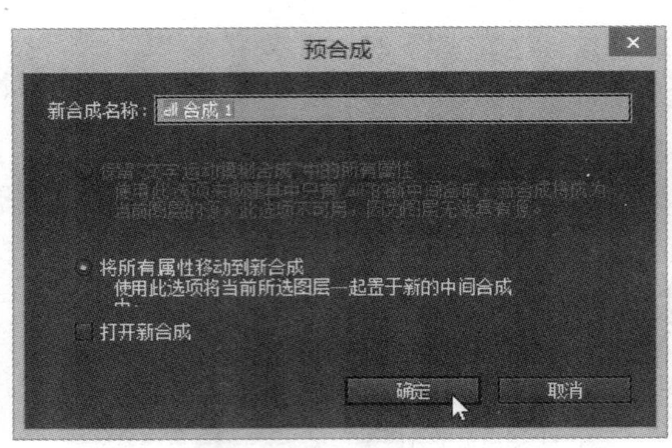

图5.7.49

50 对新建的预合成进行遮罩操作，选中“all”层并使用【矩形工具】对文字“all”绘制遮罩。对“all”层的蒙版勾选【反转】复选项，如图5.7.50所示。

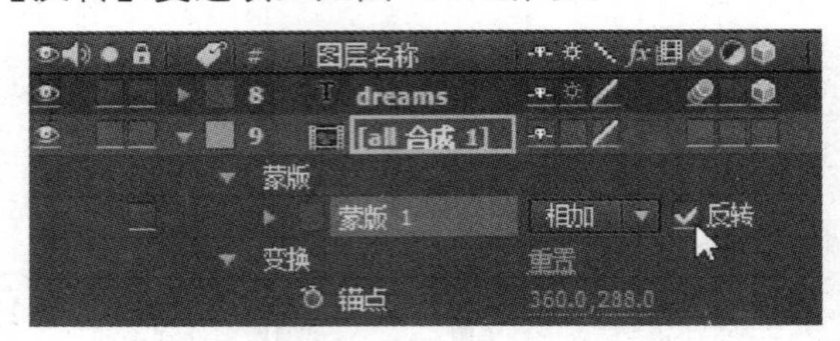

图5.7.50

51 选中第九个文字层“my2”层，对其【X轴旋转】进行设置，选择【向后平移工具】，将文字的中心点移动至其左下角，将指针移动至4秒位置，单击【X轴旋转】选项的秒表并修改参数为90，将指针移至4.5秒处并将其参数设置为0，然后打开运动模糊开关。

单击图像编辑器图标，将选中运动曲线，按照前面的操作，对线段两端的手柄进行水平左右方向拖曳，如图5.7.51所示。

图5.7.51

52 选中最后一个文字层“own”层，该文字运动显现为摇摆效果。选中该层，选择【向后平移工具】，将文字中心点移动至其左上角处，如图5.7.52所示。

图5.7.52

53 选中该层并添加旋转运动效果，将指针移至4.5秒处单击【X轴旋转】选项的秒表，将其参数修改为-110，将指针移至4.8秒处并将参数设置为30，将指针移至5.1秒处并将参数设置为-20，将指针移至5.4秒处并将参数设置为10，将指针移至5.7秒处并将参数设置为-5，将指针移至6秒处并将参数设置为0。给该层打开运动模糊开关，这样控制运动参数是为了表现出摇摆的视觉效果，如图5.7.53所示。

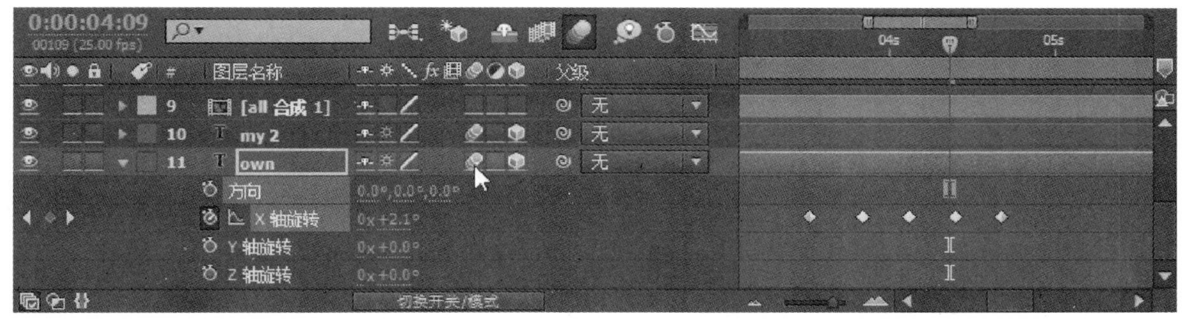

图5.7.53

54 选中【X轴旋转】选项，单击图像编辑器图标，可以看到该选项运动的情况呈心电图的起伏状，选中该线段上所有点，单击【时间轴】面板下方的【缓入】图标，可以看到线段由心电图形式转换为波浪起伏的形式，这样使运动有过渡效果，否则会显得过于生硬。通过对手柄的控制，使得文字的运动规律会更有节奏感，如图5.7.54所示。

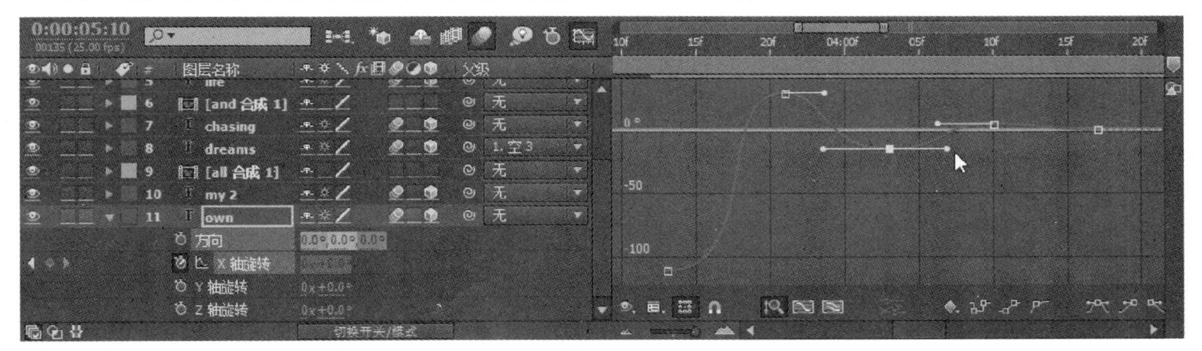

图5.7.54

55 对该参数【不透明度】进行控制，将指针移至4.3秒处，单击【不透明度】属性的秒表并修改参数为0，将指针移至4.7秒处，将【不透明度】参数更改为100，如图5.7.55所示。

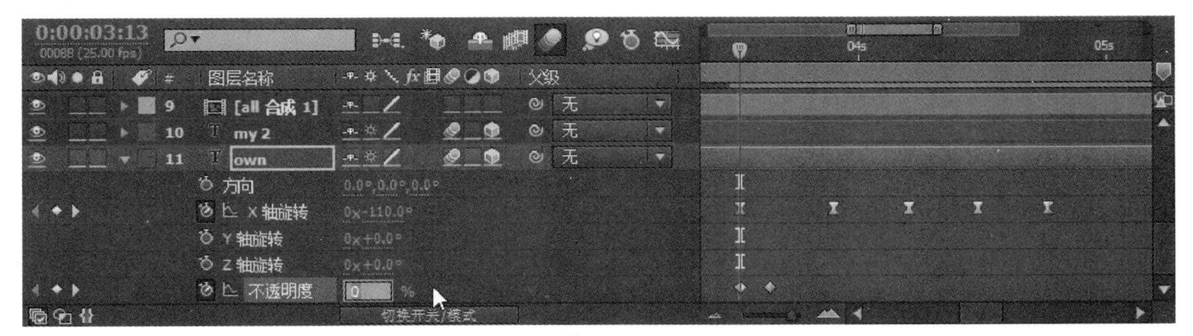

图5.7.55

56 该文字层的运动完成，将指针移至 0 秒位置，按空格键对画面效果进行预览，如图 5.7.56 所示。

图5.7.56

57 将所有的图层选中，并添加【预合成】命令，这样使后面步骤对所有文件添加效果更为方便，并且操作上也相对不繁杂。将预合成命名为“总预合成”，如图5.7.57所示。

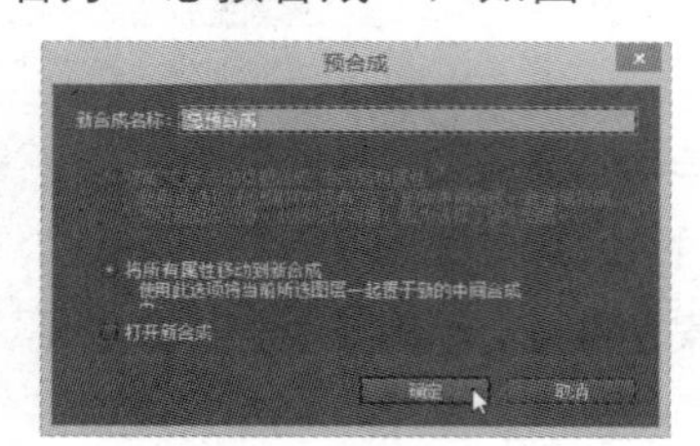

图5.7.57

58 双击项目面板的空白区域，弹出【导入素材】对话框，找到我们需要的背景素材，单击导入，如图5.7.58所示。

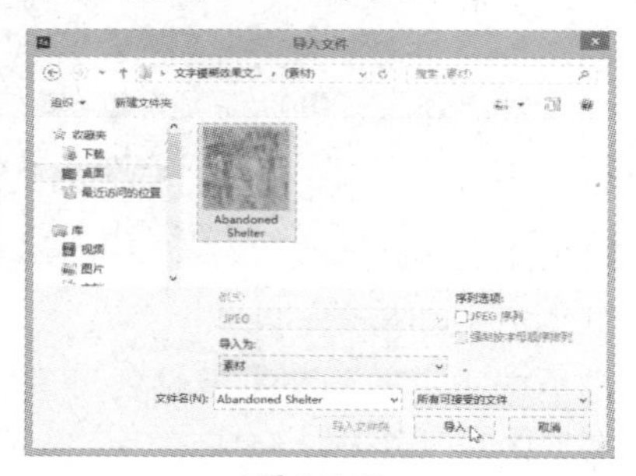

图5.7.58

59 将背景图片层放置在总预合成下方，如图5.7.59所示。

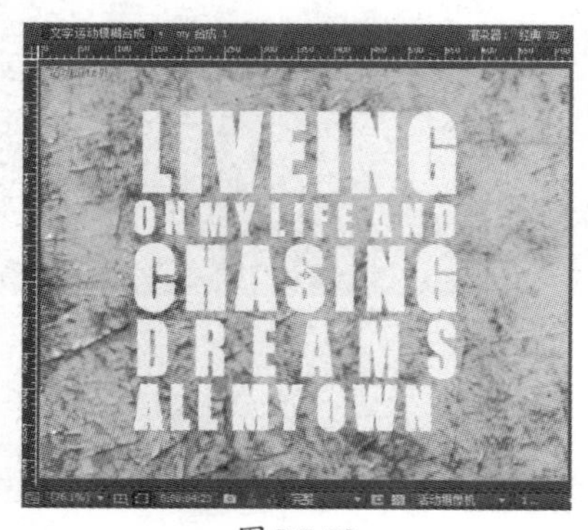

图5.7.59

60 在【时间轴】面板中找到【图层名称栏】，在该栏中的空白区域单击鼠标右键，在下拉列表中运行【列数】>【模式】命令，可以看到【时间轴】面板展开隐藏选项，如图5.7.60所示。

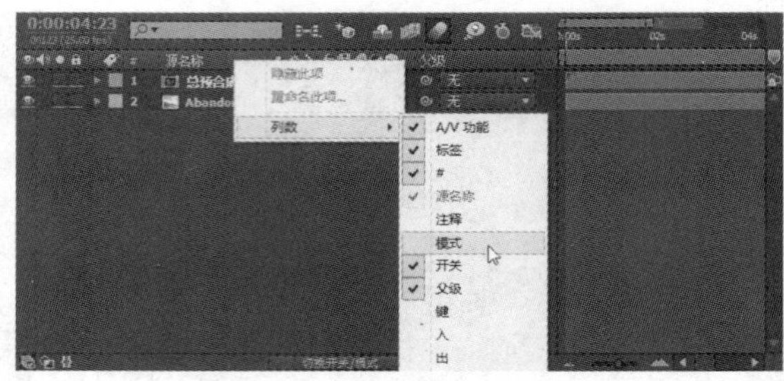

图5.7.60

61 将“总预合成”层的模式更改为【叠加】，如图5.7.61所示。

图5.7.61

62 对文字运动施加模糊效果的操作步骤到这里已经完成，将指针移至0秒位置，按空格键来对画面效果进行预览，如图5.7.62所示。

图5.7.62

第6课 效果操作

熟悉Photoshop的用户对效果的概念不会陌生，类似于效果的Effect功能是After Effects的核心内容。通过设置效果参数，能使影片达到理想的效果。After Effects CC继承了After Effects的所有【效果】Effect功能，优化了部分效果的属性，并加入了一些新的效果。【效果】作为After Effects 最有特色的功能，Adobe公司一直以来对其开发力度不减。熟练掌握各种效果的使用是学习After Effects操作的关键，也是提高作品质量最有效的方法。After Effects提供的效果将大大提高制作者对作品的修改空间，降低制作周期和成本。

默认情况下，After Effects 自带的效果保存在程序安装文件夹目录下的Plug-ins文件夹内。当启动After Effects 后，程序将自动安装这些效果，并显示在Effect下拉菜单和Effect& Presets面板中。用户也可以自行安装第三方插件来丰富Effects功能。

6.1 【效果和预设】面板

用户可以通过不同的方式执行【效果】Effect命令，【效果和预设】Effect& Presets面板以列表的形式清晰地显示了各种效果。单击右上角的▤图标，可以展开该效果组的详细效果列表，然后用户就可以为素材添加任意一个或多个效果。除了效果，【效果和预设】Effect& Presets面板还包括一些系统预设的动画模板，如图6.1.1所示。

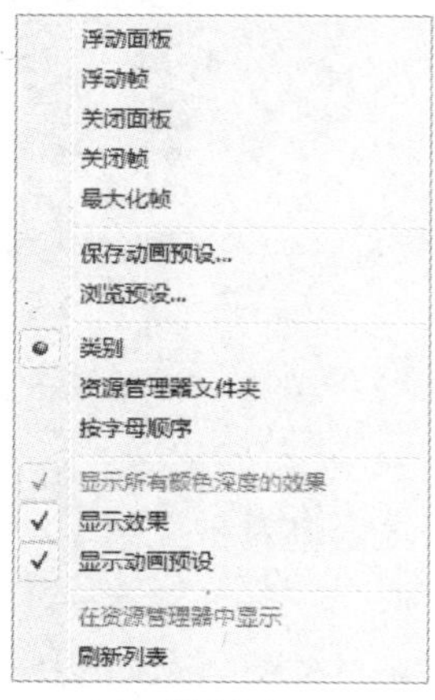

图6.1.1

- 【浮动面板】Undock Panel：解除视窗锁定。默认状态下视窗只能和其他视窗组合使用，不能自由移动，单击后能自由移动。
- 【浮动帧】Undock Frame：解除视窗框架锁定。
- 【关闭面板】Close Panel：关闭面板。
- 【关闭帧】Close Frame：关闭面板框架。
- 【最大化帧】Maximize Frame：面板框架边缘最大化。
- 【保存动画预设...】Save Animation preset...：保存设置好的动画效果。
- 【浏览预设】Browse Presets...：通过Adobe Bridge浏览预设动画效果。
- 【类别】Categories：按照特效的类别排列，与Effect下拉菜单的排列方式相同。默认状态下按【类别】Categories显示特效。
- 【资源管理器文件夹】Explorer Folders：按照放置特效文件夹的位置排列。
- 【按字母顺序】Alphabetical：按照每个特效的首字母顺序排列。
- 【显示效果】Show Effects：切换面板中是否显示各个特效的效果。
- 【显示动画预设】Show Animation Presets：显示系统预设动画效果。
- 【在资源管理器中显示】Reveal in Explorer：使用浏览器查看特效文件。
- 【刷新列表】Refresh List：不需重新启动After Effects的情况下，程序自动更新特效内容。

如果用户需要使用某种效果并知道它的名称或名称中的一个单词，可以通过【效果和预设】Effect & Presets 面板快速查找。在文本框中输入效果名称或包含的单词，例如：color，面板直接显示出相对应的效果，如图 6.1.2 所示。

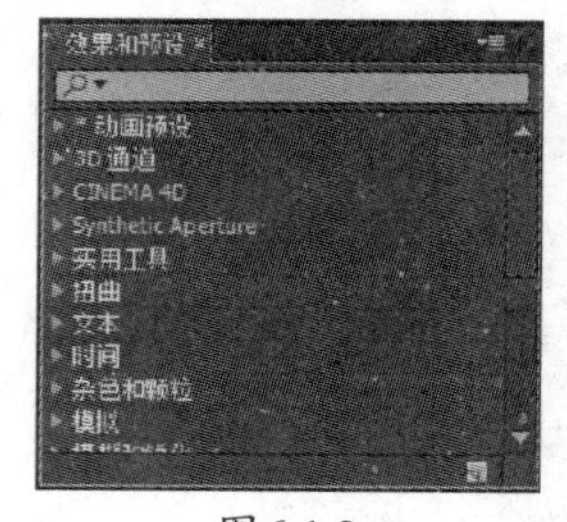

图6.1.2

6.2 效果操作

本节将进一步深入介绍效果的各种操作方法。通过学习本节内容，我们将了解效果的基本操作。After Effect 中的所有效果都罗列在【效果】Effect下拉菜单中，也可以使用上节介绍的【效果和预设】Effect& Presets面板来快速选择所需效果。当对素材中一个层添加效果后，【效果控件】Effect controls面板将自动打开，同时该图层所在的【时间轴】Timeline 中的效果属性中也会出现一个已添加效果的图标。我们可以单击fx这个图标来任意打开或关闭该层效果。我们可以通过【时间轴】Timeline中的效果控制或【效果控件】Effect Controls面板对所添加的效果的各项参数进行调整。

6.2.1 应用效果

首先我们选取需要添加效果的素材的层，单击【时间轴】Timeline面板中已经建立的项目中层的名称或在【合成】Composition面板中直接选取所在层的素材。

我们可以通过两种方式为素材层添加效果。

- 在【效果】Effect下拉菜单中选择一种用户所需要添加的效果类型，再选择所需类型中的具体的效果。
- 在【效果和预设】Effect& Presets面板中单击所需效果类型名称前的三角形图标，出现相应效果列表，再将所选效果拖曳到目标素材层上或直接双击效果名称。

在After Effect 中，无论是利用【效果】Effect下拉菜单还是【效果和预设】Effect& Presets面板，我们都能为同一层添加多种效果。如果要为多个层添加同一种效果，只需要先选择所需添加效果的多个素材层。按上面的步骤添加即可。用户可以单独调整每个层的效果参数。用户如果想让处于不同层的相同效果中参数相同来达到相同效果，只需要对调整层添加效果，它所属的层也将拥有相同的效果。

6.2.2 复制效果

After Effect 允许用户在不同层间复制和粘贴效果。在复制过程中原层的调整效果参数也将保存并被复制到其他层中。

我们通过以下方式复制效果。

首先在【时间轴】Timeline面板中选择一个需要复制效果所在的素材层。然后在【效果控件】Effect Controls面板中选取复制层的一个或多个效果，单击下拉菜单【编辑】Edit>【复制】Copy命令或按【Ctrl+C】快捷键。

复制完成后，再在【时间轴】Timeline面板中选择所需粘贴的一个或多个层，然后单击下拉菜单【编辑】Edit>【粘贴】Paste命令或按【Ctrl+V】快捷键。这样我们就完成了一个层对一个层，或一个层对多个层的效果的复制和粘贴。

如果用户所设置好的效果需要多次使用，并在不同电脑上应用的话，可以将设置好的效果数值保存，当以后需要使用时，选择调入就可以了。保存方法将在下面小节介绍。

6.2.3 关闭与删除效果

当我们为层添加一种或多种效果后，电脑在计算效果时将占用大量时间，特别是我们只需要预览一个素材上半部分的效果或对比多个素材上的效果时，这时可能又要关闭或删除其中一个或多个效果。但关闭效果或删除效果带来结果是不一样的。

关闭效果只是在【合成】Composition 面板中暂时地不显示效果，这时进行预览或渲染都不会添加关闭的效果。如需显示关闭的效果，可以通过【时间轴】Timeline 面板或【效果控件】Effect Controls 面板打开，或在【渲染队列】Rend Queue 面板中选取渲染层的效果。该方法常用于素材添加效果前后对比，或多个素材添加效果后对单独素材关闭效果的对比。

如果想逐个关闭层包含的效果，可以通过单击【时间轴】Timeline面板中素材层前的三角形图标，展开【效果】Effect选项，然后单击所要关闭效果前的黑色图标，图标消失表示不显示该效果。如果想恢复效果，只需要再在原位置单击一次。当我们关闭一个素材上的一个效果后，将会提高该素材预览时间，但重新打开之前关闭效果时，计算机将重新计算该效果对素材的影响，因此对于一些需要占用较长处理时间的效果，请用户慎重选择效果显示状态，如图6.2.1所示。

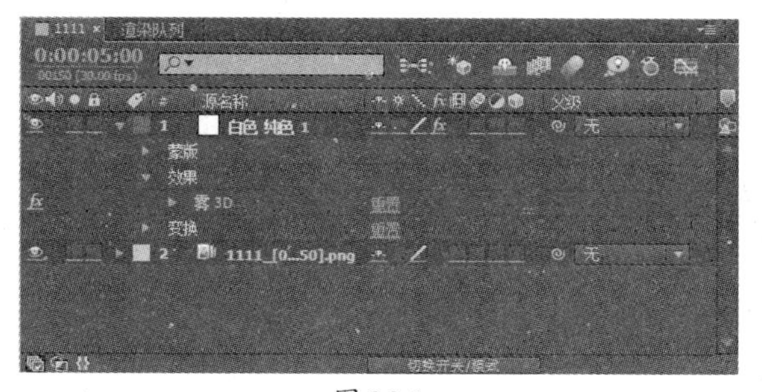

图6.2.1

如果想一次关闭该层所有效果，则单击该层【效果】Effect图标。当再次选择打开全部效果时，将重新计算所有效果对素材的影响，特别是效果之间出现穿插，会互相影响时，将占

用更多时间，如图6.2.2所示。

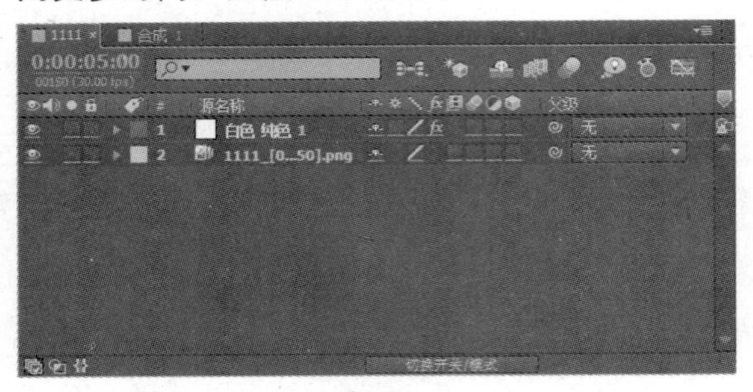

图6.2.2

删除效果将使所在层永久失去该效果，如果以后需要就必须重新添加和调整。

我们通过以下方式删除效果。

首先在【效果控件】Effect Controls面板选择需要删除的效果名称。然后按键盘上的【Delete】键或单击下拉菜单【编辑】Edit>【清除】Clear命令。

如果需要一次删除层中的全部效果，只需要在【时间轴】Timeline面板或在【合成】Composition面板中选择层所包括的全部效果，然后单击下拉菜单【效果】Effect>【全部移除】Remove All命令。特别要注意的是，选择【全部移除】Remove All命令后会同时删除包含效果的关键帧。如果用户错误删除层的所有效果，可以单击下拉菜单【编辑】Edit>【撤销】Undo命令或按【Ctrl+Z】快捷键来恢复效果和关键帧。

当用户不小心错删效果时，可以通过单击取消命令来恢复之前的操作。取消操作的快捷键是【Ctrl + Z】或选择【编辑】Edit>【撤销】Undo菜单命令。

6.2.4 效果参数设置

当我们为一个图层添加效果后，效果就开始产生作用。默认的情况是效果随同图层的持续时间产生效果，而我们也可以设置效果的开始和结束时间和参数。本节我们只介绍效果参数设置的基本操作方法，比如：颜色设置、颜色吸管的使用、角度的调整等。但不涉及每种效果具体的设置。下课将分类详细介绍各种效果的设置方法。

当我们为图层添加一种效果后，在【时间轴】Timeline面板中的【效果】Effect列表和【效果控件】Effect Controls面板中就会列出该效果的所有的属性控制选项。我们要注意的并不是每种效果都包含了所列出的参数，比如【彩色浮雕】Color Emboss效果有【方向】Direction角度调节设置，而没有颜色参数设置。【保留颜色】Leave Color效果有【要保留的颜色】Color To Leave颜色设置，而没有角度参数设置，如图6.2.3所示。

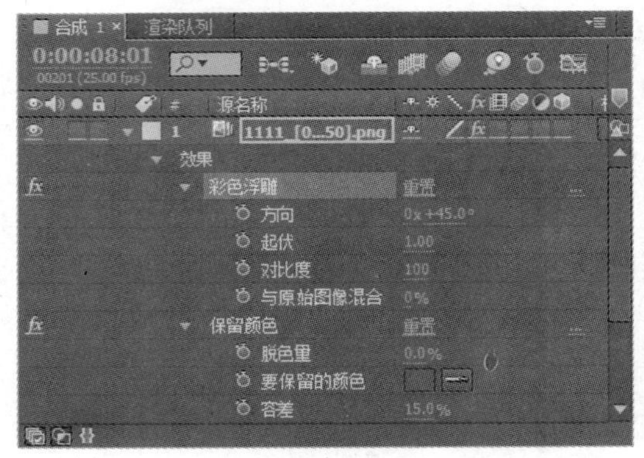

图6.2.3

我们通过【时间轴】Timeline面板和【效果控件】Effect Controls面板两种方式设置效果的参数。接下来就介绍各种参数的设置方法。

如何设置带有下划线的参数？

带下划线参数是效果中最常出现的参数种类，我们通过两种方式来设置这种参数。

首先单击需要调节的效果名称。如果效果属性未展开，则单击效果名称前的三角形图标，展开属性菜单。

- 直接调节参数。将鼠标移到带下划线的参数数值上，鼠标箭头变成一只小手，小手两边有向左和向右的箭头。此时按住鼠标再向左或向右移动鼠标。参数随移动方向变化，向左变小，向右变大。这种调节方式可以动态观察素材在效果参数变化情况下的各类效果。
- 输入数值调节参数。将鼠标移到带下划线的参数数值上，单击鼠标左键，原数值处于可编辑状态，我们只需输入想要的值，然后按回车键。当我们需要设置某个精确的参数时，就按这种方式直接输入。当我们输入的数值大于最大数值上限，或小于最小数值下限的时候，After Effects将自动给该属性赋值为最大或最小。

如何设置带角度控制器的参数？

我们可以通过两种方式对带有角度控制参数进行设置。一是调节参数的带下划线的数值，二是调节圆形的角度控制按钮。如果我们需精确调节效果角度参数，直接单击带下划线的数值，然后输入想要的角度值。这种调节方式的好处是快速且精确。

如果想比较不同角度的效果，可以直接在圆形的角度控制按钮任意点单击鼠标，角度数值会自动变换到那个位置对应的数值上。或按住圆形角度控制按钮上的黑色指针，然后按逆时针或顺时针方向拖动鼠标。逆时针方向可以减小角度，顺时针方向增加角度。这种调节方式适合动态比较效果，但不精确，如图6.2.4所示。

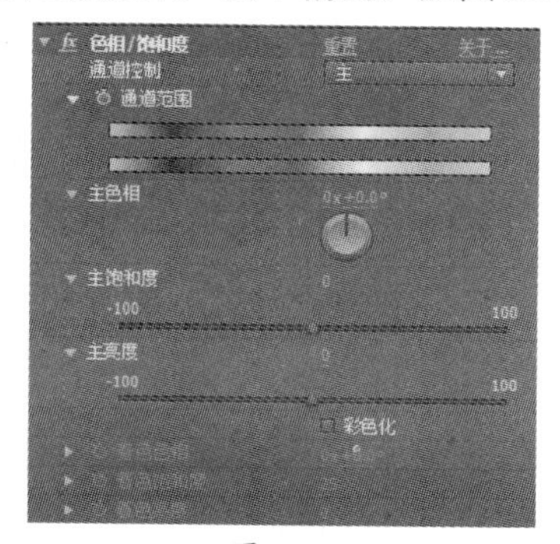

图6.2.4

如何设置效果的色彩参数？

对于需要设置颜色参数的效果，我们先单击【颜色样品】按钮，将弹出颜色选择器对话框，然后从中选取需要的颜色，单击【确定】按钮。或利用【颜色样品】按钮后的【吸管】工具从屏幕中相应的位置取色，如图6.2.5所示。

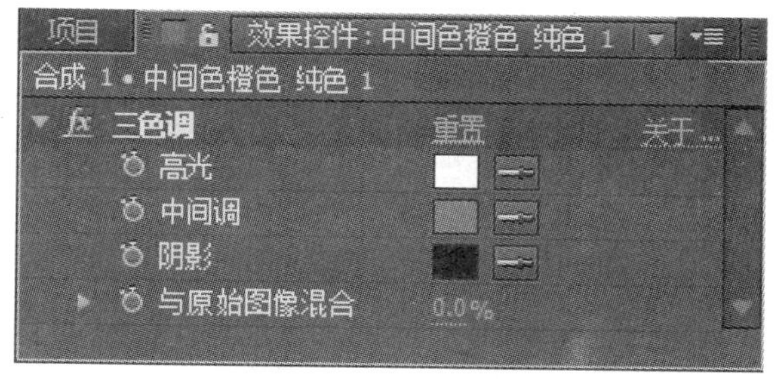

图6.2.5

当我们设置好参数后，如果想恢复效果参数的初始状态，只需单击效果名称右边的【重置】Reset按钮。如果想了解该效果的相关信息则单击【关于...】About按钮。

6.3 常用效果——风格化

6.3.1 查找边缘

【查找边缘】Find Edge效果主要是通过强化边缘过渡像素来产生彩色线条，模拟出勾边效果。这能很好地显示出图像中各部分间的边缘和过渡效果，如图6.3.1所示。

图6.3.1

- 反转：选在该复选项，边缘以黑色线条表示，其他部分以白色部分填充；勾选后边缘以亮的彩色线表示，背景为黑色，如图6.3.2所示。
- 与原始图像混合：设置与原图像的混合程度。恰当的设置能产生素描的勾边效果，如图6.3.3所示。

图6.3.2

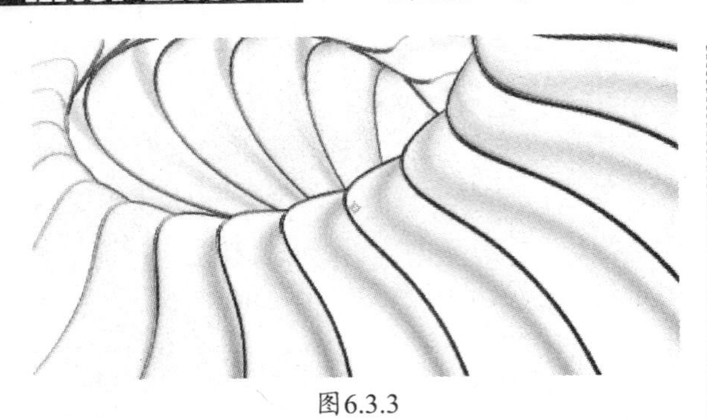

图6.3.3

6.3.2 发光

【发光】Glow效果是找出图像中较亮的部分，然后通过再度加亮该区域和其周围的像素来产生带有漫反射和炙热感的光环。它经常用于图像中的文字和带有Alpha通道的图像，产生自发光效果。效果与层的质量有关，高质量下渲染出的效果能改变层的外观。发光效果支持Photoshop的映射文件（*.amp文件）。单击选项按钮导入，如图6.3.4所示。

fx 发光	重置　选项...　关于...
发光基于	颜色通道
发光阈值	60.0%
发光半径	10.0
发光强度	1.0
合成原始项目	后面
发光操作	相加
发光颜色	原始颜色
颜色循环	三角形 A>B>A
颜色循环	1.0
色彩相位	0x+0.0°
A和B中点	50%
颜色A	
颜色B	
发光维度	水平和垂直

图6.3.4

- 【发光基于】：选择发光效果使用的通道。有颜色通道和Alpha通道两种选项。
- 【发光阈值】：设置不接受发光效果的极限程度。100%是完全不接受发光效果，0%是对发光效果不做影响。
- 【发光半径】：设置发光效果的影响范围的半径。 默认范围是从0.0到100.0之间，最大不能超过1000.0。
- 【发光强度】：设置发光效果的强度。默认数值范围在0.0到4.0之间，最大不能超过255.0。
- 【合成原始项目】：选择与原图像的合成方式。顶端是将发光的效果加在原图像之上；后面是将发光的效果加在原图像之后，模拟出背后光效果；无是将发光效果从原图像上分离出去。
- 【发光操作】：设置发光模式，类似之前介绍的层模式。
- 【发光颜色】：设置发光效果颜色模式。A&B颜色是通过对色彩A与色彩B控制来定义颜色来产生发光效果；任意映射通过调整图像像素的色度级别来产生发光效果；原始颜色是产生标准的发光效果。
- 【颜色循环】：选择为发光效果定义开始和结束色彩的方式。当发光颜色选择为 A & B 颜色时，锯齿X是开始于一个色彩结束于另一个色彩；三角形X是开始于一种颜色然后移到另一种颜色，最终结束于开始的颜色。
- 【颜色循环】：设置发光效果中漫反射圈数。默认数值范围在1.0到10.0之间，最大不能超过127.0。
- 【色彩相位】：设置色彩循环开始的相位点。
- 【A和B中点】：当我们选择A和B颜色作为发光颜色，为A和B颜色定义一个梯度变化的中心点。小于50%时以B为主，大于50%时以A为主。
- 【颜色A】：设置颜色A的颜色。
- 【颜色B】：设置颜色B的颜色。
- 【发光维度】：设置发光效果的方向。水平是在水平方向产生发光效果；垂直在垂直方向产生发光效果；水平和垂直是在全方位产生发光效果，如图6.3.5和图6.3.6所示。

图6.3.5

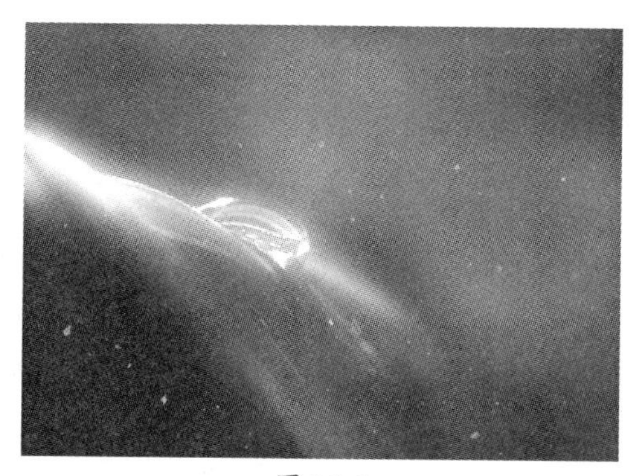
图6.3.6

6.3.3 画笔描边

【画笔描边】Brush Strokes效果主要是使画面带有一种粗糙颗粒的效果，类似于水彩画。我们可以调节描边长度接近0和提高描边浓度数值来创造出一种点画风格（pointillist）的画面效果。再通过定义描边的方向，使其产生随机分散的自然效果。【画笔描边】将改变Alpha通道和RGB颜色通道，对于部分区域施加了遮罩的图像，遮罩的边缘将出现过度强烈的笔刷效果，如图6.3.7所示。

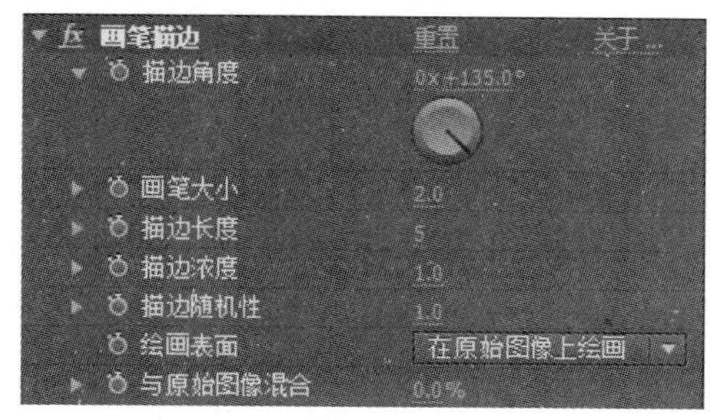

图6.3.7

- 【描边角度】：设置笔刷的角度方位，在该方位上笔刷将被有效转变，并对层的边缘进行修剪，产生毛糙的纸边效果。如果不希望出现这种效果，我们可以将层导入一个大的合成影像中，然后再对这个影像施加效果，如图6.3.8和图6.3.9所示。
- 【画笔大小】：设置每个笔触宽度。数值范围在0.0到5.0之间。
- 【描边长度】：设置笔触长度，以像素为单位，数值范围在0到40之间。
- 【描边浓度】：设置笔刷的密度。密度越大，聚拢在一起的笔触越多，越能产生带有朦胧感的重叠效果。数值范围在0.0到2.0之间。
- 【描边随机性】：设置笔触的随机效果，使画面更加自然。数值范围在0.0到2.0之间。
- 【绘画表面】：定义绘画表面的范围。在原始图像上绘画是将笔刷效果施加在未更改的层的顶点上。在透明背景上绘画只显示笔刷效果，两个笔刷间的图层保持透明。在白色上绘画和在黑色上绘画允许我们对白色或黑色的背景施加笔刷效果。
- 【与原始图像混合】：设置效果图与原图像的混合程度，呈现出淡入、淡出效果。数值为100%，显示原图像，如图6.3.8和图6.3.9所示。

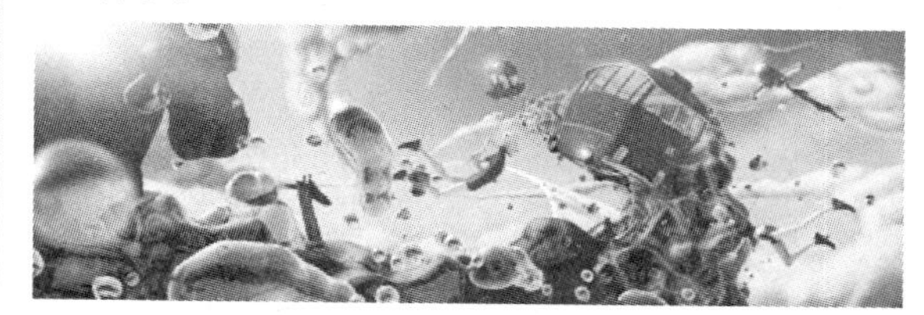
图6.3.8

图6.3.9

6.3.4 卡通

【卡通】Cartoon效果主要是通过使影像中对比度较低的区域进一步降低，或使对比度较高的区域中的对比度进一步提高，来形成有趣的卡通效果，如图6.3.10所示。

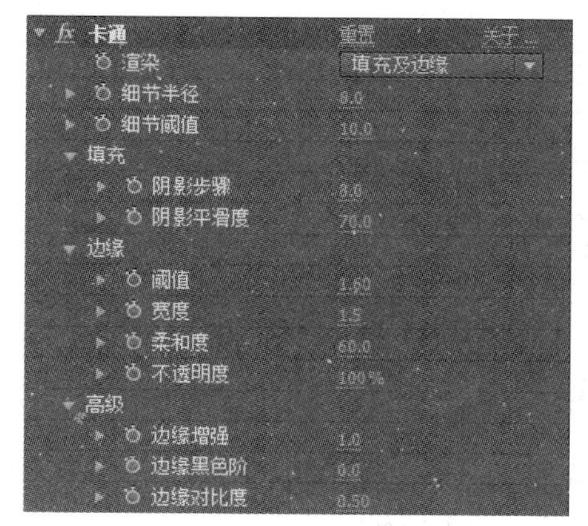

图6.3.10

- 【渲染】：设置渲染之后的显示方式，填充及边缘是显示填充和边缘；而填充是只显示填充；边缘是只显示边缘。

- 【细节半径】：设置画面的模糊程度，数值越高，画面越模糊。
- 【细节阈值】：通过这个数值可以更加细微地调整画面，减少这个数值可以保留更多细节，相反则可以使画面更具卡通效果。
- 【填充】：调整图像高光填充部分的过渡值和亮度值。
- 【阴影步骤和阴影平滑度】：图像的明亮度值根据“阴影步骤”和“阴影平滑度”属性的设置进行量化（色调分离）。如果“阴影平滑度”值为 0，则结果与简单的色调分离非常相似，不同值之间的过渡突变。较高的“阴影平滑度”值可使各种颜色更自然地混合在一起，色调分离值之间的过渡更缓和，并保持渐变。平滑阶段需考虑原始图像中存在的细节量，保证已平滑的区域（如渐变的天空）不进行量化，除非“阴影平滑度”值较低。
- 【边缘】：控制画面中边缘的各种数值。
- 【阈值】：调节边缘的可识别性。
- 【宽度】：调节边缘的宽度。
- 【柔和度】：调节边缘的柔软度。
- 【不透明度】：调节边缘的不透明度。
- 【高级】：控制边缘和画面的进阶设置。
- 【边缘增强】：调节此数值，使边缘更加锋利或者扩散。
- 【边缘黑色阶】：边缘的黑度。
- 【边缘对比度】：调整边缘的对比度，如图6.3.11所示。

图6.3.11

6.3.5 马赛克

【马赛克】Mosaic效果是通过使用方形的色块来填充层，最终降低图像精度。我们通常称之为“马赛克”效果。我们通常用马赛克效果来模拟低分辨率的显示效果或遮挡人脸。马赛克也能为我们提供一种动态的场景过渡效果。图层质量影响马赛克的边缘，最好质量下边缘开启反锯齿效果，如图6.3.12所示。

图6.3.12

- 【水平块】和【垂直块】：设置水平和垂直方向上的色块数量。默认数值范围在 1 到 200 之间，最大不能超过 4000。数值越大，图像越精确。
- 【锐化颜色】：用于增强画面颜色清晰度。

6.3.6 毛边

【毛边】Roughen Edges是通过计算层的边缘的Alpha通道数值来使其产生粗糙的效果，模拟被腐蚀过的纹理或溶解的效果，如图6.3.13所示。

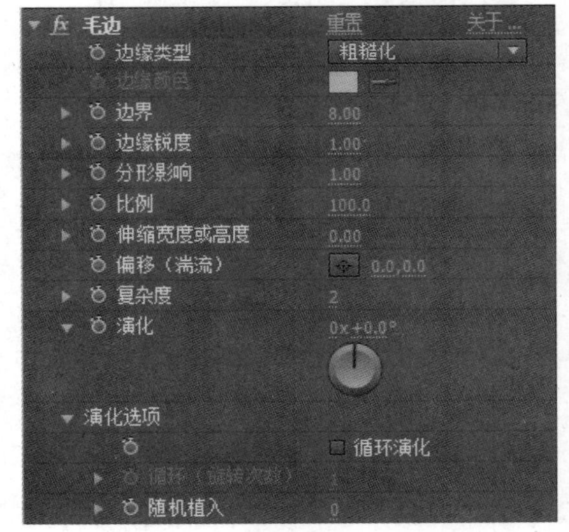

图6.3.13

- 【边缘类型】：选择处理边缘的方式。粗糙化是模拟照片时间久了边缘变得破旧，并且图像色彩也会随边缘腐蚀的程度呈现出旧照片一样效果；颜色粗糙化是为粗糙化的边缘加上彩色的边；剪切的粗糙效果与粗糙化相同，但图像色彩不变；刺状是模拟出边缘被尖的东西刮过的效果；生锈是模拟生锈效果；生锈颜色是为生锈边缘的边加上色彩；影印是模拟影印的效果；影印颜色是为影印部分加上色彩。

- 【边缘颜色】：设置边缘颜色。只有边缘类型中选择了带颜色选项的才被激活。
- 【边界】：设置边缘范围。默认数值范围在0.0到32.0之间，最大不能超过500.0。数值越大对图像影响范围越广。
- 【边缘锐度】：设置轮廓的锐化程度。数值为1.00是正常效果，0.00到1.00之间是羽化效果。默认数值范围在0.00到2.00之间，最大不能超过10.00。
- 【分形影响】：设置边缘粗糙的不规则程度。数值范围在0.0到1.0之间。当数值为0.0时，边缘变光滑。边缘光滑程度与边界的数值有关。
- 【比列】：对边缘粗糙效果的缩放处理，数值越小，边缘越琐碎。默认数值范围在20.0到300.0之间，最大不能超过1000.0。数值为100.0是正常状态，数值越大越呈现出一种溶解的效果。
- 【伸缩宽度或高度】：设置粗糙边缘宽度和高度的拉伸程度。数值为正，在水平方向拉伸；数值为负时，在垂直方向拉伸。默认数值范围在-5.00到+5.00之间，最小不能低于-100.0，最大不能高于+100.0。数值为0.00，不在任何方向拉伸。
- 【偏移（湍流）】：设置边缘的偏移点。可以在合成面板任意位置设置偏移点。
- 【复杂度】：设置边缘粗糙效果的复杂程度。默认数值范围在1到6之间，最大不能超过10。数值为2是正常状态，数值在1到2之间，呈现羽化效果；大于2，粗糙效果越细致。
- 【演化】：设置边缘的粗糙变化角度。通过动画设置，我们能实现动态变化的粗糙边缘效果。
- 【演化选项】：对演化进行设置。
- 【循环(旋转次数)】：设置循环旋转的次数。必须勾选【循环演化】复选项才能激活该选项。默认数值范围在1到30之间，最大不能超过88。
- 【随机植入】：设置随机种子速度，默认数值范围在0到1000之间，最大不能超过100000，如图6.3.14～图6.3.17所示。

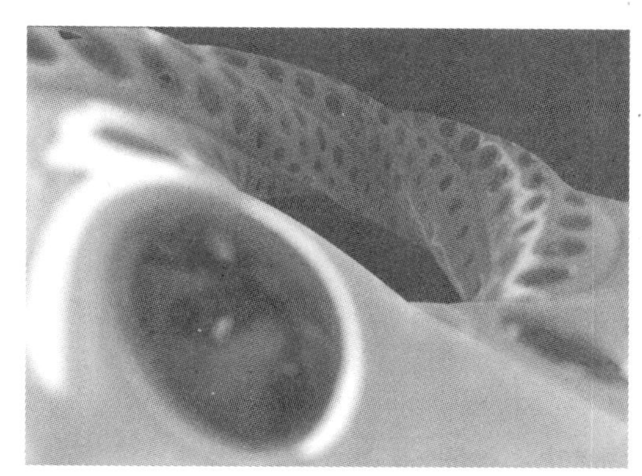

图6.3.14

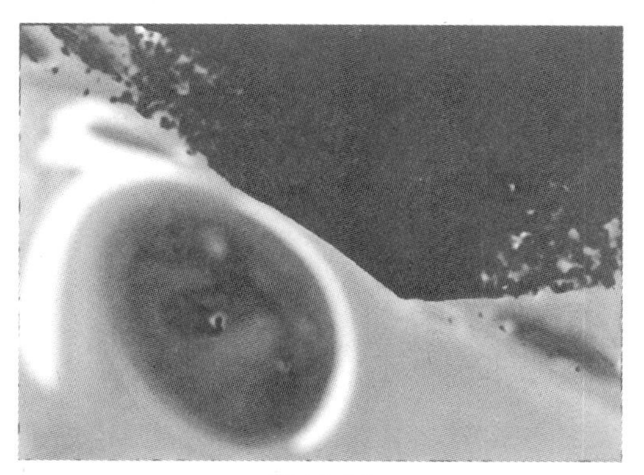

图6.3.15

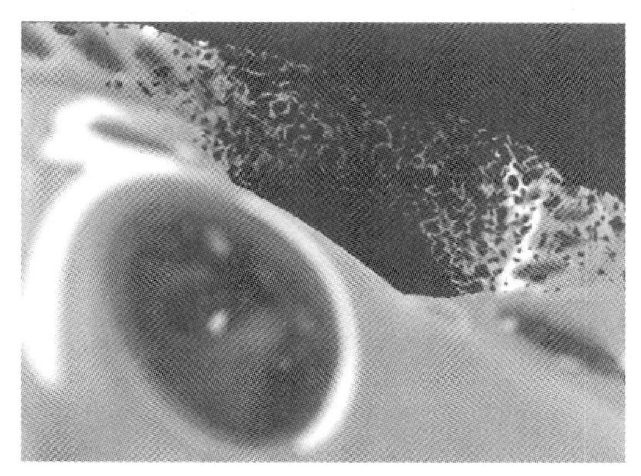

图6.3.16

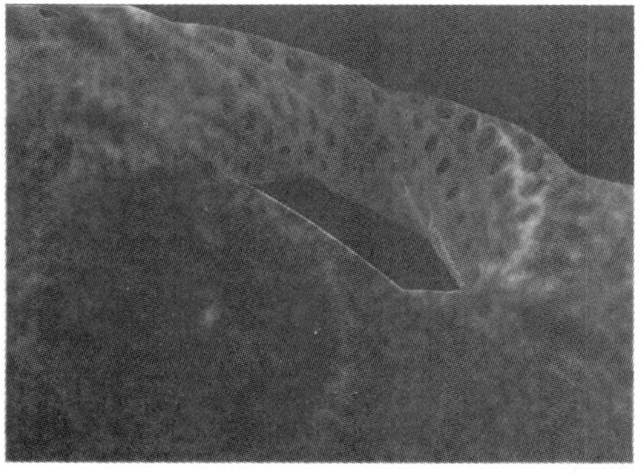

图6.3.17

6.3.7 散布

【散布】Scatter效果的主要功能是通过设置一个随机数来分散层中的像素，产生模糊的效果。散布效果并没有改变任何像素的色彩属性，只是在规定范围内改变了像素的排列位置，比如层中一个区域是黄色区域，设置后产生红色的杂点。这些杂点并不是改变黄色像素的色彩，而是将黄色区域附近红色区域的像素移到这里，如图6.3.18所示。

图6.3.18

- 【散布数量】：设置分散程度，数值越大分散越剧烈。默认数值范围在0.0到127.0之间，最大不能超过1000.0。
- 【颗粒】：设置分散方位。两者是在水平和垂直方位都产生分散效果；水平是只在水平方位产生分散效果；垂直是只在垂直方位产生分散效果。
- 【散布随机性】：当勾选【随机分布每个帧】复选项时，在设置动画时随机分布散布效果到每帧上，如图6.3.19和图6.3.20所示。

图6.3.19

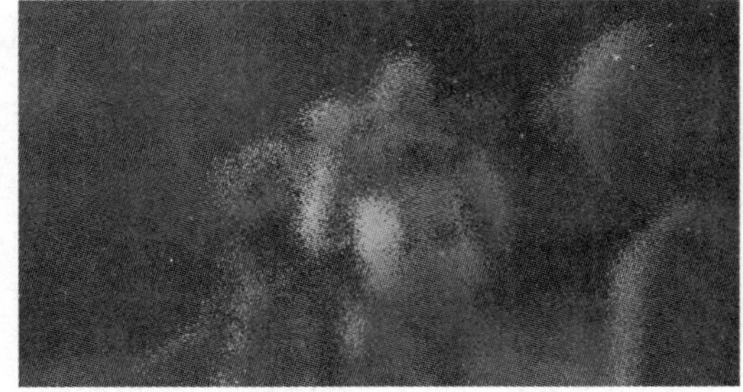
图6.3.20

6.3.8 色调分离

【色调分离】Posterize的主要功能是让我们整体上设置全部通道的亮度数值，自动将像素匹配到最近的亮度等级上。当我们降低一个图像的灰度值，再修改色调分离数值，效果会更明显，如图6.3.21所示。

图6.3.21

- 【级别】：设置划分级别的数量。默认数值范围在2到32之间，最大不能超过255，如图6.3.22和图6.3.23所示。

图6.3.22

图6.3.23

6.3.9 闪光灯

【闪光灯】Strobe Light效果主要是通过特殊算法来实现对层添加闪光灯效果。闪光灯的效果随时间变化，可以用来模拟闪烁的电脑屏幕或在有音乐配合下产生有节奏闪烁，增强画面效果，如图6.3.24所示。

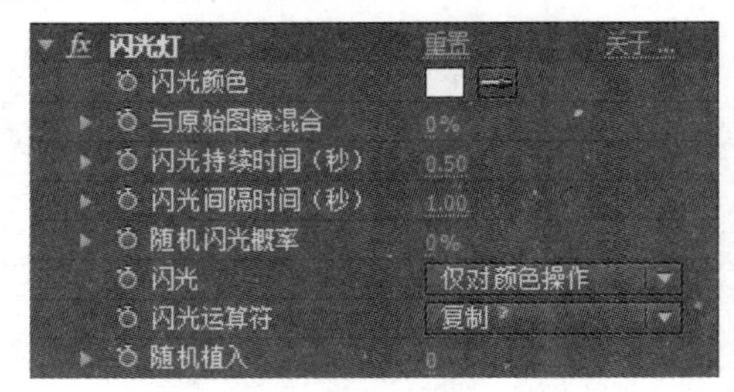

图6.3.24

- 【闪光颜色】：选择闪烁的颜色。
- 【与原始图像混合】：设置闪光灯颜色和原图像混合程度。
- 【闪光持续时间（秒）】：设置闪烁持续周

期，以秒为单位。数值在0.00到5.00之间，最大不能超过32000.00。

- 【闪光间隔时间（秒）】：设置闪烁之间间隔的时间，以秒为单位。数值在0.00到5.00之间，最大不能超过32000.00。比如闪光持续时间的数值是0.5，闪光间隔时间是1.00。那么两次连续的闪烁之间的间隔时间是1秒，而闪烁持续的时间是0.5秒。但如果闪光持续时间的数值大与闪光间隔时间的数值，将不产生闪烁。
- 【随机闪光概率】：设置一个控制闪光灯效果对帧处理的概率，也是一种随机性。
- 【闪光】：选择闪烁方式。仅对颜色操作是在彩色图像上进行；使图层透明是在遮罩上进行。
- 【闪光运算符】：选择闪烁的叠加算法模式。
- 【随机植入】：设置随机种子数量，如图6.3.25和图6.3.26所示。

图6.3.25

图6.3.26

6.3.10 阈值

【阈值】Threshold 效果主要是将灰度图片或彩色图片转换为高对比度的黑白图片。设置一个级别，高于该等级的像素被转换为白色，低于该等级的像素转换为黑色，如图 6.3.27 所示。

图6.3.27

- 【级别】：数值范围在0到255之间，如图6.3.28和图6.3.29所示。

图6.3.28

图6.3.29

6.4 常用效果——过渡

6.4.1 百叶窗

【百叶窗】Venetian Blinds效果主要功能是模拟百叶窗变换的过渡效果。在草稿质量下有锯齿出现，最佳质量效果为下边缘光滑，如图6.4.1所示。

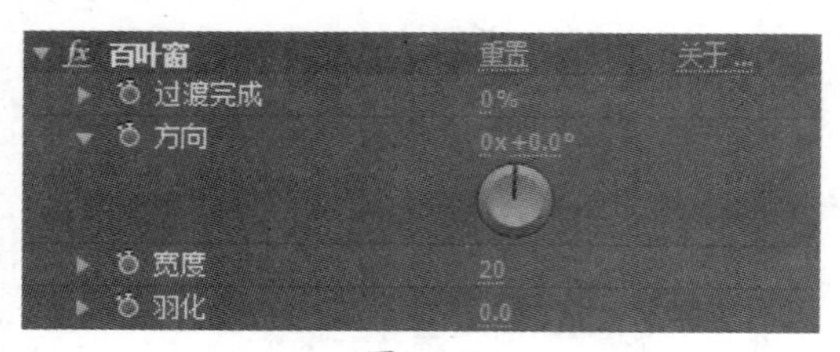

图6.4.1

- 【过渡完成】：设置过渡效果的完成程度，数值范围在0%到100%之间。
- 【方向】：设置过渡效果的边缘方向。
- 【宽度】：设置每条过渡区域的宽度。默认数值范围在1到127之间，最大不能超过32000。
- 【羽化】：设置过渡边缘羽化程度。默认数值范围在0.0到100.0之间，最大不能超过32000.0。

【百叶窗】效果如图6.4.2所示。

图6.4.2

6.4.2 光圈擦除

【光圈擦除】Iris Wipe效果主要功能是通过从任意位置辐射出逐渐变化的规则图形来显示下面的图像，如图6.4.3所示。

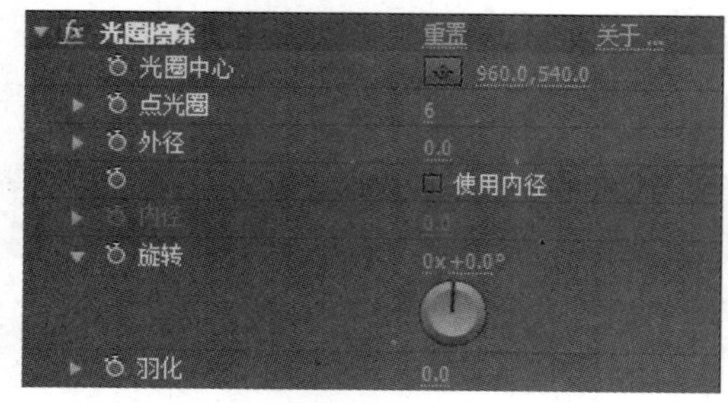

图6.4.3

- 【光圈中心】：设置辐射中心位置，可以在图像范围中，也可以在图像范围外。
- 【点光圈】：设置多边形形状，数值在6到32之间。
- 【外径】：设置辐射的外半径。数值范围在0到640之间，最大不能超过2000.0。
- 【使用内径】：使用内半径，将产生放射状图形。放射图形的形状必须靠外径和内径两个属性来调整。
- 【内径】：设置内半径，必须先勾选【使用内径】复选项。
- 【旋转】：设置图形的旋转角度，可以设置动画效果。
- 【羽化】：设置图形边缘柔化程度，数值过大会完全模糊图形边缘，产生一个模糊的区域。默认数值范围在0.0到100.0之间，最大不能超过1000.0，如图6.4.4、图6.4.5和图6.4.6所示。

图6.4.4

图6.4.5

图6.4.6

6.4.3 卡片擦除

【卡片擦除】Card Wipe 效果的主要功能是模拟出一种由众多卡片来组成一张图像，然后通过翻转每张小的卡片来变换到另一张卡片的过渡效果。卡片擦除能产生动感最强的过渡效果，属性也是最复杂的，包含了灯光，摄影机等的设置。通过设置属性，我们能模拟出百叶窗和纸灯笼的折叠变换效果，如图 6.4.7 所示。

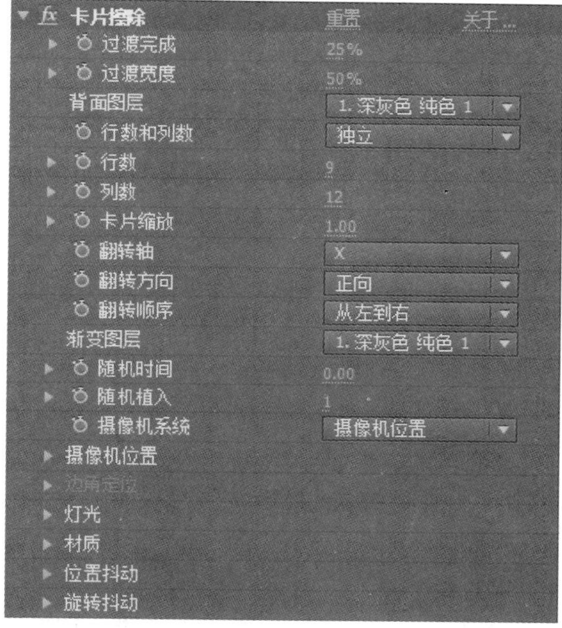

图6.4.7

- 【过渡完成】：设置过渡效果的完成程度，数值在0%到100%之间。
- 【过渡宽度】：设置原图像和底图之间动态转换区域的宽度，数值在0%到100%之间。
- 【背景图层】：选择过渡效果后将被显示的背景层。如果背景层是另外一张图像，并且被施加的其他效果，那最终只显示原图像，其施加效果不显示。过渡区域显示图像是原图像层下一层的图像。如果原图像层的下一层图像和过渡层图像是同一个被施加效果的图像，那过渡区域显示的是施加效果的图像，最终显示的还是原图像。如果希望最终效果图像保留原来施加的效果，那么背景图层选无。
- 【行数和列数】：设置横竖两列卡片数量的交互方式。独立是允许我们单独调整行数和列数各自的数量；列数受行数控制是设置只允许调整行数的数量，并且行数和列数的数量相同，呈等数量变化。
- 【行数】 或 【列数】：设置行数或列数属性的数值。默认数值范围在1到250之间，最大不能超过1000。
- 【卡片缩放】：设置卡片的缩放比例。1.0是正常比例。数值小于1.0，卡片与卡片间出现空隙；大于1.0，出现重叠效果。默认数值为0.0到1.0之间，最大不能超过10.0。通过与其他属性配合，我们能模拟出其他过渡效果。比如将过渡完成设置为0，只调整卡片缩放的数值，模拟出多组小卡片缩放变换效果，如图6.4.8和图6.4.9所示。

图6.4.8

图6.4.9

- 【翻转轴】：设置翻转变换的轴。X是在X轴方向变换；Y是在Y轴方向变换；随机是给每个卡片一个随机的翻转方向，产生变幻的翻转效果，也更加真实自然。
- 【翻转方向】：设置翻转变换的方向。当翻转轴为X时，正向是从上往下翻转卡片；反向是从下往上翻转卡片；当翻转轴为Y时，正向是从左往右翻转卡片；反向是从右往左翻转卡片；随机是随机设置翻转方向。
- 【翻转顺序】：设置卡片翻转的先后次序，共9种选择：从左到右的次序；从右到左的次序；

自上而下的次序；自下而上的次序；左上到右下的次序；右上到左下的次序；左下到右上的次序；右下到左上的次序；渐变是按照原图像的像素亮度值来决定变换次序，黑的部分先变换，白的部分后变换。

- 【渐变图层】：设置渐变层，默认是原图像。我们可以自己制作渐变效果的图像来设置成渐变层，这样就能实现无数种变换效果，如图6.4.10和图6.4.11所示。

图6.4.10

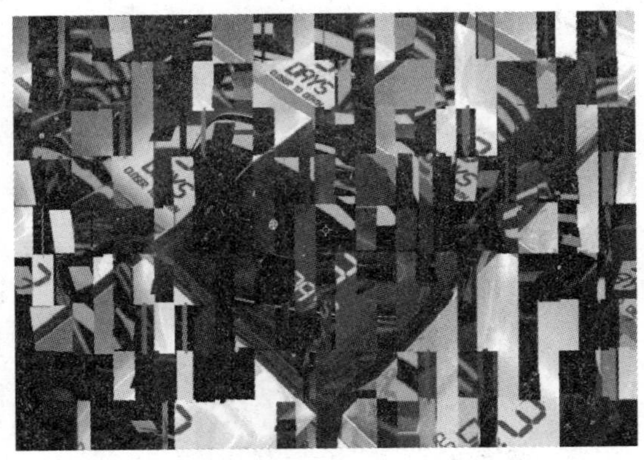

图6.4.11

- 【随机时间】：设置一个偏差数值来影响卡片转换开始的时间，默认为0.0时，按原精度转换，数值越高，时间的随机性越高。数值范围在0.00到1.00之间。
- 【随机植入】：该属性是用来改变随机变换时的效果，通过在随机计算中插入随机植入数值来产生新的确定的结果。卡片擦除模拟的随机变换与通常的随机变换还是有区别的，通常我们说的随机变换往往是不可逆转的，但我们在卡片擦除中却可以随时查看随机变换的任何过程。卡片擦除的随机变换其实是在变换前就确定一个非规则变换的数值，但确定后就不再改变，每个卡片就按照各自的初始数值变换，过程中不再产生新的变换值。而且两个以上的随机变换属性重叠使用的效果并不明显，通过设置随机插入数值我们能得到更加理想的随机效果。在不使用随机变换的情况下，随机植入对变换过程没有影响。默认数值范围在1到10之间，最大不能超过1000。
- 【摄像机系统】：通过设置摄像机位置、边角定位， 或者合成摄像机3个属性，我们能模拟出三维的变换效果。摄像机位置是设置摄影机的位置；边角定位是自定义图像四个角的位置；合成摄像机是追踪相机轨迹和光线位置，并在层上渲染出3D图像。
- 【摄像机位置】：设置摄影机的位置。
  - 【X轴旋转】：围X轴的旋转角度。
  - 【Y轴旋转】：围Y轴的旋转角度。
  - 【Z轴旋转】：围Z轴的旋转角度。
  - 【X，Y 位置】：设置X、Y的交点位置，如图6.4.12所示。

图6.4.12

  - 【Z位置】：设置摄影机在Z轴的位置。数值越小，摄影机离层的距离越近；数值越大，离得越远。默认数值范围在0.10到10.0之间，最大不能超过1000.00。
  - 【焦距】：设置焦距效果。数值越大越近，数值越小越远。默认数值范围在20.00到300.00之间，最大不能超过1000.00。
  - 【变换顺序】：设置摄影机的旋转坐标系和在施加其他摄影机控制效果的情况下，摄影机位置和旋转的优先权。选择旋转X时，画面位置为先旋转运动再进行移位；选择位置时，是先进行移位再旋转。
  - 【边角定位】：该复选项只有在摄像机系统选为边角定位才被激活。
  - 【左上角】、【右上角】、【左下角】、【右下角】：设置图像4个角的位置。

- 【自动焦距】：设置自动调焦，控制动画中卡片擦除效果的透视效果。当不选择该属性后，我们所定义的焦距将匹配摄影机的位置与在边角定位中所设置的层方位之间的关系。如果无法匹配，层将不能正确显示，将被他的四个角之间的轮廓线所代替。当被激活的情况下，焦距尽量必须匹配设置好的边角点。如果无法匹配，将自动从前后帧中提取有效数值来调整。
- 【焦距】：当我们已经设置好摄影机和层之间的焦距，并且重新定义了4个角的位置，但当效果不够理想时，焦距属性将不理会之前的设定，而进行单独调整。在我们知道我们所需要的焦距情况下，焦距将是最佳的匹配方式，如图6.4.13和图6.4.14所示。

图6.4.13

图6.4.14

- 【灯光类型】：设置灯光类型。如果光线距物体的位置合适，那么所有光线将从同一角度照射物体。比如太阳光，基本上是平行地照射在地球上。当光源越接近物体，光线照射物体的角度也将逐渐增加。远光源是类似于太阳光，在一个方向上产生阴影；点光源是类似于从一个发光球体射出光线，在所有的位置上都产生阴影；首选合成灯光是使用合成的第一光线层，我们可以通过属性进行自定义。
- 【灯光强度】：设置光的强度。数值越高，层越亮。默认数值是0.00到5.00之间，最大不能超过50.00。
- 【灯光颜色】：设置光线的颜色。
- 【灯光位置】：在X，Y轴的平面上设置光线位置。我们可以点灯光位置的靶心标志，然后按住键盘上的【Alt】键在合成窗口上移动鼠标，光线随鼠标移动变换，可以动态对比出哪个位置更好，但比较耗费资源。
- 【灯光深度】：设置光线在Z方向的位置。负数情况下光线将移到层背后。默认数值范围在−5.000到+5.000之间，最小不能低于−100.000，最大不能超过+100.00。
- 【环境光】：设置环境光效果，将光线分布在整个层上。数值范围从0.00到2.00。
- 【材质】：设置卡片的光线反馈值。
- 【漫反射】：设置漫反射的程度。取决于光线照射到表面的角度，而不依赖我们的视角。数值范围在0.00到2.00之间。
- 【镜面反射】：考虑到观众的角度，能模拟出光源在观众背后的情况。数值范围从0.000到2.000。
- 【高光锐度】：设置高光的强度。数值范围在0.00到50.00之间，最大不能超过100.00，如图6.4.15和图6.4.16所示。

图6.4.15

图6.4.16

- 【位置抖动】：设置在整个转换过程中，在X、Y和Z轴上的附加的抖动量和抖动速度。抖动量默认数值是0.00到1.00之间，最大不能超过5.00。Z抖动量的数值范围最大不能超过25.00。抖动速度的默认数值是在0.00到10.00之间，最大不能超过1000.00。
- 【旋转抖动】：设置在整个转换过程中，在X、Y和Z轴上的附加的旋转抖动量和旋转抖动速度。旋转抖动量的默认数值范围在0.00到90.00之间，最大不能超过360.00。旋转抖动速度的默认数值是在0.00到10.00之间，最大不能超过1000.00，如图6.4.17所示。

图6.4.17

6.5 常用效果——模糊和锐化

6.5.1 定向模糊

【定向模糊】Directional Blur 效果是由最初的 Motion Blur 动态模糊效果发展而来。它比 Motion Blur 效果更加强调不同方位的动态模糊效果，使画面带有强烈的运动感，如图 6.5.1 所示。

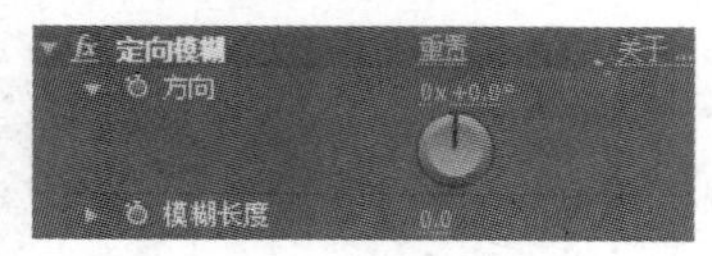

图6.5.1

- 【方向】：调节模糊方向。控制器非常直观，指针方向就是运动方向，也就是模糊方向。当我们设置度数为0度或180度时，效果是一样的。如果在度数前加负号，模糊的方向将为逆时针方向，如图6.5.2和图6.5.3所示。

图6.5.2

图6.5.3

- 【模糊长度】：调节模糊的长度。默认是0到20，最大不能超过1000。

6.5.2 高斯模糊

选择菜单【效果】>【模糊和锐化】>【高斯模糊】Gaussian Blur 得到的效果就是我们常在 PhotoShop 等软件的效果中用到的高斯模糊效果。用于模糊和柔化图像，可以去除杂点，层的质量设置对高斯模糊没有影响。高斯模糊效果能产生比其他效果更细腻的模糊效果。

【高斯模糊】效果比较柔和，更符合人梦中或视线模糊情况下看到的效果，如图 6.5.4 所示。

图6.5.4

- 【模糊度】：用于设置模糊的强度。默认数值是在0到50 之间，最大不能超过1000。通常我们在使用该工具时都会配合【遮罩】Mask工具使用，这样可以局部调整模糊值，如图6.5.5和图6.5.6所示。

图6.5.5

图6.5.6

- 【模糊方向】：调节模糊方位，有全方位，水平方位，垂直方位3种选择。
- 【高斯模糊】效果虽然属性和调整方法与上面介绍的效果有很多相似的地方，但我们深入使用会发现通过【高斯模糊】模糊后的图片，画面非常柔和，不显得乱，边缘也非常平滑。这是其他模糊效果无法相比的。

6.5.3 径向模糊

- 【径向模糊】Radial Blur效果是以层中某个点为中心产生特殊的放射或旋转效果，越靠外模糊越强。常用来模拟摄影机的高速移动或旋转时带来的画面变形。图片显示质量为低画质（Draft）情况下，模糊后的画面会有颗粒状效果在其中，仿佛透过一层毛玻璃看图片，这种效果在隔行显示的时候可能会闪烁。该效果的最大缺点就是运算时间比较长，如图6.5.7所示。

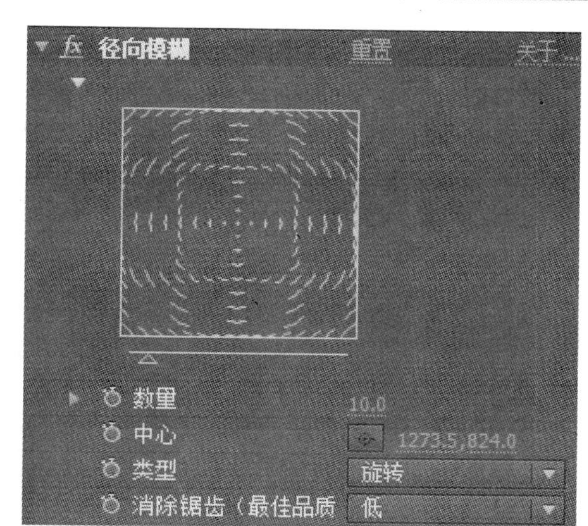

图6.5.7

- 【数量】：设置模糊的强度，数值越高模糊越明显。模糊效果除与强度有关外，更重要的是模糊的类型有关。我们也可以直接拖动效果窗口下的滑动条，向左是减小强度，向右是增加强度。我们会看到随着强度变化效果窗口中曲线会发生疏密变化。默认数值范围在0.0到100.0之间，最高不能超过1000.0，如图6.5.8和图6.5.9所示。

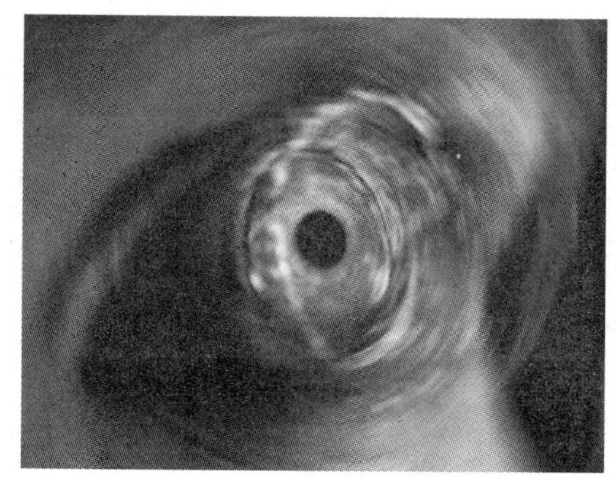

图6.5.8

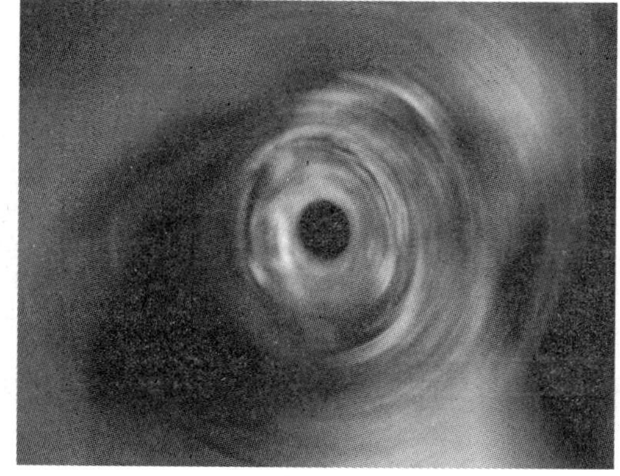

图6.5.9

- 【中心】：设置旋转或放射中心。中心的设置有很多种，我们可以十分直观地在效果窗口中点选中心位置，中心点将直接对应到图片一个点上。这种方法虽然直观，但并不是每张图片的尺寸都与效果窗口匹配，所以很难精确定位。如果需要精确定位，我们可以直接修改中心点的位置数值，第一个数值控制X轴方向，数值减少是向左移动，增加是向右移动。第二个数值是控制Y轴方向，数量减少是向上移动，增加是向下移动。另外我们也可以直接从图片上设定中心位置，单击【中心】Center属性后的一个带靶状图标按钮，鼠标移到【合成】Composition窗口后变成带定位十字的小靶子，单击图片任意位置，此位置将作为模糊的中心点。
- 【类型】：选择模糊的类型。【旋转】Spin为旋转模糊，【缩放】Zoom为放射模糊，如图6.5.10、图6.5.11图6.5.12所示。

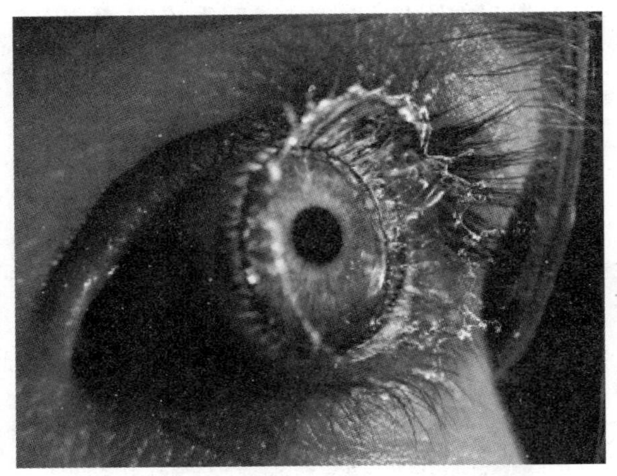

图6.5.10

图6.5.11

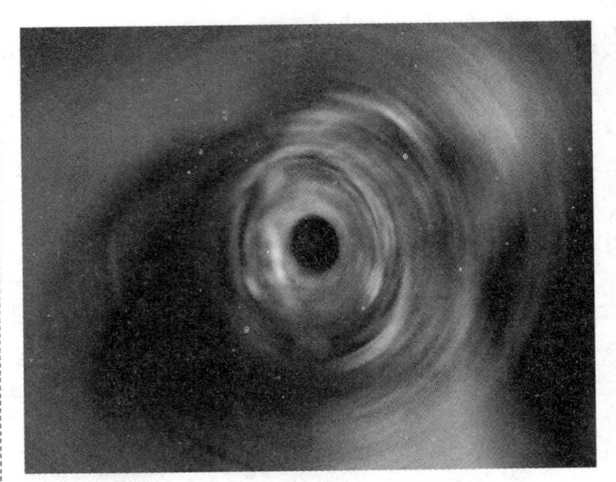

图6.5.12

- 【消除锯齿(最佳品质）】：用于设置反锯齿的作用，【高】High表示高质量，【低】Low表示低质量。这个选项只有在图片为最高质量时才有效。

6.5.4 锐化

【锐化】Sharpen效果用于锐化图像，在图像颜色发生变化的地方提高对比度，使得图像更清晰，但数值过高也会出现对比度过高，图像呈现出立体效果，但色彩中很多杂点，如图6.5.13所示。

fx 锐化	重置	关于...
锐化量	0	

图6.5.13

- 【锐化量】：调整锐化的程度。默认数值是在0到100之间，最大不能超过4000，如图6.5.14和图6.5.15所示。

图6.5.14

图6.5.15

6.5.5 摄像机镜头模糊

【摄像机镜头模糊】Camera Lens Blur效果是更换镜头模糊效果。该效果有较大的模糊半径，但最大不能超过500。远远快于模糊效果。其前身相机镜头模糊效果也不会被禁用，同时渲染多重多个帧，如图6.5.16所示。

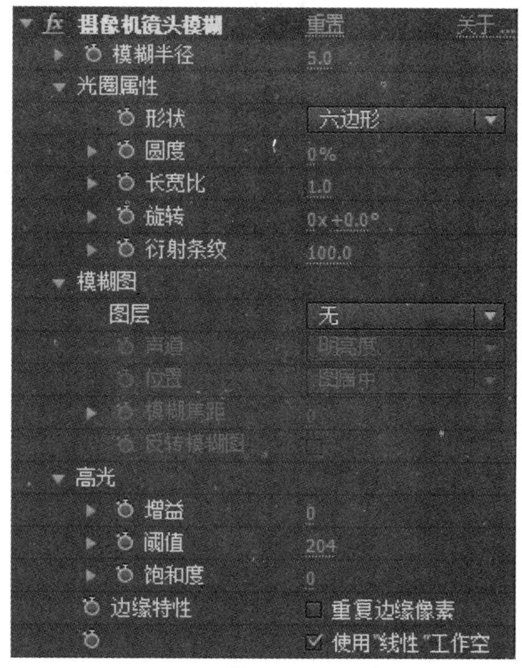

图6.5.16

- 【模糊半径】：调节该属性将改变模糊半径，最大不超过500。
- 【光圈属性】：包括形状、圆度、长宽比、旋转和衍射条纹等5项。
- 【形状】：设置多边形类型，共分8种：三角形Triangle、正方形Square、五边形Pentagon、六边形Hexagon、七边形Heptagon、八边形Octagon、九边形Nonagon和十边形Decagon。
- 【圆度】：调节多边形的圆度。
- 【长宽比】：调节多边形的长宽比，最大不超过100。
- 【旋转】：调节多边形的旋转。
- 【衍射条纹】：创建一个光环，模拟光弯曲的虹膜的边缘周围，集中的边缘周围的光圈叶片。当设定为100，一个自然的正常卤素是根据模糊的形状表示的区域是可见的。设定为500，所有模糊的能量从里面推向推环/光环。在本质上，这种效应模拟的是反射折射式透镜。
- 【模糊图】：指定模糊图层图片，默认情况下为【无】None，没有任何模糊效果。设置图片时，该属性被激活，并可以选择及调节。
- 【声道】:选择明亮度、颜色或 alpha 通道模糊。
- 【位置】：【图居中】Center Map为中心放置模糊，【拉伸图以适合】Stretch Map To Fit为按原图比例缩放放置模糊。
- 【模糊焦距】:控制层中的值，对应于零模糊。模糊焦点的距离值和从控制层的值之间的差异决定了模糊量的对应区域上的层与应用效果。
- 【反转模糊图】：反转模糊图片。让模糊层上原本模糊强烈的地方效果变弱，原本效果弱的地方变模糊。
- 【高光】：修改均高于阈值的像素的颜色值。调节更高的高光值得到一个更好的高光效果。
- 【增益】：供给能量到高于阈值的像素的量。根据明亮的像素在阈值之上的，这种相对的量，增加高光的亮度。最大值不超过100。
- 【阈值】：亮度限制于收益提振。远远比阈值亮的像素提高了超过那些略高于它的像素。将阈值设置为0，则提高了亮度大于0的任何像素。其设置为1，有效地消除了任何亮点，除非图像包含overbrights）。
- 【饱和度】：把颜色保持在升压像素。将其设置为0时，对于白色的颜色推提（旧版【镜头模糊】Lens Blur模糊效果这么做）。设置为100时，保留尽可能多的颜色。这种饱和的亮点是特别显著的情况下，彩色灯光（如夜间的城市景观），其中背景虚化的色调营造出五彩织锦效果。
- 【边缘特性】：勾选【重复边缘像素】

Repeat Edge Pixels复选项使画面的边缘清晰显示。只对图片边缘内图像添加模糊效果，边缘将保持平滑。

- 【使用“线性”工作空】：勾选该复选项后，从图片中看到现实的背景虚化效果。

6.6 常用效果——模拟

6.6.1 粒子运动场

【粒子运动场】Particle Playground效果主要用于独立控制数量众多的相似的物体，该效果主要由4大部分构成：【发射】Cannon、【网格】Grid、【图层】Layer和【粒子爆炸】Particle Exploder，主要用于创建粒子效果；【图层映射】Layer Map主要用于设置层中影像；【重力】Gravity、【排斥】Repel和【墙】Wall主要是设置群体粒子的运动效果；【永久属性映射器】Persistent Property Mapper和【短暂属性映射器】Ephemeral Property Mapper主要用于设置粒子属性。通过使用【粒子运动场】Particle Playground效果，我们能在后期为素材添加自然界中的火焰、雨雪等效果，也可以模拟一些电影中的常用效果，比如矩阵效果等。我们还可以将【粒子运动场】Particle Playground效果与其他效果结合起来使用，比如与【运动模糊】Motion Blur效果结合使用将为运动的粒子添加运动模糊效果。当我们为一个层施加【粒子运动场】Particle Playground效果后，层变为不可见，我们只看到红色的粒子，如图6.6.1所示。

图6.6.1

（1）【发射】Cannon属性用于创建连续粒子发射器的粒子效果，类似于从一个模拟的炮口将粒子发射出去的效果，如图6.6.2所示。

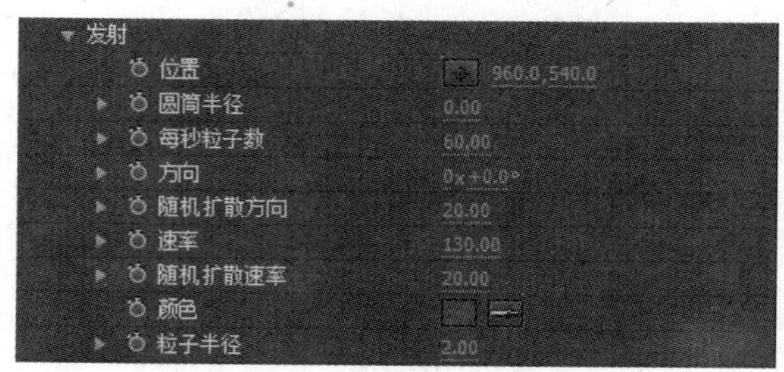

图6.6.2

- 【位置】Position：设置粒子发射器的位置。
- 【圆筒半径】Barrel Radius：设置粒子发射器的发射方式和粒子分布半径大小。数值为正数，发射的粒子基本分布在一个方型区域内；数值为负数，发射的粒子基本分布在一个圆形区域内。默认情况下只显示正数的调整范围，我们可以手动输入负数来改变发射粒子的分布方式。数值最大不能超过4000.00，最小不能低于-4000.00。
- 【每秒粒子数】Particles Per Second：设置每秒产生粒子数目，当数值为0时，关闭【发射】Cannon属性，不发射粒子。我们可以通过设置该属性的关键帧来控制粒子发射的开始和结束时间。默认数值范围在0.00.到500.00之间，最大不能超过30000.00。
- 【方向】Direction：设置粒子发射器的发射方向。
- 【随机扩散方向】Direction Random Spread：设置粒子在发射器的发射方向上的随机偏移度数，使效果看起来更自然真实。比如数值为20.00，粒子将在发射方向度数在20度范围以内作随机偏移，也就是偏移度数在-10度到+10度之间。
- 【速率】Velocity ：设置粒子发射的初始速

度，过高的数值将使粒子一开始就飞出面板范围。 默认数值范围在0.00到500.00之间，最大不能超过30000.00。

- 【随机扩散速率】Velocity Random Spread：设置粒子初始速度随机程度。比如，【速率】Velocity的数值为20.00，【随机扩散速率】Velocity Random Spread数值为20.00，那么粒子的初始速度为20.00，随机变化程度在20.00范围内，也就是在-10到+10之间，那么粒子最终的发射速度为-10到+30之间。默认数值范围在0.00到100.00之间，最大不能超过20000.00。
- 【颜色】Color：设置粒子的颜色。
- 【粒子半径】Particle Radius：设置粒子半径大小。 默认数值范围在0.00到100.00之间，最大不能超过10000.00。
- 【发射】Cannon粒子发射器是【粒子运动场】Particle Playground默认的粒子发射器。将【每秒粒子数】Particles Per Second设置为0，将关闭【发射】Cannon粒子发射器。通过设置【发射】Cannon属性我们能模拟出喷泉、礼花和雨雪等效果。比如，我们只需要改变【方向】Direction的数值，就能模拟出不同方向的喷水效果；如果我们将【重力】Gravity效果关闭，粒子将在无外力情况下向上移动，可以用来模拟上升烟雾或水泡。在默认情况下，粒子是红色的小方块，我们可以通过设置【选项】Options属性来改变粒子形态。单击【重置】Reset旁的【选项】Options，在属性框上单击【编辑发射文字】Edit Cannon Text出现对话框。在该对话框中输入文字后，单击【确定】OK按钮。这时【发射】Cannon发射器发射的粒子不再是小红方块，而是我们设置的文字。如果文字粒子不清楚，可以通过设置【字体大小】Font Size来增加粒子大小。在【编辑发射文字】Edit Cannon Text中的【循环文字】Loop Text属性是控制是否循环文字粒子，默认情况是勾选状态。比如，我们输入After Effects CC，默认情况是粒子发射器循环发射我们输入的文字。如果我们取消勾选【循环文字】Loop Text属性，粒子发射器将只发射一次我们输入的文字，之后就不再发射任何粒子了。【从左到右】Left to Right是从文字左边第一开始按顺序逐个发射，直到右边最后一个结束。比如，我们输入文字After Effects，效果从A开始，按顺序到s结束；【随机】Random是随机发射文字粒子，没有任何顺序；【从右到左】Right to Left是从文字右边最后一个文字开始，按反顺序逐个发射，直到左边第一个结束。比如，我们输入文字After Effects，效果从s开始，按排列的反顺序到A结束。

（2）【网格】Grid属性用于在每个网格的节点处发射新粒子，创建出一个均匀的连续的粒子面，可以用来模拟矩阵效果。【网格】Gird属性产生的粒子没有初始速度，只受【重力】Gravity、【排斥】Repel、【墙】Wall和【永久属性映射器】Persistent Property Mapper属性的控制。默认的设置，由于【重力】Gravity属性为激活状态，粒子自动向下运动。为更好显示出【网格】Gird效果，我们将默认的【发射】Cannon效果关闭，设置【每秒粒子数】Particles Per Second为0，如图6.6.3所示。

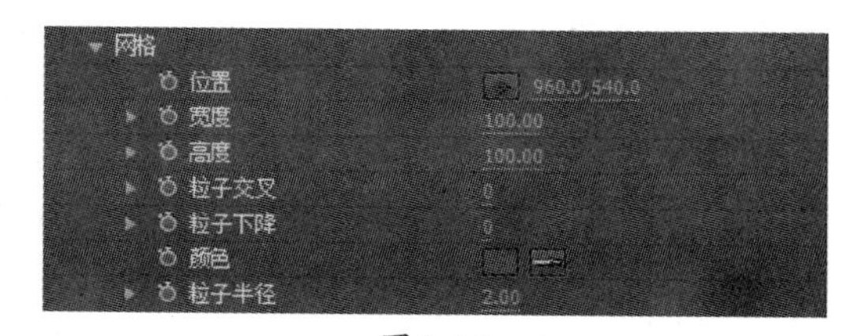

图6.6.3

- 【位置】Position：设置网格中心的位置。
- 【宽度】Width：设置网格宽度，单位为像素。默认数值范围在0.00到800.00之间，最大不能超过10000.00。
- 【高度】Height：设置网格高度，单位为像素。默认数值范围在0.00到800.00之间，最大不能超过10000.00。
- 【粒子交叉】Particles Across：设置水平方向上产生的粒子数，数值为0时，水平方向不产生粒子。当我们以层作为粒子源时该属性不被激活。
- 【粒子下降】Particles Down：设置垂直方向上产生的粒子数，数值为0时，垂直方向不产生粒子。当我们以层作为粒子源时该属性不被激活。
- 【颜色】Color：设置粒子颜色。
- 【粒子半径】Particle Radius：设置粒子半径大小。

- 【网格】Grid：粒子发射器默认情况下是关闭的，我们可以通过改变【粒子交叉】Particles Across和【粒子下降】Particles Down的数值来增加粒子；默认情况下的【粒子交叉】Particles Across和【粒子下降】Particles Down的数值为0。默认情况下的【宽度】Width和【高度】Height数值为100，【粒子半径】Particle Radius为2，当我们输入【粒子交叉】Particles Across和【粒子下降】Particles Down的数值较高的时候，会出现一个红色的方块，那是因为默认状态下粒子之间距离太近的缘故。我们可以通过增加【宽度】Width和【高度】Height数值来增大粒子间的距离。通过调节【宽度】Width和【高度】Height数值，我们能排列出各种形式的粒子队列。与【发射】Cannon粒子发射器相同，我们也能通过设置【选项】Options属性来发射文字粒子。单击【重置】Reset旁的选项Options，在属性框上单击【编辑网格文字】Edit Grid Text出现对话框。在对话框中输入文字后，单击【确定】OK按钮。这时【网格】Grid发射器发射的粒子不再是小红方块，而是我们设置的文字。如果文字粒子不清楚，可以通过设置【字体大小】Font Size来增大粒子大小。在【编辑网格文字】Edit Grid Text中的【循环文字】Loop Text属性是控制是否循环排列文字粒子，默认情况是勾选状态。

（3）【图层爆炸】Layer Exploder：该属性用于设置一个层作为粒子的源素材，粒子按照原图像尺寸分散开，模拟出爆炸效果。我们通过设置【图层爆炸】Layer Exploder属性来模拟出一个画面被分割成许多小块后淡入淡出的效果，如图6.6.4所示。

图6.6.4

- 【引爆图层】Explode Layer：用于选择作为粒子爆炸的层。
- 【新粒子的半径】Radius of New Particles：设置新产生粒子的半径大小。默认数值范围在0.50到200.00之间，最大不能超过10000.00。
- 【分散速度】Velocity Dispersion：设置新粒子的速度分布范围。数值较大时，产生剧烈爆炸的效果；数值较低时，产生类似震荡波的爆炸效果。当【分散速度】Velocity Dispersion数值为0时，粒子块之间没有缝隙，模拟出马赛克效果。默认数值范围在0.00到200.00之间，最大不能超过30000.00，如图6.6.5、图6.6.6和图6.6.7所示。

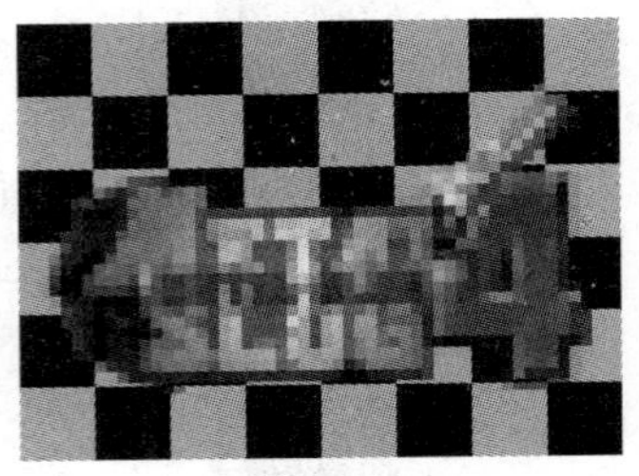

图6.6.5

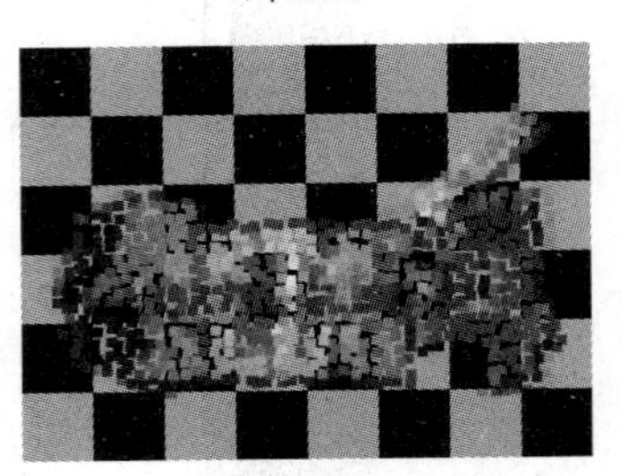

图6.6.6

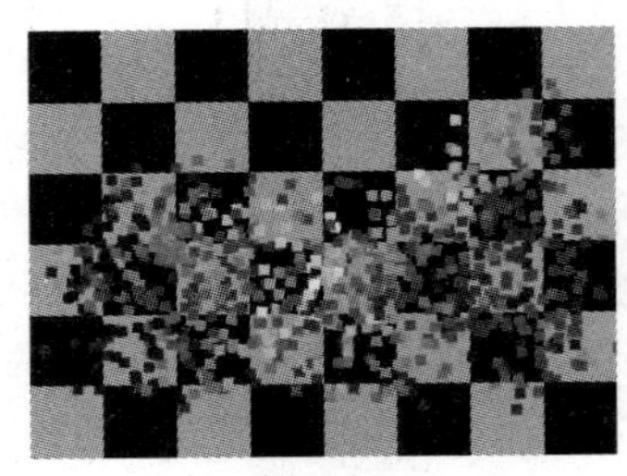

图6.6.7

- 【图层爆炸】Layer Exploder：该属性默认情况也是关闭的，如果要对某个层做爆炸分离，首先要在【引爆图层】Explode Layer中选择层的名称。【新粒子的半径】Radius of New Particles是在图像大小范围内设置粒子大小，因此【新粒子的半径】Radius of New Particles的数值越高，粒子越大，数量也就越小。粒子数量过多会增加计算时间，数量过少会影响精度，所以我们应该根据情况设置一个合适的数值。在确定粒子大小后，我们再设置【分散速度】Velocity Dispersion数值来调整粒子间距离和最终分布情况。

（4）【粒子爆炸】Particle Exploder：该属性主要作用是由一个粒子再分散出多个粒子，

如图6.6.8所示。

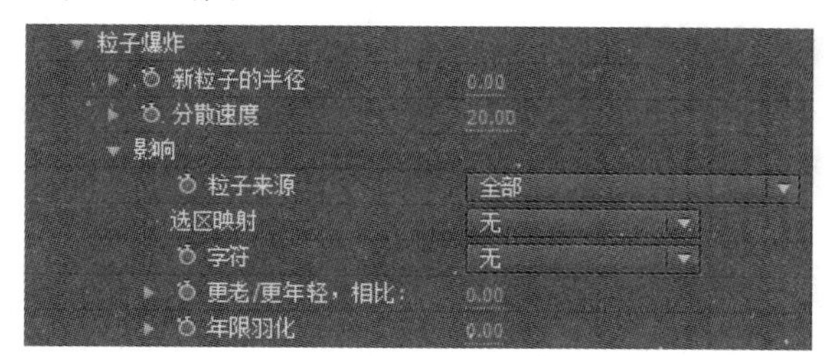

图6.6.8

- 【新粒子的半径】Radius of New Particles：设置新产生粒子的半径大小。默认数值范围在0.50到200.00之间，最大不能超过10000.00。
- 【分散速度】Velocity Dispersion：设置新粒子的速度分布范围。数值较大时产生剧烈爆炸的效果；数值较低时，产生类似震荡波的爆炸效果。当【分散速度】Velocity Dispersion数值为0时，粒子块之间没有缝隙，模拟出马赛克效果。默认数值范围在0.00到200.00之间，最大不能超过30000.00。
- 【影响】Affects：该属性用来决定所对应属性影响的粒子范围和效果，我们也可以通过关闭或选择特定粒子范围来改变粒子效果。比如我们可以关闭【重力】Gravity 属性影响范围，使粒子不再受重力场影响，粒子将保持在原位置且不向【重力】Gravity 力的方向移动。
- 【粒子来源】Particle From：选择受影响的粒子发射器。默认情况是所有粒子发射器发射的粒子都受对应属性影响。
- 【选区映射】Selection Map ：选择一个映射层来设置且受影响的粒子范围。我们根据映射层的像素亮度值来分配受影响粒子范围。比如，一个从左到右由亮变暗的灰度图像，亮的部分对应粒子区域100%受对应属性影响，暗的部分不受对应属性影响，中间过渡区域根据亮度按比例影响粒子。
- 【字符】Characters：设置一个文本区，该文本区的文字将受当前项的影响，该选项只在使用文字作为粒子类型的时候可以使用。我们可以通过单击【选项】Options 以输入文本。我们也可以通过单击【编辑发射文字】Edit Cannon Text 和【编辑网格】Edit Grid Text 来输入字母，替换原粒子。默认情况下的粒子发射器发射出的粒子是方块，我们可以输入字母来改变发射粒子形状，如图6.6.9所示。

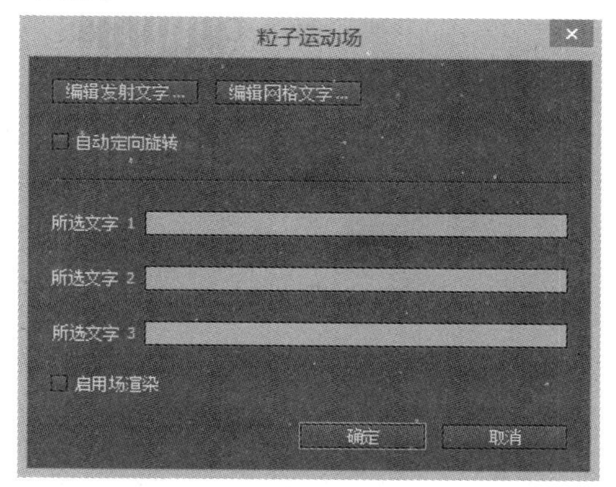

图6.6.9

- 【更老/更年轻，相比：】Older/Younger Than：设置受影响的粒子所处的时刻，单位是秒。数值为正数是比这个数值大的时间的粒子受影响；数值为负数是比这个数值小的时间的粒子受影响。比如，数值为-10，那么10秒这个时刻是个判定标准，比这个时刻小的粒子被赋予新的数值，过了10秒恢复原来数值。反过来，数值是+10，那就是大于10秒的粒子被赋予新的数值。默认数值范围在-30.00到+30.00之间，最小不能低于-30000.00，最大不能高于+30000.00。
- 【年限羽化】Age Feather：设置在【更老/更年轻，相比：】Older/Younger Than属性的时间内的粒子被羽化。羽化效果是为粒子变化创建一个过渡效果。【年限羽化】Age Feather属性的数值是一个时间段，而不是时刻。比如【更老/更年轻，相比：】Older/Younger Than的数值是+10，表示是在10秒的时候改变粒子属性；【年限羽化】Age Feather的数值为10，是在10秒的时间段内，也就是在我们规定的【更老/更年轻，相比：】Older/Younger Than的数值的前后5秒时间段内发生羽化过渡效果。变化程度按照【年限羽化】Age Feather设置的数值来平分，比如【年限羽化】Age Feather数值为10，粒子变化程度被平分成10份，每秒有10%的粒子过渡到新数值。数值范围在0.00到5.00之间，最大不能超过60000.00。

（5）【图层映射】Layer Map：该属性是将由【发射】Cannon、【网格】Gird和【图层/粒子爆炸】Layer / Particle Exploder所产生的粒

子用我们最终所要展现的图像、文字或视频来替换。比如我们需要一个万马奔腾的场景，但去拍摄1万匹马或绘制一群马在奔跑，无论是时间还是成本都不允许我们这么做。这时我们只需要1匹或几匹马奔跑的素材，然后用粒子模拟出马群奔跑时的运动方式，最后用原素材替换每个粒子就完成了最终效果。我们还可以通过设置每个粒子所代表的视频的播放时间差，来规定每个替换后的视频的播放画面和速度，使整体效果更加自然，如图6.6.10所示。

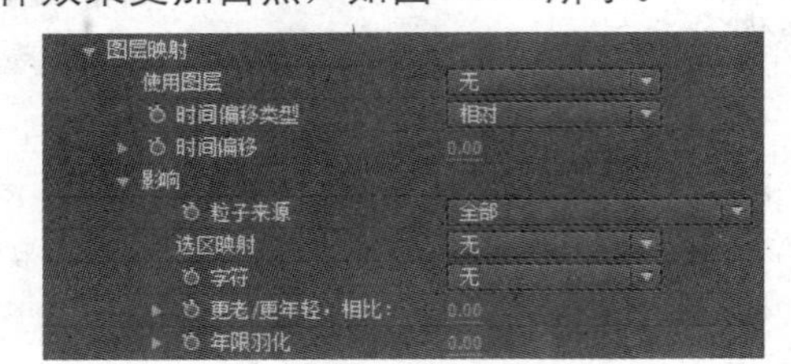

图6.6.10

- 【使用图层】Use Layer：选择用于映射的层，如图6.6.11所示。

图6.6.11

- 【时间偏移类型】Time offset Type：选择时间偏移类型。粒子系统可以很方便地为我们创建和控制群体运动效果，当我们使用单一素材来模拟群体运动时，比如万马奔腾的场面，我们会发现所有的马都是按照统一的步骤奔跑。为了用有限素材模拟出接近真实的场面，我们需要改变原素材播放的偏移值。这样一来，播放出的画面就显得错落而自然。
    - 【相对】Relative：是基于原层的播放时间和【时间偏移】Time Offset属性来播放原层素材。如果原层素材时间比粒子层时间短，当播放完原层素材后，图像消失恢复粒子状态。当【时间偏移】Time Offset的数值为0时，粒子所显示的层与原层播放是同步的，没有偏移效果。如果数值为1，则产生1秒的偏移。比如第一个粒子播放的是与原层同步的画面，那么第二个粒子播放是延迟1秒后的画面，第三个粒子是播放延迟2秒后的画面，以此类推。当延迟时间大于原素材播放时间时，再从原素材开始部分播放。
    - 【绝对】Absolute：是在忽略原层播放时间长度的情况下，基于【时间偏移】Time Offset属性来设置来显示合成层。比如，我们的原素材只有3秒，而粒子层播放时间有10秒，选择【相对】Relative属性的话，后7秒将没有画面出现，我们通过选择【绝对】Absolute来不间断地播放原素材。为了压缩素材，对于一般奔跑、走路等循环动作，我们只录制一个或几个很短的循环，时间上很短。通过【绝对】Absolute属性，我们可以在不改变原素材的长度情况下，模拟出带有循环动作群体运动的场面。
    - 【相对随机】Relative Random：是基于原层的播放时间和【最大随机时间】Random Time Max属性来随机选择素材中一帧播放原层素材。此时，【时间偏移】Time Offset属性被【最大随机时间】Random Time Max属性代替。当【最大随机时间】Random Time Max为正数的时候，比如数值为+1，将在当前时刻原素材的播放帧和之后一秒的范围内随机选取一帧作为开始帧来播放替换的素材。当【最大随机时间】Random Time Max为负数的时候，比如数值为-1，将在当前时刻原素材的播放帧和之前一秒的范围内随机选取一帧作为开始帧来播放替换的素材。如果原层素材时间比粒子层时间短，当播放完原层素材后，图像消失并恢复粒子状态。
    - 【绝对随机】Absolute Random： 是基于原素材第一帧到Random Time Max属性设置的时刻之间的任意一帧作为播放的开始帧。比如Random Time Max的数值为1，播放素材将在第一帧到1秒时间段内任意选择一帧开始播放。
- 【影响】Affects：设置影响属性，请参考上面的介绍。

【图层映射】Layer Map：该属性只是改变每个粒子播放时间差，不影响粒子运动分布。

我们在使用【图层映射】Layer Map替换粒子前，一定要先对粒子运动方式做详细的设置。只有在准确模拟出群体运动特征情况下，替换后的效果才自然真实。比如，万马奔腾场面是基于每个粒子的运动方向和速度的设置，时间偏移只是让场面看起来更自然，但不能决定运动效果。

（6）【重力】Gravity：该属性是用来模拟力场。默认情况下是模拟重力场效果，我们可以通过改变力场方向来模拟任意方向的力场，比如风吹动效果，火山喷发效果等，如图6.6.12所示。

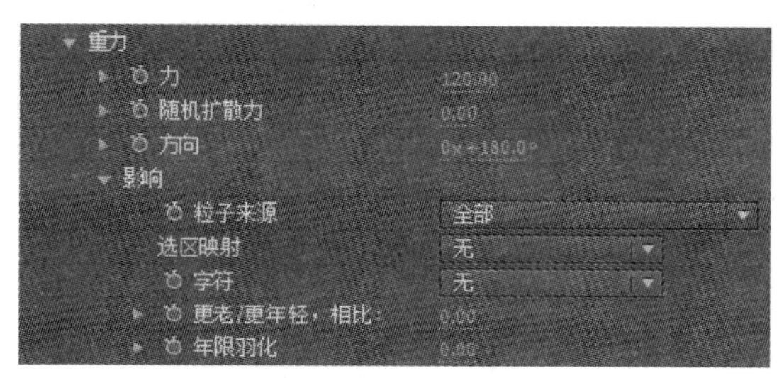

图6.6.12

- 【力】Force：设置力场大小。数值越大，力场越强。数值为正数时，力场方向与指定方向相同，数值为负数时，与指定方向相反。我们可以通过改变力场数值来模拟下落或上升效果。数值为时，粒子按照发射方向做直线运动。默认数值范围在-50.00到180.00之间。最小不能低于-10000.00，最大不能高于+10000.00。
- 【随机扩散力】Force Random Spread：设置力场大小的随机范围。模拟情况下我们只有一个力场对粒子作用，粒子下落速度是一致的。现实生活中物体运动是多个力的综合效果，为了模拟出更接近真实的效果，我们通过设置力场随机值，使每个粒子受力不同，运动状态也更加自然。默认数值范围在0.00到5.00之间，最大不能超过40000.00。
- 【方向】Direction：设置力场方向。默认是180度，垂直向下。
- 【影响】Affects：设置Gravity影响范围和效果。

【重力】Gravity：该属性是默认状态下力场属性，方向向下，模拟重力场。我们不要单纯认为【重力】Gravity就是模拟重力或其他方向的力，确切地说，【重力】Gravity属性是模拟自然界中的一种为粒子带来加速运动的外力。比如我们设置【重力】Gravity的【力】Force的关键帧，让【力】Force逐渐增加，并且方向是从左到右，此时我们用一辆汽车或导弹图片替换粒子，就能真实模拟出汽车或导弹等物体逐渐加速的状态。我们也可以用来模拟射出的箭、飘下的羽毛等常见自然现象，或将【重力】Gravity方向改为垂直向上，再设置【力】Force的关键帧，使【力】Force的大小在一个数值间变动，模拟出在水中漂浮的效果。

（7）【排斥】Repel：该属性是设置粒子与粒子间的作用力，主要有相互吸引和相互排斥两种。可以用来模拟微观世界中电荷之间的运动或磁铁效果，同极相斥、异极相吸，如图6.6.13所示。

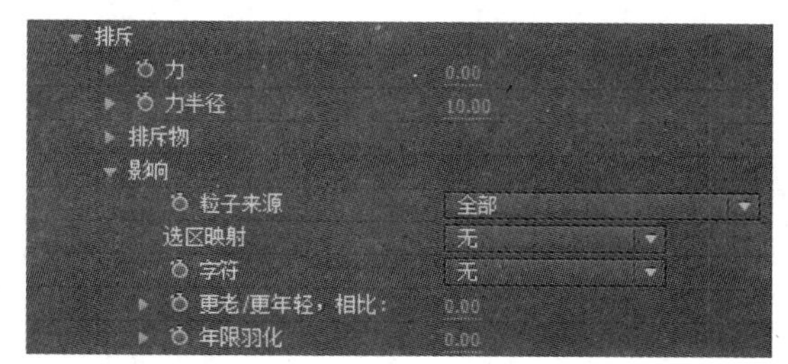

图6.6.13

- 【力】Force：设置粒子间作用力方式和大小。 数值为正数，相互排斥；数值为负数，相互吸引。默认数值为0，粒子间没有作用力。默认数值范围在-5.00到+5.00之间，最小不能低于-2000.00，最大不能高于+2000.00。
- 【力半径】Force Radius：设置作用力的半径，单位为像素。作用半径大小决定受影响的粒子范围。默认数值范围在 0.00 到 100.00 之间。
- 【排斥物】Repeller：设置受作用力影响的粒子范围和效果。
- 【影响】Affects：设置【排斥】Repel属性影响范围和效果。

在激活或关闭【重力】Gravity属性的情况下，粒子会按照外力的方向或发射方向做加速或匀速运动，这种状态下的粒子运动不够自然。为模拟出更加自然的状态，使画面显得更加生动，我们可以设置【排斥】Repel的【力】Force，【力半径】Force Radius和【排斥物】

Repeller来调整粒子间的作用力大小和方式，使粒子的运动更加自然真实。

（8）【墙】Wall：该属性是在粒子运动空间中设置一个遮罩，遮罩如同一个虚拟的墙，凡是碰到墙上的粒子都将被反弹回去。我们可以用笔刷工具在【合成设置】Composition面板中的任意位置画一条直线来当作一面墙，也可以绘制一个方框，将粒子限制在该区域内，如图6.6.14所示。

图6.6.14

- 【边界】Boundary：选择作为界限的遮罩名称，如图6.6.15所示。

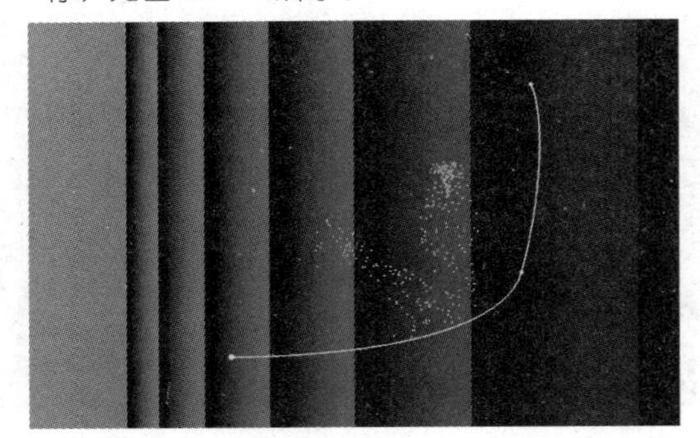

图6.6.15

- 【影响】Affects：用于设置【墙】Wall属性的影响范围和效果。

（9）【永久属性映射器】Persistent Property Mapper：该属性使用一个层中的某个指定色彩通道值与粒子某项属性数值变化相联系，创建一种粒子的属性映射效果。在Repel、Gravity和Wall属性不变的情况下，粒子属性将一直受层通道值影响，如图6.6.16所示。

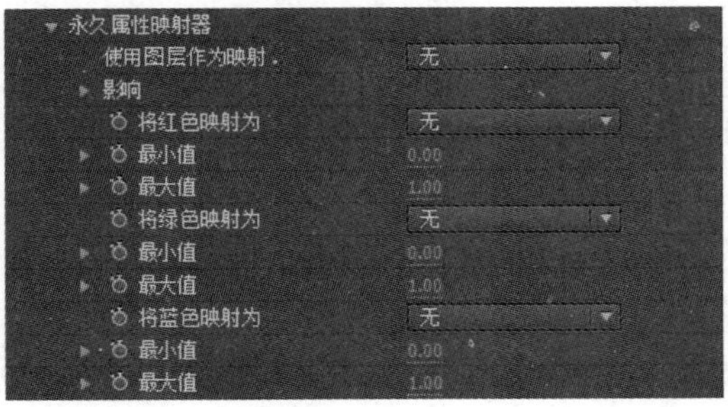

永久属性映射器
使用图层作为映射　无
影响
将红色映射为　无
最小值　0.00
最大值　1.00
将绿色映射为　无
最小值　0.00
最大值　1.00
将蓝色映射为　无
最小值　0.00
最大值　1.00

图6.6.16

- 【使用图层作为映射】Use Layer As Map：选择一个用来影响粒子属性的层。层中的【红】Red，【绿色】Green和【蓝色】Blue属性的亮度值将影响粒子某个属性。我们可以通过制作一些特殊的灰度图像来映射出特殊效果。
- 【影响】Affects：设置映射属性影响的粒子范围和效果。
- 【将红色/绿色/蓝色映射为】Map Red/Green/Blue to：选择每个色彩通道映射粒子某个属性。我们并不需要设置每个通道值来影响粒子属性，某个通道值就足以满足我们的效果，其他通道就不需要设置了。
- 【无】None：不对粒子属性产生影响。
- 【红色/绿色/蓝色】Red/Green/Blue：在0.0到1.0数值范围内复制粒子的REB通道数值。
- 【动态摩擦】Kinetic Friction：复制一个限制粒子运动的阻力数值，标准数值在0.0到1.0之间。我们可以通过设置该属性来减缓到停止粒子运动。
- 【静态摩擦】Static Friction：设置一个在空间中保持粒子静止状态惯性数值。数值为0时，任意一个外力都能改变粒子静止状态；当数值增大时，就需要一个更大的力才能改变粒子静止状态。
- 【角度】Angle：设置粒子本身的角度。默认情况下粒子是一个点，我们看不出它的角度变化。我们在【选项】Options中的【编辑发射文字】Edit Grid Text或在【编辑网格文字】Edit Grid Text中输入字母，并调整大小，能很清楚看出效果。
- 【角速度】Angular Velocity：设置粒子绕自身的轴的旋转速度，单位为秒。
- 【扭曲】Torque：设置粒子旋转的力度，层像素的亮度数值影响粒子的角速度变化程度。正数是按顺时针方向旋转，负数是按逆时针方向旋转，如图6.6.17所示。

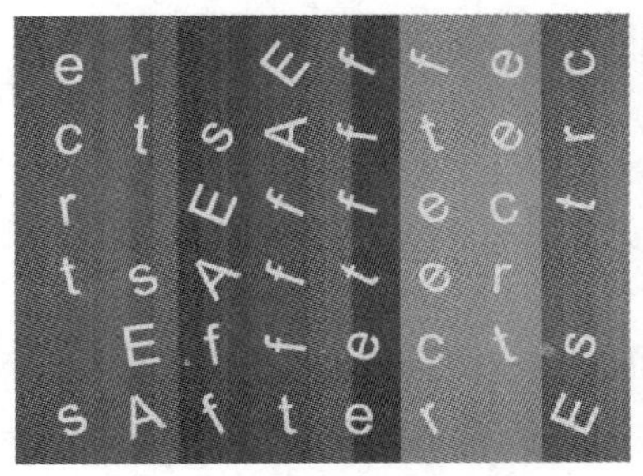

图6.6.17

- 【缩放】Scale：按同比例设置粒子X轴和Y轴比例。数值在0.00到1.00之间是缩小比例，大于1.00是扩大比例。正数是在正轴方向改变比例；负数是在负轴方向改变比例，粒子方向相反，如图6.6.18所示。

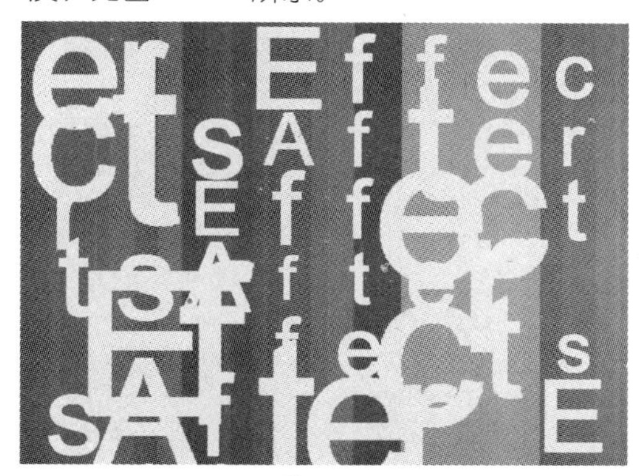

图6.6.18

- 【X/Y缩放】X Scale/Y Scale：分别在X轴或Y轴方向上获得粒子比例。
- X/Y：获得粒子在X或Y方向的位置偏移。
- 【渐变速度】Gradient Velocity：通过分析X和Y平面上的层映射区域，获得倾斜速度，如图6.6.19所示。

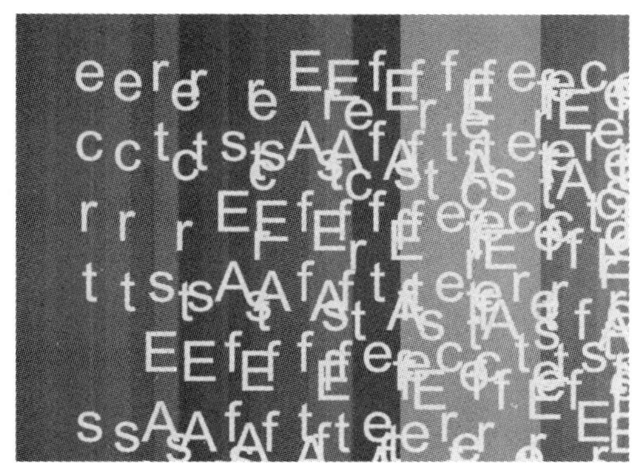

图6.6.19

- 【X/Y速度】X Speed/Y Speed：获得粒子在X方向或Y方向的运动速度。
- 【梯度力】Gradient Force：通过分析X和Y平面上的层映射区域，获得倾斜力度的调整。色彩通道中的亮度数值决定了粒子间作用力。亮度相等的区域的粒子间没有相互作用，亮度差别越大，粒子间作用力越大。我们在设置Gradient Force数值时，最好将最大最小数值设置为对称结构，这样可以保证0数值在中间。比如Min是-10，Max是+10。
- 【X力】X Force：获得沿X轴方向粒子运动的强度，正数为沿正轴方向运动，负数为沿负轴方向运动。
- 【Y力】Y Force：获得沿Y轴方向粒子运动的强度，正数为沿正轴方向运动，负数为沿负轴方向运动。
- 【不透明度】Opacity：获得粒子的不透明度，数值为0时为完全透明，数值为1时为完全不透明。
- 【质量】Mass：获得粒子的密度。【质量】Mass属性与其他属性可以叠加影响粒子，比如【重力】Gravity、【静态摩擦】Static Friction和【动态摩擦】Kinetic Friction等。粒子的移动速度与影响粒子的力度和粒子数量有关，粒子密度越大，需要的力度也就越大。
- 【寿命】Lifespan：获得一个粒子存在的时间长度，默认粒子是永久存在的。
- 【字符】Character：获得一个对应ASC Ⅱ码的值，来替换粒子。该属性只有在以字母作为粒子时才被使用。英文字母的数值范围在32到127之间，如图6.6.20所示。

图6.6.20

- 【字体大小】Font Size：获得字母大小。该属性只有在以字母作为粒子时才被使用，如图6.6.21所示。

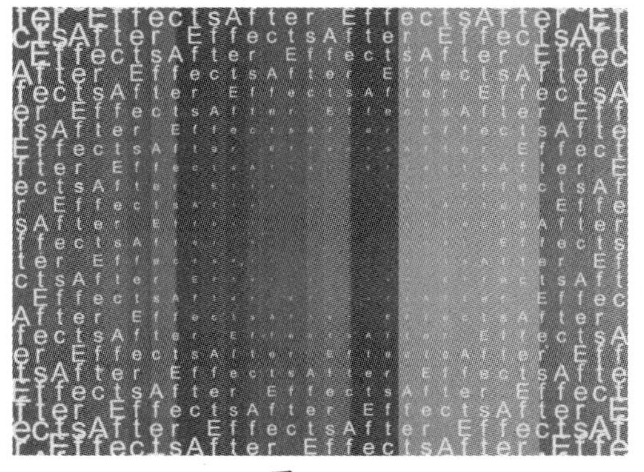

图6.6.21

- 【时间偏移】Time Offset：获得【图层

映射】Layer Map的【时间偏移】Time Offset数值，该属性只有在【图层映射】Layer Map为一个多帧层作为粒子才被使用。

- 【缩放速度】Scale Speed：获得粒子比例变化的速度。
- 【最小/最大】Min / Max：设置映射最小或最大变化数值，以此设定一个变化范围。比如，我们可以设置一个【最小】Min值代表粒子最小比例，设置【最大】Max值作为最大比例；也可以拉开颜色最小值和最大值之间的距离，增强对比度；【最小】Min是设置映射黑色像素的值；Max是设置映射白色像素值。【最小】Min和【最大】Max之间色调按照【最小】Min和【最大】Max之间数值差成比例分配。默认数值范围在-10.00到+100.00之间，最小不能低于-200000.00，最大不能高于+200000.00。

（10）【短暂属性映射器】Ephemeral Property Mapper属性与【永久属性映射器】Persistent Property Mapper属性在设置上基本相同，不同的是【短暂属性映射器】Ephemeral Property Mapper属性用于设置暂时属性映射，只在映射的当前帧改变粒子属性，过后一帧粒子恢复原属性值。【运算符】Operator属性是用来先对映射数值进行数学运算处理，然后在映射到粒子对应数值上，如图6.6.22所示。

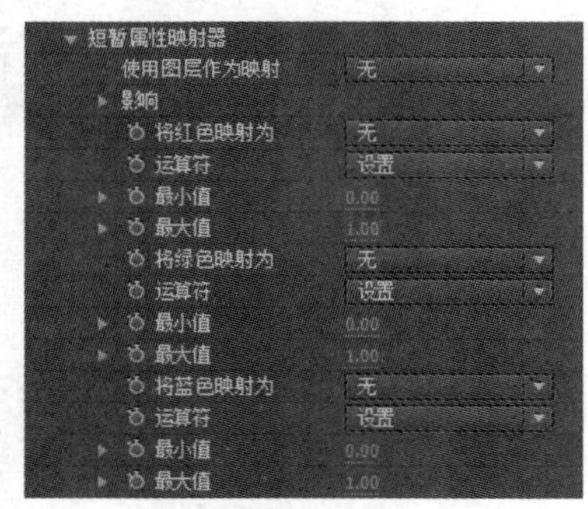

图6.6.22

- 【运算符】Operator：选择不同的数学运算方法来增强、减弱或延迟映射值对粒子效果。
- 【设置】Set：直接用对应层像素的映射值来替换粒子原属性值，该项为默认选项。
- 【相加】Add：将对应层像素的映射值和粒子原属性值相加后再替换给粒子。
- 【差值】Difference：将对应层像素的映射值和粒子原属性值之间差值的绝对值替换给粒子。【差值】Difference的缺点是只获得绝对值，所以替换给粒子的总是正数，无法替换需要负数的情况。
- 【相减】Subtract：将粒子属性值减去层像素映射值的差值替换给粒子。
- 【相乘】Multiply：将对应层像素的映射值和粒子原属性值相乘，再替换给粒子。
- 【最小】Min：将对应层像素的映射值和粒子原属性值进行对比，将较小值替换给粒子。
- 【最大】Max：将对应层像素的映射值和粒子原属性值进行对比，将较大值替换给粒子，如图6.6.23和图6.6.24所示。

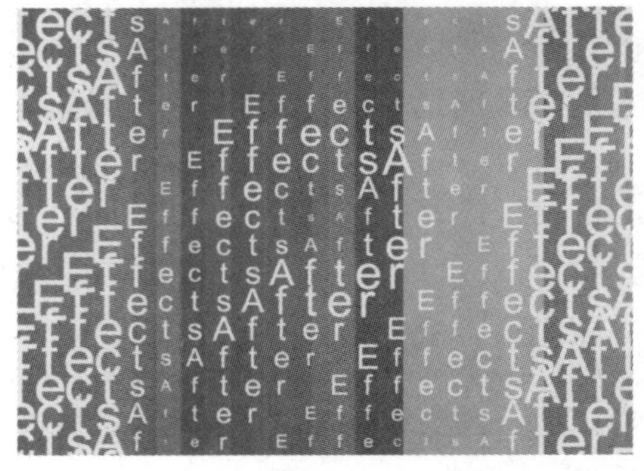

图6.6.23

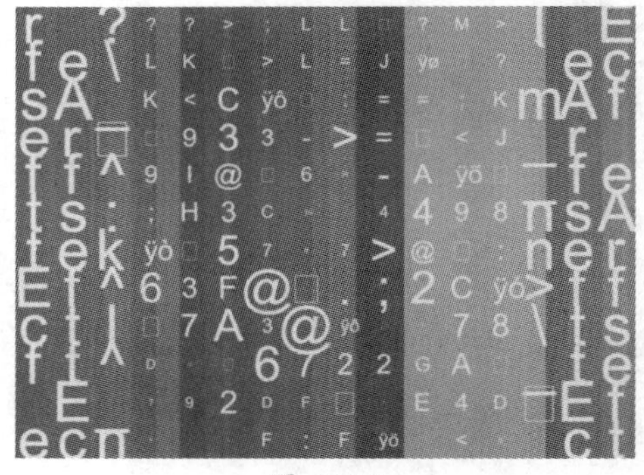

图6.6.24

6.6.2 泡沫

- 【泡沫】Foam效果可以创建一个粒子发射器，用来向外发射粒子泡沫，可以用此效果模拟生成气泡的过程，如图6.6.25所示。

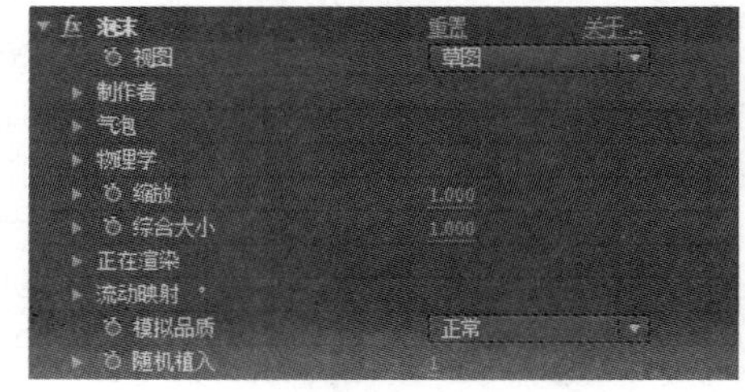

图6.6.25

- 【视图】View：选择在面板中选择的种类，其中的【草图】和【草图+流动映射】选项都不显示气泡实体，【以渲染】会显示实体。
- 【制作者】Producer：设置发射器的参数，如图6.6.26所示。

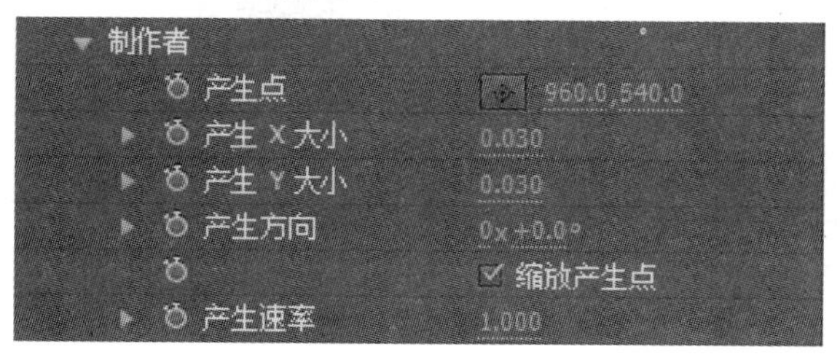

图6.6.26

  - 【产生点】Producer Point：选择发射器的位置。
  - 【产生X大小】Producer X Size：设置发射器的横向宽度。
  - 【产生Y大小】Producer Y Size：设置发射器的纵向宽度。
  - 【产生方向】Producer Orientatio：设置发射器的旋转比率。
  - 【缩放产生点】Zoom Producer Point：是否放大发射器的点。
  - 【产生速率】Production Rate：设置发射气泡的频率，该参数值越大，在单位时间内生成的气泡越多。
- 【气泡】Bubbles：设置发射出的气泡的各种属性的参数，如图6.6.27所示。

气泡
大小 0.500
大小差异 0.500
寿命 300.000
气泡增长速度 0.100
强度 10.000

图6.6.27

  - 【大小】Size：设置生成气泡的最大值。
  - 【大小差异】Size Variance：设置生成气泡的改变率，较大值会使气泡的反差变大。
  - 【寿命】Lifespan：设置生成气泡的寿命。
  - 【气泡增长速度】Bubble Growth Spe：设置生成气泡的生长速度。
  - 【强度】Strength：设置生成气泡的密度。
- 【物理学】Physics：设置发射出的气泡的各种物理属性的参数，如图6.6.28所示。

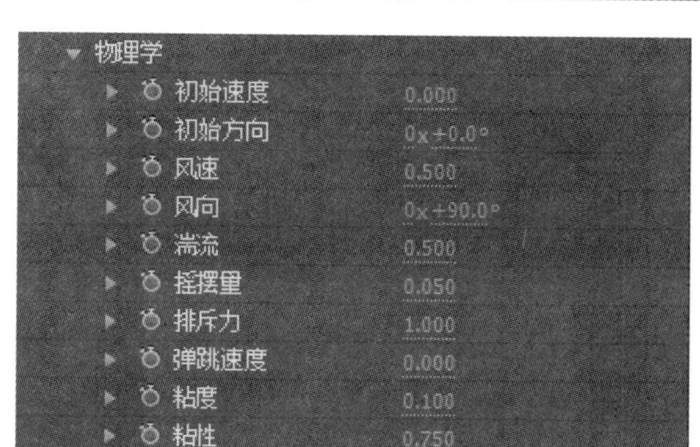

图6.6.28

  - 【初始速度】Initial Speed：设置生成气泡的初始速度。
  - 【初始方向】Initial Direction：设置生成气泡的初始方向。
  - 【风速】Wind Speed：设置风速。
  - 【风向】Wind Direction：设置风的方向。
  - 【湍流】Turbulence：设置扰动气流的大小。
  - 【摇摆量】Wobble Amount：设置摇摆的幅度。
  - 【排斥力】Repulsion：设置气泡间的相互排斥力的大小。
  - 【弹跳速度】Pop Velocity：设置生成气泡的最大速度。
  - 【粘度】Viscosity：设置生成气泡的相互间的粘性。
  - 【粘性】Stickiness：设置生成气泡的环境粘性。
- 【缩放】Zoom：缩放显示区域的气泡。
- 【综合大小】Universe Size：设置发射出的气泡的各种物理属性的参数。
- 【正在渲染】Rendering：设置发射出的气泡的渲染方法，如图6.6.29所示。

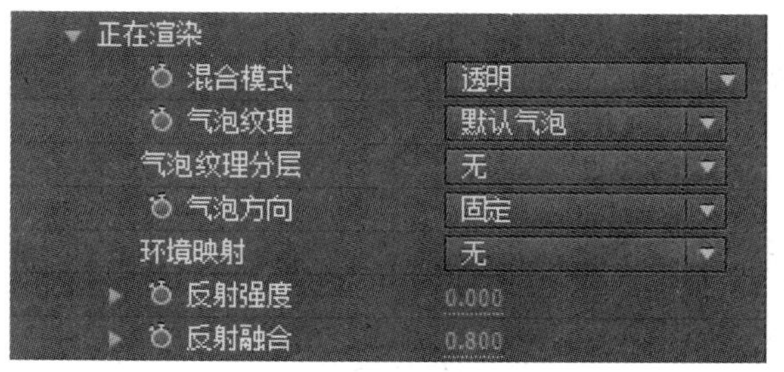

图6.6.29

  - 【混合模式】Blend Mode：设置生成气泡的混合方式。
  - 【气泡纹理】Bubble Texture：设置生成气泡的纹理。

- 【气泡纹理分层】Bubble Texture Layer：设置用于做贴图的层，当【气泡纹理分层】Bubble Texture选择了【默认气泡】Default时，可以用素材图做气泡的纹理。
- 【气泡方向】Bubble Texture Orientation：设置贴图的方向，包括【固定】Fixed、【物理方向】Physical Orientation(用物理方向控制)和【气泡速度】Bubble Velocity（用气泡速度方向控制）3种。
- 【环境映射】Environment Map：设置环境贴图。
- 【反射强度】Reflection Strength：设置气泡反射环境的程度。
- 【反射融合】Reflection Converg：设置气泡反射环境的聚集幅度。

● 【流动映射】Flow Map：设置一张贴图素材，作为生成气泡的依据，如图6.6.30所示。

图6.6.30

- 【流动映射】Flow Map：设置用于做Flow Map的素材图。
- 【流动映射黑白对比】Flow Map Steepnes：设置
- 【流动映射匹配】Flow Map Fits：设置【流动映射】Flow Map的位置，包括【综合】(screen）和【全局】（Universe）两项。

● 【模拟品质】Simulation Quality：设置模拟显示质量，有【正常】Normal、【高】High和【强烈】Intense3种。

● 【随机植入】Random Seed：设置随机种子数，该参数值越高，效果越随机，如图6.6.31、图6.6.32和图6.6.33所示。

图6.6.31

图6.6.32

图6.6.33

6.6.3 碎片

【碎片】Shatter效果可以创建图像素材的爆炸效果，如图6.6.34所示。

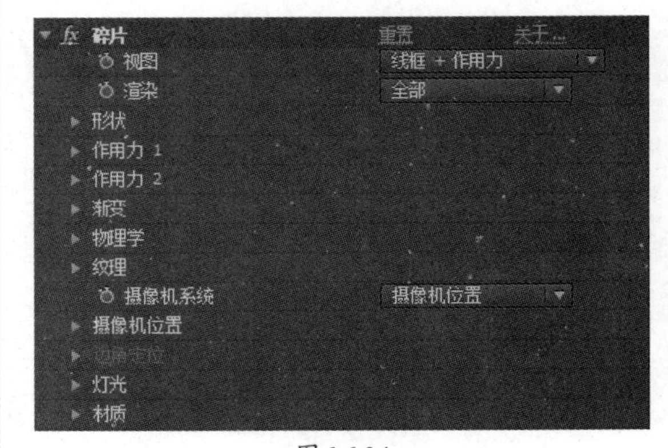

图6.6.34

● 【视图】View：选择在面板中的观察方式，其中的【线框】Wireframe和【线框正视图】Wireframe FrontView都不显示实体，只显示线框，其中【线框正视图】Wireframe Front View会根据镜头机位改变而改变显示，【线框+力】Wireframe+Force会在线框显示的基础上标注受力情况，【已渲染】

Rendered会显示最终效果，如图6.6.35和图6.6.36所示。

图6.6.35

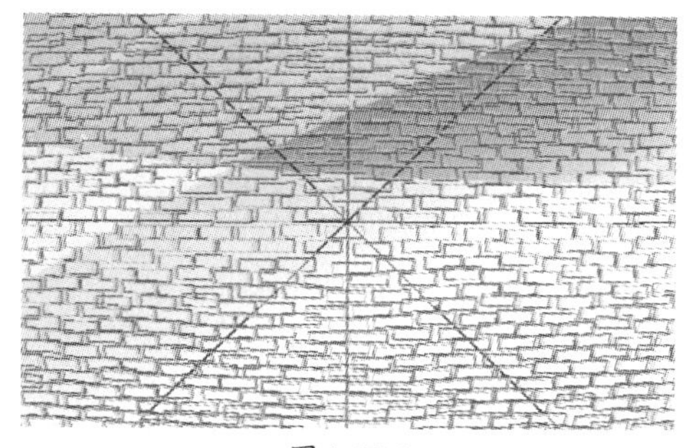

图6.6.36

- 【渲染】Render：设置渲染图像的部分，【全部】All渲染所有图像，【图层】Layer只渲染不爆炸的部分，【块】Piece只渲染碎块部分。
- 【形状】Shape：设置爆炸产生碎块的形状，如图6.6.37所示。

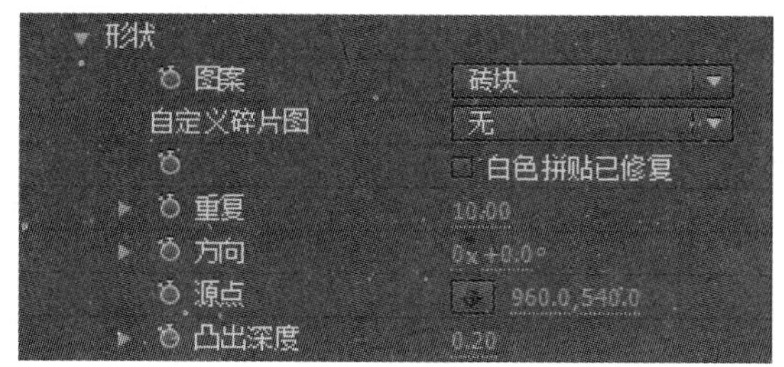

图6.6.37

■ 【图案】Pattern：选择生成碎块的形状，如图6.6.38、图6.6.39和图6.6.40所示。

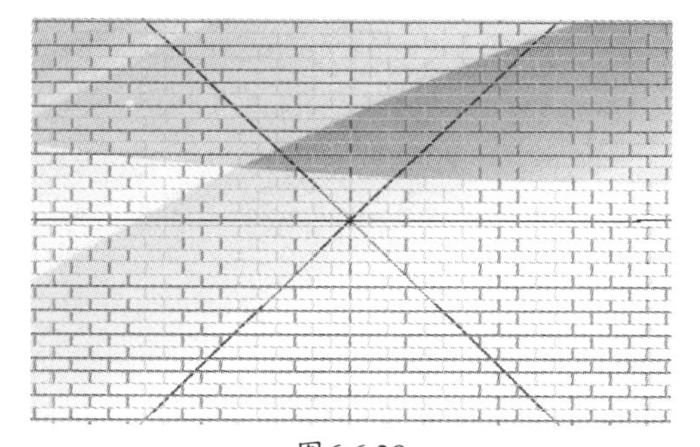

图6.6.38

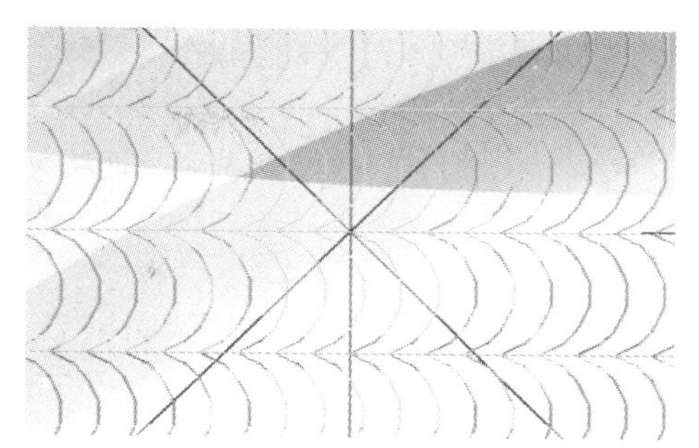

图6.6.39

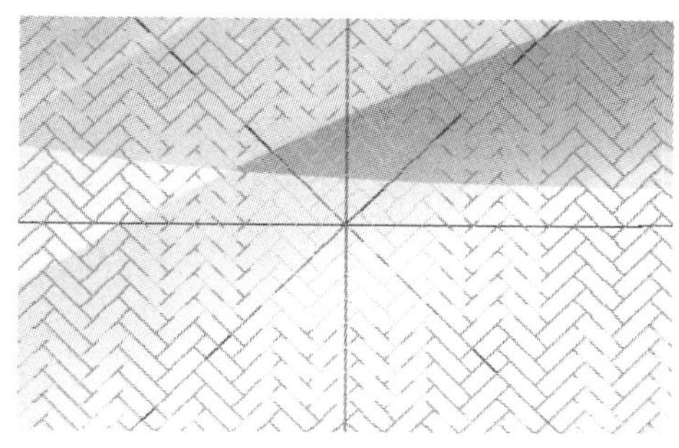

图6.6.40

■ 【自定义碎片图】Custom Shatter Map：当在下拉菜单中选择了一种素材后，该素材可以作为影响物体爆炸效果。

■ 【白色拼贴已修复】White Tiles Fixed ：使用白色平铺修正功能。

■ 【重复】Repetitions：设置爆炸的重复次数，如图6.6.41和图6.6.42所示。

图6.6.41

图6.6.42

■ 【方向】Direction：设置爆炸的方向。

■ 【源点】Origin：设置爆炸碎片形成的起始点。

■ 【凸出深度】Extrusion Depth：设置生成碎片的厚度。

● 【作用力1&2】Force 1&2：设置用于生成爆炸的作用力参数，如图6.6.43所示。

图6.6.43

■ 【位置】Position：选择力的作用点位置。

■ 【深度】Depth：设置力的深度。

■ 【半径】Radius：设置力的作用范围，在该范围之外的图像不会产生爆炸效果。

■ 【强度】Strength：设置力的大小，取负值，力的作用方向会指向相反方向，如图6.6.44所示。

图6.6.44

● 【渐变】Gradient：设置用于生成爆炸的渐变效果，如图6.6.45所示。

图6.6.45

■ 【碎片阈值】Shatter Threshold：设置爆炸的最大极限范围。

■ 【渐变图层】Gradient Layer：设置用于做渐变的图像层。

■ 【翻转渐变】nvert Gradient：用于设置反转渐变效果。

● 【物理学】Physics：设置爆炸的各种物理参数，如图6.6.46所示。

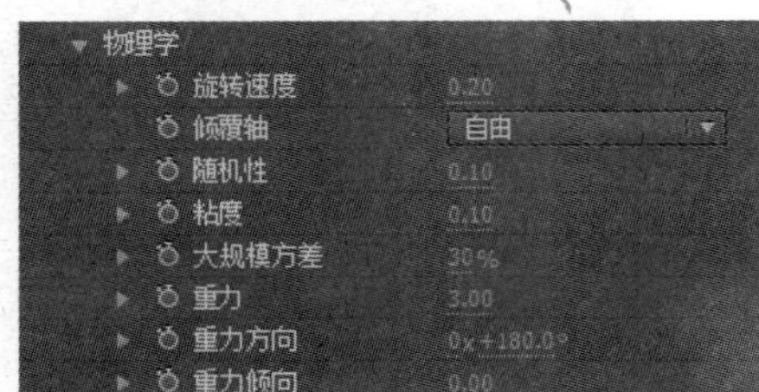

图6.6.46

■ 【旋转速度】Rotation Speed：设置碎片的旋转速度。

■ 【倾覆轴】Tumble Axis：设置旋转的定位轴，可以用X、Y、Z单轴定位，也可以用XY、YZ、ZX平面定位。

■ 【随机性】Randomness：设置碎片飞行的随机度。

■ 【粘度】Viscosity：设置碎片的粘合度，值设得足够高时，碎片会粘在一起。

■ 【大规模方差】Mass Variance：设置碎片数量的变化比。

■ 【重力】Gravity：设置重力的大小。

■ 【重力方向】Gravity Direction：设置重力的方向。

■ 【重力倾向】Gravity Inclination：设置重力的渐变倾向。

● 【纹理】Textures：设置爆炸碎片的颜色、纹理等各种参数，如图6.6.47所示。

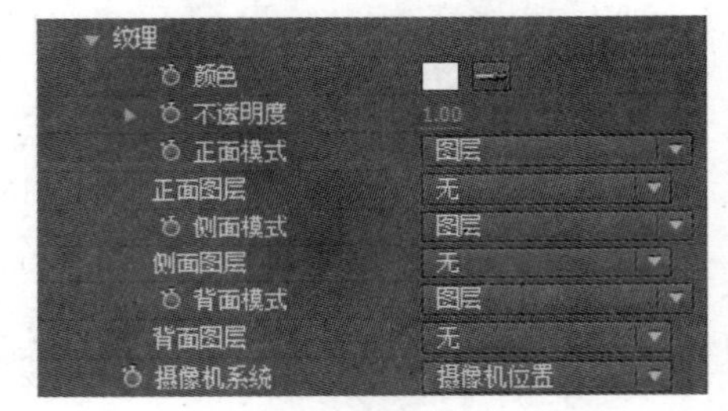

图6.6.47

■ 【颜色】Color：设置碎片的颜色。

■ 【不透明度】Opacity：设置碎片的不透明度。

■ 【正面模式】Front Mode：指定爆炸区域正面的模式，如果选择了【图层】Layer，则会根据下面的【正面图层】Front Layer来显示。

■ 【正面图层】Front Layer：如果上面选择了【图层】Layer，则用来指定一个素材并匹配【图层】Layer。

■ 【侧面模式】Side Mode：指定爆炸区域侧面的模式，如果选择了【图层】Layer，则会根据下面的【正面图层】Front Layer来显示。

■ 【侧面图层】Side Layer：如果上面选择了【图层】Layer，则用来指定一个素材并匹配【图层】Layer。

■ 【背面模式】Back Mode：指定爆炸区域背面的模式，如果选择了【图层】Layer，则会根据下面的【正面图层】Front Layer 来显示。

- 【背面图层】Back Layer：如果上面选择了【图层】Layer，则用来指定一个素材并匹配【图层】Layer，如图6.6.48所示。

图6.6.48

- 【摄像机系统】Camera Position：选择摄像机模式，有【摄像机位置】Camera Position，【边角定位】Corner Pin，【合成摄像机】Comp Camera 3个选项。
- 【摄像机位置】Camera Position：如果上面选了【摄像机位置】Camera Position，则此项被打开，如图6.6.49所示。

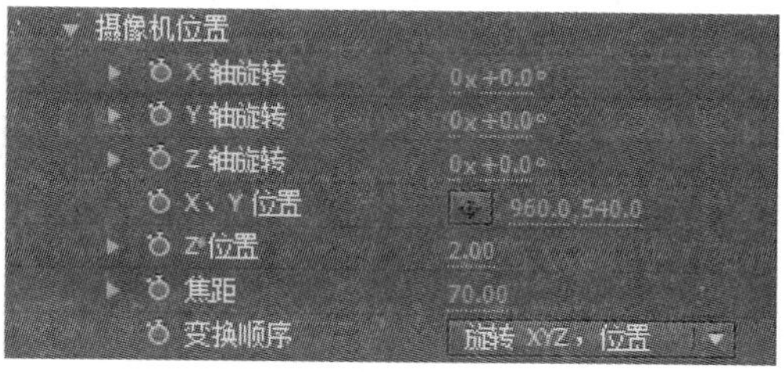

摄像机位置
X 轴旋转 0x+0.0°
Y 轴旋转 0x+0.0°
Z 轴旋转 0x+0.0°
X、Y 位置 960.0,540.0
Z 位置 2.00
焦距 70.00
变换顺序 旋转 XYZ，位置

图6.6.49

- 【X轴、Y轴、Z轴旋转】X，Y，Z rotation：分别控制摄像机在3个轴上的旋转角度。
- 【X 轴、Y 轴、Z 轴位置】X，Y，Z position：分别控制摄像机在 3 个轴上的位置。
- 【焦距】Focal Length：设置焦距大小。
- 【变换顺序】Transform Order：设置转换顺序。

- 【边角定位】Corner Pin：如果上面选了【边角定位】Corner Pin，则此项被打开，如图6.6.50所示。

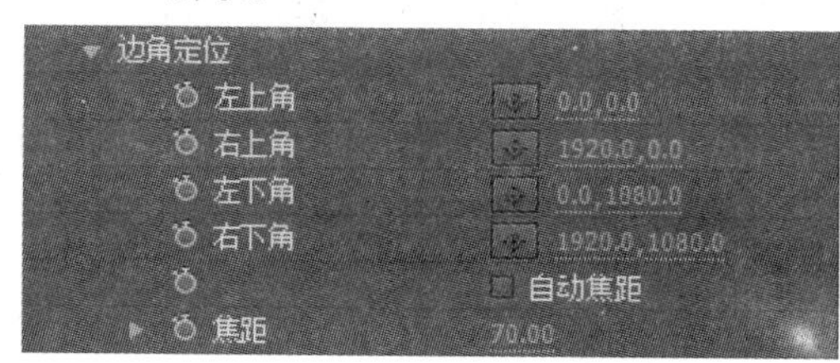

图6.6.50

其中前四项为定义【边角定位】Corner Pin的4个顶点，与前面效果中的解释相同。

- 【自动对焦】Auto Focal Length：选中此复选项，摄像机会自动对焦。
- 【焦距】Focal Length：设置摄像机的焦距。

- 【灯光】Lighting：设置光照模式，如图6.6.51所示。

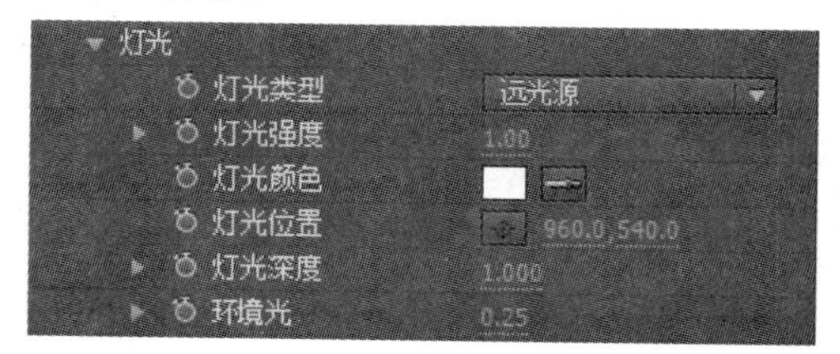

图6.6.51

- 【灯光类型】Light Type：选择灯光的种类，可以选择【点光源】Point Source、【方向光源】Distant Source和【首选合成光源】First Comp Light 3种。
- 【灯光强度】Light Intensity：设置光照强度。
- 【灯光颜色】Light Color：设置光照颜色。
- 【灯光位置】Light Position：设置光源位置。
- 【灯光深度】Light Height：设置光线最远传播的范围。
- 【环境光】Ambient Light：设置环境光大小，如图6.6.52和图6.6.53所示。

图6.6.52

图6.6.53

- 【材质】Material：设置碎块的材质属性，如图6.6.54所示。

6.6.54

- 【漫反射】Diffuse Reflection：设置漫反射系数，该参数值越高，碎块材质显得越粗糙。
- 【镜面反射】Specular Reflection：设置镜面反射系数，该参数值越高，物体显得越光滑。
- 【高光锐度】Highlight Reflection：设置高光区域范围。

6.7 常用效果——扭曲

6.7.1 边角定位

- 【边角定位】Corner Pin效果是通过定位4个边角来拉伸图像。可以模拟出一些透视效果或简单的位置变换的动作，比如打开的门，如图6.7.1所示。

图6.7.1

- 【左上】Upper Left：设置左上角控制点的位置。
- 【右上】Upper Right：设置右上角控制点的位置。
- 【左下】Lower Left：设置左下角控制点的位置。
- 【右下】Lower Right：设置右下角控制点的位置。

我们也可以通过操作靶心按钮来直接在【合成设置】Composition面板上确定点的位置，如图6.7.2和图6.7.3所示。

图6.7.2

图6.7.3

6.7.2 变换

- 【变换】效果是专门针对二维图像变形的效果。我们能很方便地旋转和拉伸图像。和其他效果搭配使用可以实现一些简单效果，如图6.7.4所示。

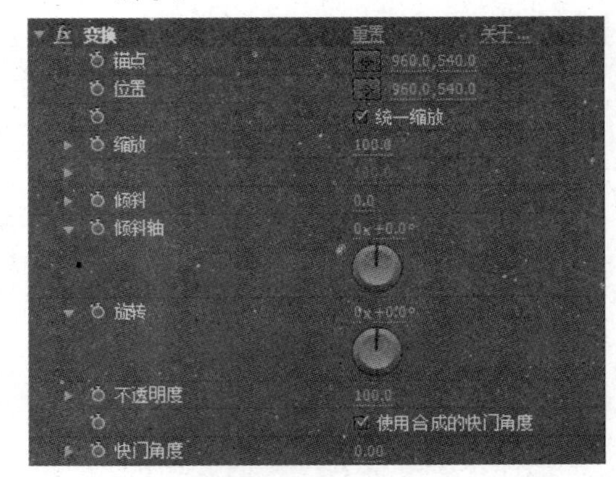

图6.7.4

- 【锚点】Anchor Point：设置变形区域的中点，默认是与图像中心点处于同一位置。

- 【位置】Position：设置图像的位置。
- 【统一缩放】Uniform Scale：控制素材是否统一缩放。在未勾选这个属性时，缩放高度和缩放宽度这两个属性数值是随意改变的。勾选后，缩放高度和缩放宽度合并成一个统一的缩放属性，按统一的倍数来变化。
  - 【缩放高度】Scale Height：设置当前层高度的扩大或缩小范围。数值为正数，效果是扩大；数值为负数，效果是缩小。默认数值范围在-200到+200之间，单位是像素。
  - 【缩放宽度】Scale Width：设置当前层宽度的扩大或缩小范围。数值为正数，效果是扩大；数值为负数，效果是缩小。默认数值范围在-200到+200之间，单位是像素。
- 【倾斜】Skew：设置偏移的程度。数值为正数，向右偏移；数值为负数，向左偏移。数值范围在-70到+70之间。
- 【倾斜轴】Skew Axis：设置偏移轴的旋转角度。通常是在调整好偏移轴的位置后，再用该属性修正位置。
- 【旋转】Rotation：设置图像饶Z轴的旋转角度。
- 【不透明度】Opacity：设置图像的不透明度。
- 【使用合成的快门角度】Use Composition's Shutter Angle：如果勾选该属性，当进行运动模糊的时候，将使用合成面板的快门角度；如果不被勾选该属性，变换效果将使用选项作为快门角度控制。
- 【快门角度】Shutter Angle：设置层在进行运动时的运动模糊效果的程度，如图6.7.5和图6.7.6所示。

图6.7.5

图6.7.6

6.8 常用效果——生成

6.8.1 高级闪电

【高级闪电】Advanced Lightning效果可以快速模拟闪电等的视觉效果，如图6.8.1所示。

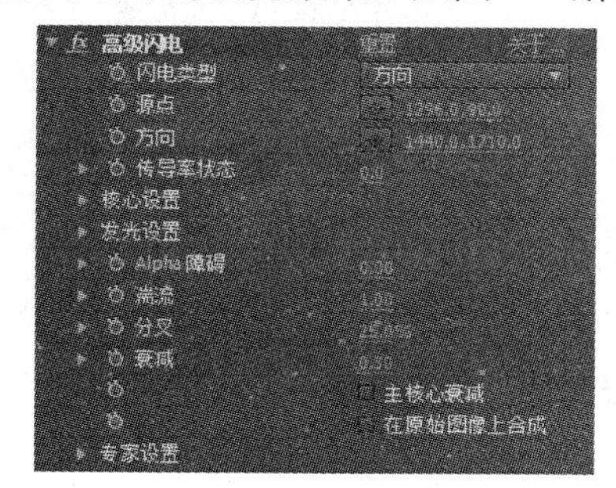

图6.8.1

- 闪电类型：用于设置闪电的类型，可以供选择的有8种类型：分别是【方向】Direction、【击打】Strike、【阻断】Breaking、【回弹】Bouncy、【全方位】Omni、【随机】Anywhere、【垂直】Vertical、【双向击打】Two-wayStrike，如图6.8.2、图6.8.3图6.8.4、图6.8.5、图6.8.6、图6.8.7、图6.8.8和图6.8.9所示。

Direction

图6.8.2

Strike

图6.8.3

Breaking，

图6.8.4

Bouncy

图6.8.5

Omni

图6.8.6

Anywhere

图6.8.7

Vertical

图6.8.8

Two-way Strike

图6.8.9

- 【源点】：设置闪电的开始的位置。
- 【方向】：设置闪电的方向或半径，此值会随着用户输入的类型而相应的变化。
- 【传导率状态】：设置闪电的路径状态。
- 【核心设置】：设置闪电的核心半径、核心不透明度和核心部分颜色。
- 【发光设置】：设置闪电的发光半径、发光不透明度和发光颜色。
- 【Alpha 障碍】：素材的Alpha通道对闪电的遮挡程度。
- 【湍流】：设置闪电的扰动范围。
- 【分叉】：设置闪电的分枝数。
- 【衰减】：设置闪电的衰减度。
- 【主核心衰减】：勾选此项调节主核心衰减。
- 【在原始图像上合成】：选择此选项会将闪电合并到原素材中。
- 【专家设置】：对闪电一些属性的更细致调节，包括复杂度，分枝密度，外观形状等，如图6.8.10所示。

图6.8.10

6.8.2 镜头光晕

【镜头光晕】Lens Flare效果用来创建摄像机镜头光晕或是火焰发光的效果，是最常使用的效果之一，如图 6.8.11所示。

图 6.8.11

- 【光晕中心】：设定光斑的中心点。
- 【光晕亮度】：设置光斑的亮度大小。
- 【镜头类型】：设置摄像机的类型，有50-300mm Zoom、35mm Prime和85 Prime3种类型。
- 【与原始图像混合】：设置该效果与原始素材的混合度，如图6.8.12~图6.8.14所示。

图6.8.12

图6.8.13

图6.8.14

6.8.3 四色渐变

【四色渐变】Color Gradient效果可以为当前指定的素材创建出一种四色的渐变图效果，通过类似Photoshop中的图层合成方式来和原始素材进行结合，如图6.8.15所示。

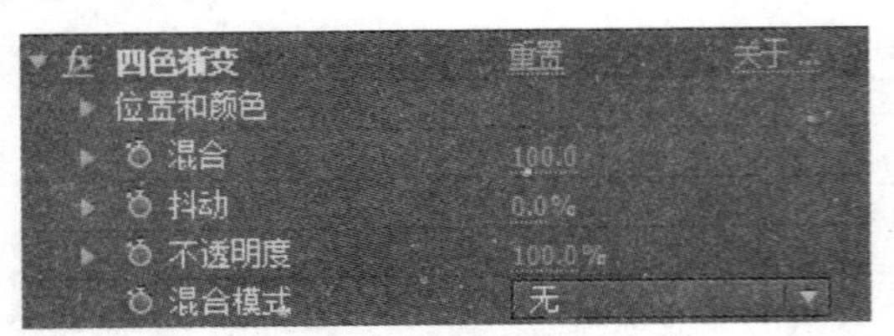

图6.8.15

● 【位置和颜色】：设置4种颜色的分布范围以及它们的颜色，如图6.8.16所示。

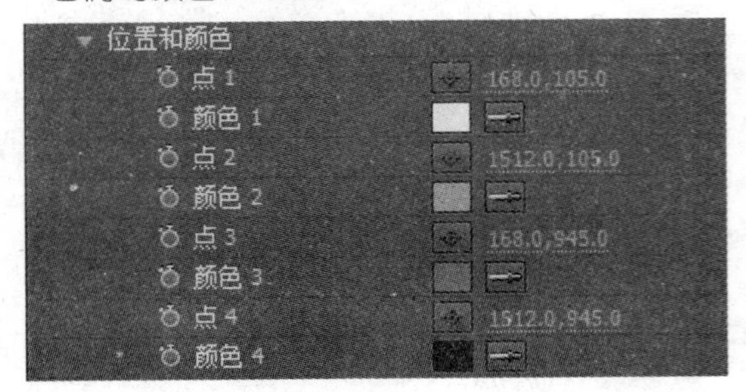

图6.8.16

● 【混合】：设置4种颜色之间的混合度。
● 【抖动】：设置色彩的稳定程度，值越小，色彩互相的渗透程度就越小，反之越大。
● 【不透明度】：设置色彩的透明度，同其他命令的透明度属性。
● 【混合模式】：类似于图层混合，设置如何混合渐变色的层以及素材层；同前面的图层混合，如图6.8.17和图6.8.18所示。

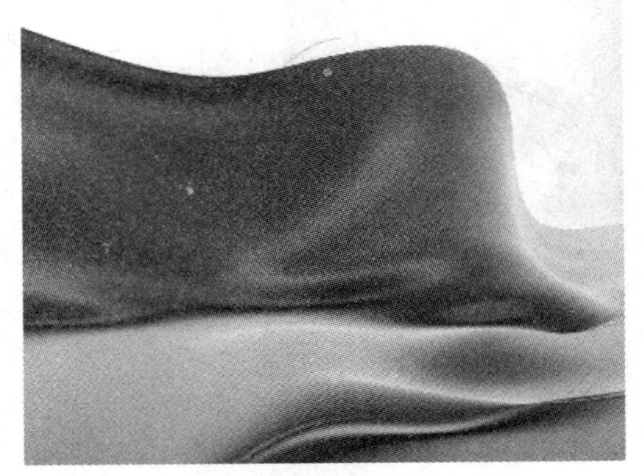

图6.8.17

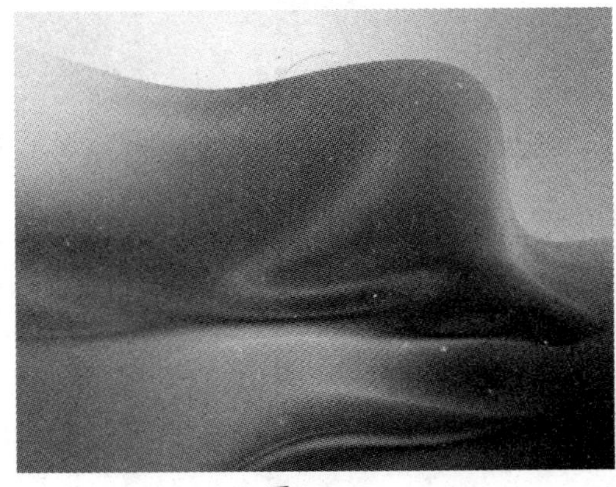

图6.8.18

6.9 常用效果——色彩校正

颜色校正特效是由原来的Adjust特效和Image Control特效两个部分综合扩充而来的，该特效集中了以往After Effects中最强大的图像效果修改特效，大大提高了工作效率。Color Correction特效是所有特效中最重要的部分，是我们制作属于自己风格影片所需要掌握的最重要的工具，直接影响最终影像的效果。

6.9.1 色阶

菜单【效果】>【颜色校正】>【色阶】命令用于将输入的颜色范围重新映射到输出的颜色范围，还可以改变灰度系数正曲线，是所有用来调图象通道的效果中最精确的工具。色阶调节灰度的好处是可以在不改变阴影区和加亮区的情况下来改变灰度中间范围的亮度值，如图6.9.1所示。

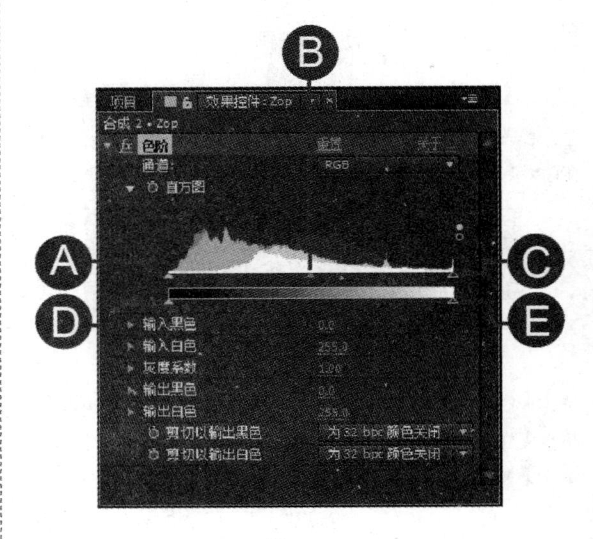

图6.9.1

A指向的三角形图标代表【输入黑色】Input Black。

B指向的三角形图标代表Gamma。

C指向的三角形图标代表【输入白色】Input White。

D指向的三角形图标代表【输出黑色】Output Black。

E指向的三角形图标代表【输出白色】Output White。

- 【通道】Channel：选择需要修改的通道。分5种，有RGB、Red、Greed、Blue和Alpha。
- 【直方图】Histogram：显示图象中像素的分布状态。水平方向表示亮度值，垂直方向表示该亮度值的像素数量。输出黑色值（Output Black）是图像像素最暗的底线值，输出白色值(Output White)是图像像素最亮的最高值。
- 【输入黑色】Input Black：用于设置输入图像黑色值的极限值。默认数值范围在0.0到255.0之间，最大不能超过2550000.0，最小不能低于-2550000.0。
- 【输出黑色】Output Black：用于设置输出图像黑色值的极限值。默认数值范围在0.0到255.0之间，最大不能超过2550000.0，最小不能低于-2550000.0。
- 【灰度系数】Gamma：设置灰度系统的值。默认数值范围在0.00到5.00之间。
- 【输出白色】Output White：用于设置输出图像白色值的极限值。默认数值范围在0.0到255.0之间，最大不能超过2550000.0，最小不能低于-2550000.0。
- 【输入白色】Input White：用于设置输入图像白色值的极限值。默认数值范围在0.0到255.0之间，最大不能超过2550000.0，最小不能低于-2550000.0。
- 【剪切以输出黑色】Clip to Output Black：削减输出黑色效果。如果选择“为32bpc 颜色关闭”的话，此选项不会对32位通道颜色的图片或者影像产生效果。
- 【剪切以输出白色】Clip to Output White：削减输出白色效果。如果选择“为32bpc 颜色关闭”的话，效果同上。

调整画面的色阶是我们在实际工作中会经常使用到的命令，当画面对比度不够时，我们可以通过拖动左右边的三角图标来调整画面的对比度，使灰度区域或者那些对比度不够强烈的区域画面得到加强，如图6.9.2和图6.9.3所示。

图6.9.2

图6.9.3

6.9.2 色相/饱和度

菜单【效果】>【颜色校正】>【色相/饱和度】命令主要用于细致地调整图像的色彩。这也是After Effects最为常用的效果，我们能专门针对图像的色调、饱和度和亮度等做细微的调整，如图6.9.4所示。

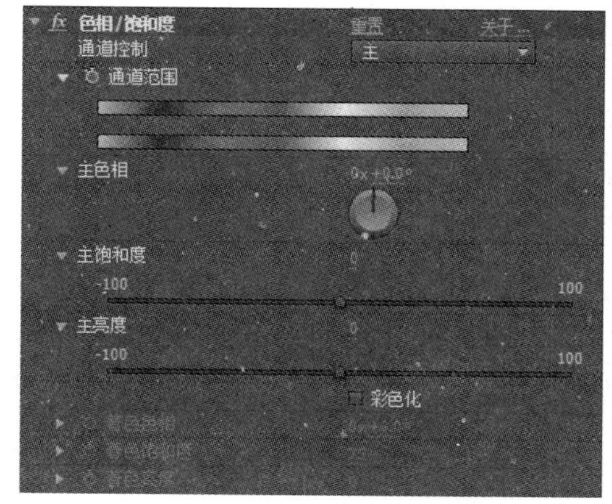

图6.9.4

- 【通道控制】Channel Control：选择不同的图像通道。【主】Master是同时对所有通道进行调节。

- 【通道范围】Channel Range：设置色彩范围。色带显示颜色映射的谱线。上面的色带表示调节前的颜色；下面的色带表示在全饱和度下调整后所对应的颜色。
- 【主色相】Master Hue：设置色调的数值，如图6.9.5～图6.9.6所示。

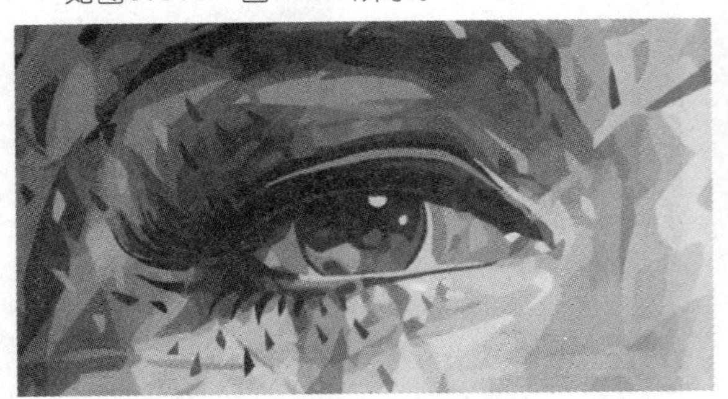

图6.9.5

图6.9.6

- 【主饱和度】Master Saturation：设置饱和度数值。数值为 -100 时，图片转为灰度图。数值为 +100 时，将呈现像素化，如图 6.9.7 所示。

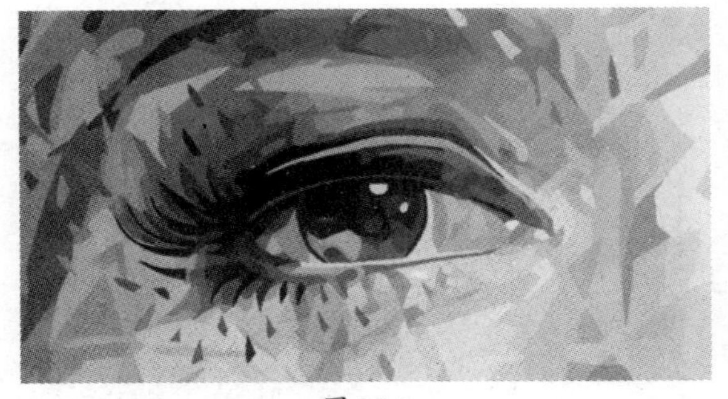

图6.9.7

- 【主亮度】Master Lightness：设置亮度数值。数值为-100时，画面全黑。数值为+100时，画面全白。
- 【彩色化】Colorize：当选取该复选项后，画面将呈现出单色效果。
- 【着色色相】Colorize Hue：设置前景的颜色，也就是单色的色相。
- 【着色饱和度】Colorize Saturation：设置前景饱和度，数值在0到100之间。
- 【着色亮度】Colorize Lightness：设置前景亮度，数值在-100到+100之间，如图6.9.8所示。

图6.9.8

下面我们通过一个例子来深入了解【色相/饱和度】的深入应用。

01 启动 Adobe After Effects CC，选择菜单【合成】Composition>【新建合成】New Composition 命令，弹出【合成设置】Composition Settings 对话框，创建一个新的合成视窗，命名为“画面调色效果”，设置控制面板参数，如图 6.9.9 所示。

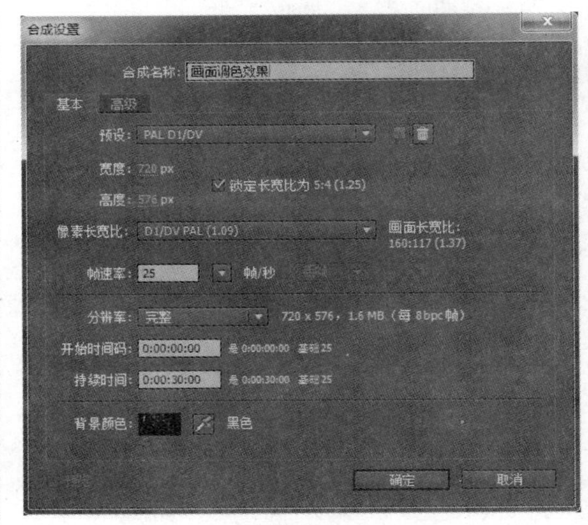

图6.9.9

02 选择菜单【文件】File>【导入】Import>【文件...】File命令，在【项目】Project视窗选中导入的素材文件，将其拖入【时间轴】Timeline视窗，图像将被添加到合成影片中，在合成窗口中将显示出图像，如图6.9.10所示。

图6.9.10

03 我们需要将汽车的颜色改为其他颜色，在【时间轴】Timeline视窗中选中该层，选择菜单【效果】Effect>【颜色校正】Color Correction>【色相/饱和度】Hue/Saturation命令，在【效果控件】Effect Controls视窗中观察【色调】Hue/Saturation效果参数。调整【通道控制】Channel Control选项控制，因为汽车是红色的，我们先选择【红色】Reds，如图6.9.11所示。

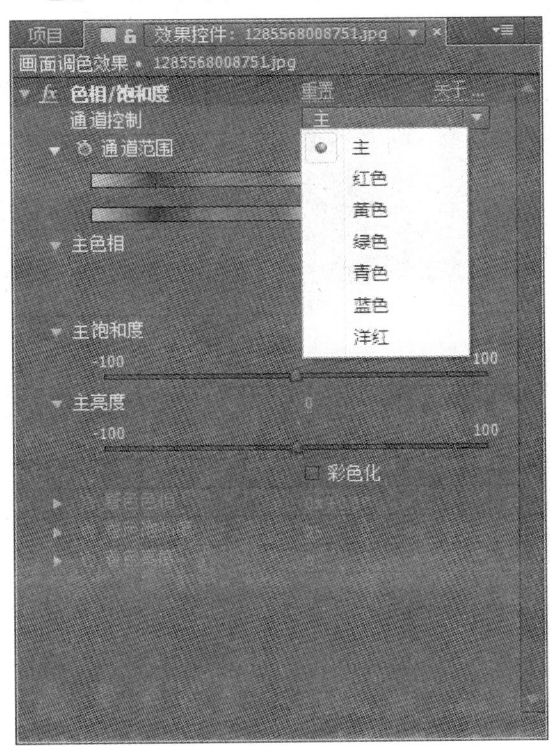

图6.9.11

04 当我们选择了【红色】Reds时，在【通道范围】Channel Range选项中划定彩条的色彩范围，也就是我们可以调整的颜色范围，下面的数据也都改变为相关颜色的命名，位于外侧的三角形图标限定了羽化的范围，如图6.9.12所示。

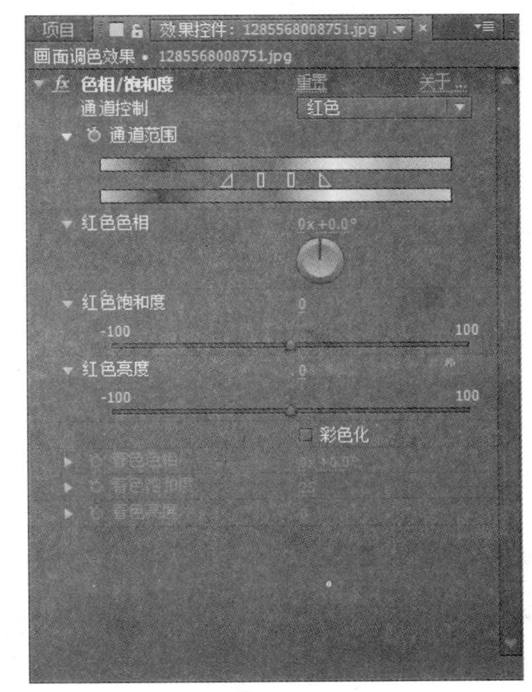

图6.9.12

05 下面我们调整【红色色相】Red Hue的参数为0×+120.0，观察画面颜色，汽车的颜色已经变为绿色，但背景颜色并没有变化，这正是我们想要达到的画面效果，如图6.9.13所示。

图6.9.13

06 在【合成】Composition视窗中细致地观察背景的颜色，可以看到画面的背景颜色有所变化，这是因为原画面的金属框架为棕色，与汽车的颜色一致为偏红色，我们在改变汽车的颜色时，将画面背景金属框架的颜色也一同改变了，如图6.9.14所示。

图6.9.14

07 背景色彩的不一致是因为【通道范围】Channel Range选项中划定彩条的色彩范围设定的过于宽泛，所以需要将羽化值调得小一些，如图6.9.15所示。

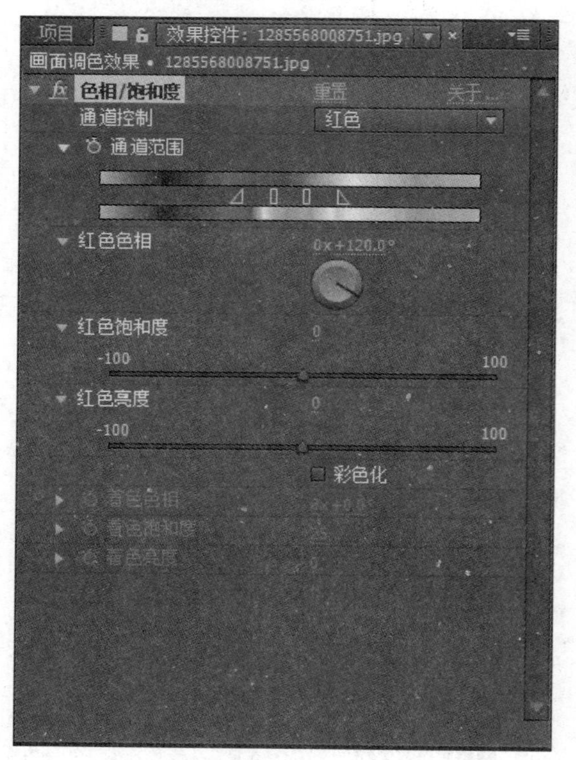

图6.9.15

08 在【通道范围】Channel Range选项中将两侧的三角形图标向内移动，调整的过程中观察画面效果，直至将背景的颜色改变将为最小，如图6.9.16所示。

图6.9.16

提示

在实际的项目制作中，视频素材的颜色替换并不是这么容易的，需要各种工具相互配合，主要是由于不同于图片，视频素材是不断变化的，光线对颜色的影响是很大的，我们可以配合相应的Mask工具将不需要替换颜色的区域屏蔽掉。

6.9.3 曲线

菜单【效果】>【颜色校正】>【曲线】

效果通过改变效果窗口的曲线来改变图像的色调，从而调节图像的暗部和亮部的平衡，能在小范围内调整RGB数值。也可以用Level效果完成同样的工作，但是曲线的控制能力更强，它利用“亮区”，“阴影”和“中间色调”3个变量调整，如图6.9.17所示。

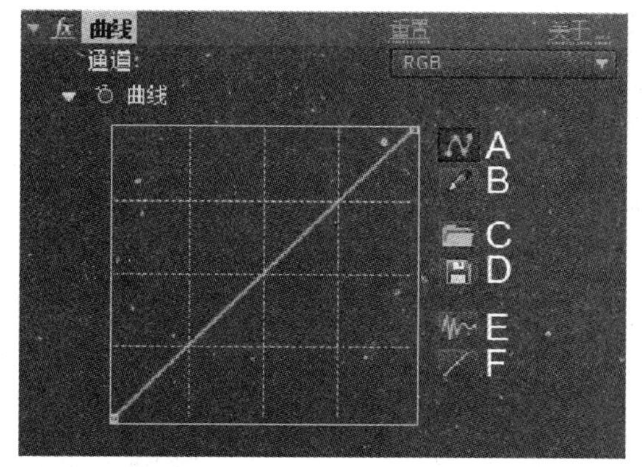

图6.9.17

【通道】Channel：用于选择色彩通道。共有 RGB、红色、绿色、蓝色 和 Alpha5 种选项。

图标A指向的曲线是贝塞尔曲线图标。单击曲线上的点，拖动点来改变曲线形状。图像色彩也跟着改变。

图标B指向的是铅笔工具。我们可以使用铅笔工具在绘图区域中绘制任意形状的曲线。

图标C指向是文件夹选项。单击后将打开文件夹，方便我们导入之前设置好的曲线。

图标D指向的是保存按钮。单击后保存设置好的曲线数据。

图标E指向是平滑处理按钮。比如我们用铅笔工具绘制一条曲线，再单击平滑按钮让曲线形状更规则。多次平滑的结果是曲线将成为一条斜线。

图标F指向是恢复默认状态按钮。单击后恢复成初始对角线状态。

在曲线效果中，最多可添加 14 个点，当我们通过控制点改变曲线形状时，如果点的位置超出它周围点在水平方向的位置，该点将被视为非法点而被取消。当然我们也可以利用这种方法来删除点，如图 6.9.18 和图 6.9.19 所示。

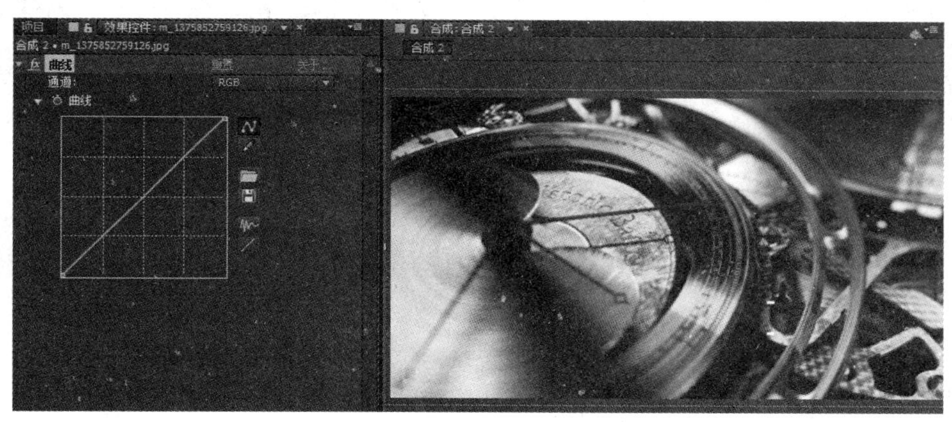

图6.9.18

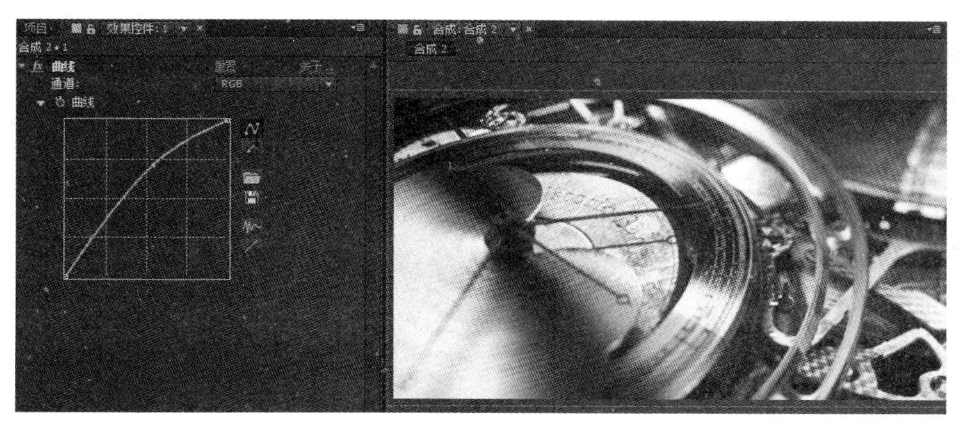

图6.9.19

6.9.4 三色调

菜单【效果】>【颜色校正】>【三色调】效果的主要功能是通过对原图中亮部、暗部和中间色的像素做映射来改变不同色彩层的颜色信息。三色调效果与色调效果比较相似，但多出了对中间色的控制，如图6.9.20所示。

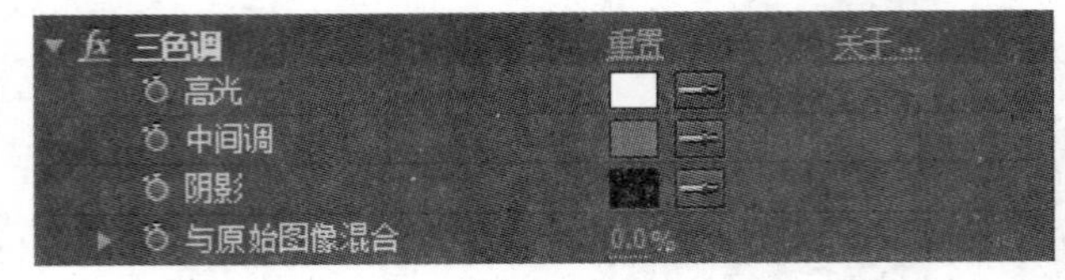

图6.9.20

- 【高光】Highlights：设置高光部分被替换的颜色。
- 【中间调】Midtones：设置中间色部分被替换的颜色。
- 【阴影】Shadows：设置阴影部分被替换的颜色。
- 【与原始图像混合】Blend With Original：设置与原图的融合程度，如图6.9.21图6.9.22所示。

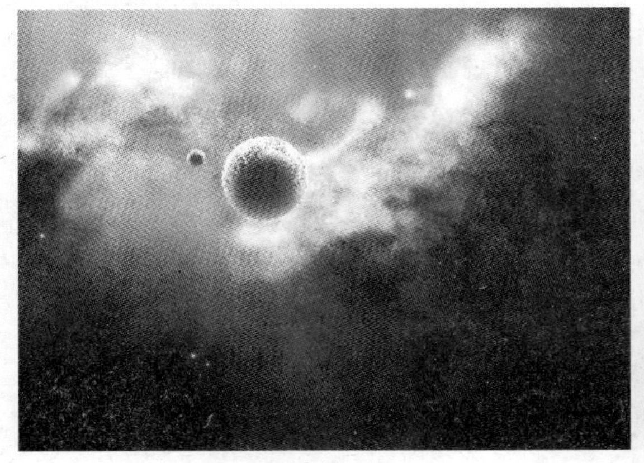

图6.9.21

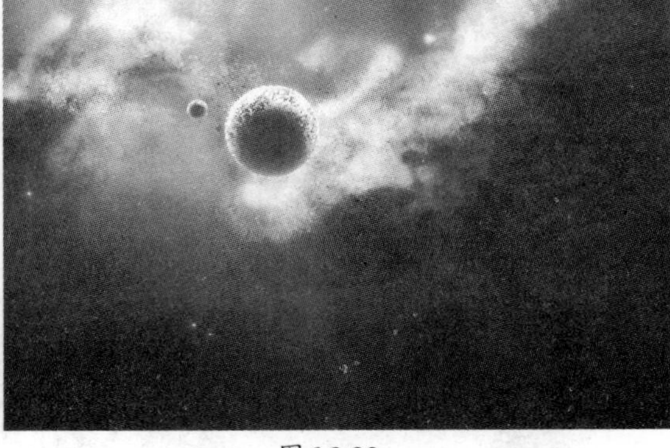

图6.9.22

6.10 常用效果——杂色和颗粒

6.10.1 分形杂色

【效果】>【杂色和颗粒】>【分形杂色】效果用于模拟出如气流、云层、岩浆、水流等效果，如图6.10.1所示。

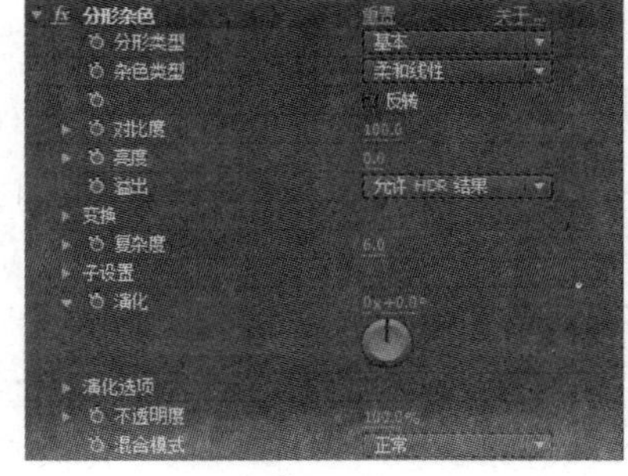

图6.10.1

- 【分形类型】Fractal Type：选择所生成的噪波类型。
- 【杂色类型】Noise Type：设置分形噪点类型，Block 为最低级，往上依次增加，Spline 为最高级，噪点平滑度最高，但是渲染时间最长。
- 【反转】Invert：反转图像的黑与白。
- 【对比度】Contrast：调整噪点图像的对比度。
- 【亮度】Brightness：调整噪点图像的明度。
- 【溢出】Overflow：设置噪点图像色彩值的溢出方式。
- 【变换】Transform：在这里可以设置噪点图像的旋转、缩放、位移等属性，如图 6.10.2 所示。

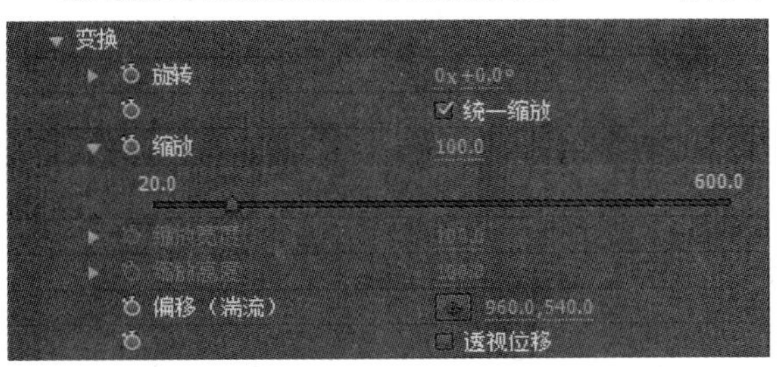

图6.10.2

  - 【旋转】Rotation：旋转噪点纹理。
  - 【统一缩放】Uniform Scaling：勾选该复选项以后能锁定缩放时的长宽比。取消勾选状态后能分别独立地调整缩放的长度和宽度。
  - 【缩放】Scale：设置缩放噪点纹理。
  - 【偏移（湍流）】Offset Turbulence：设置噪点纹理中点的坐标。移动坐标点，配合【旋转】Rotation 属性可以使图像形成简单的动画。
- 【复杂度】Complexity：设置噪点纹理的复杂度。
- 【子设置】Sub Settings：设置一些噪点纹理的子属性，如图6.10.3所示。

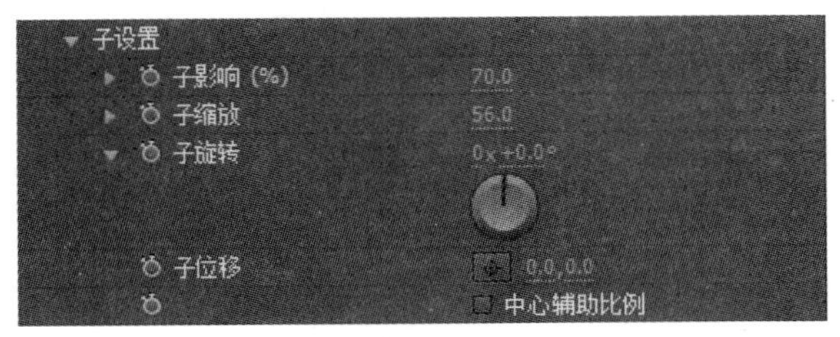

图6.10.3

  - 【子影响】Sub Influence：设置噪点纹理的清晰度。
  - 【子缩放】Sub Scaling：设置噪点纹理的次级缩放。
  - 【子旋转】：设置噪点纹理的次级旋转。
  - 【子位移】：设置噪点纹理的次级位移。
- 【演化】Evolution：设置使噪点纹理变化，而不是旋转。
- 【演化选项】Evolution Option：设置一些噪点纹理的变化度的属性，比如随机种子数、扩展圈数等。
- 【不透明度】Opacity：设置噪点图像的不透明度。
- 【混合模式】Blending Mode：调整噪波纹理与原图像的混合模式，如图6.10.4、图6.10.5、图6.10.6和图6.10.7所示。

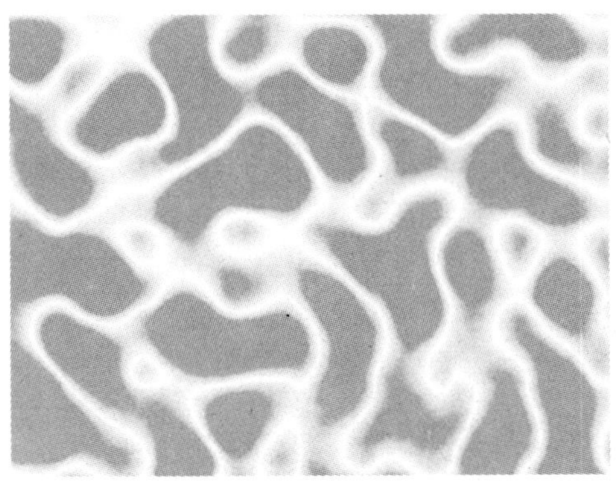

图6.10.4

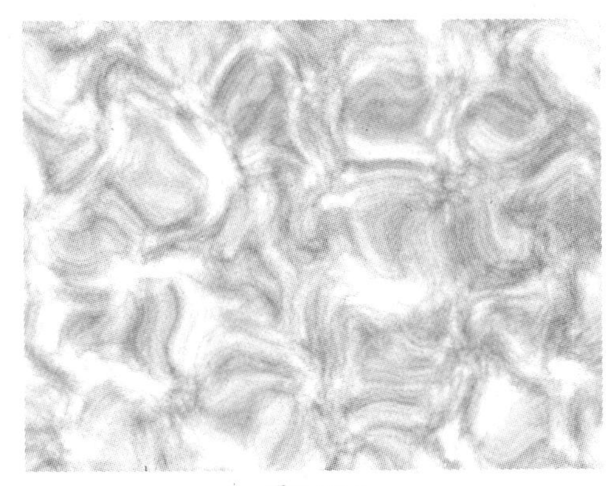

图6.10.5

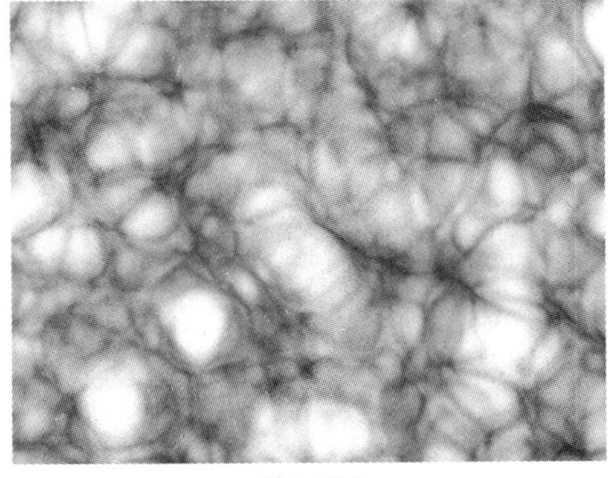

图6.10.6

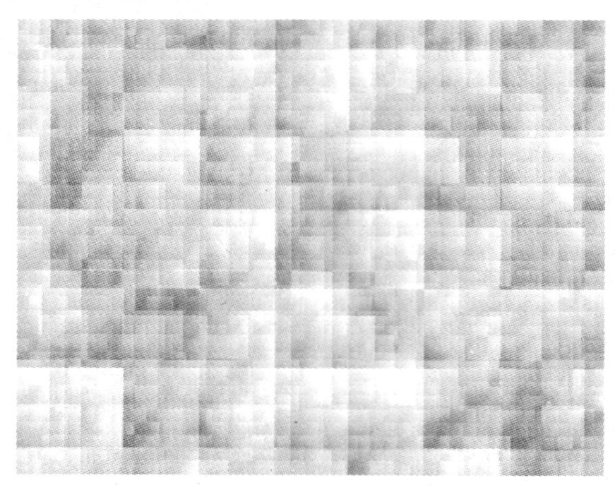

图6.10.7

6.10.2 添加颗粒

【添加颗粒】特效主要功能是自动对素材进行颗粒匹配，并针对各种胶片材料的颗粒来设置预设值。我们通过设置各种参数和预设值来合成出各种风格的图像，如图6.10.8所示。

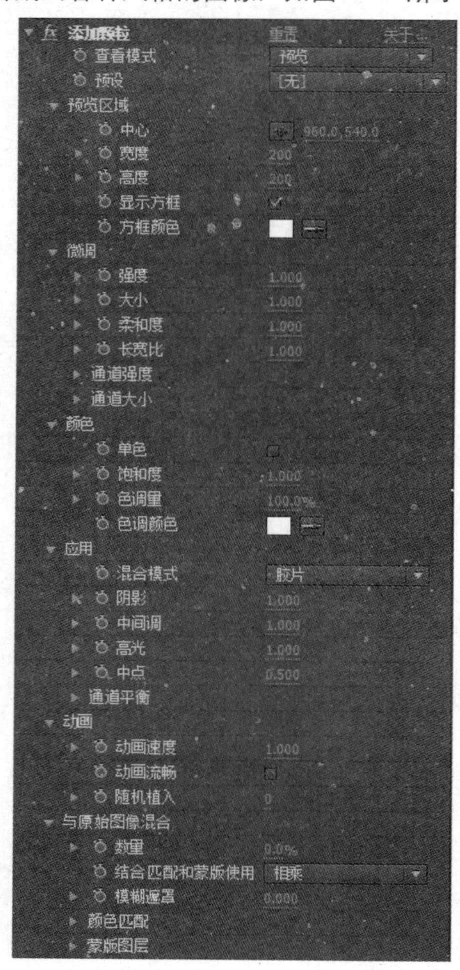

图 6.10.8

- 【查看模式】Viewing Mode：设置观察模式。Preview是带对比窗口；Blending Matte是带遮罩模式；Final Output是直接显示最终效果。
- 【预设】Preset：设置预选胶片模式。
- 【预览区域】Preview Region：设置对比窗口属性。
- 【中心】Center：设置中心点位置。
- 【宽度】Width：设置窗口宽度，数值在50～1024之间。
- 【高度】Height：设置窗口高度，数值在50～1024之间。
- 【显示方框】Show Box：选择是否显示对比窗口。
- 【方框颜色】Box Color：设置对比窗口边框颜色。
- 【微调】Tweaking：设置Grain属性。
- 【强度】Intensity：设置强度变化。默认数值范围在0.000～10.000之间，最大不能超过100.000。
- 【大小】Size：设置尺寸变化数值。数值范围在0.000～10.000之间。
- 【柔和度】Softness：设置柔化程度。数值范围在0.000～10.000之间。
- 【长宽比】Aspect Ratio：设置纵横比例数值。数值范围在0.000～10.000之间。
- 【通道强度】Channel Intensities：设置每个通道的强度数值。
  - 【红&绿&蓝强度】Red & Green & Blue Intensity：设置 红、绿、蓝强度通道的强度数值。
- 【通道大小】Channel Size：设置每个通道的尺寸。
  - 【红&绿&蓝大小】Red & Green & Blue Size：设置红、绿、蓝的尺寸。
- 【颜色】Color：设置像素色彩属性。
- 【单色】Monochromatic：是否使用单色。
- 【饱和度】Saturation：设置饱和度。数值范围在0.000到2.000之间。
- 【色调量】Tint Amount：设置染色数值。是用来增减使用“TINT COLOR”项指定的色彩来渲染效果表面颜色量的，以此来强化滤镜的真实度及视觉效果。
- 【色调颜色】Tint Color：设置染色。

- 【应用】Application：设置各种应用属性。
- 【混合模式】Blending Mode：融合模式的算法。
- 【阴影】Shadows：设置阴影部分的数值。数值范围在0.000～5.000之间。
- 【中间调】Midtones：设置中间灰度的数值。数值范围在0.000～5.000之间。
- 【高光】Highlights：设置高光部分的数值。数值范围在0.000～5.000之间。
- 【中点】Midpoint：设置中点的数值。数值范围在0.000～5.000之间。
- 【通道平衡】Channel Balance：设置各个色彩通道的阴影、中间灰度和高光的数值。
  - 【红、绿、蓝的阴影中间调高光】Red & Green & Blue Shadows & Midtones & Highlights：设置各红、绿、蓝色彩通道的阴影、中间调、高光数值。数值范围在0.000～5.000之间。
- 【动画】Animation：设置颗粒动画属性。
- 【动画速度】Animation Speed：设置动画速度，数值在0.000～1.000之间。
- 【动画流畅】Animate Smoothly：是否平滑动画过程。
- 【随机植入】Random Speed：设置随机速度，默认数值在0～100之间，最大不能超过1000。
- 【与原始图像混合】Blend With Original：设置与原图像混合的属性。
- 【数量】Amount：设置混合程度。
- 【结合匹配和蒙版使用】Combine Match and Mask：设置匹配模式。
- 【模糊遮罩】Blur Matte：设置模糊遮罩数值，数值在0.000～10.000之间，最大不能超过100.000。
- 【颜色匹配】Color Matching：设置颜色匹配属性。
  - 【匹配颜色使用】Match Color Using：设置匹配通道。
  - 【匹配颜色】Match Color：选择匹配的颜色。
  - 【匹配容差】Matching Tolerance：设置匹配的公差值，数值范围在0.000～1.000之间。
  - 【匹配柔和度】Matching Softness：设置匹配的柔化值，数值范围在0.000～1.000之间。
  - 【反转匹配】Invert Match：设置是否反转匹配效果。
- 【蒙版图层】Masking Layer：设置遮罩层属性。
  - 【蒙版图层】Mask Layer：选择遮罩层。
  - 【蒙版模式】Masking Mode：设置遮罩模式。
  - 【如果蒙版大小不同】If Mask Size Off：选择遮罩尺寸匹配模式，如图6.10.9、图6.10.10和图6.10.11所示。

图6.10.9

图6.10.10

图6.10.11

6.10.3 湍流杂色

【湍流杂色】用于创建一些自然界中很复杂的噪波纹理，以及一些很复杂的有机类结构，比如可以用该纹理模拟腐蚀的金属、岩石表面、火山岩浆和流动的水等。该特效组的全部内容，如图6.10.12所示。

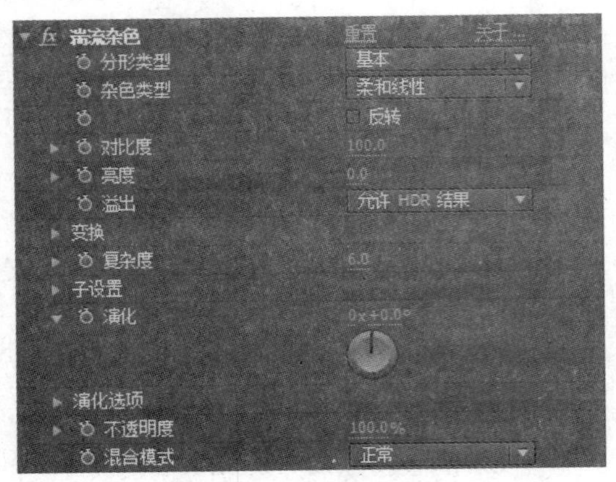

图6.10.12

- 【分形类型】Fractal Type：选择使用该特效的分形类型。
- 【杂色类型】Noise Type：设置分形噪点类型，Block为最低级，往上依次增加，Spline（样条）为最高级，噪点平滑度最高，但是渲染时间最长。
- 【对比度】Contrast：设置分形噪点的对比度。
- 【亮度】Brightness：设置分形噪点的亮度。
- 【溢出】Overflow：设置分形噪点的溢出方式。
- 【变换】Transform：设置分形噪点的旋转、位移和缩放等属性，如图6.10.13所示。

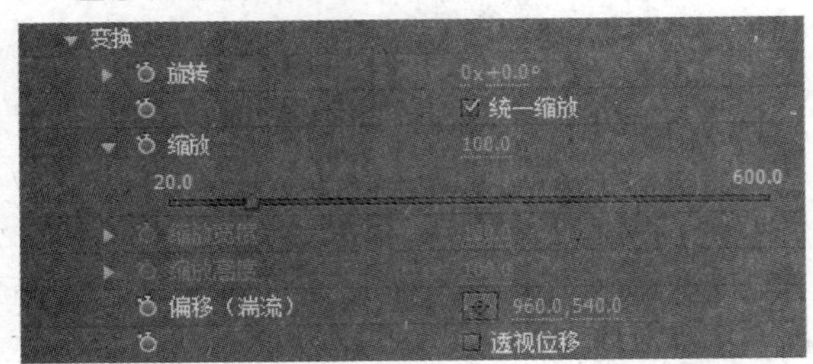

图6.10.13

  - 【旋转】Rotation：旋转分形噪点纹理。
  - 【统一缩放】：选中该复选项以后能锁定缩放时的长宽比。取消该复选项后能分别调整缩放的长度和宽度。
  - 【缩放】Scale：缩放分形噪点纹理，可以分别沿宽和长两个方向进行缩放。
  - 【缩放宽度】：缩放分形噪点纹理，沿宽度方向进行缩放。
  - 【缩放高度】：缩放分形噪点纹理，沿高度方向进行缩放。
  - 【偏移】Offset Turbulence：可以沿左右或上下方向平移纹理。
  - 【透视位移】：如果选中该复选项，则图层看起来像在不同深度一样。
- 【复杂度】Complexity：设置分形噪点的复杂度。
- 【子设置】Sub Settings：设置一些分形噪点的子属性，如图6.10.14所示。

图6.10.14

  - 【子影响】Sub Influence：设置噪点纹理的清晰度。
  - 【子缩放】Sub Scaling：设置噪点纹理的次级缩放。
- 【演化】Evolution：设置分形噪点的变化度。
- 【演化选项】Evolution Option：设置一些分形噪点的变化度的属性，比如随机种子数、扩展圈数等。
- 【湍流因素】：较小杂色的要素速度与较大杂色的要素速度相差的数量。值为 0，则使此杂色的移动与分形杂色效果生成的杂色相似，在分形杂色效果中，较小杂色的要素以与较大杂色的要素以相同的速度移动。值较大，则使杂色的多个图层看起来像翻腾一样，其方式更像流体自然湍流翻腾一样。
- 【随机植入】：设置生成杂色使用的随机值。为该属性设置动画会导致以下结果：从一组杂色闪光到另一组杂色（在该分形类型内），此结果通常不是您需要的结果。为实现平滑的杂色动画效果，请为【演化】属性设置动画。
- 【混合模式】Transfer Mode：指定该噪点纹理和原始素材的混合方式，如图6.10.15、图6.10.16和图6.10.17所示。

图6.10.15

图6.10.16

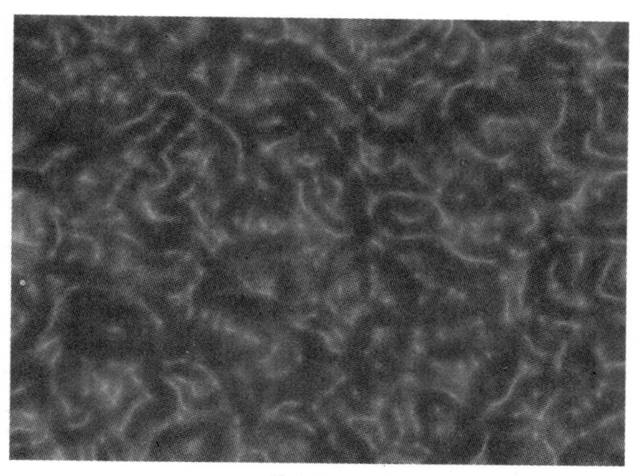

图6.10.17

6.11 新增内置效果

下面我们介绍几款在After Effects CC中新出现的效果。

6.11.1 CINEWARE

当我们在 After Effects 中导入 C4D 文件时，系统会为其自动添加【CINEWARE】效果。利用 CINERENDER 引擎（基于 CINEMA 4D R14 渲染引擎）的集成功能，可直接在 After Effects 中对基于 CINEMA 4D 文件的图层进行渲染，如图 6.11.1 所示。利用 CINEWARE 效果，可控制渲染设置，并部分控制渲染的质量和速度之间的平衡。您也可指定用于渲染的摄像机、通程或 C4D 图层。在合成上创建基于 C4D 素材的图层时，会自动应用 CINEWARE 效果。每个 CINEMA 4D 图层都拥有其自身的渲染和显示设置。渲染引擎 CINERENDER 在 After Effects 中可以渲染 C4D 文件，可以各个图层为基础，控制部分渲染、摄像机和场景内容。

图6.11.1

（1）【Render Settings】：渲染设置，确定如何在 After Effects 内渲染场景。这些设置有助于加快正在工作时的渲染速度。

● 【Render】：渲染，如图6.11.2所示。

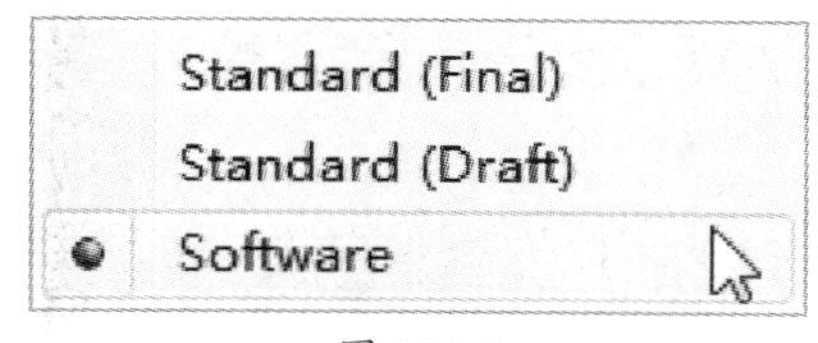

图6.11.2

- 【Standard（Final）】：使用 C4D 文件中指定的标准渲染程序。
- 【Standard（Draft）】：使用标准渲染程序，但会关闭更慢的设置（例如抗锯齿），以获得更好的交互性。
- 【Software】：通过选择【Display】，使用渲染速度最快的设置。不显示着色器以及多程。继续处理合成时，可使用软件渲染程序预览。

● 【Display】：显示，如图6.11.3所示。

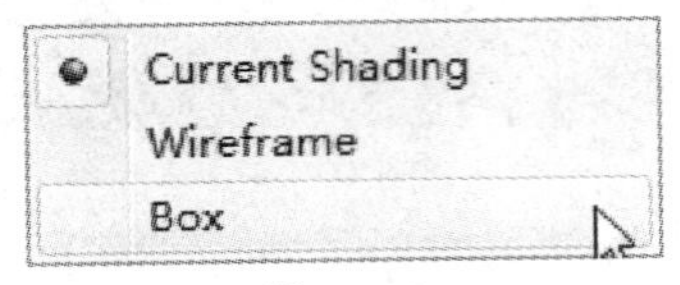

图6.11.3

只有选择了【Software】渲染器时，此选项才会被启用。可提供的选项包括【Current】当前底纹、【Wireframe】线框和【Box】方框。线框和方框模式提供了场景的简化显示效果。

- 【No Textures/Shader】：选中此选项，可通过不渲染纹理和着色器来加速渲染。
- 【No pre-calcullation】：选中此选项，可通过禁用用于计算动态学或粒子模拟的提前计算来加速渲染。最终渲染时，切勿选中此选项。
- 【Keep Texture in RAM】：选中此选项，可将纹理缓存在 RAM 中，这样就无须从磁盘重新加载且可更快速地访问。另一方面，如果您缓存大量的纹理，则可能导致可用的 RAM 减少。
- 【Apply to All】：每个 CINEMA 4D 图层都拥有其自身的渲染设置。可将当前设置应用至合成中的所有其他 C4D 文件实例。如果您想让不同图层拥有不同设置，则不应使用本选项。如果本应相同的设置不匹配，则会降低渲染速度并导致渲染不匹配。

（2）【Project Setting】：项目设置。

● 【Camera】：选择要用于渲染的摄像机，如图6.11.4所示。

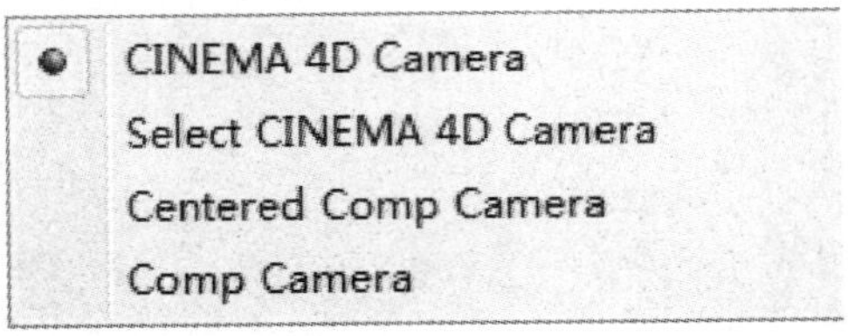

CINEMA 4D Camera
Select CINEMA 4D Camera
Centered Comp Camera
Comp Camera

图6.11.4

● 【CINEMA 4D Camera】：使用被定义为 CINEMA 4D 中渲染视图摄像机的摄像机，或默认摄像机（如果未定义该项）。

● 【Select CINEMA 4D Camera】：使用此选项选择摄像机。当此选项被启用时，单击【Set Camera】按钮。

● 【Centered Comp Camera】：使用此选项，可使用 After Effects 摄像机，并重新计算 CINEMA 4D 坐标以适应 After Effect 坐标。导入要用新的 After Effects 摄像机（位于合成中心）渲染的现有 C4D 文件（通常环绕0，0，0建模）时，请使用此选项渲染 After Effects 合成中心的 C4D 模型。否则，可能会因原点的不同而造成模型的意外转移。

● 【Comp Camera】：使用此选项，可使用活动的 After Effects 摄像机。要让此选项生效，用户必须添加 After Effects 摄像机。活动摄像机指的是正在使用的摄像机。

● 【CINEMA 4D layer】：启用并选择要渲染的 CINEMA 4D 图层。

● 【Set Layers】：单击以选择图层。单击【Set Layers】按钮以选择一个或多个图层。在 CINEMA 4D 中，利用图层可组织多个元素。用户可以使用 CINEMA 4D 图层在 After Effects 合成的元素之间进行合成。

● 【Apply to All】：将当前图层的摄像机设置应用至合成中的所有其他 C4D 文件实例。

（3）【Multi-Pass(Linear Workflow)】：多程（线性工作流）。

使用【Multi-Pass】选项，可指定要渲染的通道。只有使用【标准】渲染器时，才可使用多程功能。利用多程，可通过将不同种类的通程在 After Effects 中合成，快速微调 C4D 场景，例如，只调整场景中的阴影或反射。为了计算正确的像素值，After Effects 和 CINEMA 4D 都需要使用【Linear Workflow】工作流。在 CINEMA 4D 中，此项为默认选择，且通常为启用状态。在 After Effects 中，转到项目设置，选择 sRGB 工作空间并且打开“直线化工作空间”。

● 【CINEMA 4D Multi-Pass】：单击已选择要在此图层上渲染的通程。只有启用【Multi-

Pass】选项时，此选项才可用。

- 【Defined Multi-Pass】：启用则会将已添加的多程限制为原始 CINEMA 4D 文件中定义的集。
- 【Add Image Layer】：使用此选项，可创建带有适当混合模式、基于【Defined Multi-Pass】设置的多程图层。此选项可限制用户只添加 C4D 渲染设置中定义的通程，而非添加所有支持的类型。

（4）【Commands】：命令。

- 【Comp Camera into CINEMA 4D】：单击【Merge】可将当前的 After Effects 摄像机作为 C4D 摄像机添加到 C4D 文件中。
- 【CINEMA 4D Scene Data】：单击【Extract】可创建 3D 数据（例如摄像机、灯、物体实心或空心实体），这样会在 Cinema 4D 项目中应用外部合成标记。

6.11.2 SA Color Finesse 3

【SA Color Finesse 3】效果是一款Synthetic Aperture出品的独立调色插件。该插件可用于After Effects、Final Cut Pro和Premiere Pro影片工作软件中，可以针对画面颜色进行精密校正，如图6.11.5所示。

图6.11.5

【SA Color Finesse 3】使用了32和64位的浮点颜色空间并有着惊人的分辨率和宽容度，可控制暗色调、中间调、高光的修正，可在HSL、RGB、CMY及YC6CR颜色空间上完成修正工作，自动的颜色比较和黑白灰平衡，自定义修正曲线，6个间色修正通道来选择和校正单独的失量颜色等。用户可以单击【Full Interface】按钮切换为独立界面。

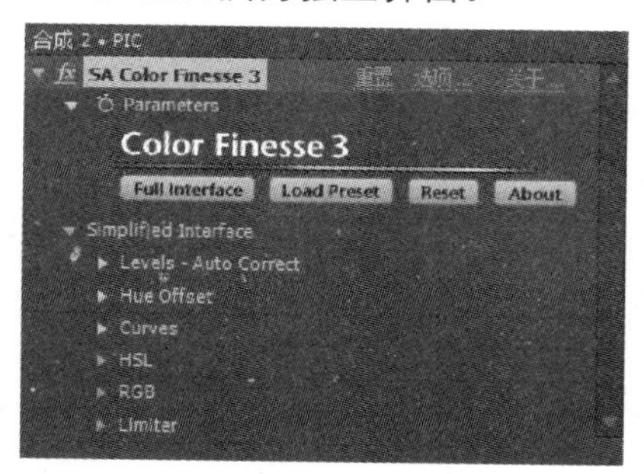

进入独立界面后会看到4个区域，分别为图表显示区域、预览区域、调整参数区域和信息区域，如图6.11.6所示。

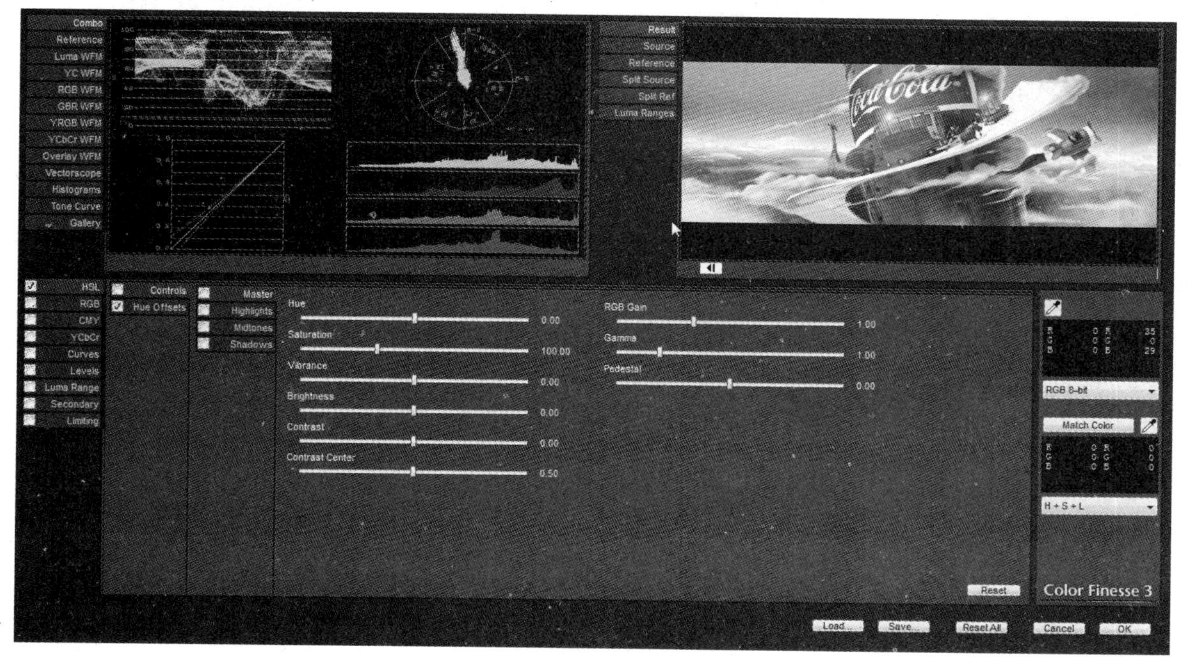

图6.11.6

除了使用鼠标直接调整【SA Color Finesse 3】的参数，用户还可以通过调色台【Control Surfaces】来控制操作，【SA Color Finesse 3】支持的调色台型号为：Tangent Wave和Colorociter™ CS-1 Colorist’s Workstation，如图6.11.7所示。

图6.11.7

1．图表显示区域

在【Combo】中默认显示4种数据图表，分别是【Luma WFM】、【Vectorscope】、【Tone Curve】和【Histograms】。对于初学者来说，这些参数图表并没有什么意义，随着学习的深入，在不断的积累之后，当用户看到这些图表时，就可以快速地发现画面中问题所在，如图 6.11.8 所示。

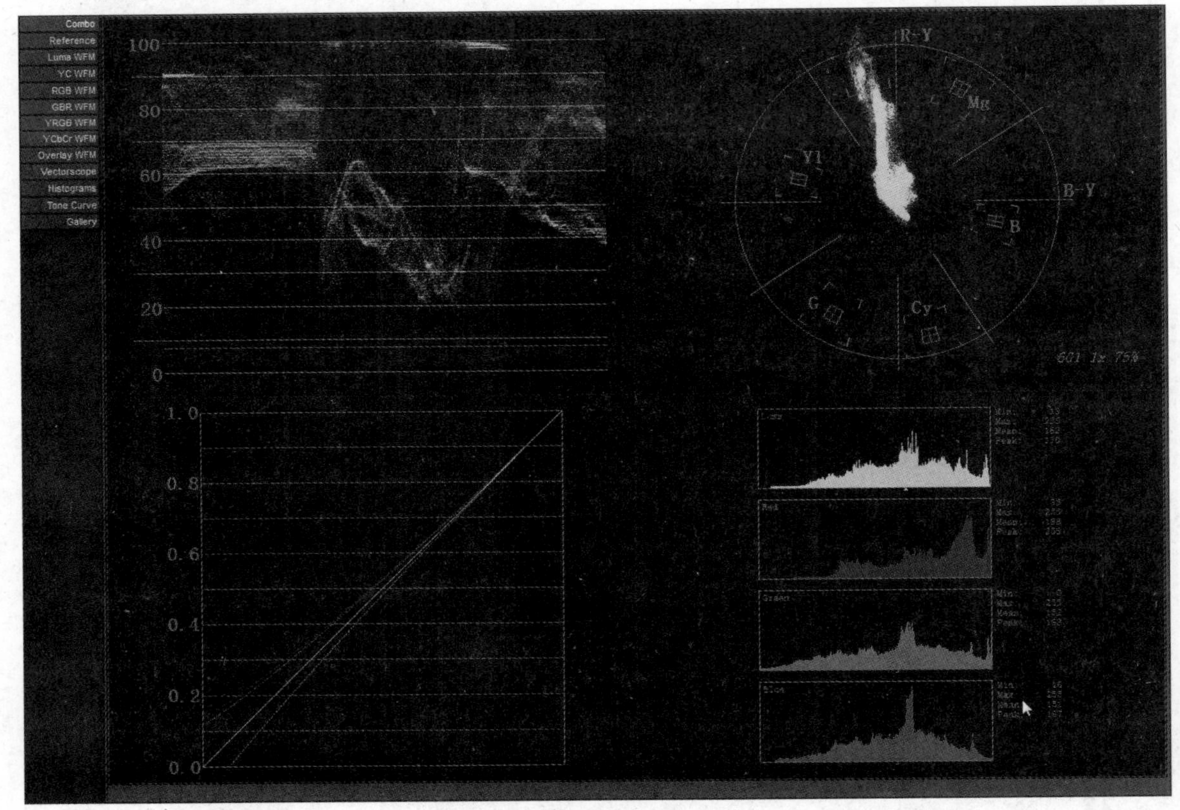

图6.11.8

2．预览区域

该区域用于显示调整完成的效果，在调整过后，用户可以通过切换到【Source】模式观察源文件的画面，也可以在源文件和【Result】显示模式间切换，如图6.11.9所示。

图6.11.9

3．调整参数区域

该区域为软件工作的主要区域，【SA Color Finesse 3】提供了多种色彩调整模式供用户选择，我们可以通过调整单独的色彩通道进行调色，也可以通过调整【Curves】曲线和【Levels】色阶来调整画面效果，如图6.11.10所示。

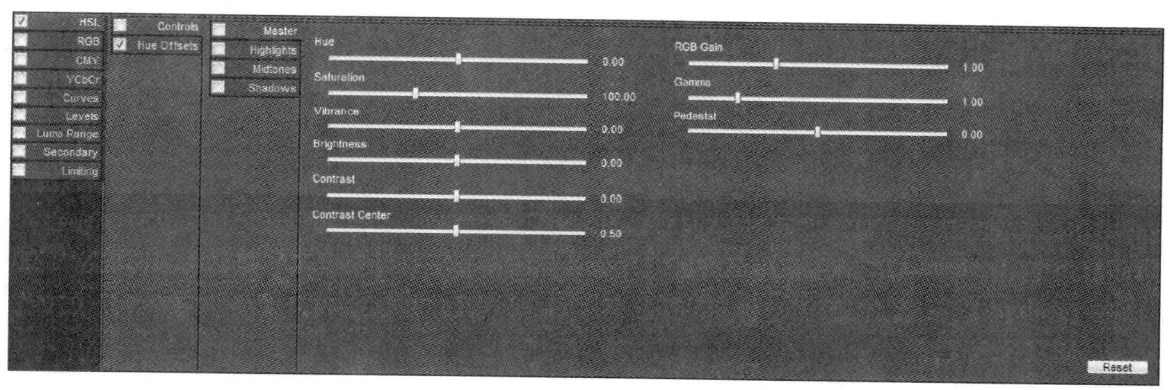

图6.11.10

HSL（Hue、Saturation、Lightness）模式下有两种参数类型。

【Control】控制：分别针对【Master】主通道、【Highlights】高光、【Midtones】中间色和【Shadows】阴影进行色彩调整。我们可以单独对某个区域进行【Hue】色相、【Saturation】饱和度或【Brightness】亮度等参数进行调整，这是内置效果所没有的。调整【Control】>【Shaows】>【Brightness】的参数，可以看到画面中只有暗部阴影的亮度变暗，而画面其他部分并没有变化。这种调整模式给画面最终的调色带来了无限的可能性，如图6.11.11所示。

图6.11.11

【Hue Offset】色相偏移：色相偏移的调整也是通过对【Master】主通道、【Highlights】高光、【Midtones】中间色和【Shadows】阴影进行调整，从而达到调整画面颜色的目的。控制鼠标在色球上滑动，可以指定4个模式下色相的变化。如果调整出现错误，可以单击右下角的【Reset】按键进行重新设置，如图6.11.12所示。

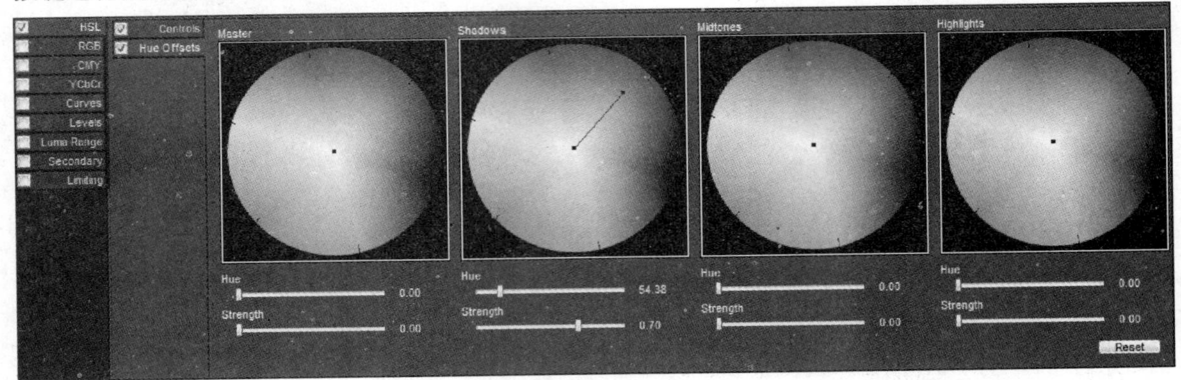

图6.11.12

Curves 曲线模式也提供了两类可调整参数，分别为【RGB】和【HSL】。【RGB】模式可以通过对不同色彩通道进行单一调整，从而修改画面颜色。【HSL】模式则可以单独调整 Hue、Saturation、Lightness 参数。曲线调整模式过渡较为柔和，很适合调整画面色调，如图 6.11.13 所示。

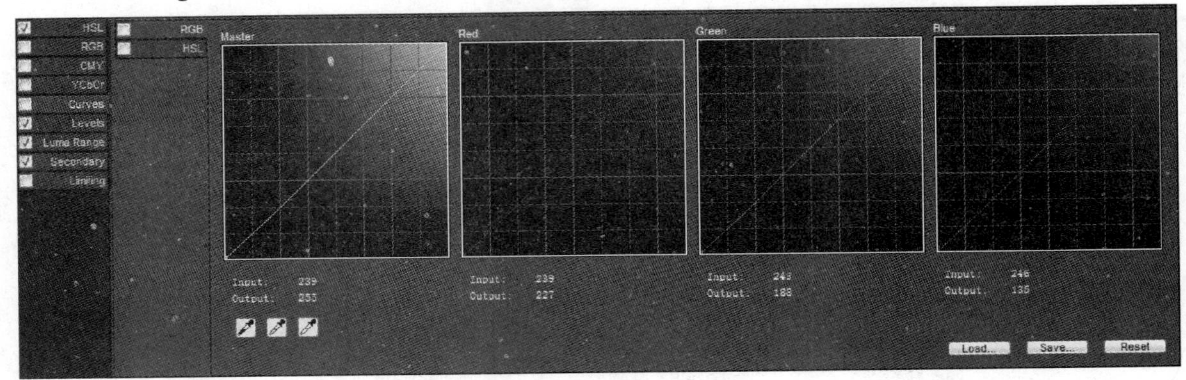

图6.11.13

4．信息区域

该区域主要用于画面色彩采样与显示，如图6.11.14所示。

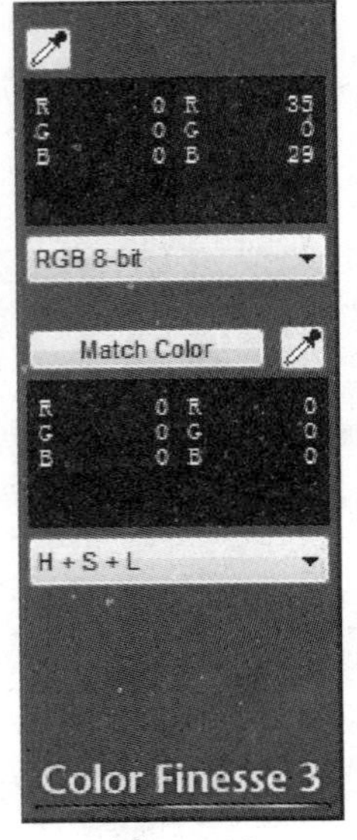

图6.11.14

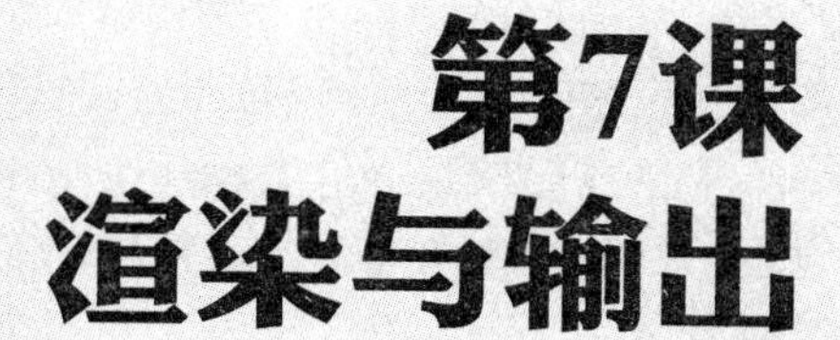

第7课 渲染与输出

本课详细介绍After Effects中的渲染输出的应用。在After Effects中，用户可以从一个合成影像中创建多种输出类型，可以输出为视频、电影、CD-ROM、GIF动画、FLASH动画和HDTV等格式成品。渲染的画面效果直接影响最终影片的画面效果，所以渲染输出的相关用户一定要能熟练应用渲染输出的相关设置。

7.1 After Effects的编辑格式

After Effects在电视和电影的后期制作软件中都占有一席之地，虽然不少电影都是在After Effects中完成后期效果的工作，但是相对于它在电视节目制作中的地位，还是稍稍逊色的。由于使用After Effects的大部分用户是为了满足电视制作的需要。我们就重点讲解一些和After Effects相关的电视制作和播出的基本概念。

7.1.1 常用电视制式

在制作电视节目之前我们要清楚客户的节目在什么地方播出，不同的电视制式在导入和导出素材时的文件设置是不一样的。选择菜单【合成】Composition>【新建合成】New Composition命令，弹出【合成设置】Composition Settings对话框，如图7.1.1所示。

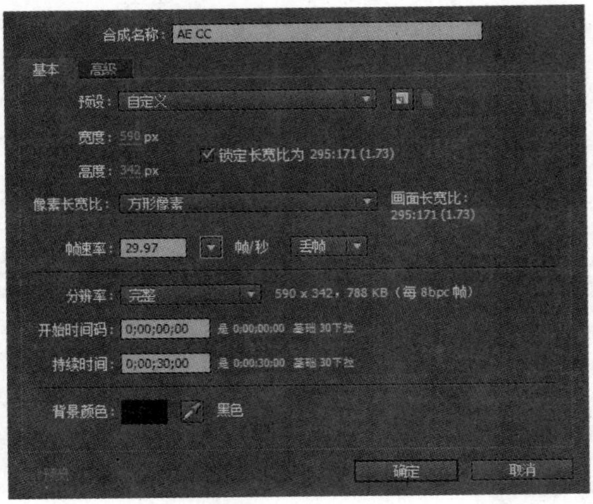

图7.1.1

打开对话框的【预设】Preset的下拉列表，可以看到不同文件格式的选项。当我们选择一种制式模板，相应的文件尺寸和帧速率（Frames Rate）都会发生相应的变化，如图7.1.2所示。

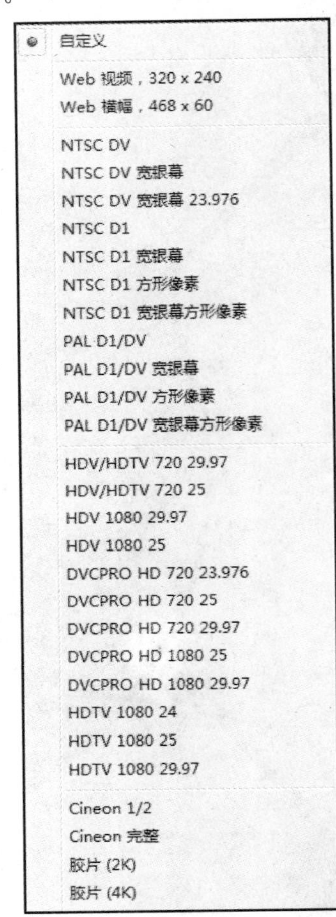

图7.1.2

目前各国的电视制式不尽相同，制式的区分主要在于其帧频（场频）、分解率、信号带宽载频、色彩空间转换关系等方面的不同。世界上现行的彩色电视制式有3种：NTSC（National Television System Committee）制（简称N制）、PAL（Phase Alternation Line）制和SECAM制。

NTSC彩色电视制式：它是1952年由美国国家电视标准委员会制定的彩色电视广播标准，它采用正交平衡调幅的技术方式，故也称为正交平衡调幅制。美国、加拿大等大部分西半球国家以及中国的台湾、日本、韩国、菲律宾等均采用这种制式。

PAL制式：它是前西德在1962年制定的彩色电视广播标准，它采用逐行倒相正交平衡调幅的技术方法，克服了NTSC制相位敏感造成色彩失真的缺点。前西德、英国等一些西欧国家，新加坡、中国大陆及香港，澳大利亚、新西兰等国家或地区采用这种制式。PAL制式中根据不同的参数细节，又可以进一步划分为G、I、D等制式，其中PAL-D制是我国大陆采用的制式。

SECAM制式：SECAM是法文的缩写，意为顺序传送彩色信号与存储恢复彩色信号制，是由法国在1956年提出，1966年制定的一种新的彩色电视制式。它也克服了NTSC制式相位失真的缺点，但采用时间分隔法来传送两个色差信号。使用SECAM制的国家主要集中在法国、东欧和中东一带。

随着电视技术的不断发展，After Effects不但对PAL等标清制式提供支持，而且对高清晰度电视（HDTV）和胶片（Film）等格式也有提供支持，可以满足客户的不同需求。

7.1.2 常用视频格式

熟悉常见的视频格式是后期制作的基础。下面我们介绍一下After Effects相关的视频格式。

AVI格式

英文全称为（Audio Video Interleaved），即音频视频交错格式。它于1992年被Microsoft公司推出，随Windows 3.1一起被人们所认识和熟知。所谓“音频视频交错”，就是可以将视频和音频交织在一起进行同步播放。这种视频格式的优点是图像质量好，可以跨多个平台使用，但是其缺点是体积过于庞大，而且压缩标准不统一。这是一种After Effects常见的输出格式。

MPEG格式

英文全称为（Moving Picture Expert Group），即运动图像专家组格式。MPEG文件格式是运动图像压缩算法的国际标准，它采用了有损压缩方法从而减少运动图像中的冗余信息。MPEG的压缩方法说得更加深入一点就是保留相邻两幅画面绝大多数相同的部分，而把后续图像中和前面图像有冗余的部分去除，从而达到压缩的目的。目前常见的MPEG格式有3个压缩标准，分别是MPEG-1、MPEG-2、和MPEG-4。

MPEG-1：制定于1992年，它是针对1.5Mbps以下数据传输率的数字存储媒体运动图像及其伴音编码而设计的国际标准。也就是我们通常所见到的VCD制作格式。这种视频格式的文件扩展名包括.mpg、.mlv、.mpe、.mpeg及VCD光盘中的.dat文件等。

MPEG-2：制定于1994年，设计目标为高级工业标准的图像质量以及更高的传输率。这种格式主要应用在DVD/SVCD的制作（压缩）方面，同时在一些HDTV（高清晰电视广播）和一些高要求视频编辑、处理上面也有相当的应用。这种视频格式的文件扩展名包括.mpg、.mpe、.mpeg、.m2v及DVD光盘上的.vob文件等。

MPEG-4：制定于1998年，MPEG-4是为了播放流式媒体的高质量视频而专门设计的，它可利用很窄的带度，通过帧重建技术，压缩和传输数据，以求使用最少的数据获得最佳的图像质量。MPEG-4最有吸引力的地方在于它能够保存接近于DVD画质的小体积视频文件。这种视频格式的文件扩展名包括.asf、.mov、DivX和AVI等。

MOV格式

美国Apple公司开发的一种视频格式，默认的播放器是苹果的QuickTime Player。具有较高的压缩比率和较完美的视频清晰度等特点，但是其最大的特点还是跨平台性，即不仅能支持MAC系统，同样也能支持Windows系统。这是一种After Effects常见的输出格式。可以得到文件很小，但画面质量很高的影片。

ASF格式

英文全称为（Advanced Streaming format），即高级流格式。它是微软公司为了和现在的Real Player竞争而推出的一种视频格式，用户可以直接使用Windows自带的Windows Media Player对其进行播放。由于它使用了MPEG-4的压缩算法，所以压缩率和图像的质量都很不错。

提示

除了支持WAV的音频格式，After Effects也已经支持我们常见的MP3格式，可以将该格式的音乐素材导入使用。在选择影片储存格式时，如果影片要播出使用，一定要保存无压缩的格式。

7.2 其他相关概念

7.2.1 场

场（Field），在电视上播放都会涉及到这一概念。我们在电脑显示器看到的影像是逐行扫描的显示结果，而电视因为信号带宽的问题，图像是以隔行扫描（Interlaced）的方式显示的。图像是由两条叠加的扫描折线组成的，所以电视显示出的图像是由两个场组成的，每一帧被分为两个图像区域（也就是两个场），如图7.2.1所示。

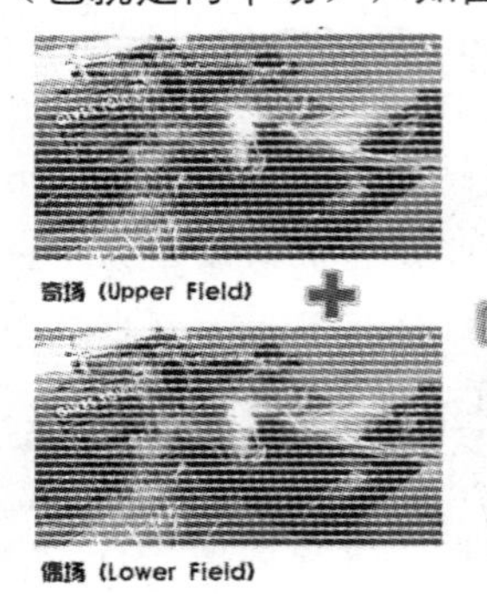

图7.2.1

两个场分为奇场（Upper Field）和偶场（Lower Field），也可以叫作上场和下场。如果以隔行扫描的方式输出文件，就要面对一个关键问题，是先扫描上场还是下场。不同的设备对扫描的顺序的要求是不同的，大部分三维制作软件和后期软件都支持场的顺序的输出切换。

提示

经验的积累可以直接分辨素材是奇场还是偶场优先，例如：不同的视频采集设备得到的素材奇场还是偶场优先是不同的，通过1394火线（Fire Wire）接口采集的DV素材永远都是偶场优先。

7.2.2 帧速率

影片在播放时每秒钟扫描的帧数就是帧速率（Frame Rate）。如我国使用的PAL制式电视系统，帧速率为25fps，也就是每一秒播放25帧画面。我们在三维软件中制作动画时就要注意影片的帧速率，在After Effects中，如果导入素材与项目的帧速率不同，这会导致素材的时间长度变化。

7.2.3 像素比

像素比（Pixel Aspect Ratio）就是像素的长宽比。不同制式的像素比是不一样的，在电脑显示器上播放像素比是1:1，而在电视上，以PAL制式为例，像素比是1:1.07，这样才能保持良好的画面效果。如果用户在After Effects中导入的素材是由PhotoShop等其他软件制作的，一定要保证像素比的一致。在建立PhotoShop文件时，可以对像素比进行设置。

7.3 After Effects与其他软件

7.3.1 After Effects与Photoshop

After Effects可以任意地导入PSD文件。选择菜单【文件】File>【导入】Import>【文件】File…命令，弹出【导入种类】Import File对话框，当我们选择导入PSD文件时，在【导入为】Import As下拉列表中可以选择PSD文件以什么形式导入项目，如图7.3.1所示。

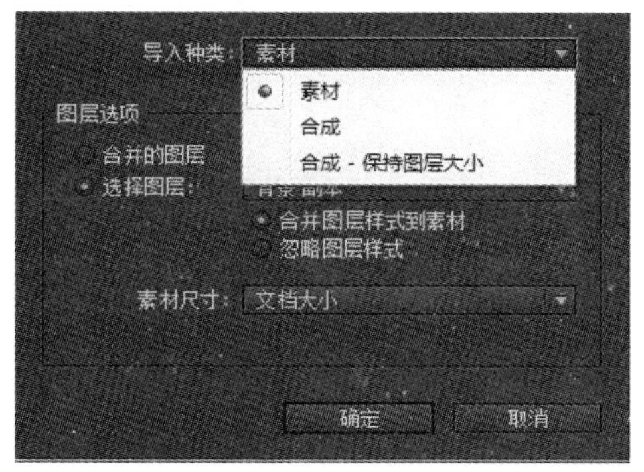

图7.3.1

【合并的图层】Merged Layers选项就是将所有的层合并，再导入项目。这种导入方式可以读取PSD文件所最终呈现出的效果，但不能编辑图层。选择【选择图层】Choose Layers单选项可以让用户单独导入某一个层，但这样也会使PSD文件中所含有的一些效果失去作用。

如果文件以【合成】Composition的形式导入，整个文件将被作为一个Composition（合成影像）导入项目，文件将保持原有的图层顺序和大部分效果，如图7.3.2所示。

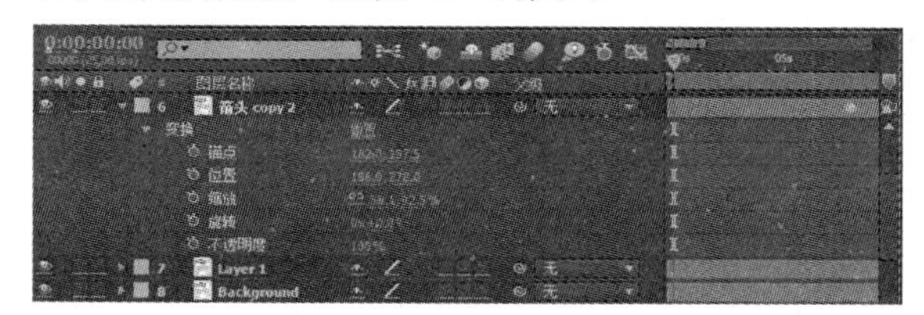

图7.3.2

同样的，After Effects也可以将某一帧画面输出成PSD文件格式，而项目中的每一个图层都将转换成为PSD文件中的一个图层。选择菜单【合成】Composition>【帧另存为】Save Frame As>【Photoshop图层】Photoshop Layers...命令就可以将画面以PSD文件形式输出了。

7.3.2 After Effects 与 Illustrator

Adobe Illustrator是Adobe公司出品的矢量图形编辑软件，在出版印刷、插图绘制等多种行业被作为标准，其输出文件为AI格式，许多软件都支持这一文件格式的导入，Maya就可以完全读取AI格式的路径文件。After Effects可以随意地导入AI的路径文件，强大的矢量图形处理能力可以弥补After Effects中【遮罩】Masks功能的不足。

7.4 导出

菜单【文件】>【导出】Export命令主要用于输出影片，软件提供了多种输出格式，如图7.4.1所示。

Adobe Flash Player (SWF)...
Adobe Premiere Pro 项目...
MAXON CINEMA 4D Exporter...
添加到 Adobe Media Encoder 队列...
添加到渲染队列(A)

图 7.4.1

- Adobe Flash（SWF）：输出 Macromedia Flash（*.SWF）格式文件，如图 7.4.2 所示。

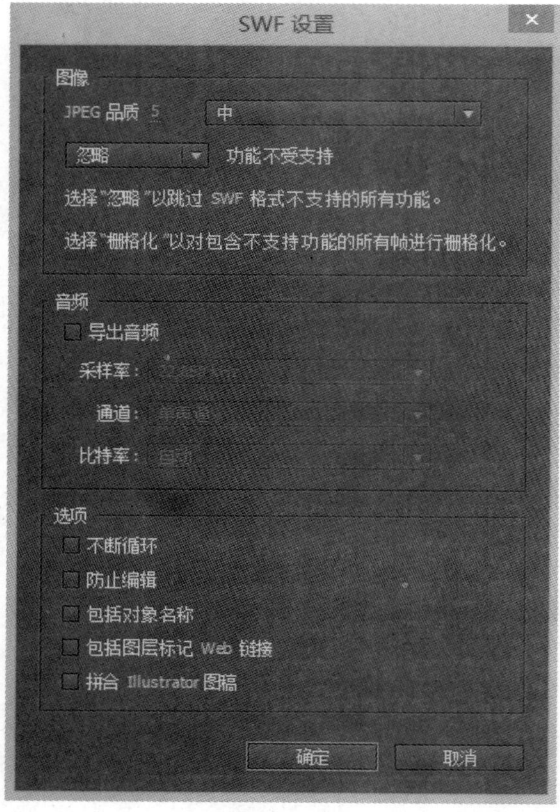

图 7.4.2

【JPEG品质】JPEG Quality: 设置JEPG图像的质量。如果选择较低的数值，画面效果将有所损失。

【功能不受支持】Unsupported Features: 设置当系统遇到 SWF 格式不支持的图像的处理方式。

- 【忽略】Ignore：忽略SWF格式不支持的所有特征。
- 【栅格化】Rasterize：输出所有包含不支持特征的图像。

【采样率】Sample Rate：设置音频的采样频率。

【通道】Channels：设置音频通道为单声道（Mono）或立体声道（Stereo）。

【比特率】Bit Rate：设置音频质量。

【不断循环】Loop Continuously：设置输出的SWF文件是否连续循环地播放。

【防止编辑】Prevent Import：防止SWF文件被导入到正在编辑的文件。

【包括对象名称】Include Object Names:输出的文件信息是否包括层、遮罩和效果名。

【包括图层标记Web链接】Include Layer Marker Web Links：输出的文件信息是否包括层的标记作为URL Web链接使用。

【拼合Illustrator 图稿】Include Illustrator Artwork：设置是否合并Illustrator文件。

- Adobe Clip Nodtes...：输出剪辑注释。Clip Nodtes可以嵌入视频到PDF文件，通过E-mail发送有特定时间码注释的文件给客户，然后查看映射到时间轴的注释。
- Adobe Premiere Pro Project：输出Adobe Premiere Pro 的项目文件。这种软件间的无缝链接是 Adobe 公司的软件优势所在。

7.5 渲染列队

在After Effects中的【渲染队列】Render Queue视窗是用户完成影片需要设置的最后一个视窗，主要用来设置输出影片的格式，这也决定了影片的播放模式。当制作好影片以后，选择菜单【合成】Composition>【添加到渲染队列】Make Movie...命令，或者按下快捷键【Ctrl+M】，弹出【渲染队列】Render Queue视窗，如图7.5.1所示。

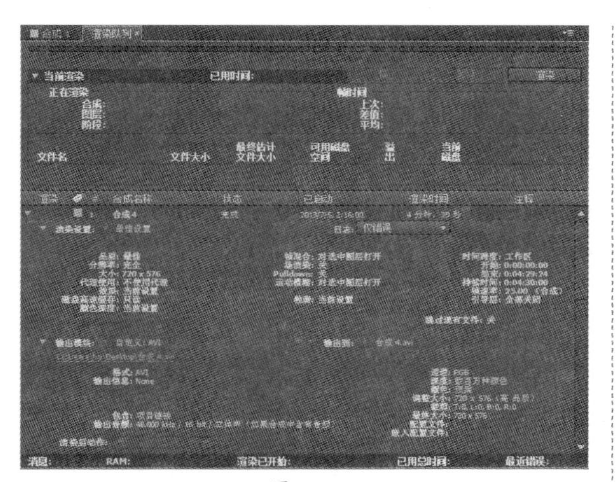

图7.5.1

7.5.1 输出到

首先设置【输出到】文件的位置，单击【渲染列队】面板中【输出到】右侧的橘色文字，这里显示的是需要渲染的合成文件，首先设置渲染文件的位置。如果用户需要改变这些数据的设置，单击【输出到】Output To右侧的三角形图标▼，可以选择渲染影片的输出位置，如图7.5.2所示。

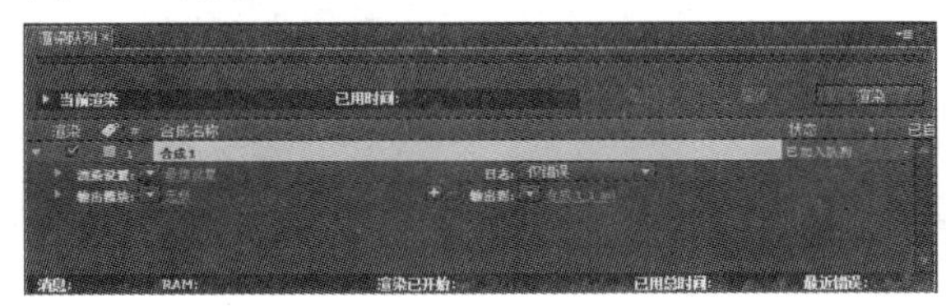

图7.5.2

7.5.2 渲染设置模式

单击【渲染设置】Render Settings左侧的三角形图标，展开渲染设置的数据细节，如图7.5.3所示。

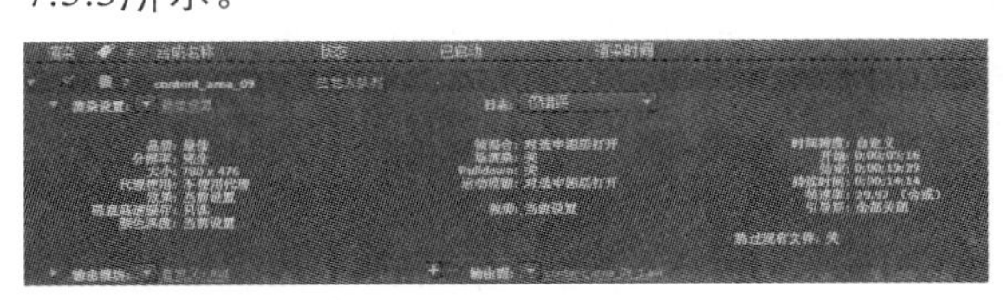

图7.5.3

如果用户需要改变这些数据的设置，可以单击【渲染设置】Render Settings右侧的三角形图标▼，通过弹出的菜单可以改变这些原始设置，如图7.5.4所示。

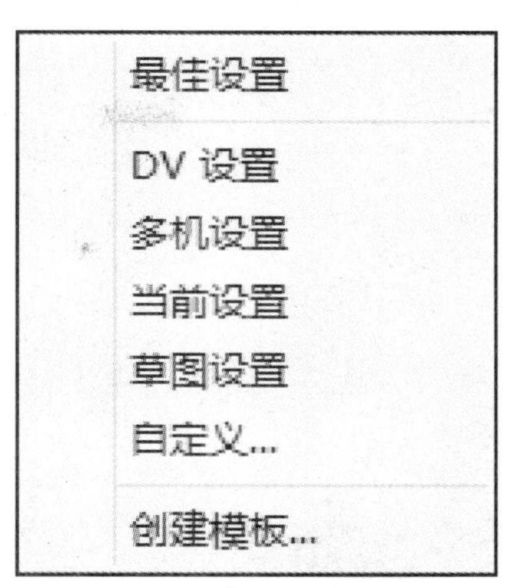

图7.5.4

- 【最佳设置】Best Settings
- 【DV设置】DV Settings
- 【多机设置】Multi-Machine Settings
- 【当前设置】Current Settings
- 【草图设置】Draft Settings
- 【自定义...】Custom...
- 【创建模板...】Make Template

选择【创建模板...】Make Template命令，弹出【渲染设置模板】Render Setting Templates对话框，用户可以制作自己常用的渲染模板，以便下次直接使用，如图7.5.5所示。

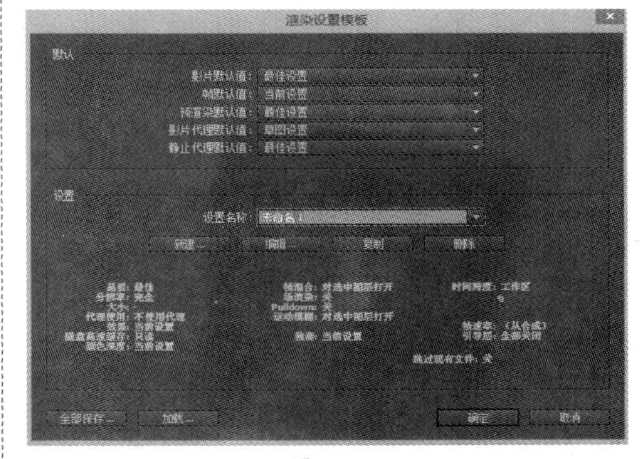

图7.5.5

7.5.3 【渲染设置】对话框

用户如果要改变这些渲染设置，可以选择【自定义】Custom命令或直接在设置类型的名称上单击鼠标，弹出【渲染设置】Render Setting对话框，如图7.5.6所示。

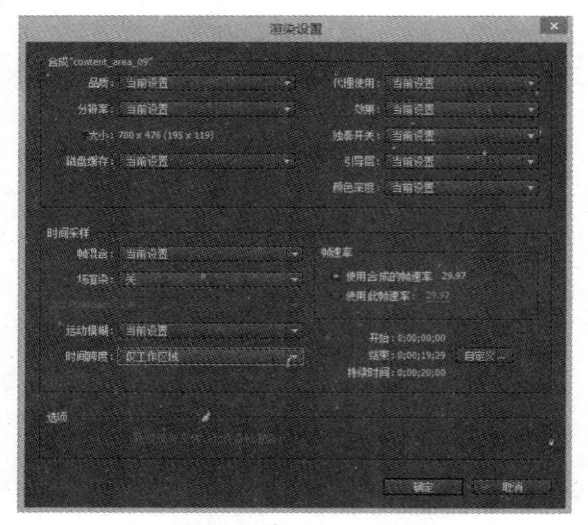

图7.5.6

下面我们详细介绍一下【渲染设置】Render Setting对话框的设置。

【合成】Composition设置

- 【品质】Quality共有4种模式：【最佳】Best、【草图】Draft、【线框】Wire frame，一般情况下选择【最佳】Best模式。
- 【分辨率】Resolution：共有4种模式，一般情况下选择【完整】Full模式。
- 【大小】Size：在开始制作时已经设置完成。
- 【磁盘缓存】Disk Cache：可以选择使用OpenGL渲染。
- 【代理使用】Proxy Use：控制渲染时是否使用代理。
- 【效果】Effects：控制渲染时是否渲染效果
- 【独奏开关】Solo Switches：控制是否渲染独奏层。
- 【引导层】Guide Layers：控制是否渲染引导层。
- 【颜色深度】Color Depth：控制渲染项目的通道颜色深度。
- 【帧混合】Frame Blending：当用户选择【对选中图层打开】On For Checked Layer时，系统将只对【时间轴】Timeline视窗中Switches Column中的使用了【帧混合】Frame Blending的层进行帧融合渲染，也可以选择关闭所有层的帧混合选项。
- 【场渲染】Field Render：如果选择关，系统将渲染不带场的影片，也可以选择渲染带场的影片，用户将选择是上场优先还是下场优先。
- 【3:2 Pulldown】:2 Pulldown：控制3:2下拉的引导相位。
- 【运动模糊】Motion Blur：当用户选择【对选中图层打开】On For Checked Layer时，系统将只对【时间轴】Timeline视窗中Switches Column中的使用了【运动模糊】Motion Blur的层进行运动模糊渲染，也可以选择关闭所有层的运动模糊选项。
- 【时间跨度】Time Span：选择【合成长度】Length Of Comp，系统将渲染整个项目，选择【仅工作区域】Work Area Only，系统将只渲染【时间轴】Timeline视窗中工作区域部分的项目，用户也可以自己选择渲染的时间范围，选择【自定义】Custom或单击右侧的【自定义..】Custom..按钮，弹出【自定义时间范围】Custom Time Span对话框，可以自由设置渲染的时间范围，如图7.5.7所示。

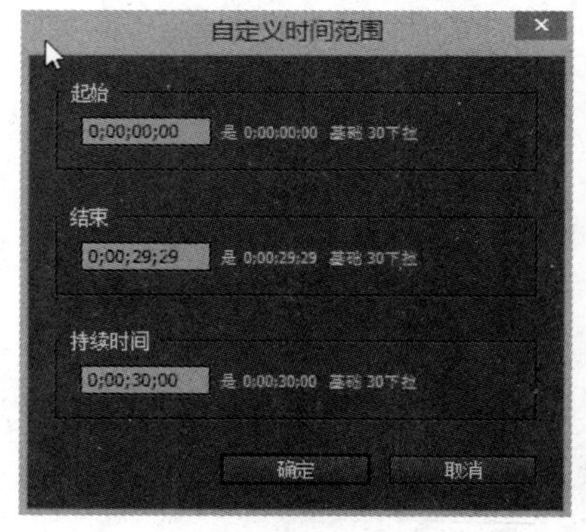

图7.5.7

7.5.4 输出模块

单击【输出模块】Output Module右侧的三角形图标▼，弹出的菜单可以改变这些原始设置，如图7.5.8所示。

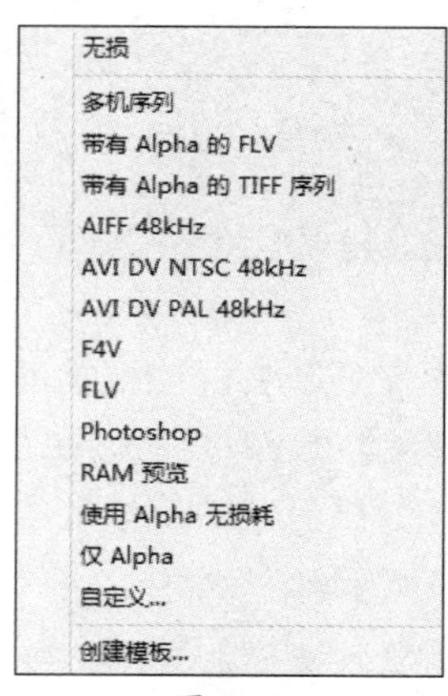

图7.5.8

用户可以在菜单中选择输出模块的类型。选择【创建模板】Make Template命令，弹出【输出模块模板】Output Module Templates对话框，用户可以制作自己常用的输出模块的模板，以便下次直接使用，如图7.5.9所示。

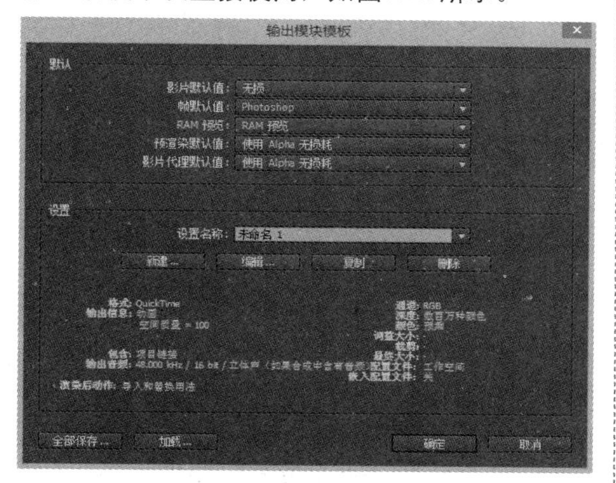

图7.5.9

7.5.5 输出模块设置

用户如果要改变这些渲染设置，可以选择【自定义】Custom命令或直接在设置类型的名称上单击鼠标，弹出【输出模块设置】Output Module Setting对话框，如图7.5.10所示。

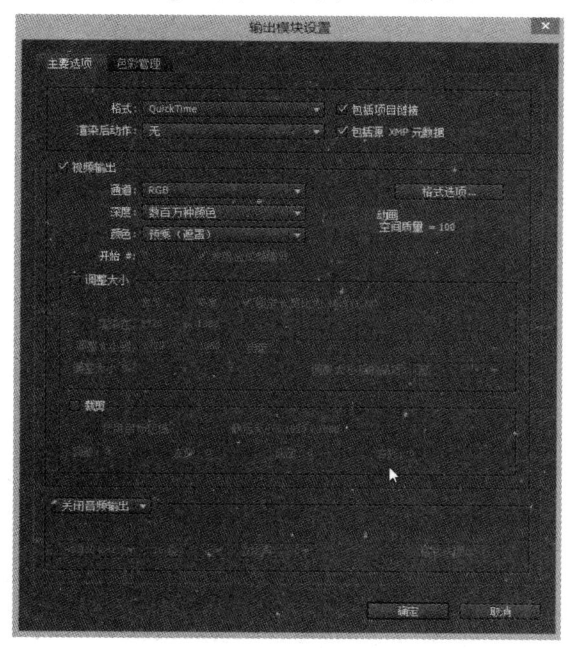

图7.5.10

下面我们详细介绍一下【输出模块设置】Output Module Setting对话框的设置。

- 【格式】Format：选择不同的文件格式，系统会显示相应的文件格式的设置，如图7.5.11所示。

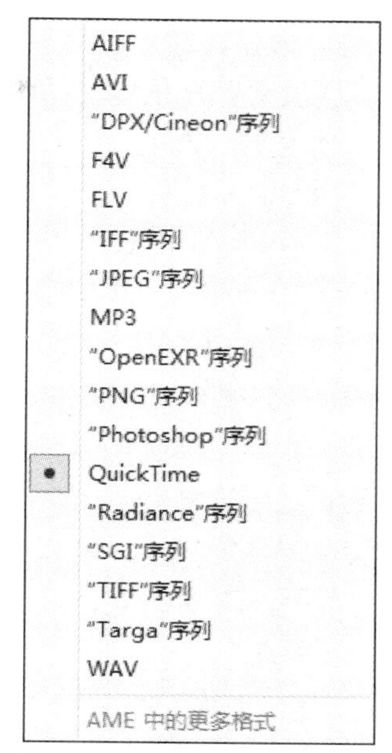

图7.5.11

下面我们详细介绍一下这些文件格式。

【AIFF】AIFF是音频交换文件格式（Audio Interchange File Format）的英文缩写，是一种文件格式存储的数字音频（波形）的数据，AIFF应用于个人电脑及其他电子音响设备以存储音乐数据。AIFF支持ACE2、ACE8、MAC3和MAC6压缩，支持16位44.1kHz立体声。

【AVI】这是我们经常使用的输出格式，无损的AVI格式是通用的输出格式，缺点是文件有些大。AVI英文全称为Audio Video Interleaved，即音频视频交错格式，是将语音和影像同步组合在一起的文件格式。它对视频文件采用了一种有损压缩方式，但压缩比较高，因此尽管画面质量不是太好，但其应用范围仍然非常广泛。AVI支持256色和RLE压缩。AVI信息主要应用在多媒体光盘上，用来保存电视、电影等各种影像信息。

【DPX/Cineon序列】DPX是由柯达公司的Cineon文件格式发展来的基于位图(bitmap)的文件格式。

【F4V】这是Adobe公司为了迎接高清时代而推出继FLV格式后的支持H.264的流媒体格

式。它和FLV主要的区别在于，FLV格式采用的是H263编码，而F4V则支持H.264编码的高清晰视频，码率最高可达50Mbps。主流的视频网站（如奇艺、土豆、酷6）等网站都开始用H264编码的F4V文件，H264编码的F4V文件，相同文件大小情况下，清晰度明显比On2 VP6和H263编码的FLV文件要高。土豆和酷6发布的视频大多数已为F4V，但下载后缀为FLV，这也是F4V特点之一。

【FLV】FLV 是FLASH VIDEO的简称，FLV流媒体格式是随着Flash MX的推出发展而来的视频格式。由于它形成的文件极小、加载速度极快，使得通过网络观看视频文件成为可能，它的出现有效地解决了视频文件导入Flash后，使导出的SWF文件体积庞大，不能在网络上很好地使用等缺点。

【“IFF”序列】IFF Sequence：为Amiga计算机设置的一种应用格式，可以使用Maya FCheck播放，在Adobe Photoshop中需要安装插件才可以打开。

【“JPEG”序列】JPEG Sequence：由ISO和IEC两个组织机构联合组成的一个专家组，负责制定静态的数字图象数据压缩编码标准，因此又称为JPEG标准。在技术上，是一个压缩系统而不是格式，这种有损耗的图象压缩算法会使图像丢失一些高频信息，但未必会影响图象质量。用户可以自定义压缩比例，但并不建议用这种格式输出播放级别的视频图像，如图7.5.12所示。

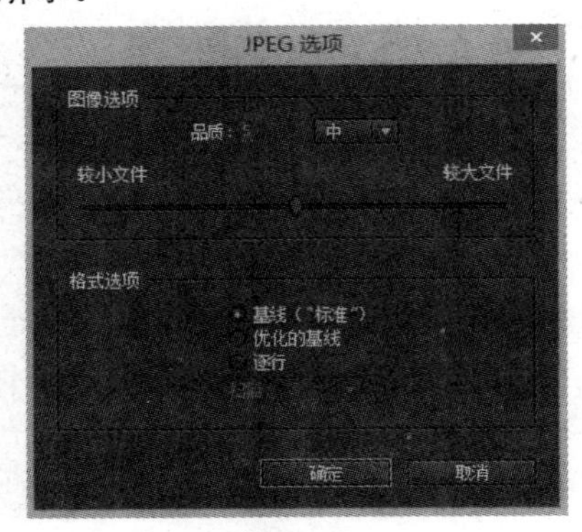

图7.5.12

【MP3】MP3：是MPEG 1 Layer 3的缩写，是网络上常见的音乐播放格式， 将声音用1:10 甚至 1:12 的压缩率，变成容量较小的文件，由于人耳只能听到一定频段内的声音，因此在人耳听起来，MP3与CD并没有什么不同。MP3是一种失真压缩。

【“OpenEXR”序列】是视觉效果行业使用的一种文件格式，适用于高动态范围图像。该胶片格式具有适合用于电影制作的颜色高保真度和动态范围。OpenEXR 由 Industrial Light and Magic (工业光魔)开发，支持多种无损或有损压缩方法。OpenEXR 胶片可以包含任意数量的通道，并且该格式同时支持 16 位图像和 32 位图像。

【“PNG”序列】PNG Sequence：PNG是一种无损压缩的跨平台的图像文件格式，图像内包含Alpha通道，用于计算机间传送图像或储存经过良好压缩的图像，如图7.5.13所示。

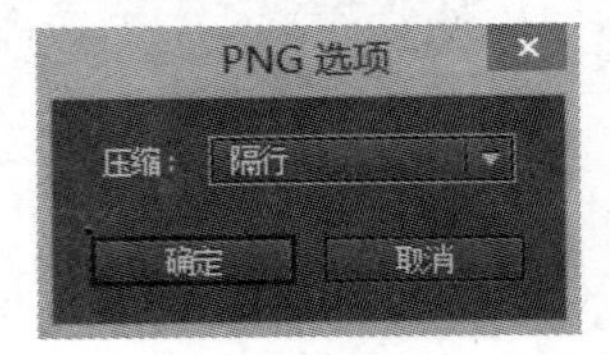

图7.5.13

【“Photoshop”序列】Photoshop Sequence：Adobe公司Photoshop文件格式。

【Quick Time】Quick Time Movie：跨平台的标准文件格式，可以包含各种类型的音频、电影、Web链接和其他数据。这是一种在After Effects中最为常用的文件格式，如图7.5.14所示。

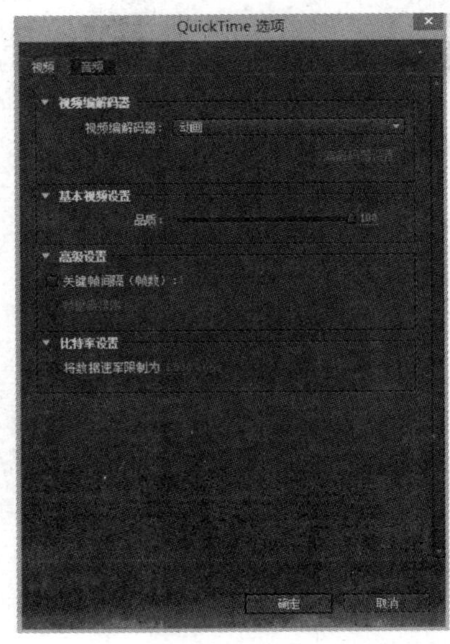

图7.5.14

Quick Time格式可用于低端Web、多媒体演示以及电影级别的播放，其在多功能性和分辨率方面有很大优势。系统提供了许多Quick Time视频编解码器类型，如图7.5.15所示。

BMP
Cinepak
Component Video
DV/NTSC 24p
DV25 NTSC
DV25 PAL
DV50 NTSC
DV50 PAL
DVCPRO HD 1080i50
DVCPRO HD 1080i60
DVCPRO HD 1080p25
DVCPRO HD 1080p30
DVCPRO HD 720p50
DVCPRO HD 720p60
H.261
H.263
H.264
JPEG 2000
MPEG-4 Video
Motion JPEG A
Motion JPEG B
PNG
✔ Photo - JPEG
Planar RGB
Sorenson Video
Sorenson Video 3
TGA
TIFF
Uncompressed YUV 10 bit 4:2:2
Uncompressed YUV 8 bit 4:2:2
动画
图形
无

图7.5.15

- 【BMP】：Windows图像文件格式，压缩质量中等。
- 【Cinepak】：压缩16-bit和24-bit video用于制作CD-ROM。
- 【图形】Graphics：压缩成8-bit的图像，主要用于静止图像。
- 【H.261：&H.263】H.261：&H.263：用于视频会议。
- 【Motion JPEG A&B】Motion JPEG A&B：用于创建使用Motion JPEG硬件的视频文件，例如：捕捉和播放卡。
- 【MPEG-4 Video】MPEG-4 Video：MPEG是活动图像专家组(Moving Picture Exports Group)的缩写，MPEG-4不只是具体压缩算法，它是针对数字电视、交互式绘图应用（影音合成内容）、交互式多媒体（WWW、资料撷取与分散）等整合及压缩技术的需求而制定的国际标准。这种压缩器是现在比较流行的压缩器之一。
- 【Photo-JPEG】Photo-JPEG：一种用于带有渐变色区域的图像。
- 【Planar RGB】Planar RGB：一种用于画面中有较大的实色区域的图像压缩器。
- 【PNG】：一种无损压缩的跨平台的图像文件格式，图像内包含Alpha通道。
- 【Sorenson Video】Sorenson Video：用于压缩24-bit video并在网上播放，这是一种常用的压缩器，可以得到清晰的图像，但文件却很小，如图7.5.16所示。

图7.5.16

- 【TGA】TGA：用于Targa硬件支持的文件格式。
- 【TIFF】TIFF：一种无损压缩的跨平台的图像文件格式，图像内包含Alpha通道。
- 【动画】动画：用于有较大实色区域时画面的压缩，并不适用于Web和CD-ROM。

【"Radiance"序列】Radiance Sequence：用于HDR，RGBE，XYZE类型图像的压缩。

【"SGI"序列】SGI Sequence：一种在SGI工作站上使用的文件格式。

【"TIFF" 序 列 】TIFF Sequence： 是 Tag

Image File Format 的英文缩写，一种无损压缩的跨平台的图像文件格式，图像内包含 Alpha 通道。

【"Targa"序列】Targa Sequence：一种在含有Targa硬件的PC机上使用的图像文件格式。

【WAV】WAV：微软公司开发的一种声音文件格式，也叫波形声音文件，是最早的数字音频格式，被Windows平台及其应用程序广泛支持。WAV格式支持许多压缩算法，支持多种音频位数、采样频率和声道，采用44.1kHz的采样频率、16位量化位数，因此WAV的音质与CD相差无几，但WAV格式对存储空间需求太大，不便于交流和传播。

提示

在选择输出模式后，要轻易地改变输出格式的设置，除非用户非常熟悉该格式的设置，必须修改设置才能满足播放的需要，否则细节上的修改可能会影响播出时的画面质量。每种格式都对应相应的播出设备，各种参数的设定也都是为了满足播出的需要。不同的操作平台和不同的素材都对应不同的编码解码器，在实际的应用中选择不同的压缩输出方式，将会直接影响到整部影片的画面效果。所以选择解码器一定要注意不同的解码器对应不同的播放设备，在共享素材时一定要确认对方可以正常播放。最彻底的解决方法就是连同解码器一起传送过去，这样可以避免因解码器不同而造成的麻烦。

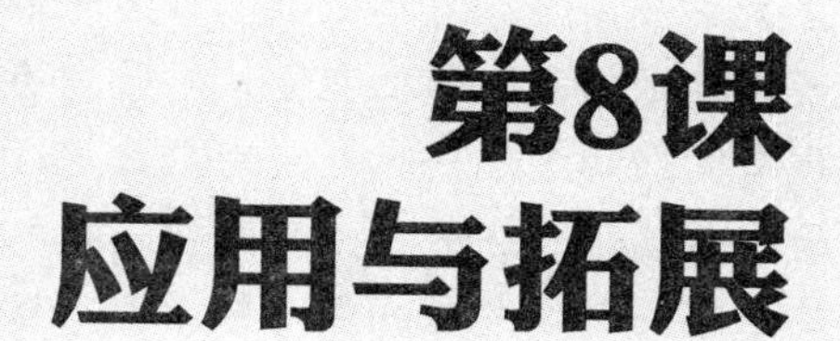

第8课 应用与拓展

在这课中，我们通过实例操作来综合应用前面课节所讲到一些命令，命令间的随机组合可以创造出不同的画面效果，这也是软件编写人员所不能预见到的，我们在可到一个效果时需要有机地将其融合进我们的作品中。

8.1 调色实例

大约在15～20万年以前的冰河时期，人类就开始使用颜色。我们在原始时代的遗址中，发现有同遗物埋在一起的红土，涂了红色的骨器遗物，这些是在劳动中用美丽的颜色表示自己的感情而制作的。红色，原始人把它作为生命的象征，有人认为红色是鲜血的颜色，原始人使用红土、黄土涂抹自己的身体，涂染劳动工具，这可能是对自己威力的崇拜，带有征服自然的目的。

要理解和运用色彩，必须掌握进行色彩归纳整理的原则和方法。作为客观世界的一种反映形式，特定的色彩可以向人们传达不同的信息，以至于影响人的情绪。不同的颜色使人产生不同的联想，作为影像艺术的基础元素，色彩的情绪表达在影视制作中有着不可替代的作用。

在After Effects中有许多重要的效果都是针对色彩的调整，但单一的使用一个工具调整画面的颜色，并不能对画面效果带来质的改变，需要综合应用手中的工具，进行色彩的调整。

随着数字技术的不断提高，无论在硬件或软件上，人们都在不断改进色彩调整手段的多样性，这包括上百万元的胶转磁系统设备，这也体现出人们对胶片特有的色彩饱和度和颗粒感的迷恋。这并不是说只要使用了高档的设备或电影胶片，无论是谁都可以拍出完美的色彩效果。大家在电视电影中看到的各种各样的画面色彩效果，都是通过后期软件的进一步加工得来的。

01 启动Adobe After Effects，选择菜单【合成】Composition>【新建合成】New Composition命令，弹出【合成设置】Composition Settings对话框，创建一个新的合成视窗，命名为“画面调色 ”，设置控制面板参数，如图8.1.1所示。

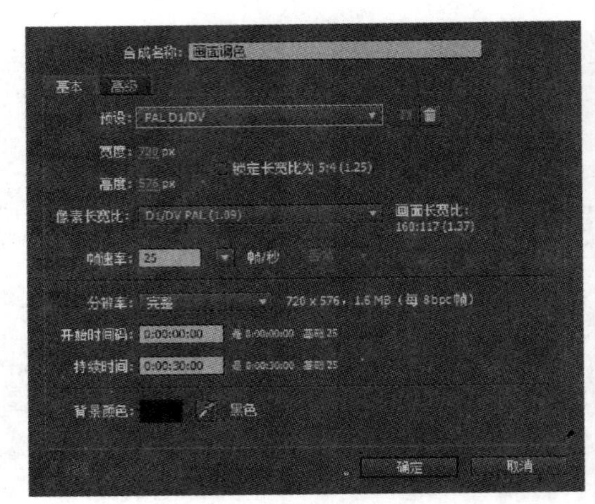

图8.1.1

02 选择菜单【文件】File>【导入】Import>【文件...】File命令，在【项目】Project视窗选中导入的素材文件，将其拖入【时间轴】Timeline面板，图像将被添加到合成影片中，在合成窗口中将显示出图像，如图8.1.2所示。

图8.1.2

03 在实际的制作中，一般将三维软件渲染出来的金属只做成黑白色，在后期合成时方便随时匹配颜色，在播出之前，客户会不停地修改，这样的单色输出和分层制作会大大提高修改片子的速度，如图8.1.3所示。

图8.1.3

04 按下快捷键【Ctrl+Y】在【时间轴】Timeline面板中创建一个纯色层，弹出【纯色层设置】Solid Setting对话框，创建一个蓝色的纯色层，颜色尽量饱和一些。在【时间轴】Timeline视窗中将蓝色的纯色层放在文字层的上方，将金属话筒在其下面，如图8.1.4所示。

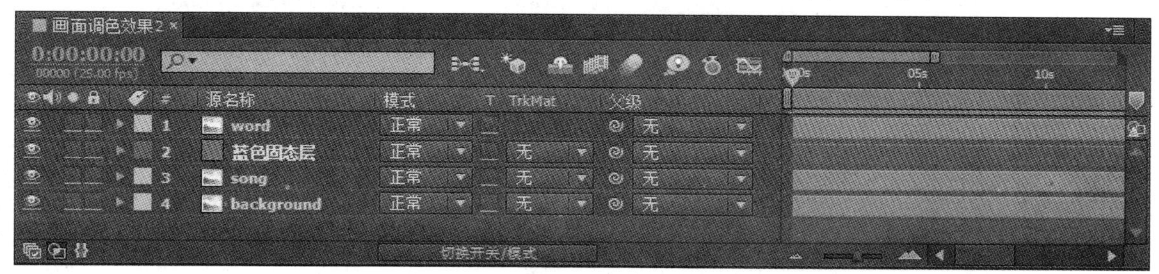

图8.1.4

05 将蓝色的纯色层的层融合模式改为【叠加】Overlay模式，观察画面黑白金属文字已经变成了金色的，黑色的纯色层背景也被显示出来，这是为了下一步的再次层叠，如图8.1.5所示。

图8.1.5

06 选中建立的纯色层，我们可以通过为蓝色纯色层添加【色相/饱和度】Hue/Saturation效果修改纯色层的色相，从而改变话筒的颜色，如图8.1.6所示。

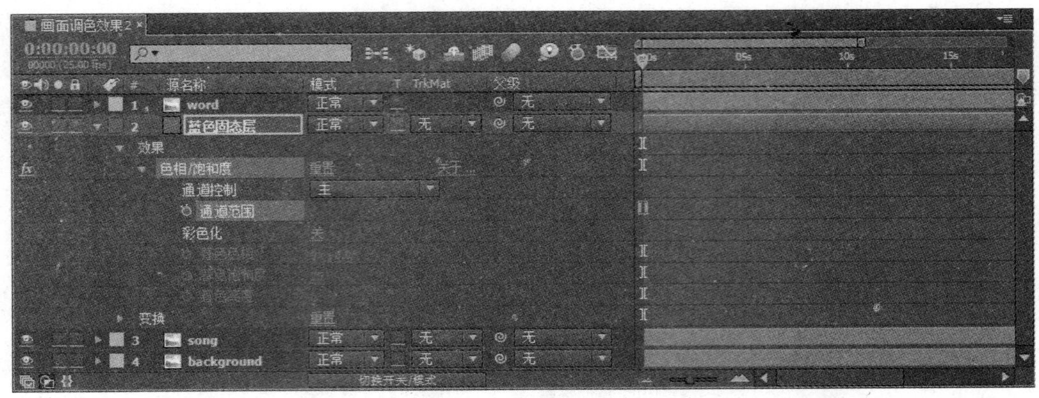

图8.1.6

07 在【时间轴】Timeline视窗中选中话筒所在的层，展开【效果】Effect>【色彩校正】Color Correction>【色相/饱和度】Hue/Saturation命令，在【效果控件】Effect Controls视窗中，将【色相/饱和度】Hue/Saturation效果下的【主色相】Master Hue旋转，从而调整颜色，如图8.1.7所示。

图8.1.7

08 观察画面金属话筒已经被赋予棕色的效果，我们可以通过修改【主饱和度】Master Saturation的参数来调整色彩的饱和度，如图8.1.8所示。

图8.1.8

8.2 画面降噪

01 启动Adobe After Effects，选择菜单【合成】Composition>【新建合成】New Composition命令，弹出【合成设置】Composition Settings对话框，创建一个新的合成视窗，命名为“画面降噪效果 ”，设置控制面板参数，如图8.2.1所示。

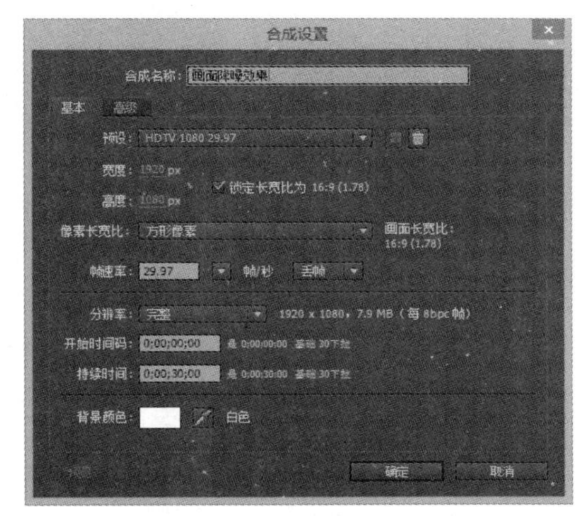

图8.2.1

02 选择菜单【文件】File>【导入】Import>【文件...】File命令，在【项目】Project视窗选中导入的素材文件，将其拖入【时间轴】Timeline视窗，图像将被添加到合成影片中，在合成窗口中将显示出图像。需要注意的是，我们在对素材作降噪处理时，观察素材一定要使用100%尺寸，也就是按素材的原始大小，只有这样才能观察到画面效果的细微变化，如图8.2.2所示。

图8.2.2

03 我们看到画面是有细微的颗粒感，但并不均匀，人物脸部的躁点已经影响了画面效果。在【时间轴】Timeline视窗中选中素材层，选择菜单【效果】Effect>【杂色和颗粒】Noise&Grain>【移除颗粒】Remove Grain命令，观察【合成】Composition视窗，在画面上出现一个白色方框，方框内的画面效果是降噪后的效果预览，如图8.2.3所示。

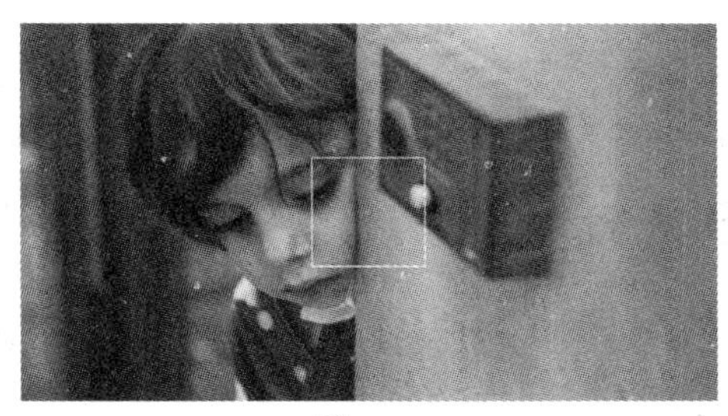

图8.2.3

04 观察【效果控件】Effect Control视窗中【移除颗粒】Remove Grain效果的属性，我们将【查看模式】Viewing Mode改为【杂色样本】Noise Samples模式，如图8.2.4所示。

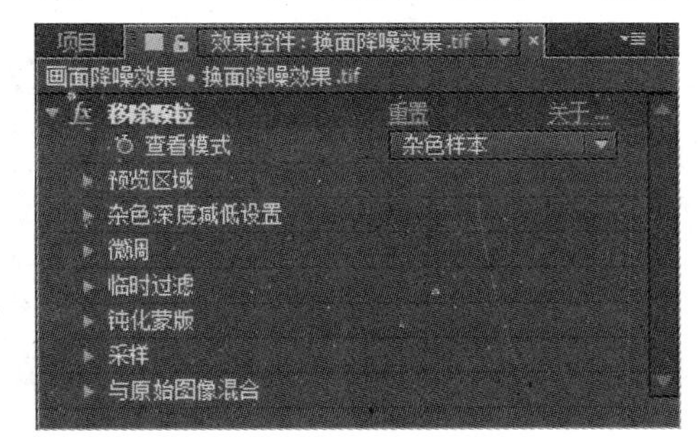

图8.2.4

05 在【合成】Composition视窗中的素材上出现一个个小的白色方框，这是系统自动生成的降噪采样点，如图8.2.5所示。

图8.2.5

06 采样点的位置决定了降噪的主要区域，降噪点越多，降噪的效果也就越好，但同时也会增加机器的运算的负担。再将【效果控件】Effect Control视窗中的【移除颗粒】Remove Grain效果属性的【采样】Sampling选项展开，将【样本选择】Sample Selection选项切换为【手动】Manual模式，这时【杂色样本点】Noise Sample Points选项也被激活，展开其属性，可以看到每一个采样点的具体坐标位置，如图8.2.6所示。

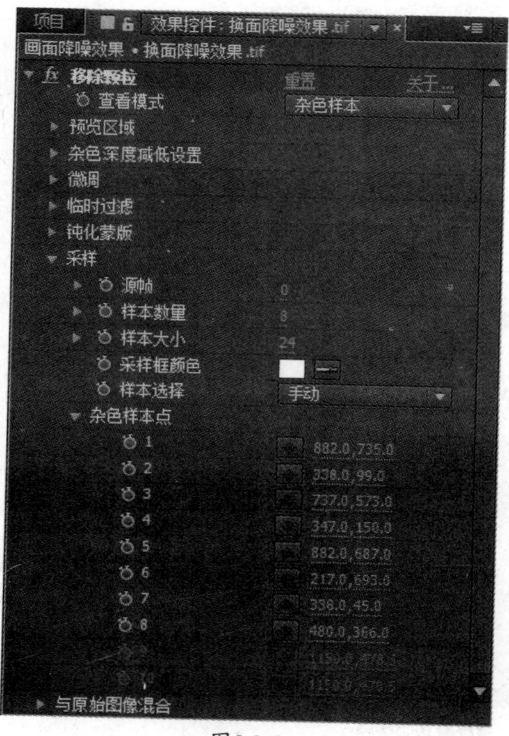

图8.2.6

07 我们可以增加取样点的数量，将【杂色样本点】Number of Samples的参数改为10，我们可以在【合成】Composition视窗中移动采样点的位置，将采样点移动到人物所在的区域，如图8.2.7所示。

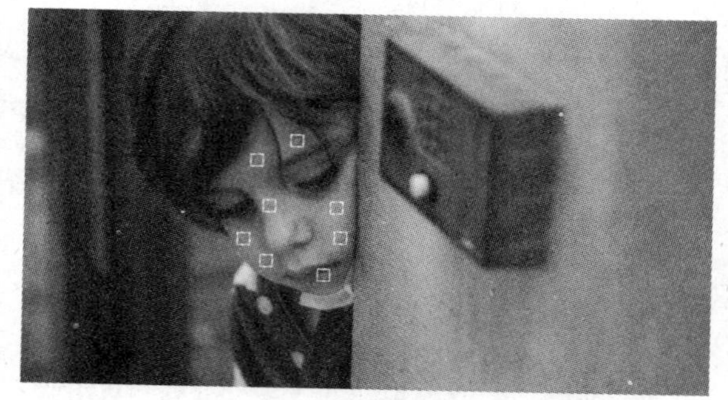

图8.2.7

08 最后我们将【查看模式】Viewing Mode修改为【最终输出】Final Output模式，在【合成】Composition视窗中观察降噪后的效果，画面中的杂点已经被去掉了，画面有些部分被模糊掉了，这是不可避免的。不同于【模糊】Blur效果，画面中的主要元素并没有失去细节，如图8.2.8所示。

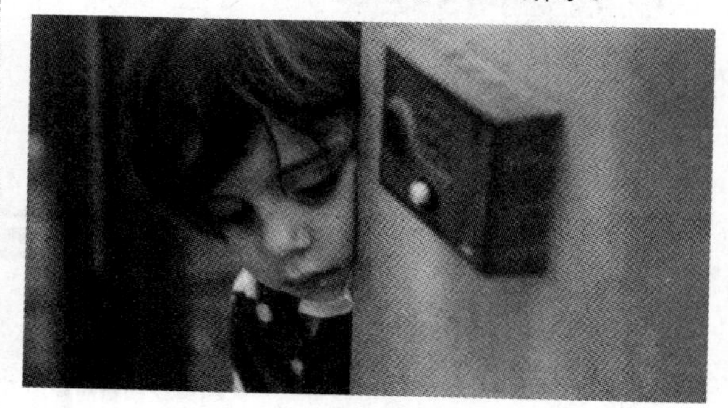

图8.2.8

8.3 画面颗粒

01 启动Adobe After Effects，选择菜单【合成】Composition>【新建合成】New Composition命令，弹出【合成设置】Composition Settings对话框，创建一个新的合成视窗，命名为“画面颗粒效果”，设置控制面板参数，如图8.3.1所示。

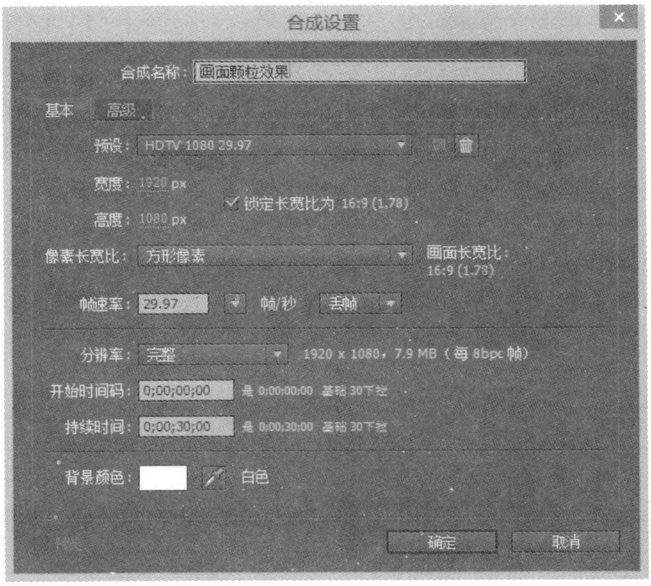

合成设置

合成名称：画面颗粒效果

基本 高级

预设：HDTV 1080 29.97

宽度：1920 px

锁定长宽比为 16:9 (1.78)

高度：1080 px

像素长宽比：方形像素 画面长宽比：16:9 (1.78)

帧速率：29.97 帧/秒 丢帧

分辨率：完整 1920 x 1080，7.9 MB（每 8bpc 帧）

开始时间码：0;00;00;00 是 0;00;00;00 基础 30下拉

持续时间：0;00;30;00 是 0;00;30;00 基础 30下拉

背景颜色：白色

确定 取消

图8.3.1

02 选择菜单【文件】File>【导入】Import>【文件】File命令，在【项目】Project视窗选中导入的素材文件，将其拖入【时间轴】Timeline面板，图像将被添加到合成影片中，在合成窗口中将显示出图像，如图8.3.2所示。

图8.3.2

03 这是一段颜色艳丽的素材，而老电影因为当时的技术手段的限制，拍摄的画面都是黑白的，并且很粗糙，我们下面就来模拟这些效果。在【时间轴】Timeline视窗中，选中素材，选择菜单【效果】Effect>【杂色与颗粒】Noise& Grain>【添加颗粒】Add Grain命令，调整【查看模式】Viewing Mode为【最终输出】Final Output模式，展开【微调】Tweaking属性，修改【强度】Intensity参数为3，【大小】Size参数为0.2，如图8.3.3所示。

图8.3.3

04 在【时间轴】Timeline视窗中，选中素材，选择菜单【效果】Effect>【颜色校正】Color Correction>【色相/饱和度】Hue/Saturation命令，勾选【彩色化】Colorize复选项，将画面变成单色，调整【着色色相】Colorize Hue的参数为0×+35.0，如图8.3.4所示。

图8.3.4

8.4 岩浆背景

01 启动Adobe After Effects，选择菜单【合成】Composition 命令，弹出【合成设置】Composition对话框，创建一个新的合成面板，命名为“岩浆背景效果”，设置控制面版参数，如图8.4.1所示。

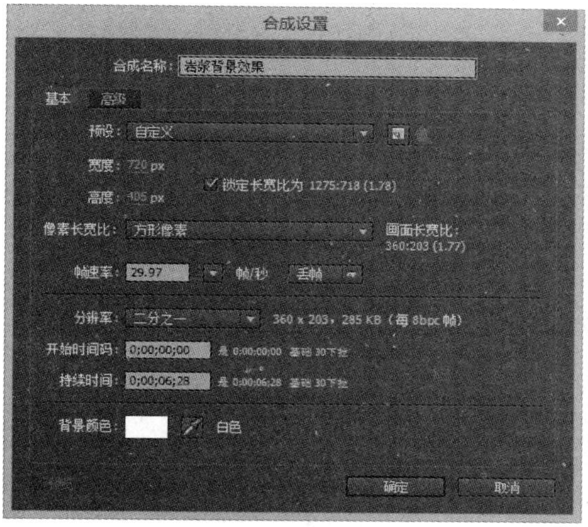

图8.4.1

02 在【时间轴】Timeline面板中，选择【新建】New>【纯色】Solid命令（或按下快捷键【Ctrl+Y】），创建一个纯色层并命名为“岩浆”，如图8.4.2所示。

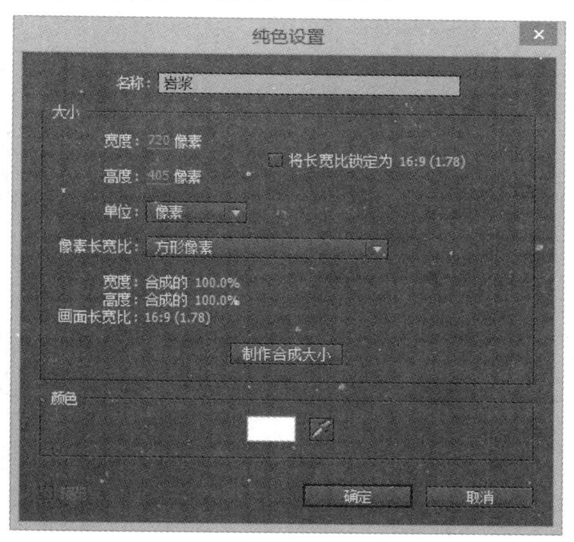

图8.4.2

03 在【时间轴】Timeline面板中选中新创造的纯色层，选择菜单【效果】Effect>【杂色和颗粒】Noise&Grain>【分形杂色】Turbulent Noise命令。在【效果控件】Effect Controls面板中设置参数，将【分形类型】Fractal Type改为【动态】Dynamic，将【杂色类型】Noise Type改为【柔和线性】Soft Linear，勾选【反转】Invert复选项，将【对比度】Contrast改为300，如图8.4.3所示。

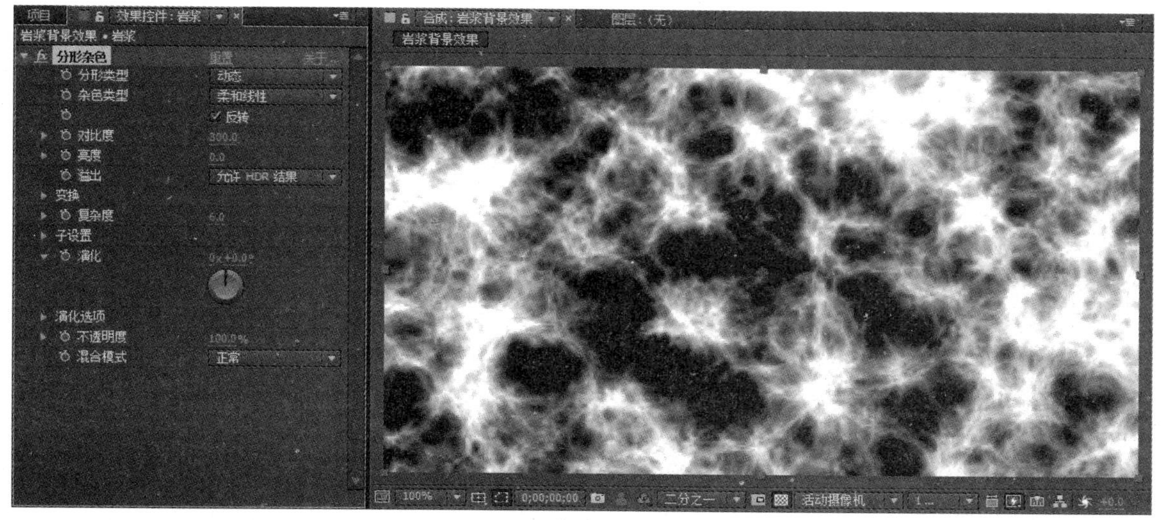

图8.4.3

04 在【时间轴】Timeline面板中选中“岩浆”层，将图层下【效果】Effect的属性左边的三角形图标打开，展开该层的【分形杂色】Turbulent Noise属性。选择【偏移(湍流)】Offset Turbulence和【演化】Evolution属性。单击该属性左边的小钟表图标，为该属性设置关键帧动画。将时间指示器移动到0:00:00:00的位置，将【偏移(湍流)】Offset Turbulence属性设置为（400，300）；将【演化】Evolution设置为0×+0.0，将时间指示器移动到0:00:05:00的位置，将【偏移(湍流)】Offset Turbulence属性设置为（1000，600）；将【演化】Evolution设置为5×+ 0.0，如图8.4.4所示。

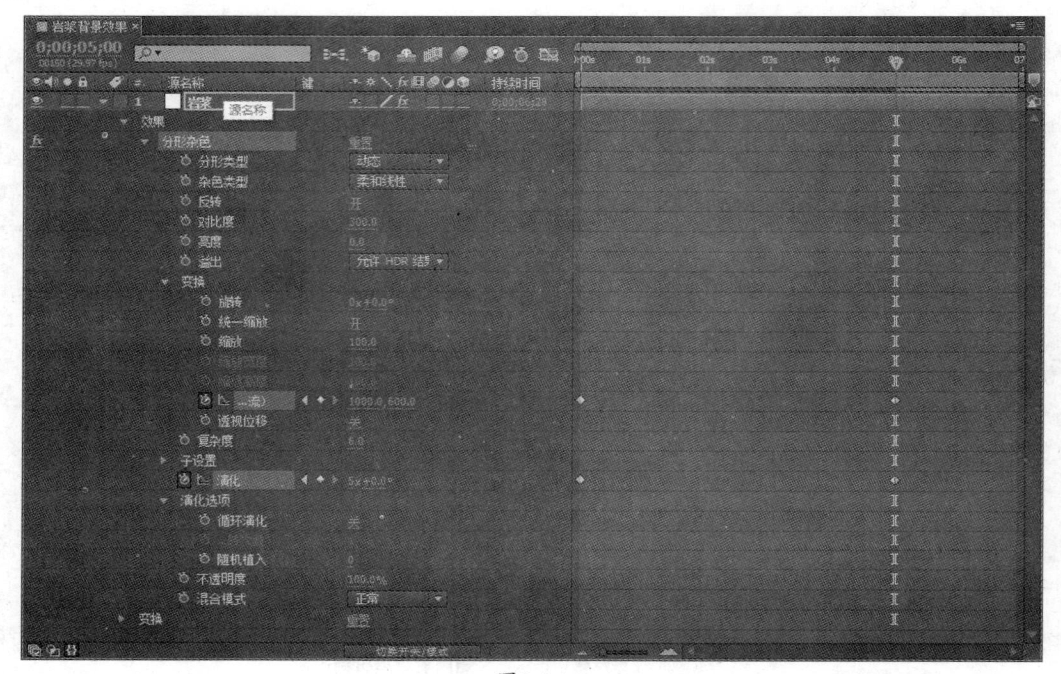

图8.4.4

05 在【时间轴】Timeline面板中，选择【效果】Effect>【颜色校正】Color Correction>【色光】Colorama命令，在【效果控件】Effect Controls面板中设置参数，将【使用预设调板】Use Pre改为【火焰】Fire，如图8.4.5所示。

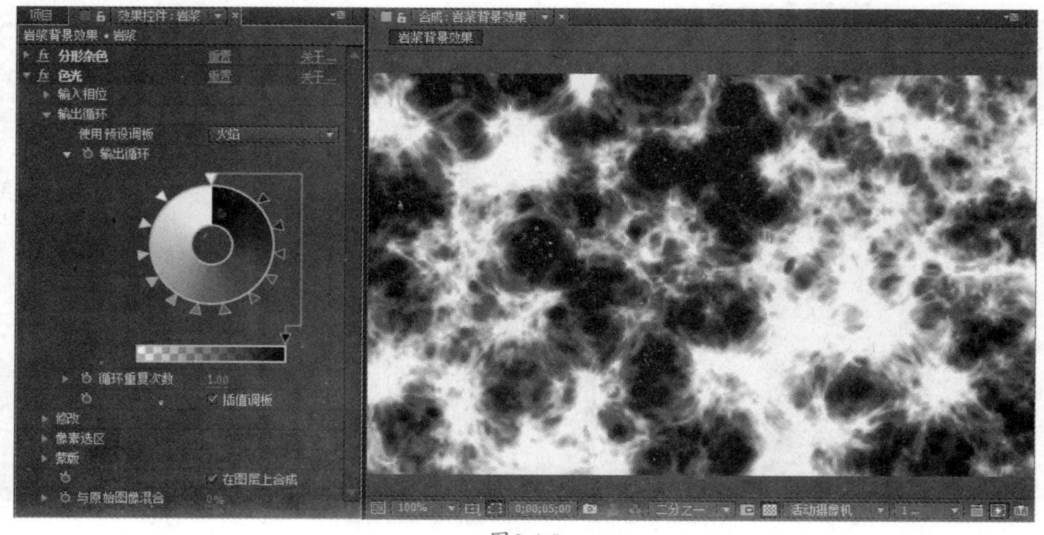

图8.4.5

06 按下小键盘上的【0】数字键，预览播放动画效果。可以看到岩浆涌动的效果，如图 8.4.6 所示。

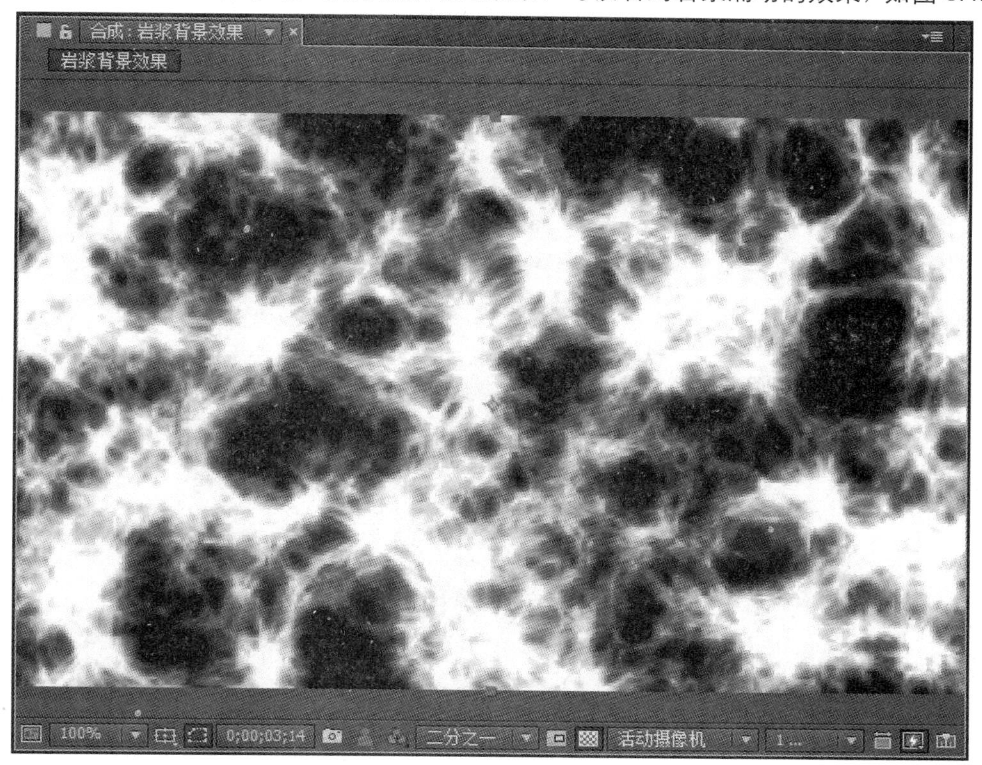

图8.4.6

8.5 云层背景

01 启动 Adobe After Effects，选择菜单【合成】Composition 命令，弹出【合成设置】Composition 对话框，创建一个新的合成面板，命名为“云层背景效果”，设置控制面板参数，如图 8.5.1 所示。

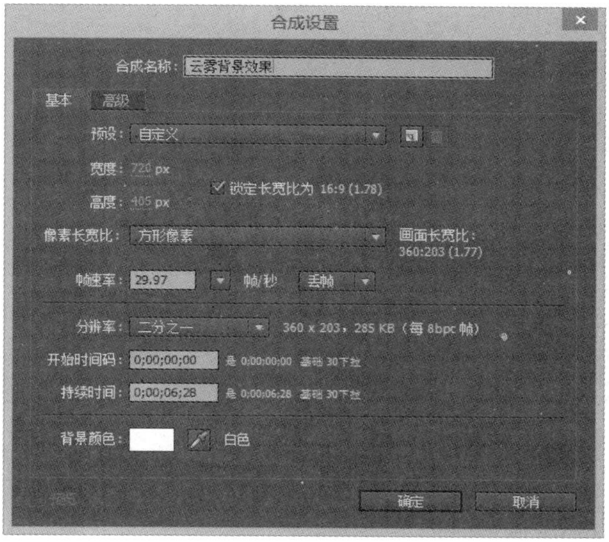

图8.5.1

02 按【Ctrl+Y】快捷键，新建一个【纯色】Solid层，设置颜色为灰色，命名为“光效”，如图8.5.2所示。

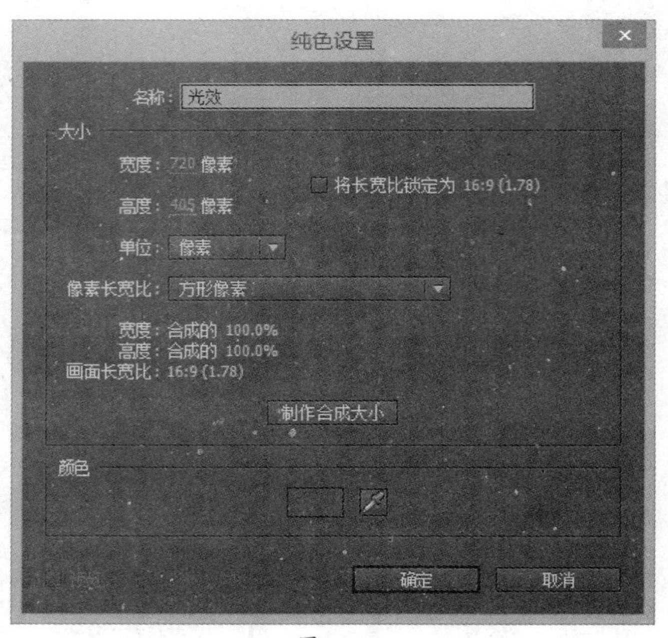

图8.5.2

03 选中该层，选择【效果】Effect>【杂色和颗粒】Noise&Grain>【分形杂色】Turbulent Noise命令，如图8.5.3所示。

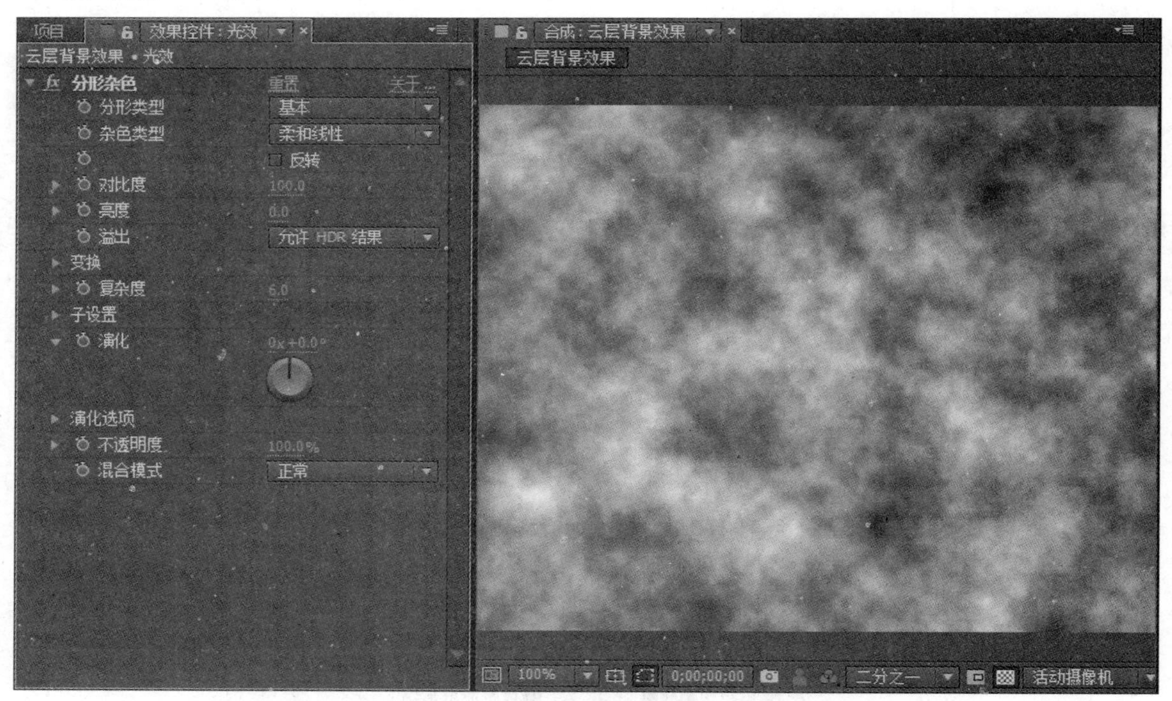

图8.5.3

04 修改【分形杂色】Turbulent Noise效果的参数，将【分形类型】Fractal Type设置为【动态】Dynamic模式，将【杂色类型】Noise Type设置为【柔和线性】Soft Linear模式，设置【对比度】Contrast为200，设置【亮度】Brightness为-25，如图8.5.4所示。

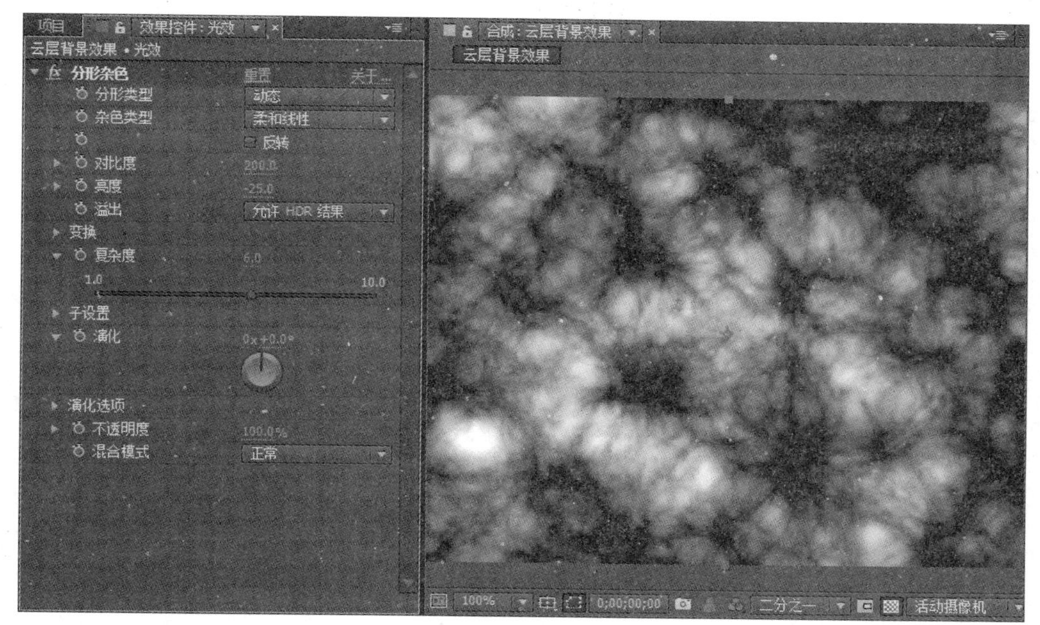

图8.5.4

05 在【时间轴】Timeline面板，展开【变换】Transform属性，为云层制作动画，勾选【透视位移】Perspective Offset选项，分别在时间起始处和结束处设置【偏移（湍流）】Offset Turbulence值的关键帧使云层横向运动，值越大运动速度越快。设置【演化选项】Evolution属性，分别在时间起始处和结束处设置关键帧，其值为5×+0.0。然后按下小键盘的数字键【0】，播放动画观察效果。云层在不断地滚动，如图8.5.5所示。

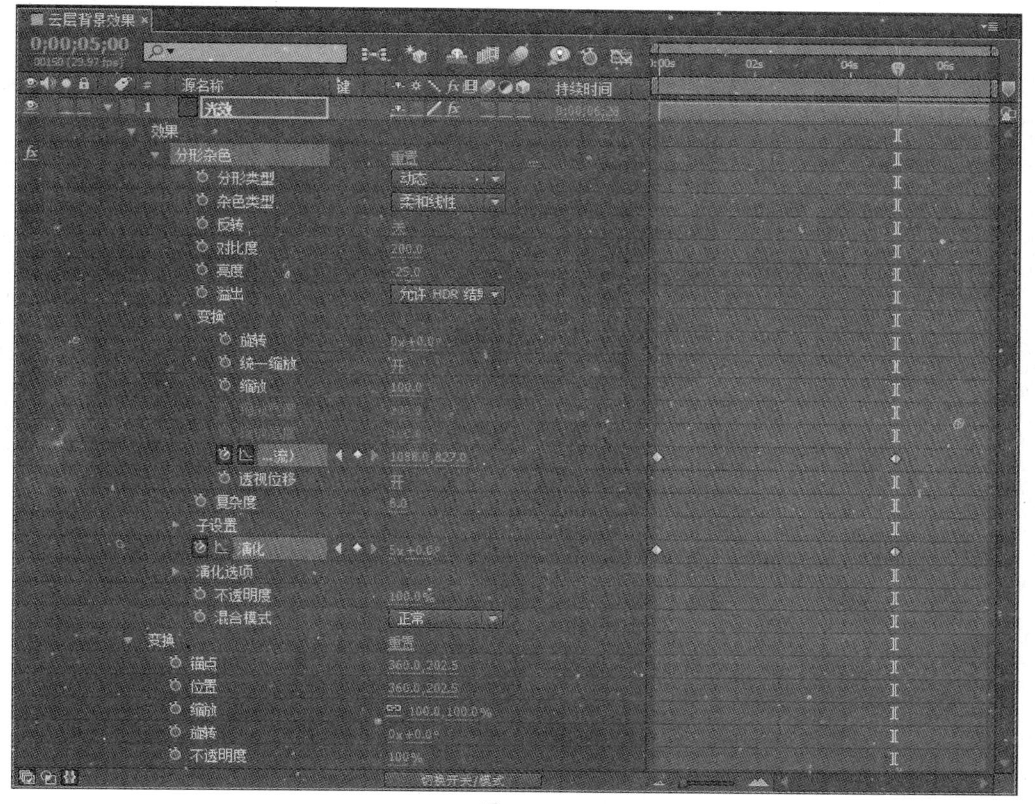

图8.5.5

06 使用【蒙版工具】Mask Tool，在【合成】Composition面板中创建一个矩形【蒙版】Mask，并调整【蒙版羽化】Mask Feather值，使云层的下半部分消失，如图8.5.6所示。

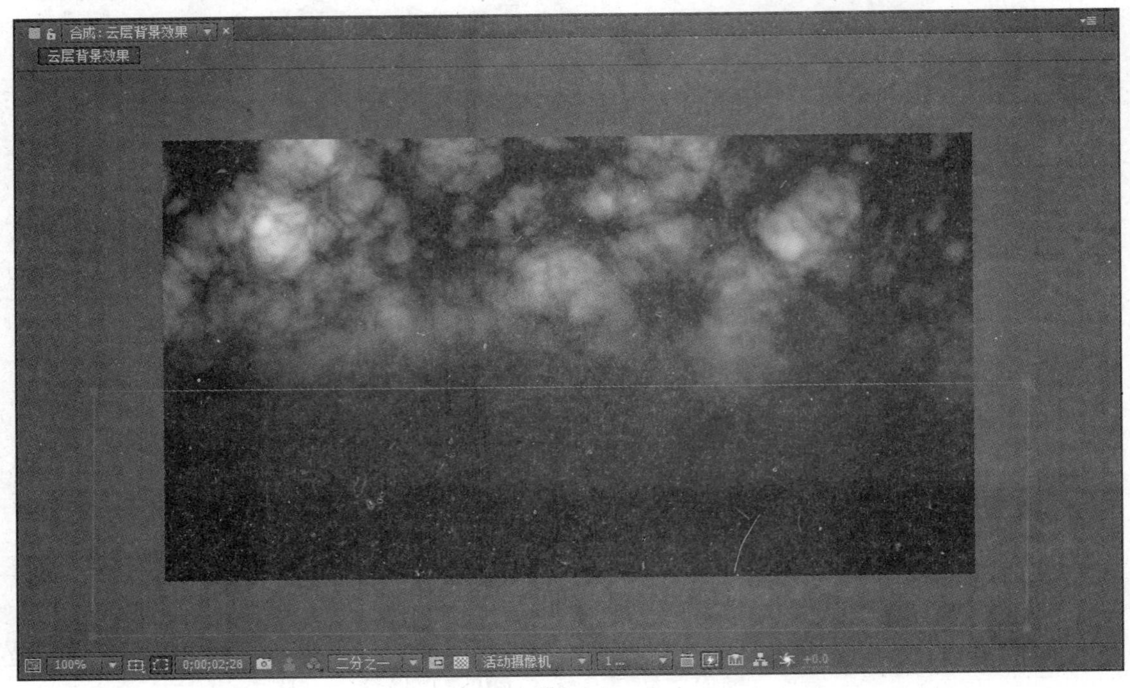

图8.5.6

07 选择菜单【效果】Effect>【扭曲】Distort>【边角定位】Corner Pin命令，【边角定位】Corner Pin效果使平面变为带有透视的效果，在【合成】Composition面板中调整云层四角的圆圈十字图标的位置，使云层渐隐的部分缩小，产生空间的透视效果，如图8.5.7所示。

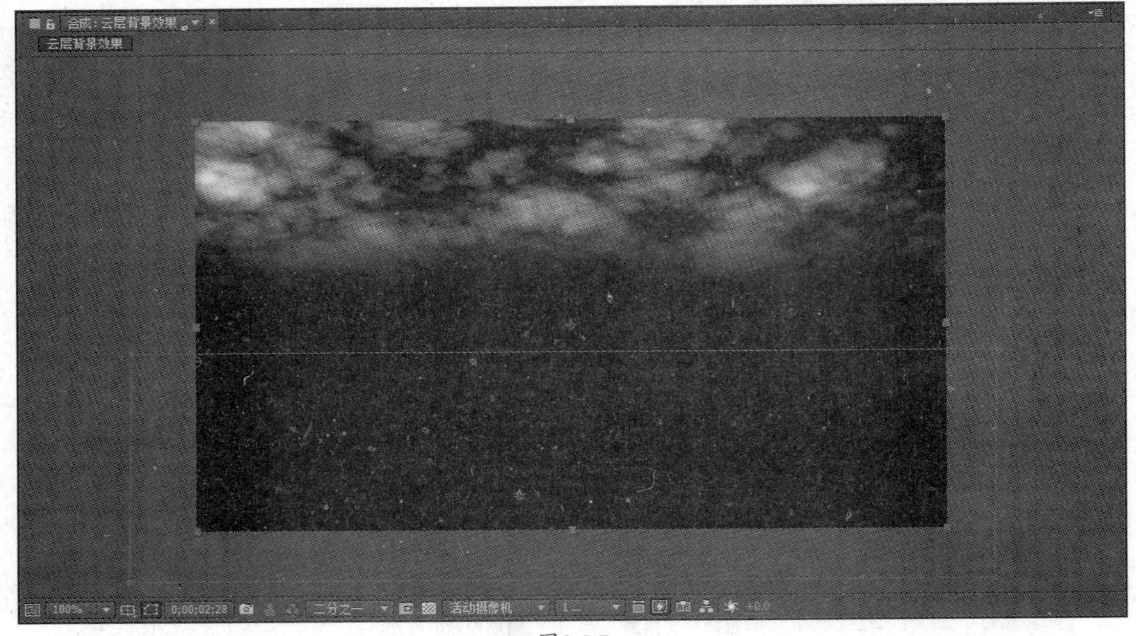

图8.5.7

08 选择菜单【效果】Effect>【色彩调整】Color Correction>【色相/饱和度】Hue/Saturation命令，为云层添加颜色。在【效果控件】Effect Control面板【色相/饱和度】Hue/Saturation效果下，勾

选【彩色化】Colorize复选项。使画面产生单色的效果，修改【着色色相】Colorize Hue的值，调整云层为蓝色，如图8.5.8所示。

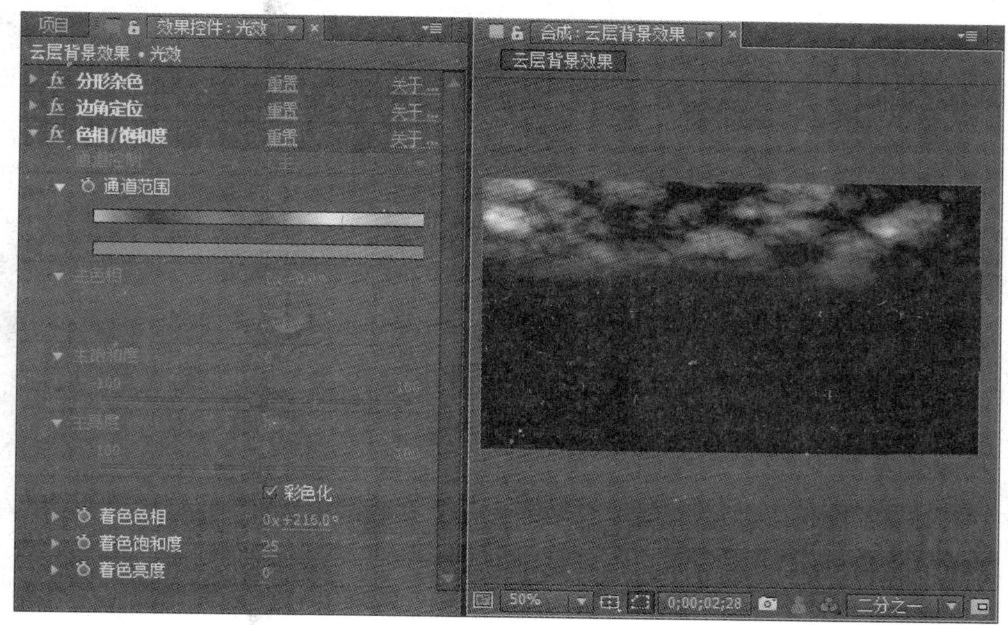

图8.5.8

09 选择菜单【效果】Effect>【色彩校正】Color Correction>【色阶】Levels命令，为云层添加闪动效果。【色阶】Levels效果主要用来调整画面亮度，为了模拟云层中电子碰撞的效果，可以通过提高画面亮度来模拟这一效果。设置【色阶】Levels效果的【直方图】Histogram值的参数（移动最右侧的白色三角形图标）。为了得到闪动的效果，画面加亮的关键帧和回到原始画面的关键帧的间隔要小一些，才能模拟出闪动的效果，如图8.5.9所示。

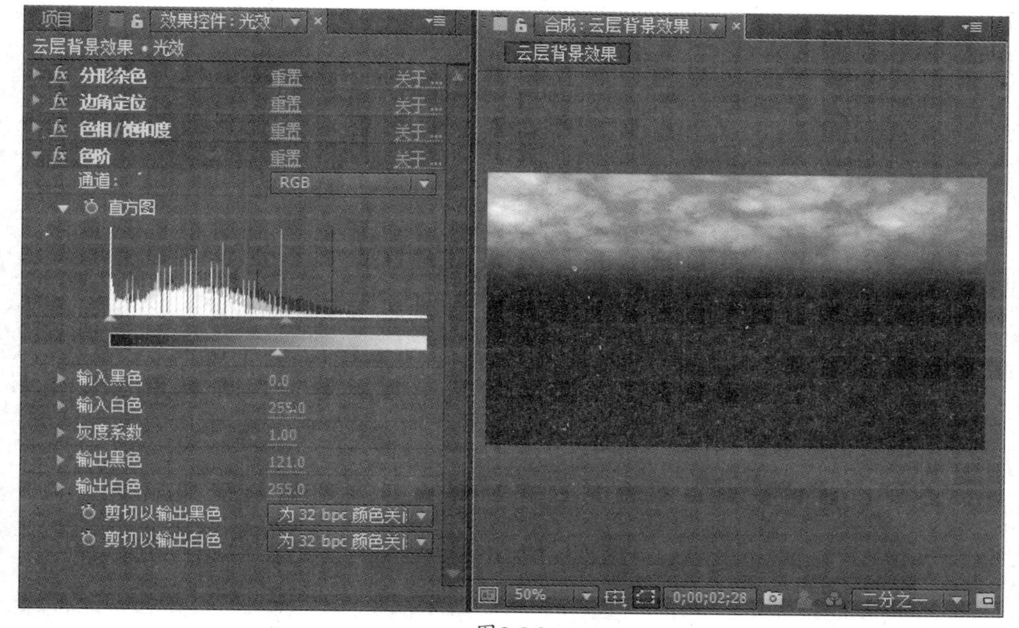

图8.5.9

10 最后再使用【效果】Effects>【模拟】Simulation>CCRainfall效果，添加上一些下雨的效果，使画面更加生动，如图8.5.10所示。

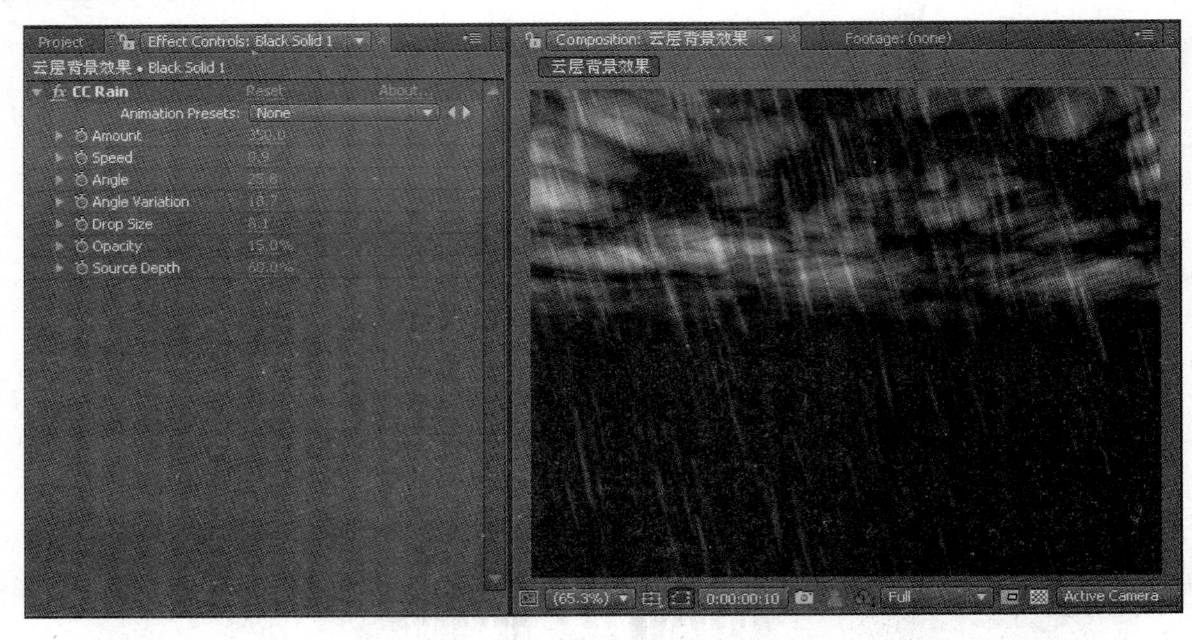

图8.5.10

8.6 发光背景

01 选择菜单【合成】Composition>【新建合成】New Composition命令，新建一个【合成】Composition（合成影片），设置如图8.6.1所示。

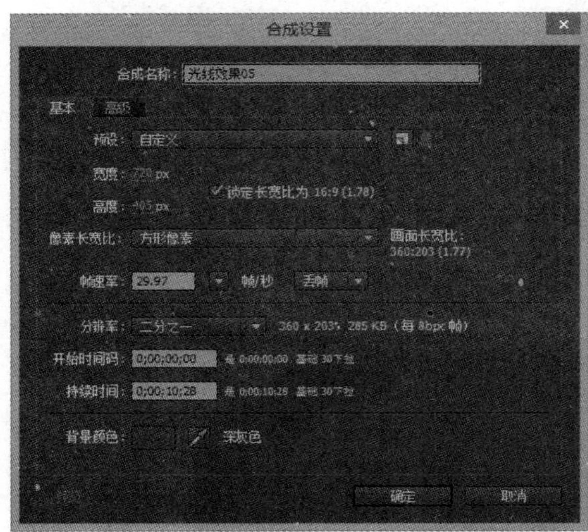

图8.6.1

02 按【Ctrl+Y】快捷键，新建一个【纯色】Solid层，设置颜色为黑色，命名为“光线效果”，如图8.6.2所示。

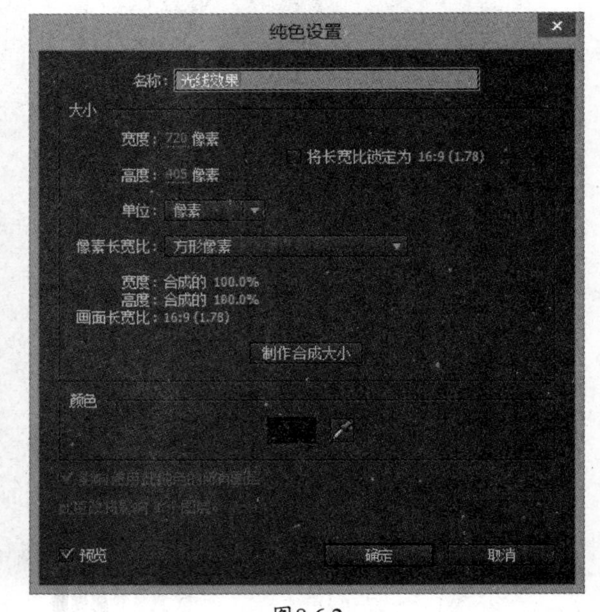

图8.6.2

03 选中“光线效果”层，选择菜单【效果】

Effect>【杂色和颗粒】Noise& Grain>【湍流杂色】Turbulent Noise命令，设置【湍流杂色】Turbulent Noise效果属性参数，如图8.6.3所示。

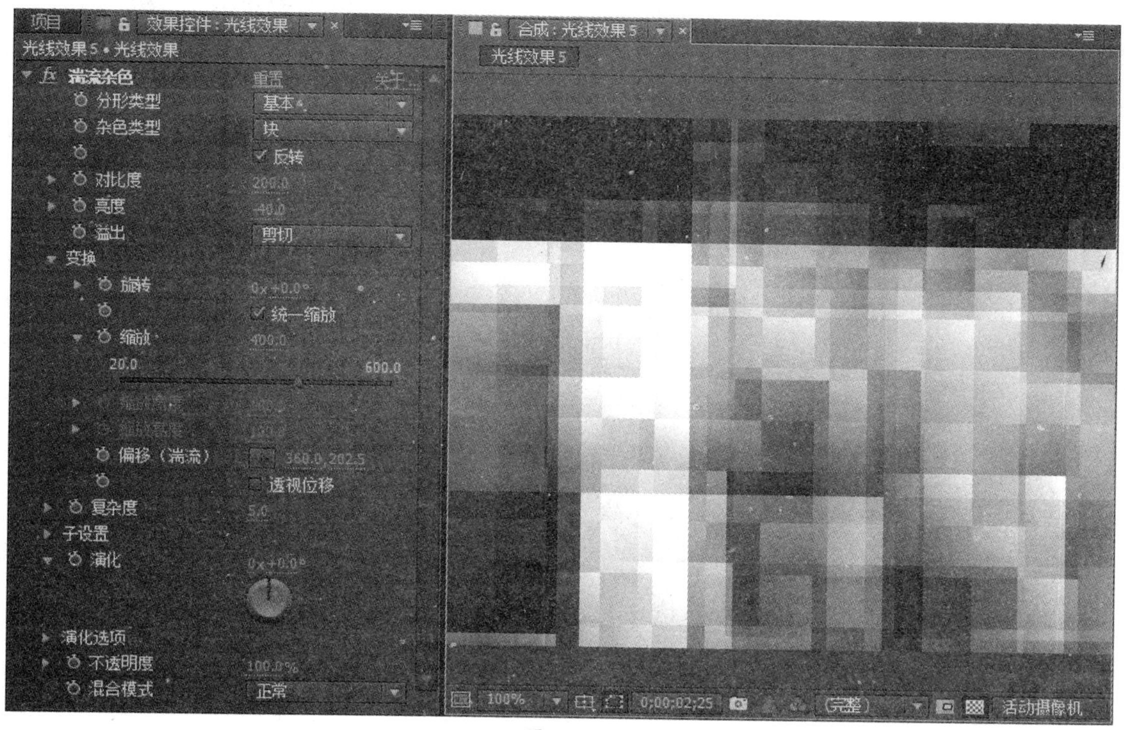

图8.6.3

04 选择菜单【效果】Effect>【模糊和锐化】Blur& Sharpen>【方向模糊】Directional Blur命令，将【模糊长度】Blur Length的值调整为100，对画面实施方向性模糊，使画面产生线形的光效，如图8.6.4所示。

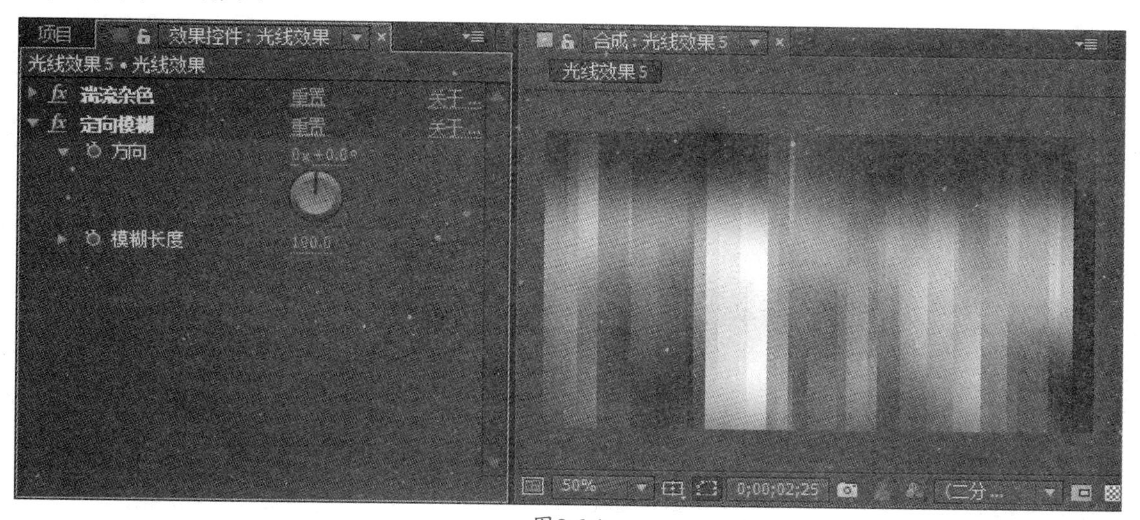

图8.6.4

05 下面调整画面的颜色，选择菜单【效果】Effect>【颜色校正】Color Correction>【色相饱和度】Hue/Saturation命令，我们需要的画面是单色的，所以要勾选【彩色化】Colorize复选项，调整【着色色相】Colorize Hue的值为0×+260，画面呈现出蓝紫色，如图8.6.5所示。

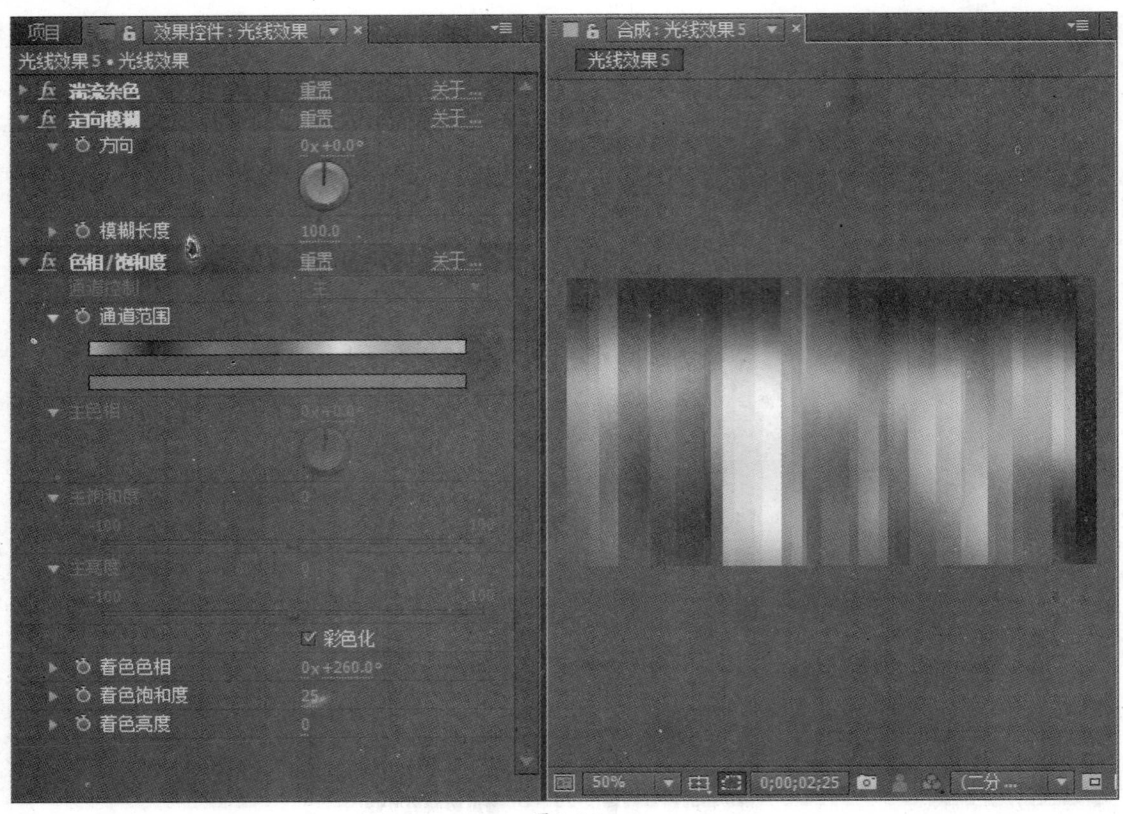

图8.6.5

06 选择菜单【效果】Effect>【风格化】Stylize>【发光】Glow命令，为画面添加发光效果。为了得到丰富的高光变化，将【发光颜色】Glow Colors设置为【A和B颜色】A&B Colors类型，并调整其他相应的值，如图8.6.6所示。

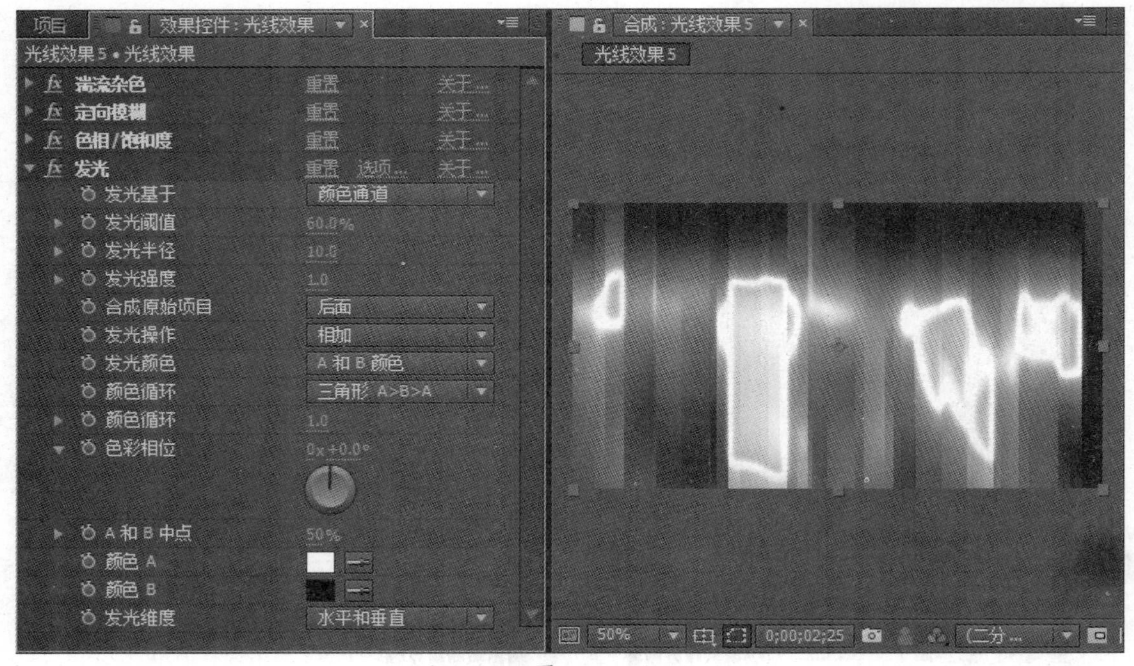

图8.6.6

07 选择菜单【效果】Effect>【扭曲】Distort>【极坐标】Polar Coordinates命令，使画面产生极坐标变形，设置【插值】Interpolation值为100%，设置【转换类型】Type Of Conversion为【矩形到极线】Rect to Polar类型，如图8.6.7所示。

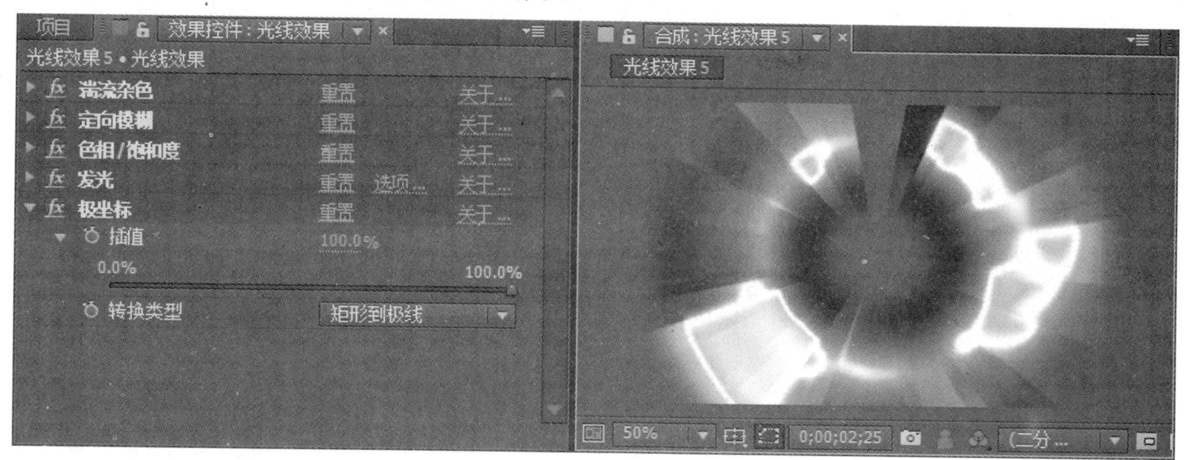

图8.6.7

08 下面为光效设置动画，找到【湍流急色】Turbulent Noise效果的【演化】Evolution属性，单击属性左边的钟表图标，在时间起始处和结束处分别设置关键帧，然后按下小键盘的数字键【0】，播放动画观察效果，如图8.6.8所示。

图8.6.8

09 我们一共使用了5种效果，根据不同的画面要求，可以使用不同的效果，最终所呈现的效果是不一样的。用户还可以通过【色相/饱和度】Hue / Saturation的【着色色相】Colorize Hue属性设置光效颜色变化的动画，如图8.6.9所示。

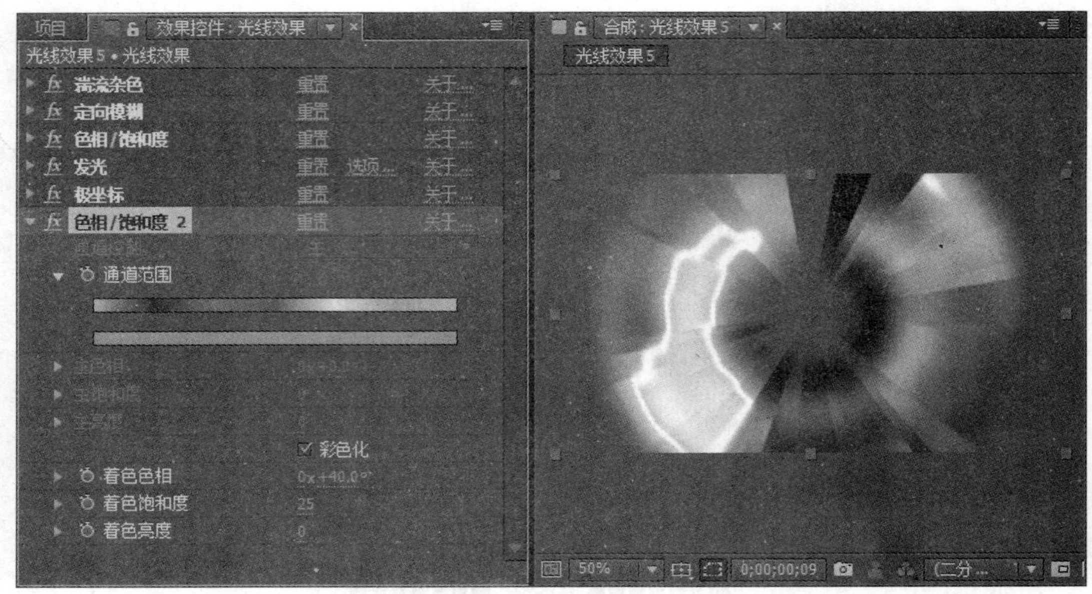

图8.6.9

8.7 动态背景

01 启动Adobe After Effects，选择菜单【合成】Composition 命令，弹出【合成设置】Composition 对话框，创建一个新的合成面板，命名为“动态背景效果”，设置控制面板参数，如图8.7.1所示。

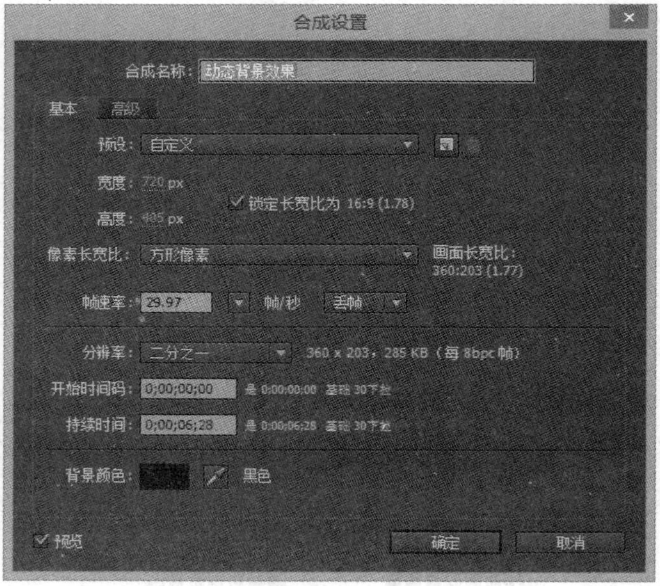

图8.7.1

02 选择工具箱中的【文字工具】Type Tool T，系统会自动弹出【字符】Character文字工具属性面板，将文字的颜色设为白色，输入“句号”，形成一个个小点。将其排列成一排，如图8.7.2所示。

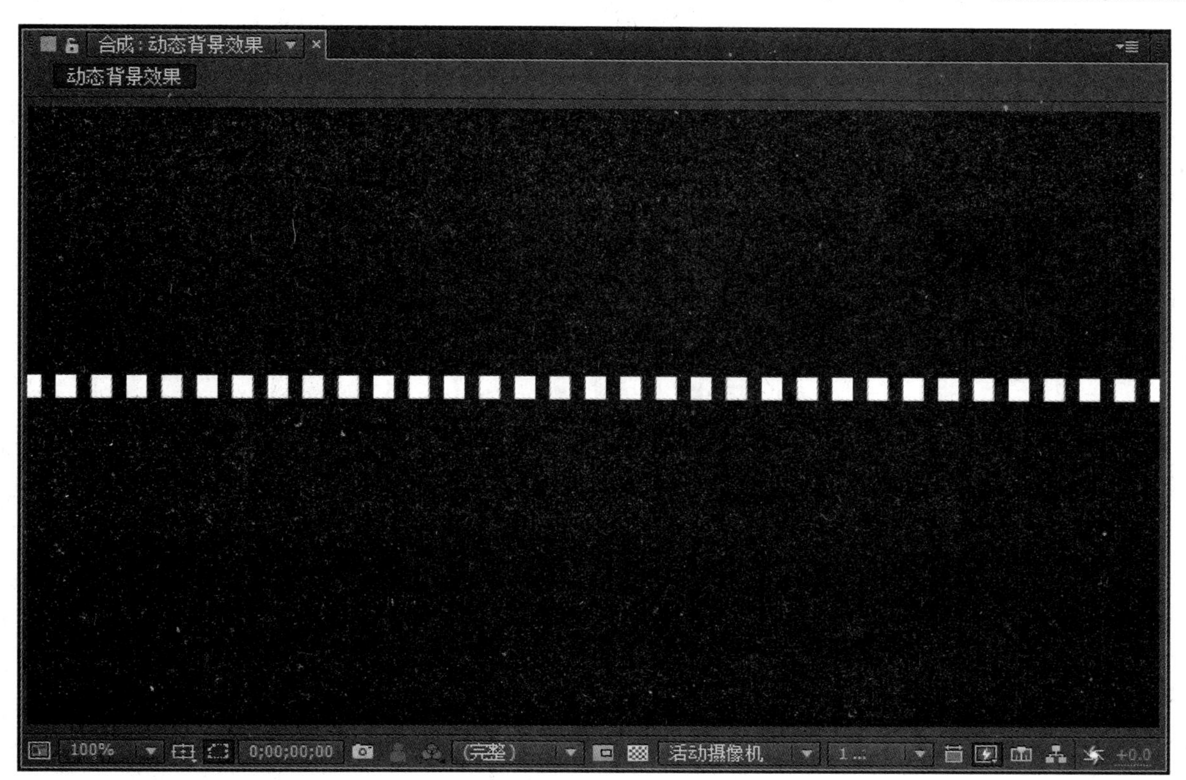

图8.7.2

03 将画面用“句号”覆盖屏幕，调整字体行距，画面效果，如图8.7.3所示。

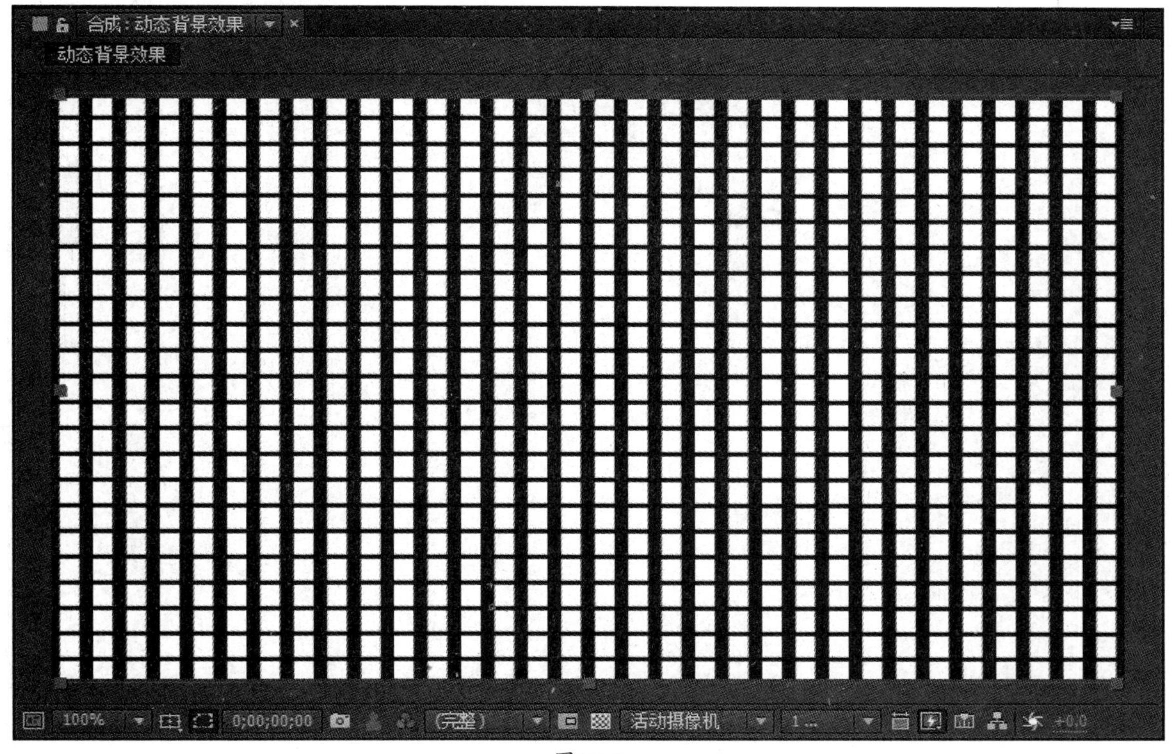

图8.7.3

04 随机地改变标点的颜色和色阶，使画面变成随机的方格，如图8.7.4所示。

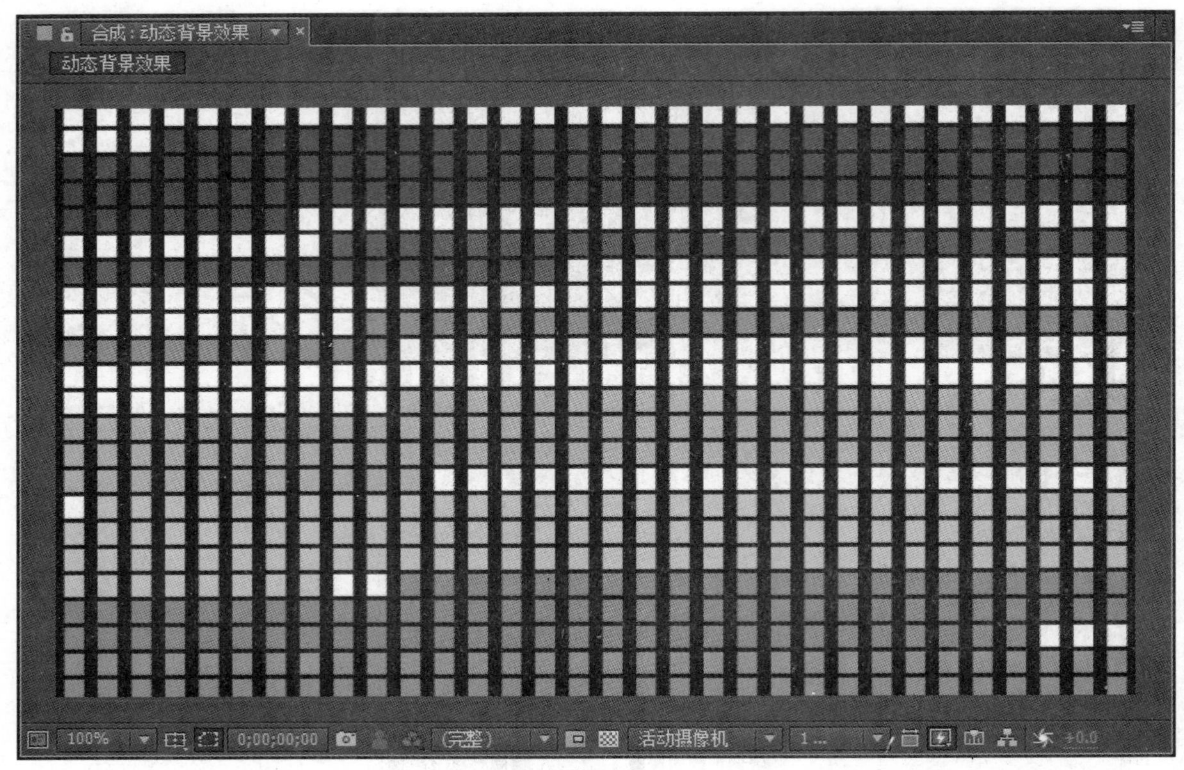

图8.7.4

05 在【时间轴】Timeline面板中，选中文字层，展开【文本】Text属性，单击【动画】Animate属性右侧的三角形图标，在弹出的属性快捷菜单中选择【填充颜色】Fill Color>【色相】Hue命令，如图8.7.5所示。

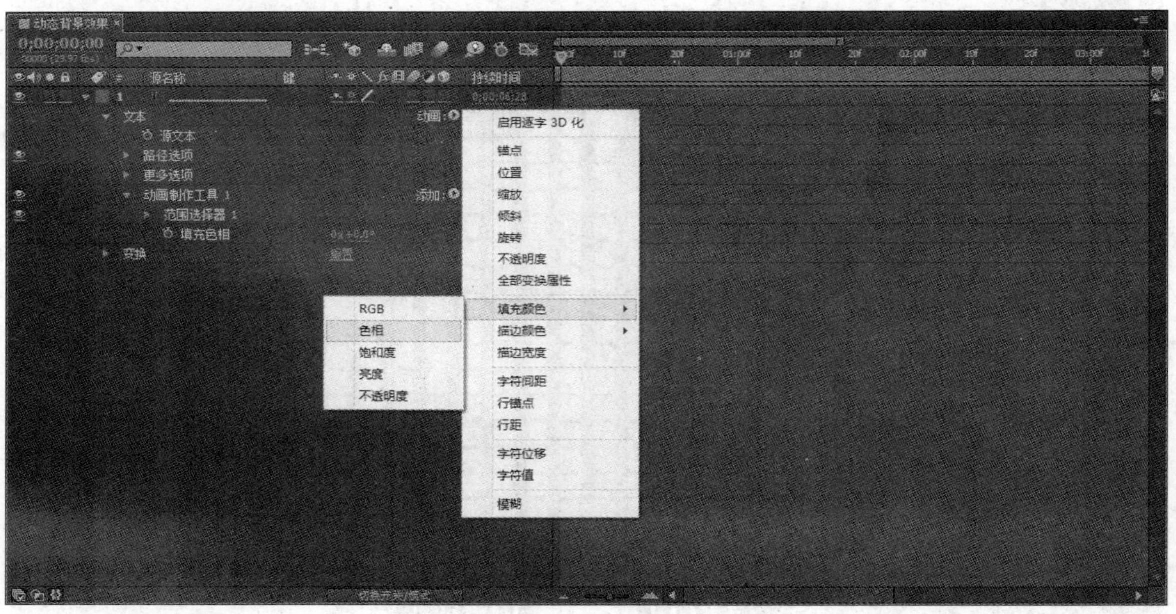

图8.7.5

06 在【时间轴】Timeline面板中，单击【动画制作工具1】Animator 1属性右侧的【添加】Add按钮，在弹出的属性快捷菜单中选择【选择器】Selector>【摆动】Wiggly命令，如图8.7.6所示。

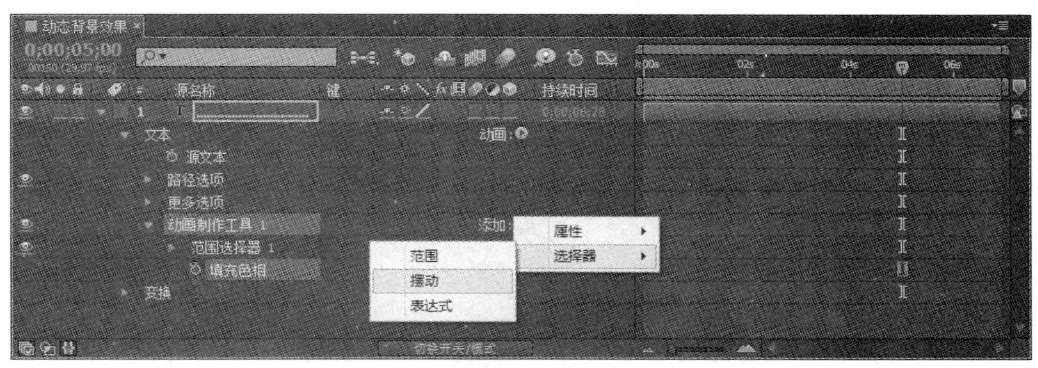

图8.7.6

07 单击【填充色相】Fill Hue属性左侧的钟表图标，为该属性设置关键帧。将时间指示器移动到0:00:00:00的位置（也可以按下快捷组合键【Alt＋Shift＋J】，打开【转到时间】Go to Time控制面板，直接输入时间位置），将【填充色相】Fill Hue属性设置为5×+0.0。将时间指示器移动到0:00:05:00的位置，将【填充色相】Fill Hue属性设置为10×+0.0，如图8.7.7所示。

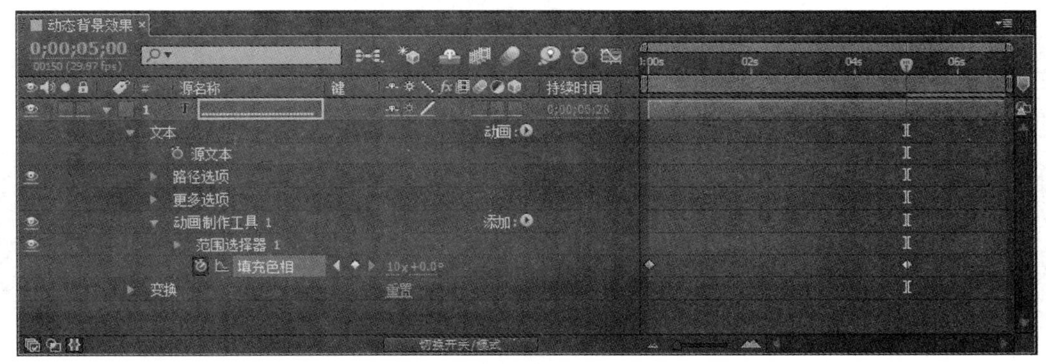

图8.7.7

08 按下数字键盘上的【0】数字键，对动画进行预览。可以看到方格出现了随机变化的动画效果，如图8.7.8所示。

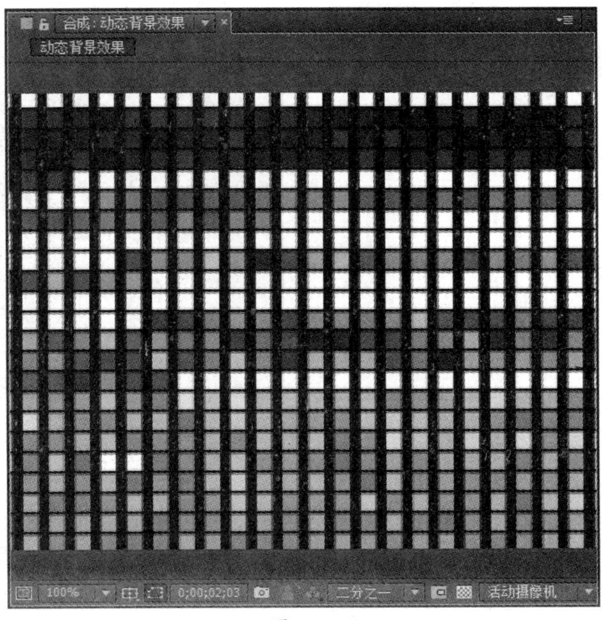

图8.7.8

09 在【时间轴】Timeline面板中，选择【新建】New>【纯色】Solid命令（或者按下快捷键【Ctrl+Y】），创建一个纯色层并将颜色修改为蓝色，如图8.7.9所示。

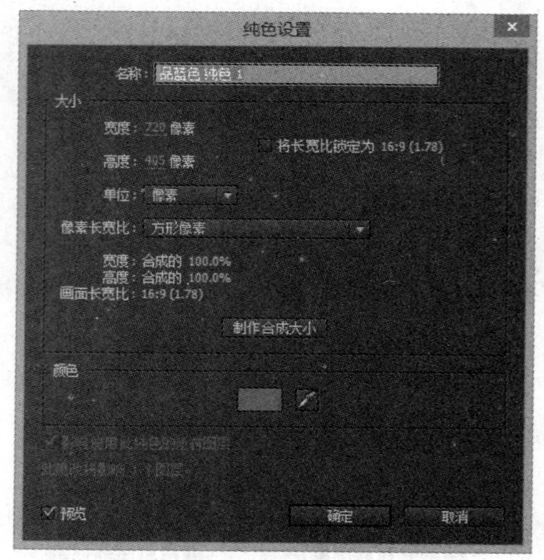

图8.7.9

10 在【时间轴】Timeline面板中将创建的纯色层放置在文字层的上面，将其融合模式调整为【相加】Add模式，如果找不到模式切换按钮，可以按下快捷键【F4】切换，如图8.7.10所示。

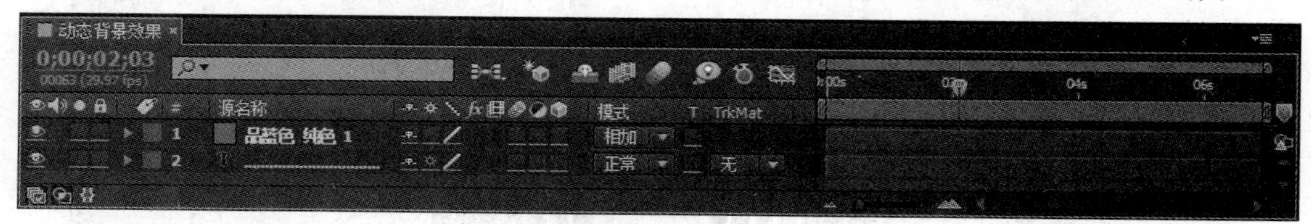

图8.7.10

11 观察画面颜色被统一了起来，但还保有一定的原有色相，如图8.7.11所示。

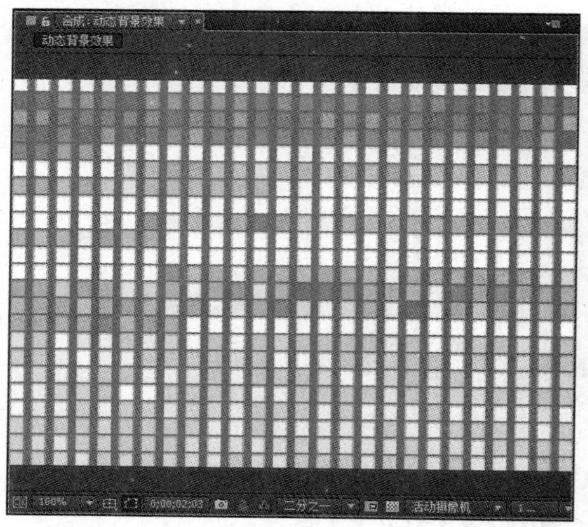

图8.7.11

12 在【时间轴】Timeline面板中选中多个层，按下快捷组合键【Ctrl+Shift+C】，创建一个新的【合成】Composition，在弹出的【预合成】Pre-compose对话框中单击【确定】按键，如图8.7.12所示。

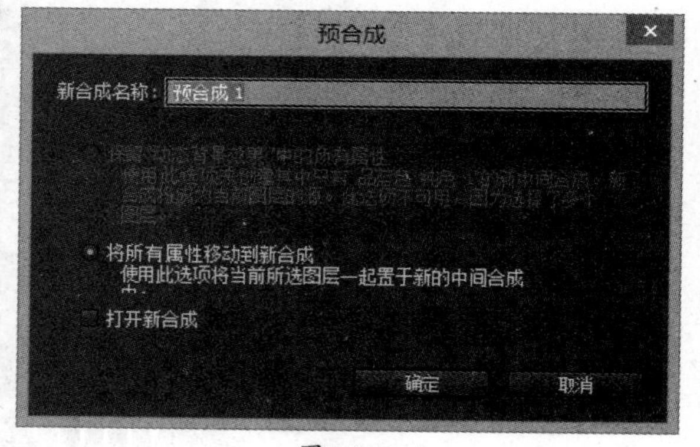

图8.7.12

13 选择工具箱中的椭圆遮罩工具，在合成窗口画一个椭圆遮罩【遮罩 1】Mask1，在【时间轴】Timeline 面板中，选中新的【合成】Composition，展开其【遮罩 1】Mask1 的属性，修改【蒙版羽化】Mask Feather 参数为（200.0，200.0 像素），将 Mask 的边缘做羽化处理，如图 8.7.13 所示。

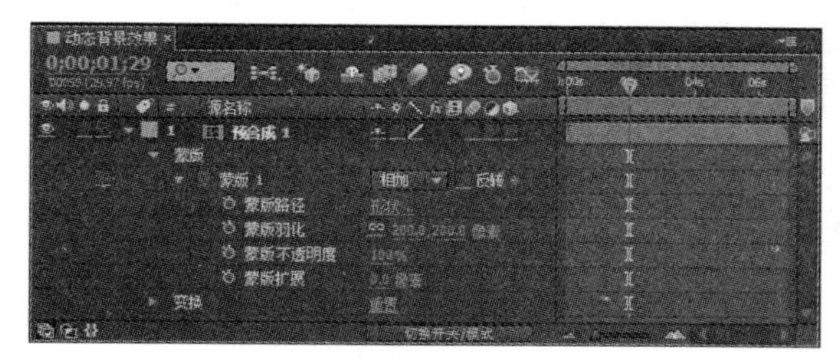

图8.7.13

14 按下小键盘上的【0】数字键，预览播放动画效果。可以看到方格在不断闪动，如图 8.7.14所示。

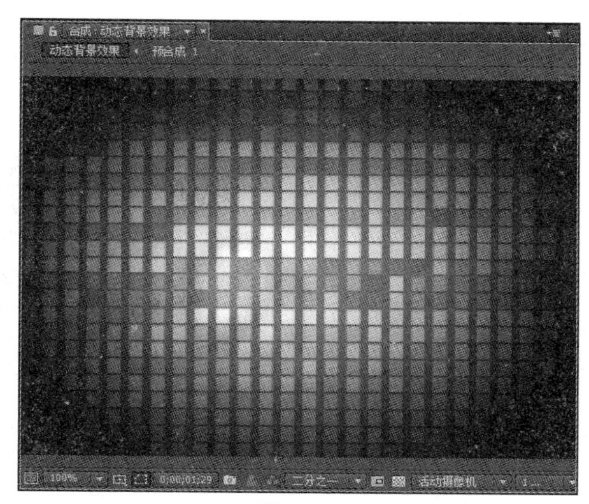

图8.7.14

8.8 粒子文字

01 启动 Adobe After Effects，选择菜单【合成】Composition>【新建合成】New Composition 命令，弹出【合成设置】Composition Settings 对话框，创建一个新的合成面板，命名为“粒子文字动画效果”，设置控制面板参数，如图 8.8.1 所示。

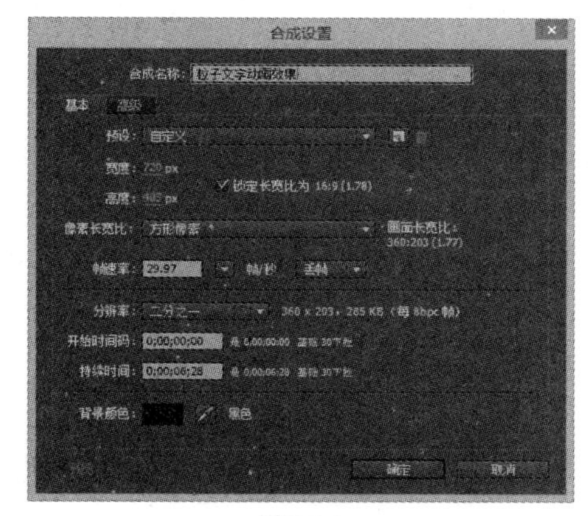

图8.8.1

02 选择菜单【文件】File>【导入】Import>【文件】File命令，在【文件】Project面板选中导入的素材文件，将其拖入【时间轴】Timeline面板，图像将被添加到合成影片中，在合成窗口中将显示出图像，如图 8.8.2所示。

图8.8.2

03 选择菜单【图层】Layer>【新建】New>【纯色】Solid 命令（或者按下快捷键【Ctrl + Y】），创建一个纯色层，如图 8.8.3 所示。

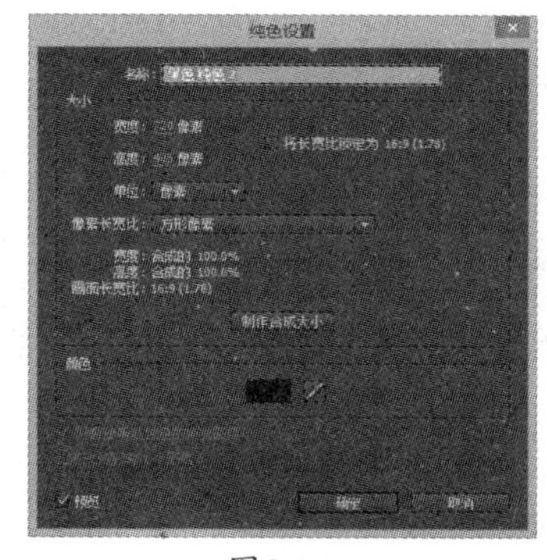

图8.8.3

04 在【时间轴】Timeline面板中选中新创建的纯色层，选择菜单【效果】Effect>【模拟】Simulation>【粒子运动场】Particle Playground命令，将这个纯色层作为一个粒子发射场。在【效果控件】Effect Controls面板中设置参数，单击【粒子运动场】Particle Playground右边的【选项】Option，如图8.8.4所示。

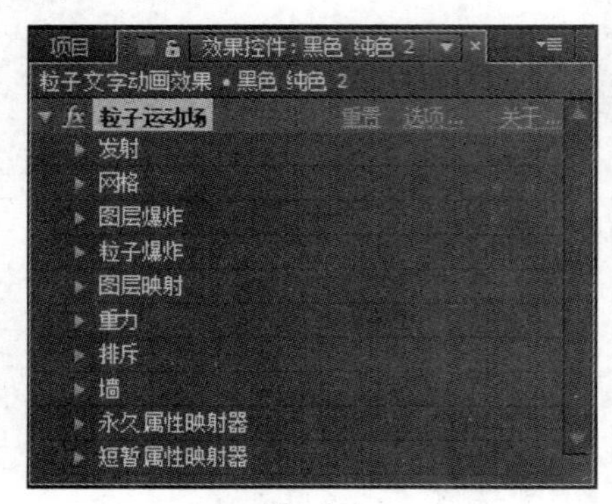

图8.8.4

05 在弹出的【粒子运动场】Particle Playground对话框中，单击【编辑发射文字】dit Cannon Text 按钮，如图 8.8.5 所示。

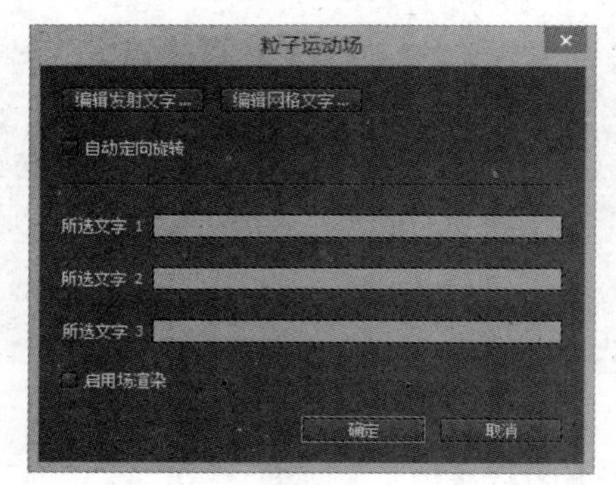

图8.8.5

06 在弹出的【编辑发射文字】Edit Cannon Text对话框中，输入数字“123456789”，如图8.8.6所示。

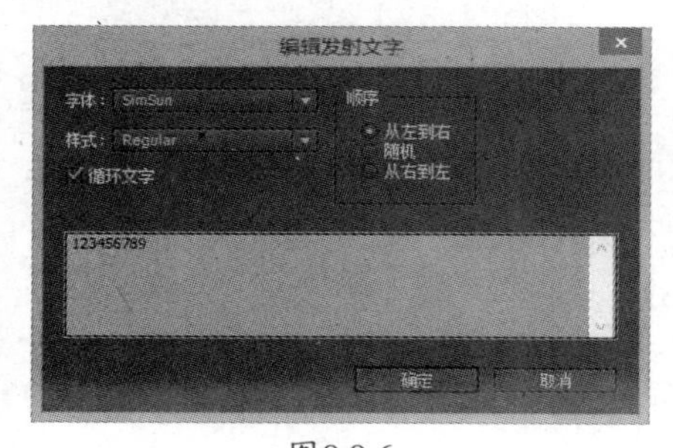

图8.8.6

07 在【效果控件】Effect Control面板中，将【位置】Position参数改为（360，288）；【圆筒半径】Barrel Radius参数改为400.00；【每秒粒子数】Particles Per Second参数改为60.00；【方向】Direction参数改为0×0.0；【速率】Velocity改为500.00；这些设置主要用于设置粒子的发射范围和速度，将【随机扩散方向】Direction Random Spread参数改为0.00，使粒子在垂直方向上做直线运动。再将【颜色】Color修改为白色。按下小键盘上的【0】数字键，预览播放动画效果，数字粒子按照我们想要的方式运动，但时间一长，粒子会不断下落，如图8.8.7所示。

图8.8.7

08 在【效果控件】Effect Control面板中，再将【重力】Gravity选项展开，将【力】Force改为0.00，也就是重力为零，这样粒子将不会再下落，会一直沿发射线运动下去，如图8.8.8所示。

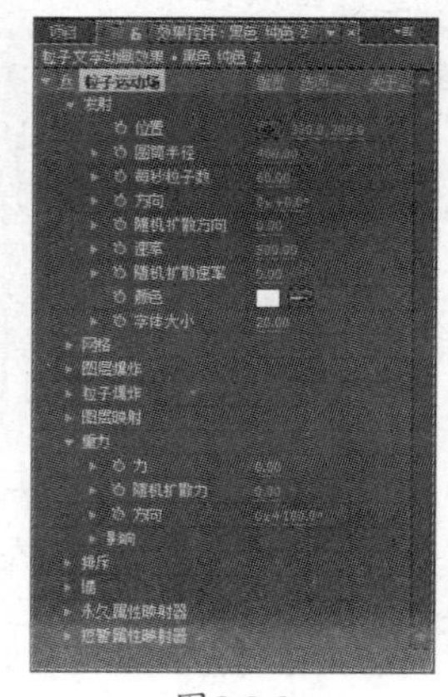

图8.8.8

09 观察画面，粒子是被不断发射出来的，也就是说在一开始的时候并不是布满屏幕的，我们需要调整一下，在【时间轴】Timeline面板中选择粒子所在层，将时间指示器移动到1秒的位置，观察画面，粒子已经布满屏幕，如图8.8.9所示。

图8.8.9

10 按下快捷键【Ctrl＋Shift＋D】，将粒子层剪断，选中前半段将其删除，再将后半段向前移动至时间起始处，如图8.8.10所示。

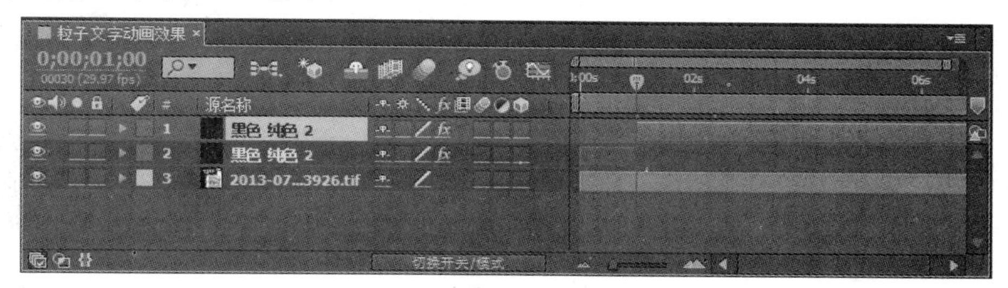

图8.8.10

11 在【时间轴】Timeline面板中选择粒子所在层，按下快捷键【Ctrl+D】，复制出一个新的粒子层，将新层的时间指示器移动到1秒的位置，按下快捷键【Ctrl＋Shift＋D】，将粒子层剪断，选中前半段将其删除，再将后半段向前移动至时间起始处。最后将该层的【不透明度】Opacity属性改为40％，如图8.8.11所示。

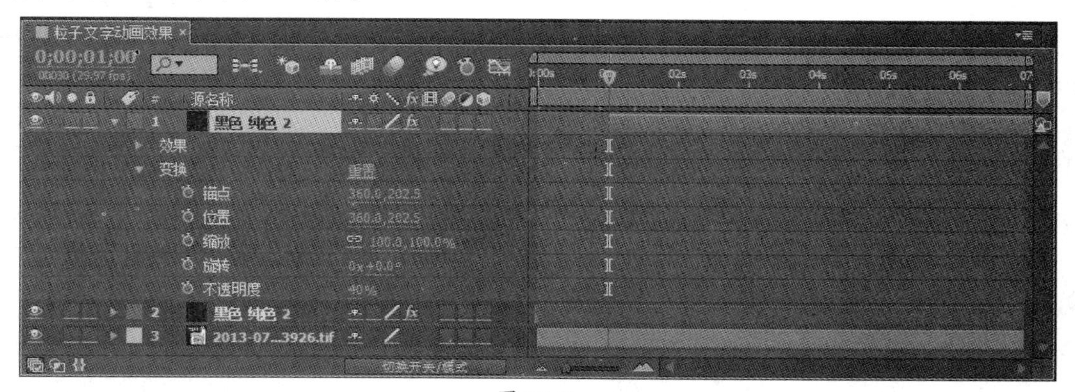

图8.8.11

12 按下小键盘上的【0】数字键，预览播放动画效果，两个粒子层显现出简单的层次，如图8.8.12所示。

图8.8.12

13 在【时间轴】Timeline面板中选中复制的纯色层，选择菜单【效果】Effect>【模糊和锐化】Blur&Sharpen>【高斯模糊】Gaussian Blur命令，在【效果控件】Effect Contorls 面板中设置【高斯模糊】Gaussian Blur的【模糊度】Blurriness属性参数为3，如图8.8.13所示。

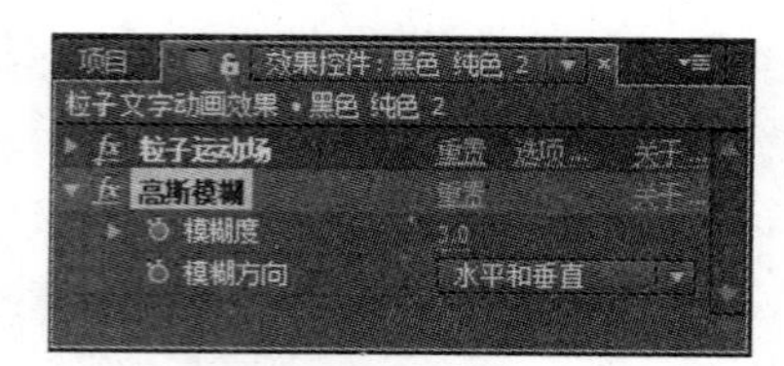

图8.8.13

14 按下数字键盘上的【0】数字键，对动画进行预览，数字产生了景深的效果，如图8.8.14所示。

图8.8.14

8.9 粒子光线

01 启动Adobe After Effects，选择菜单【合成】Composition>【新建合成】New Composition命令，弹出【合成设置】Composition对话框，创建一个新的合成面板，将其命名为“光线效果01”，设置控制面板参数，如图8.9.1所示。

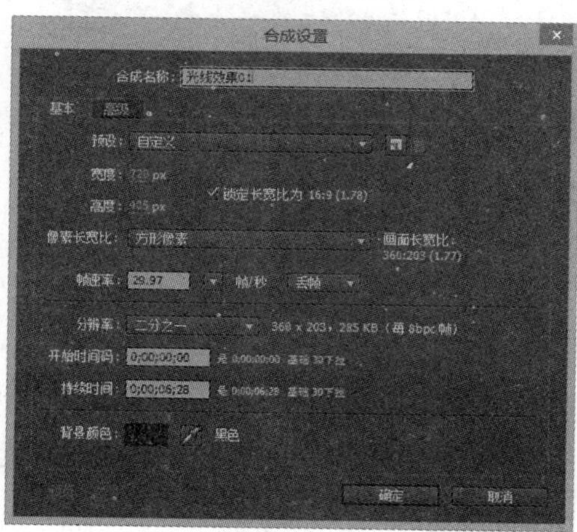

图8.9.1

02 在【时间轴】Timeline面板中，单击右键快捷菜单【新建】New>【纯色】Solid命令（或选择【图层】Layer>【新建】New>【纯色】Solid命令），创建一个纯色层并命名为“白色线条”，将【宽度】Width改为2，【高度】Height改为405，【颜色】Color改为白色，如图8.9.2所示。

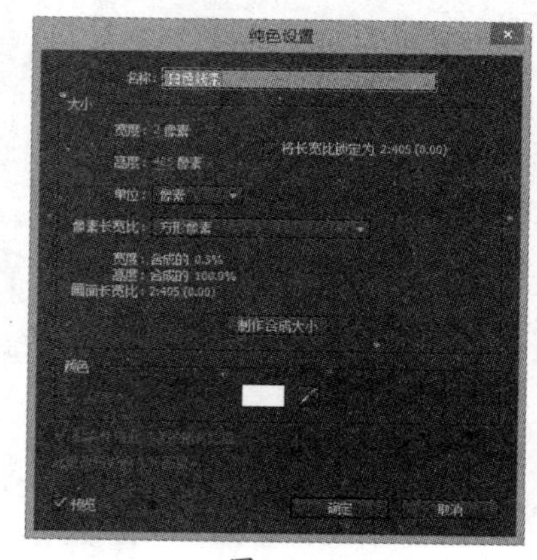

图8.9.2

03 在【时间轴】Timeline面板中，选择【新建】New>【纯色】Solid命令(或者按下快捷键【Ctrl+Y】)，创建一个纯色层并命名为“发射器”，如图8.9.3所示。

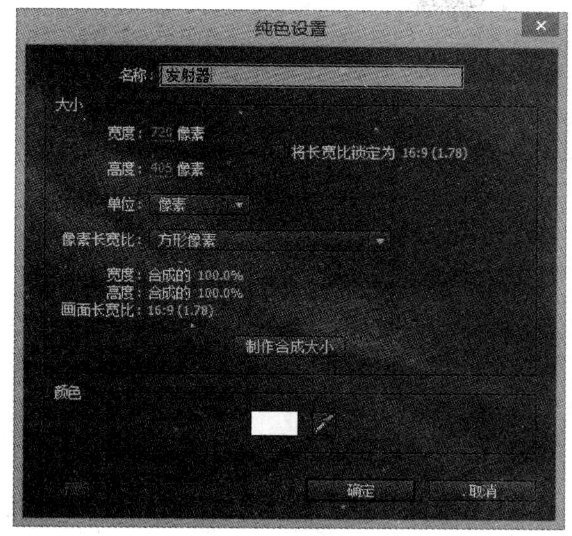

图8.9.3

04 在【时间轴】Timeline面板中选中“发射器”层，选择【效果】Effect>【模拟】Simulation>【粒子运动场】Particle Playground命令。按下小键盘上的【0】数字键，预览播放动画效果，如图8.9.4所示。

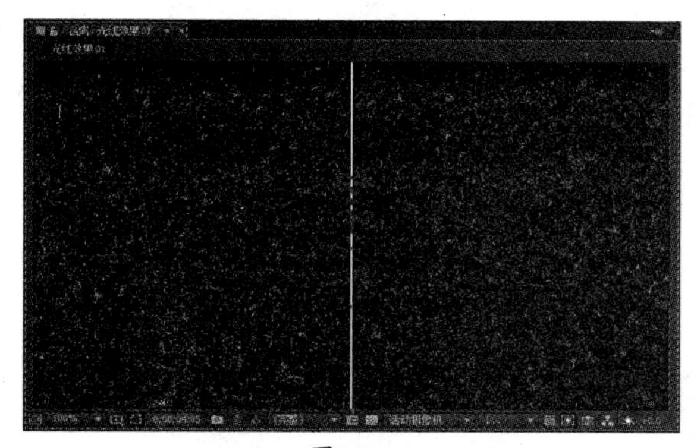

图8.9.4

05 然后修改参数，在【效果控件】Effect Controls面板中设置参数，展开【发射】Cannon属性，将【圆筒半径】Barrel Radius改为400；【每秒粒子数】Particles Per Sec改为60.00；【随机扩散方向】Direction Random Spread改为0；【速率】Velocity改为900.00，如图8.9.5所示。

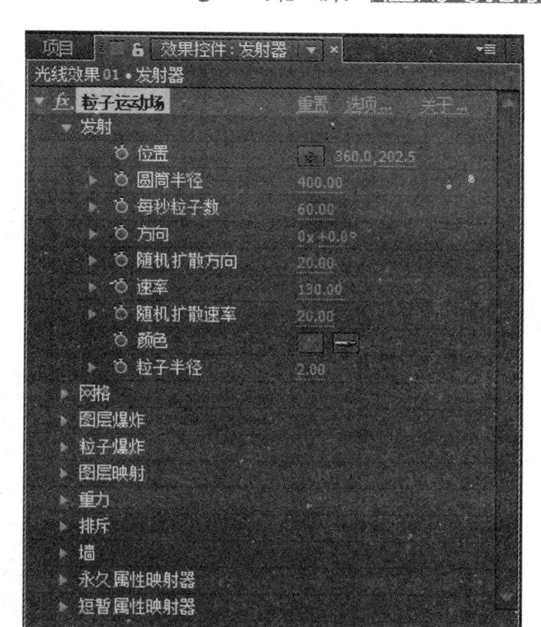

图8.9.5

06 将【图层映射】Layer Map属性展开，将【使用图层】Use Layer改为【白色线条】。按下小键盘上的【0】数字键，预览播放动画效果。再将【重力】Gravity属性展开将【力】Force改为0，如图8.9.6所示。

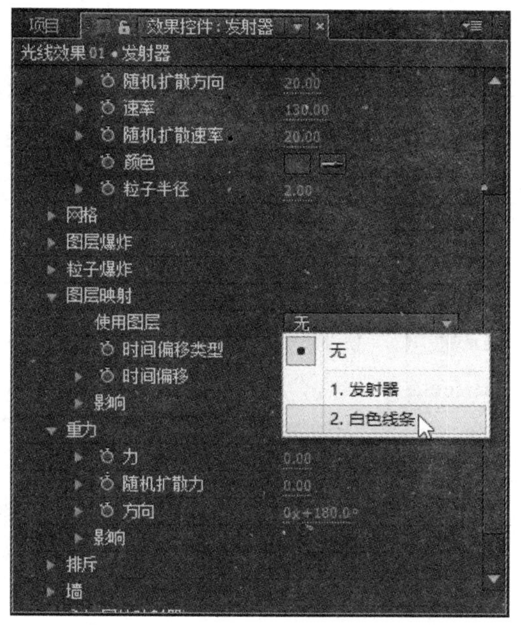

图8.9.6

07 在【时间轴】Timeline面板中选中“发射器”层，按下快捷键【Ctrl+D】复制该层，如图8.9.7所示。

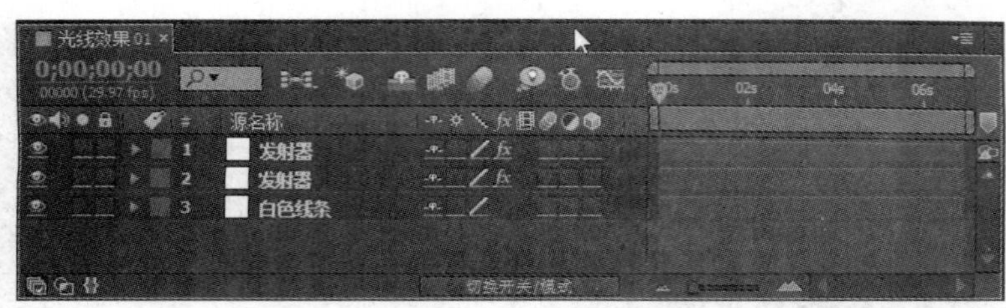

图8.9.7

08 使用工具箱中的【旋转工具】Rotation Tool，选中复制出来的“线条”层，在【合成】Composition 面板中将其旋转 180 度。在【时间轴】Timeline 面板中将“白色线条”层右侧的眼睛图标单击取消。按下小键盘上的【0】数字键，预览播放动画效果，如图 8.9.8 所示。

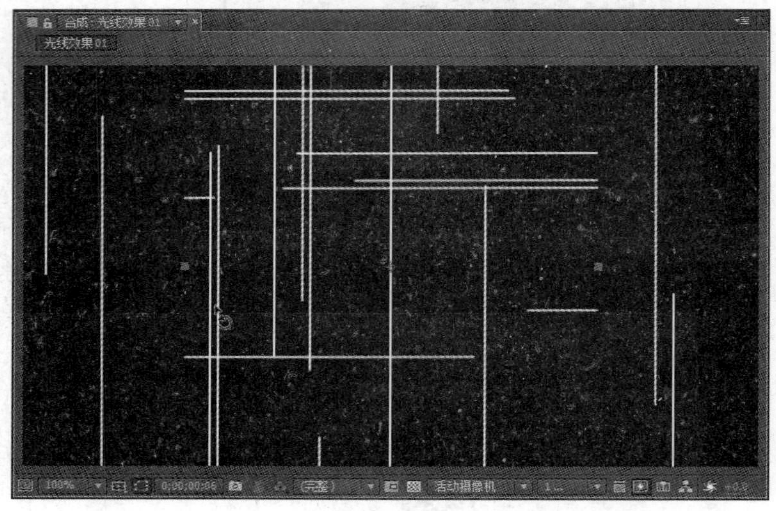

图8.9.8

09 选择菜单【图层】Layer>【新建】New>【调整图层】 Adjustment Layer命令，将新建的调整层放置在【时间轴】Timeline面板中最上层的位置，该层并没有实际的图像存在，只是对位于该层以下的层做出相关的调整，如图8.9.9所示。

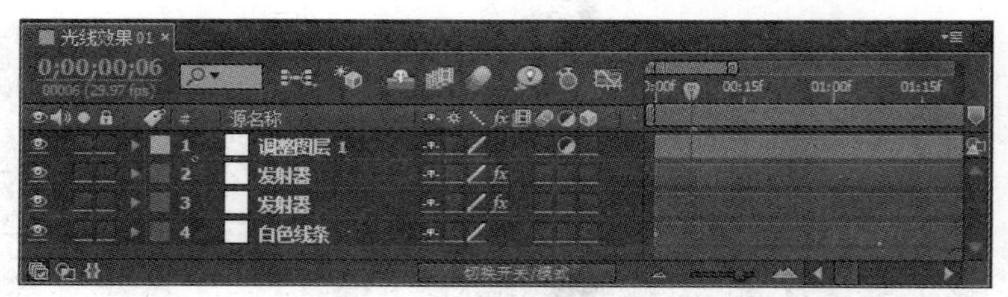

图8.9.9

10 在【时间轴】Timeline 面板中选中【调整图层】Adjustment Layer1 调节层，选择【效果】Effect>Trapcode>Statglow 命令，在【效果控件】Effect Controls面板中，将Preset改为Cold Heaven2内置效果，如图8.9.10所示。

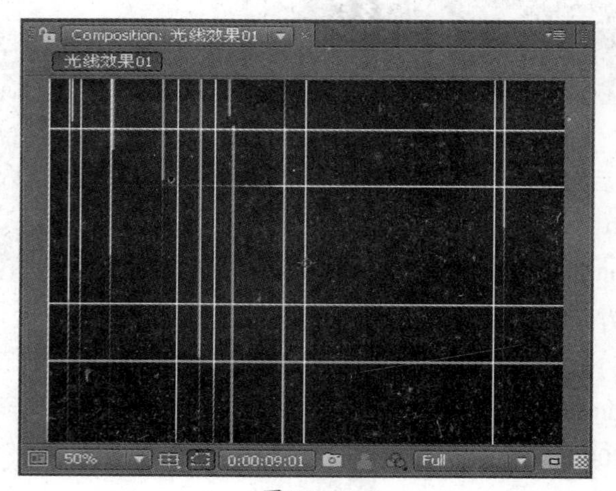

图8.9.10